国家出版基金项目
NATIONAL PUBLICATION FOUNDATION

生态气象系列丛书

丛书主编：丁一汇

丛书副主编：周广胜　钱　拴

山西生态气象

主编：胡良温

副主编：赵海燕　栾　青

气象出版社
China Meteorological Press

内 容 简 介

本书是山西生态气象的研究成果，由山西省气候中心组织编写完成。本书基于地面气象观测、生态气象观测和多源卫星遥感监测等数据，结合数值统计、数值模拟和地理信息系统等技术，主要对山西省农田、森林、草地、河湖湿地、城市生态系统的分布特征以及气象条件和气候变化的影响进行了分析和评估，特别对山西水土保持状况和山西生态系统功能、生态效益、气象条件对生态系统的贡献率以及碳汇能力等进行了定量评估。

本书可供气象、生态、环境、农林、水利、遥感等专业的科研、教学和业务人员参考使用。

图书在版编目（CIP）数据

山西生态气象 / 胡良温主编 ; 赵海燕, 栾青副主编. 北京 : 气象出版社, 2024. 6. -- (生态气象系列丛书 / 丁一汇主编). -- ISBN 978-7-5029-8401-4

Ⅰ. P41

中国国家版本馆 CIP 数据核字第 2024SZ0918 号

山西生态气象

Shanxi Shengtai Qixiang

出版发行：气象出版社
地　　址：北京市海淀区中关村南大街 46 号　　邮政编码：100081
电　　话：010-68407112（总编室）　010-68408042（发行部）
网　　址：http://www.qxcbs.com　　E-mail：qxcbs@cma.gov.cn
责任编辑：张　斌　　终　　审：周　露
责任校对：张硕杰　　责任技编：赵相宁
封面设计：博雅锦
印　　刷：北京地大彩印有限公司
开　　本：787 mm×1092 mm　1/16　　印　　张：16
字　　数：404 千字
版　　次：2024 年 6 月第 1 版　　印　　次：2024 年 6 月第 1 次印刷
定　　价：160.00 元

编委会

前言

党的十八大以来，以习近平同志为核心的党中央把生态文明建设摆在全局工作的突出位置，开展了一系列根本性、开创性、长远性工作，生态文明建设从认识到实践都发生了历史性、转折性、全局性的变化。在首个全国生态日，习近平总书记作出重要指示强调，生态文明建设是关系中华民族永续发展的根本大计，是关系党的使命宗旨的重大政治问题，是关系民生福祉的重大社会问题。山西省有着特殊的地理环境和生态环境，生态类型多样，森林、草原、湿地等生态系统均有分布，且生态系统较为脆弱。

围绕生态文明建设任务需求，山西省气象局基于多源卫星遥感资料等，开展了林火、植被长势、作物干旱、气溶胶、雾/霾、沙尘、积雪、生态质量等监测工作，建立包含起沙指数、杨柳飘絮、植树造林适宜期、热岛效应强度、净初级生产力等指标的生态气象指标体系；针对山西水土流失严重的生态问题，研究土壤侵蚀定量评估模型，建设生态气象灾害监测预警评估系统，开展土壤侵蚀气象条件评估业务工作；建立生态服务功能气象影响评估系统和生态文明绩效考核气象条件贡献率评价系统等业务系统，开展山西植被涵养水源生态功能评估，厘清气象条件对生态质量变化的贡献率；定期发布生态气象业务产品，监测评估农业、森林、草地、水域等生态系统特征及其与气象条件的关系，将生态气象观测网建设列入省部级发展规划，逐步形成了具有山西特色的生态气象业务体系。

根据山西生态系统分布特征和生态气象业务体系发展，全书内容共分 10 章。第 1 章介绍生态系统基本特征、功能、生态学研究维度和生态气象主要研究内容；第 2 章为山西省基本气候特征和气候变化事实；第 3 章介绍地面生态气象观测的主要内容、遥感在生态气象监测领域的应用技术以及山西在地基、空基和天基的生态气象业务能力建设；第 4—8 章为农田、森林、草地、河湖湿地、城市生态系统概念及其在山西省的分布特征，以及气象条件和气候变化对它们的影响；第 9 章介绍水土流失概念和山西水土流失特点，以及土壤侵蚀计算方法，定量评估山西黄河流域土壤侵蚀；第 10 章为山西省植被生态质量评估、山西省“三北”防护林建设及生态效益评估、生态质量变化气象条件贡献率评估，以及山西省植被生态功能变化和森林碳汇能力分析。

本书的总体设计、主要内容安排和定稿由胡良温负责，统稿、审稿以及与出版社的联络工作主要由赵海燕负责，栾青负责部分审稿工作。各章节主要编写人员为：第1章由胡良温、栾青主笔完成，第2章由闫加海、刘月丽主笔完成，第3章由米晓楠主笔完成，第4章由栾青主笔完成，第5章由任玉欢主笔完成，第6章由范志宣、李孟蔚主笔完成，第7章由赵海燕、赵永强主笔完成，第8章由张亚琳、姚闯主笔完成，第9章由任玉欢主笔完成，第10章由胡良温、赵海燕、杨倩、米晓楠主笔完成。本书撰写过程中得到了丁一汇院士、周广胜研究员、钱拴研究员等人的专业指导，在此一并表示感谢。

由于生态气象内涵丰富，涉及面广，加之作者水平有限，本书内容难免有疏漏和欠妥之处，恳请读者批评指正，以便在后续工作中加以改进。

作者

2024年3月

目录

第 1 章
生态系统概述

1.1 生态系统基本特征

生态学是研究有机体与环境之间相互关系及其作用机理的科学。生态系统是指在一定空间内，生物群落和非生物环境相互作用所构成的统一体，或者说，是生命系统与环境系统在特定空间上的组合。

1.1.1 生态系统组成

生态系统的基本组成包括生物部分和非生物部分两部分。生物部分是生态系统的主体，包括植物、动物和微生物三大部分。非生物部分即环境部分，是生态系统中物质和能量的来源。

(1)生物部分

生物组分是指生态系统中具有新陈代谢能力、能够同化环境因素的活有机体构成的系统，主要包括生产者、消费者、分解者。

生产者是指能用简单的物质制造食物的自养生物，主要是绿色植物，也包括一些光合细菌。生产者在生态系统中的作用是进行初级生产，即通过光合作用将无机物转化为有机物。太阳能只有通过光合作用才能源源不断地输入生态系统，成为消费者和分解者的能量和物质来源。初级生产者在生态系统的构成中起主导作用，生态系统生产力的高低首先取决于总初级生产力。

消费者是指不能利用无机物质制造有机物质的生物，其不能直接利用太阳能生产食物，只能直接地或间接地依赖于生产者所制造的有机物质。消费者属于异养生物，由动物构成，以初级产品或其他生物或有机质为食物。消费者在生态系统中的主要作用是加快能量流动和物质循环，促进整个生态系统的循环和发展，维持生态系统的稳定，以及具有传递生物信息、帮助生物生长繁殖等作用。消费者按食性可分为 4 类：①草食动物，是直接以植物为营养的动物，是初级消费者，如马、牛、羊、啮齿类动物等；②肉食动物，是以草食动物及其他动物为营养的动物，如一些鸟类、蜘蛛、蛙、狐、狼、狮、虎等，其中，取食草食动物的肉食动物是次级消费者，取食肉食动物的为三级消费者；③寄生动物与腐生动物，寄生动物是指因吸血而在其他动物体表做短暂停留的动物，如蚊子等，腐生动物是指从已死亡的、腐烂的物体中获得营养的生物，如蛆虫等；④杂食动物，介于草食动物与肉食动物之间，既可以植物为食，也可以动物为食，如熊、鲤等，人也属于杂食动物。

分解者(还原者)也属于异养生物,它们以动、植物残体及其他有机物为食物,把复杂的动植物残体分解为简单化合物,最终分解为无机物质,归还到环境中,被生产者利用。主要是细菌、真菌、放线菌等微生物,也包括某些原生动物和腐生动物(如食枯木的甲虫、白蚁、蚯蚓和某些软体动物)。分解者在生态系统中的作用主要包括:①将已有机化的营养物质重新分解,使生态系统中的生物与环境之间的能量流动和物质循环联系起来;②为腐生生物生产食物;③产生激素一类的化学调节物质;④改造地球表面的惰性物质,如土壤形成中就有微生物的作用。

(2)环境部分

环境是指某一特定生物体或生物群体周围一切的总和,包括空间及直接或间接影响该生物体或生物群体生存的各种因素。环境因素包括非生物的和生物的,其中,非生物因素有温度、光、电离辐射、水、大气、土壤、岩石以及其他如重力、压力、声音和火等;生物因素是指各种有机体,它们彼此作用,并同非生物环境存在密切的联系。

环境系统是指生物赖以生存的环境因素所构成的系统,是环境各要素及其相互关系的总和,是所有生命发展和繁衍必不可少的条件。环境系统实际上是一个不可分割的整体,但通常把地球环境系统分为大气圈、水圈、岩石圈(或土壤—岩石圈)和生物圈。在这些圈层的交界面上,各种物质相互渗透、相互依赖和相互作用的关系表现得尤其明显。

环境系统中的环境要素主要包括 3 个方面的内容。①太阳辐射能。是生态系统的主要能量来源。自养生物通过光合作用,将太阳能转化为有机化学潜能;太阳能也提供了生态系统中有机体生存所需要的温热环境。②无机成分。一部分为来自太空的无机成分,如大气中的 O_2、CO_2、N_2、H_2O 等;另一部分为来自土壤中的无机成分,如 N、P、K、S、Ca、H_2O、O_2、CO_2 等。③有机成分。主要指土壤中能为生物吸收利用的有机化合物,如腐殖质等。

环境系统具有 4 个方面的特点:①环境系统的范围可以是全球性的,也可以是局部性的。例如,一个海岛或者一个城市都可以是一个单独的系统。全球系统由许多亚系统交织而成,如大气—海洋系统、大气—海洋—岩石系统、大气—生物系统、土壤—植物系统等。局部同整体有着不可分割的关系,如果区域性变化积累起来,也会影响全球,例如,热带森林因为滥采滥伐,面积日益缩小,可能影响全球气候。②环境系统各构成要素彼此联系、相互作用,构成一个不可分割的整体,其中任何一个要素发生变化都会影响整个系统的平衡。③环境系统是一个开放系统,但能量的收入和支出保持平衡。④环境系统在长期演化过程中逐渐建立起自我调节系统,对来自外界比较小的冲击能够进行补偿和缓冲,从而维持环境系统的稳定性。这种稳定性在很多情况下取决于环境因素与外界进行物质交换和能量流动的容量。容量愈大,调节能力也愈大,环境系统也愈稳定;反之,愈不稳定。

在地球环境系统中,海洋、土壤和植被是最巨大的调节系统,对于维护环境系统的稳定有巨大作用。海洋的巨大热容量,调节着地表的温度,使之不致发生剧烈变化。海洋又是 CO_2 的巨大储存库。海水中 CO_2 与大气中 CO_2 进行交换,处于动态平衡,因此海洋能使大气中 CO_2 的浓度保持稳定,从而保持地表层热量的稳定。土壤是陆地表面的疏松多孔体,又是一个胶体系统,对于植物所需的水分和养分有强大的吸收和释放能力。表土一旦丧失,土地肥力就急剧下降。植被通过根系和残落物层吸收水分以及叶子的蒸腾作用,调节地面水分和热量,使气候稳定。在生态系统中,构成群落的生物种类愈是多样化,食物链和食物网愈复杂,生态系统就愈稳定。由此可见,任意缩小水面,滥肆垦殖,毁坏植被,消灭野生生物或任意引进新种,都会破坏环境中的稳定因素,降低环境抗御自然灾害的能力。

环境中也存在着某些不稳定因素，对外来的影响比较敏感。在一定的条件下，某个关键性因子发生小的变化，可能触发内在的反馈机制，引起一系列链式反应，对整个环境系统造成无法挽救的严重后果。例如，极地海冰被认为是一个不稳定因素，因为它有较大的反照率，吸收阳光的能力比陆地和海洋小得多，对温度变化很敏感。如果温度稍微降低（特别是夏天），海冰面积便会向赤道方向扩展。海冰面积的扩大，又将反射更多的阳光，使地球接收的热量减少。如果地球进一步降温，海冰面积就继续扩展，直到赤道为止。

（3）环境系统和生态系统的区别与联系

环境系统和生态系统两个概念的区别是，前者着眼于环境整体，而后者侧重于生物彼此之间以及生物与环境之间的相互关系。环境系统和人类生态系统两个概念相近似，但后者突出人类在环境系统中的地位和作用，强调人类同环境之间的相互关系。环境系统从地球形成以后就存在，生态系统是生物出现后的环境系统，而人类生态系统一般是指人类出现后的环境系统。

1.1.2 生态系统结构和特点

（1）生态系统结构

生态系统结构是指生态系统构成要素在时间、空间上的配置和联系方式与特点。一是环境与物种结构，即不同环境因子组合和相应生物物种以特定数量和比例排列形成的结构。二是空间结构，包括水平结构和垂直结构。水平分布是由于热量、降水以及经度、纬度、地形、地貌等原因造成的，生态系统的水平状况有很大差异，形成了生态系统的水平结构，如针叶阔叶木本植物、落叶阔叶木本植物、常绿阔叶木本植物、雨林木本植物、干燥草本植物、干荒漠群落、高寒植物群落等。垂直分布，一方面是由于不同海拔高程造成的，随海拔高度上升，依次分布着喜温作物或阔叶林—喜凉作物或阔叶、针叶混交林—针叶林—草甸；另一方面在一个生态系统内部也表现出明显的垂直结构，如高大乔木—低乔木—灌木—草本—地被层。三是时间结构。环境因子昼夜或季节变化，生物经过长期适应，表现出不同的外观，即时相或物候。四是营养结构。一方面，生态系统中生物通过取食与被食关系联系起来，形成营养关系序列；另一方面，以营养为纽带，把生物与非生物紧密地结合起来，构成以生产者、消费者、分解者为中心的三大功能群。

（2）生态系统特点

生态系统具有以下5个特点：①生态系统是由生命物体与环境相互联系结合而成的一个综合系统，因而，只有在生命存在的情况下，才有生态系统的存在。②由于生物圈范围的广阔及所构成的环境条件的区域差异，生物与环境长期协同进化，因而生物圈内有不同的生态系统，且生态系统经常与特定的地区相联系，反映了一定地区的特征。③生态系统具有发展演替的变化特征，也有产生、发展到死亡的时间特征，在生态系统中的生物具有产生、发展、死亡的变化过程，而且环境也在发展变化、不断更替，从而使得整个系统具有发育、繁殖、生长和衰亡的特征。④生态系统是一个复杂的动态平衡体系，生态系统的生物个体间存在着种内和种间相互关系，生物与环境也密切联系且不断发展变化，通过反馈调节等机制，使物种间及生物与环境间达到功能协调和动态平衡。⑤各类生态系统都是程度不同的开放系统，不断地从外界输入能量和物质，经过变换成为输出，维持系统的有序状态。

1.1.3 生态系统的主要类型

根据不同的研究对象，生态系统类型的划分有多种方法，常见的有以下几种。

(1)按人为活动对生态系统的干预程度划分

按人为活动对生态系统的干预程度，可将生态系统划分为自然生态系统、驯化生态系统和人工生态系统3种类型。

自然生态系统是指自然界中未受人为干扰的或几乎未受人为干扰的生态系统，包括森林生态系统、草原生态系统、水域(江、河、湖、海)生态系统、沙漠生态系统、极地生态系统。自然生态系统有3个特点，一是生物种群丰富，结构多样，构成较为发达的食物网，并向一定方向演替、发展，最后形成“顶级生态系统”。二是由于长期的生物与环境的协同进化，其自动调节能力、缓冲能力很强。三是自然生态系统在其向顶级生态系统演替的过程中，其净生产力越来越少，达到顶级生态系统时，几乎趋于零。这时，顶级生态系统的现存生物量可以说是最大的，但能量几乎都耗费在维持系统本身上，几乎没有净能量输出。

驯化生态系统(农业生态系统)是介于自然生态系统和人工生态系统之间的一种半自然、半人工的生态系统，包括农田生态系统、人工林生态系统、人工草地生态系统、牧场生态系统、鱼塘生态系统、养殖(蜂、蚕等)生态系统、微生物(菌曲生产、沼气生产)生态系统。驯化生态系统有6方面的特点，一是开放性很强，绝大多数物质、能量以农畜产品的形式移出系统，投入社会经济系统。二是为了维持系统的功能，保持系统平衡，必须投入大量的辅助能量，包括人力、畜力、有机肥料等形式的有机辅助能和以机械、石油、化肥、农药等方式投入的工业辅助能。三是农业生态系统中的生物种群是在人工驯化和选择下形成的，具有较高的生产力。四是物种单一、食物链简化、层次削弱、结构简单，导致系统稳定性降低，其稳定性依赖于人为的调节。五是经济性高，它是置于自然生态的环境中，基于生物过程，为满足人类的种种需要，着眼于大量获得输出的系统。六是在农业生态系统中，以短期作物(多为一年生作物)和短龄家禽、家畜为主，由于它处在演替前期，尽管现存总生物量比不上以多年生作物为主的自然生态系统，但其净生产力往往是较高的。

人工生态系统是指人类为某一目的而人为建造的生态系统，包括城镇生态系统、工矿生态系统、宇宙飞船生态系统、实验微生物生态系统、人工气候模拟室等。人类不断地增加系统输入，期望得到越来越多的输出，生态系统的压力越来越大。

(2)按环境划分

按环境要素的不同，可将生态系统划分为海洋生态系统、森林生态系统、草原生态系统、淡水生态系统等。

海洋生态系统是海洋中由生物群落及其环境相互作用所构成的自然生态系统，是地球上最大且最复杂的生态系统之一。海洋生态系统由海洋环境、生产者、消费者和分解者4个成员组成，成员之间相互依存、相互制约、相生相克。

森林生态系统具有复杂的形态和营养结构，食物链长，食物网复杂。系统相对稳定，同化力强。具有调节气候、涵养水源、保持水土、净化空气、美化环境等多重功能。

草原生态系统多数分布在降水量250～450 mm的干旱、半干旱地区。降水是影响草原产草量的最主要因素。草地生态系统在防风固沙、保持水土、调节气候等方面发挥着重要作用。

淡水生态系统包括河流、溪流、水渠等流动水体生态系统与湖泊、池塘、沼泽、水库等静止水体生态系统。水的流动性不同，淡水生态系统有一定的差异，在急流中，生产者多为藻类；在缓流中，除藻类外，还有水生高等植物；在静水中，藻类是分布在表层光亮带的主要初级生产者。消费者中，主要是鱼类和浮游生物，急流中多为具有特殊附着器官的昆虫，缓流中多为穴居昆虫幼虫。淡水生态系统可增加大气中水汽含量、调节大气湿度，排洪灌溉，为农田提供塘泥、水草、青饲料等有机质和养分。

另外，根据生态系统的生物要素划分，陆地生态系统可划分为森林生态系统、草原生态系统、农田生态系统、荒漠生态系统、山地生态系统。

1.1.4　生态环境存在的主要问题

当前人类活动所引起的全球性环境问题主要有下列 5 个方面：①自然生态系统逐渐消失，代之以人为的农业生态系统；小麦、玉米、水稻等少数几种人工种植的农作物代替多样化植被；野生动物大量灭绝，生态系统简化，稳定性变差；人类愈来愈借助化肥和农药来维持农业生态系统的稳定，给生态系统带来严重后果。②城市的增多和扩大、工业交通的发展，使森林、草地等自然植被和农业用地面积逐渐缩小，环境污染问题日趋严重。③土地利用不合理，加剧了土壤侵蚀，土壤肥力下降。全世界沙漠化土地面积在不断扩大，随着热带雨林面积的减少，全球气候将发生重大变化。④煤炭、石油、天然气等化石燃料的燃烧和森林面积的减少，使大气层中 CO_2、CH_4、N_2O 等温室气体浓度持续增加，温室效应导致以全球变暖为主要特征的气候变化，极端天气气候现象频发多发，对自然生态系统造成了一定的威胁。⑤工业生产过程排放的污染物使大气、水体、土壤环境质量变差，影响自然生态系统特别是植被的正常生长发育。人类对地壳内部金属矿产的开采、利用和弃置，最终将造成这些金属元素在地表环境中浓度的增高，其中对有机体有毒害的汞、镉、铅等重金属元素，往往会通过食物链的富集作用危害生态系统。环境的这些改变，对生态系统的影响多数是不可逆的，如野生动物的灭绝和地表重金属元素浓度的增加；有的则需要较长时间才能复原，如植被和土壤。

从环境系统演化历史来看，旧平衡的破坏、新平衡的建立是历史发展的正常规律，环境系统始终处于动态平衡之中。人类为谋求生存和发展，会不断改造自然，打破原有的平衡，并企图建立新的平衡。但人类在改造自然的过程中，常常由于盲目或受到科学技术水平的限制，未能收到预期的效果，甚至得到相反的结果。一种设计往往对此地有利，而对另一地方有害；或者是短期有利，长期不利。当前人类还未弄清楚自然界各种复杂因素之间的相互关系，因此对于一些巨大的改变自然的工程，如水库的建造、河流的改道、大面积的垦荒、工业和交通建设等，都要谨慎从事，考虑到各种可能发生的后果，科学评估环境要素变化对不同生态系统的影响。

合理利用和改造人类环境、防止不良后果，要做好环境系统的研究。一是深入研究存在于各环境因素之间、各圈层之间、有机界与无机界之间的相互作用，生态系统能量的流动，以及物质的交换、转化和循环的机理机制。二是科学把握环境系统中的平衡关系、反馈机制、自我调节能力、环境容量，正确理解环境系统的稳定性和敏感性。

1.2　生态系统功能

生态系统的功能，主要反映在生态系统的物质循环、能量流动和信息传递上。能量流动和物质循环是生态系统的基本功能，两者是紧密结合在一起的，是生态系统的动力核心。信息传递在能量流动和物质循环过程中起调节作用。能量和信息依附于一定的物质形态，推动或调节物质的运动。

1.2.1 生态系统的能量流动

能量是生态系统中最活跃的基本要素，在各个组分之间进行着有序的、不断变化存在形式的传递、流动和转化，维系着整个生态系统的生命力。生态系统的能量流动是指能量由非生物环境经生物有机体，再到外界环境所进行的一系列转化过程。

生态系统能量的根本来源是太阳，其在生态系统中有动能和潜能 2 种存在方式。生态系统中的动能是生物与环境之间相互传导与对流的、由太阳辐射能转化形成的热能；生态系统中的潜能贮藏在光合产物中，同样也是来自太阳辐射能转化的化学能，只能通过取食关系在生物之间传递与转化。

生态系统的能量流动是有一定的顺序且不可逆的，从初级生产向次级生产不断流动和转化，以此维持生态系统的能量平衡。初级生产是绿色植物通过光合作用积累能量的过程，是补充生态系统能量的主要途径，净初级生产力就是一定面积、一定时间内绿色植物合成的有机物质总量减去植物呼吸消耗后的剩余部分。次级生产是指初级生产者以外的其他有机体的生产，是动物和微生物对初级生产制造的有机物质的利用和再合成，即消费者、分解者利用初级生产量进行同化作用，表现为自身的生长、繁殖和营养物质的贮存，是一个消耗能量的过程。在次级生产过程中，初级产品被动物逐级取食，一些动物的废弃物则被生物利用，大部分能量散失到系统以外，只有一小部分贮存在下一级生物体中。

有研究表明，初级产品转化为次级产品的能量，只相当于初级产品所含能量的 10%左右，大约 90%的能量在转化过程中被消耗。被消耗的部分包括在次级生产者摄食的能量中被消化的部分，以尿能和气体（CH_4、H_2）能形式排出部分，以及动物在生命过程中的呼吸消耗能部分，余下的部分才用于动物的生长和繁殖、产奶、产蛋等。

（1）生态系统能量流动的特点

初级生产者通过光合作用将太阳能固定为有机物质中的化学潜能进入生态系统后，沿 3 条途径在各生物组分之间流动和转化。第一条途径是一级消费者食草动物取食消化植物有机体，成为二级生产者；二级消费者（食肉动物）取食和消化二级生产者，成为三级生产者；以此类推。能量沿捕食链各营养级流动，每一营养级都将上一级转化而来的部分能量固定在各级动物有机体的组织中。由于能量逐级损失，产量逐级下降，最终能量全部消散归还于非生物环境。第二条途径是各营养级中死亡的生物有机体、排泄物和残留体进入到腐食食物链，在分解者的作用下，有机化合物被还原为简单的 CO_2、H_2O 和无机物质，有机物中的能量也以热能的形式消散于非生物环境。第三条途径是生物有机体在其生命代谢过程中呼吸消耗掉大量的能量，以热能的形式消散于非生物环境。

生态系统能量流动遵循 3 个基本原则。一是输入输出的平衡性。进入系统的能量与输出的能量在数量上相同。对于一个稳定的生态系统，因为有部分能量暂时贮存在各类生物有机体中，所以输入能量等于贮存能量与释放消散能量之和，但这些能量最终都以热能的形式消散于环境中。二是不可逆转性。一方面能量流动方向不可逆转，总是沿着植物—动物—微生物—环境的方向流动；另一方面能量转化形式不可逆转，只能由光能转化为化学能，再转化为热能。三是耗损性。生态系统的能量在流动过程中是不断损耗的，只有很少一部分能量能传递到下一个营养级。

(2)生态系统能量转化效率

生态系统能量转化效率是指能量在食物链上流动过程中，不同节点的转化比率关系。

对初级生产而言，能量转化效率是指绿色植物对太阳辐射能的转化效率。照射到植物上的太阳辐射仅有50%左右的可见光部分可被叶绿素吸收。在吸收的光线中，大部分散射转化为热能，最大值只有5%左右(被吸收量的10%)用于有机物的合成，这部分称为总初级生产量。总初级生产量减去20%(总辐射量的1%)的呼吸消耗，为净初级生产量。由此可见，年净初级生产效率理论最大值只有4%左右。但实际效率远低于理论值，根据有关测算结果，整个生物圈的实际平均值只有0.1%，良好条件下高产农田的平均值也只能达到0.5%左右。

对次级生产而言，能量转化效率可划分为两部分。一是营养级之间的能量利用效率，是指该营养级摄入量与前一营养级净生产量之比，反映的是前一营养级的产品能量有多少被该营养级所消费。不同生态系统的能量利用效率差异明显，例如，热带雨林为7%、温带落叶林5%、草地10%左右、远洋40%、海洋上涌带35%。食草动物以后的各营养级，一般仅可摄取前一营养级净生产量的20%～25%。二是营养级之内的生长效率，是指生产量与摄食量之比，反映的是动物摄取的食物能中有多少转化为自身的净生产量。一般而言，哺乳动物和鸟类等恒温动物的生长效率较低，在3%以下，例如，鼠类1.7%、非洲象1.46%、麻雀1%；昆虫等变温动物的生长效率很高，例如，蝗虫约为36%，黏虫、粉蝶等鳞翅昆虫约为42%。

生态系统初级生产所固定的太阳辐射能量和能量转化效率，决定了生态系统的环境容纳量，即在一定的生境范围内，能够维持某种动物正常生长和繁殖的数量有一定的限度。例如，一个草场上最多可放牧的牛羊头数、一个鱼塘内放养鱼的尾数和品种搭配、一片森林内能允许存在的各种野生动物的头数及比例等。

1.2.2 生态系统的物质循环

生态系统的物质循环是指在能量的推动下，环境中的无机物经光合作用形成生物有机体物质，并通过食物链而流动，最后被微生物还原为无机物质，归还环境，重新被吸收利用的整个过程。生态系统中物质流和能量流是紧密联系在一起的，物质既是有机体生命活动的物质基础，又是能量的载体，在生态系统中起双重作用。但与能量单向流动不同的是，物质流动是循环的，可以重复利用。在生态系统的运动过程中，物质被暂时固定、贮存在植物库、动物库、土壤库、大气库、水体库，并在各库之间相互交换，实现生态系统的物质循环。生态系统的物质循环主要包括水、碳、氮、磷、钾等5种物质的循环。

(1)水循环

水是生命活动最重要的介质，水循环对生态系统的能量传递、利用以及物质循环、养分再分配起着重要的作用。影响区域水分平衡的因素主要包括降水量、径流量、陆面蒸发量、植被蒸腾量和截流量等。

水循环的主要问题表现在以下4个方面。一是受经纬度、大陆度、海拔高度、地形地势及大气环流变化等影响，水资源时空分布不均匀，特别是在全球气候变化背景下，暴雨洪涝和干旱阶段性交替出现。二是由于工业废水、生活污水和农业施用化肥农药等造成的面源污染，影响江河湖库等地表水质量，水源性缺水和水质性缺水并存，湖泊、水库富营养化。三是地下水资源的破坏和过度开采，使不少地区形成“地下水漏斗”现象，部分区域出现地表沉降。四是修建水库水坝、河流改道、灌溉、发电等对水资源的再分配，在取得经济效益的同时引起部分地区生态问题，如大片农田被淹、土壤次生盐渍化、河流下游干旱甚至加重沙漠化。

改善水循环状况，一般应从以下 3 个方面着手。一是合理分配水资源，包括合理调配不同区域、流域水资源，合理分配城乡生活用水、工业用水、生态用水。二是改善干旱地区的水循环条件，如修水库、水渠、打井、植树造林、保护天然植被涵养水源等。三是发展节水型农业。农业是耗用淡水资源的大户，水利用较多且效益不高。

(2)碳循环

碳元素是构成有机体的基本成分，占有机体干重的 45%以上。自然界中碳绝大多数为无机碳，主要存在于海洋碳酸盐系统和陆地岩石圈中，小部分存在于大气和水体中。

碳循环是从植物光合作用固定 CO_2 开始，植物通过光合作用将 H_2O 和 CO_2 形成碳水化合物，并在光解过程中释放氧气。碳水化合物在以后的转化中又逐步被消耗，释放出部分 CO_2，动植物的残体最终也将被微生物分解成 CO_2，全部回到大气中。碳循环可划分为两大类型和 4 种途径。

第一种类型是生物圈内循环。一是大气 CO_2—植物途径。绿色植物通过叶绿素的光合作用，以大气中的 CO_2 为原料，合成碳水化合物，植物又通过自身的呼吸作用，分解碳水化合物释放出 CO_2，返回大气，这种循环需要的时间很短。二是大气 CO_2—植物、动物(包括残体和排泄物)—分解者途径。绿色植物通过光合作用吸收大气中 CO_2 合成的碳水化合物，被食草动物采食后，经过食物链的不同环节，形成动植物残体和动物排泄物，在分解者作用下释放出 CO_2 进入大气。

第二种类型是生物圈外循环。一是大气 CO_2—植物、动物—动植物残体—石化途径。动植物残体被深埋于地下，因缺乏分解者的作用而未被分解，变成煤、石油等化石燃料，化石燃料被开采燃烧后放出 CO_2，返回大气重新参与循环。二是大气 CO_2—碳酸盐—沉积物途径。大气中的 CO_2 与水体化合物直接作用形成碳酸盐，流入海洋后沉积下来，成为油页岩类化合物，被沉积固定的碳素只有经过海水层交换作用，或海底抬起，或经过开采利用，才能以 CO_2 的形式进入大气。

碳循环对生态平衡有非常重要的作用。从生物圈外循环来看，由于能源活动使用大量的化石燃料和工业生产过程使用含碳酸盐的原料，破坏了原有的碳循环和碳平衡，使大气 CO_2 浓度持续增加，导致以气候变暖为主要特征的全球气候变化，对地球生态系统产生了严重影响。从生物圈内循环来看，传统农业的土壤有机质主要靠作物的残留体及施有机肥进行补偿，维持土壤有机碳的平衡。现代农业由于施用氮素化肥等，促进了土壤微生物的分解过程，使更多的动植物残体和剩余物中的碳以 CO_2 的形式返回大气，土壤有机质可能减少，地力衰退。因此应尽量减少以秸秆为燃料和焚烧秸秆，充分利用农作物碳素同化作用加强、农副产品增加的有利条件，采用秸秆还田或过腹还田等措施，提高土壤有机碳的循环水平，在增加生态系统产出的同时维持碳循环平衡。

(3)氮循环

氮是氨基酸和叶绿素中不可缺少的元素，是遗传物质 DNA、RNA 及各种碱基不可缺少的组分，是所有生物的结构物质。氮气虽然是空气的主要成分，但不能直接被大多数植物利用，必须依靠高空闪电、火山活动等高能固氮，或工业固氮、生物固氮等途径，将氮气分子转化为氮化合物，才能供植物利用。

在氮循环过程中，植物从土壤中吸收的 NH_4^+、NO_3^- 等含氮化合物，与简单的碳水化合物生成各种氨基酸，形成蛋白质，参与各种各样的生物过程。植物体中的氮在被动物取食中转变为动物有机体氮。动植物残体和排泄物等含氮有机物经微生物分解为 CO_2、H_2O 和 NH_3 返回环境，NH_3 可被植物再度利用，进入新的循环。

在农田生态系统中，影响氮素平衡的主要因素有以下 3 个方面，一是土壤有机氮与无机氮的转化，如在土壤通气不良时可通过 NO_3^-—NO_2^-—N_2 的反硝化作用造成氮损失。二是植物对氮素的吸收、根瘤菌等的固氮与残体的归还，如收获农产品、有机物燃烧挥发可导致农田生态系统氮流失。三是农田灌溉可带入一定量的氮素，但灌水量过多，加上水蚀等过程，农田氮素进入水体，不仅会变成多数植物不能利用的状态，而且会导致水污染，湖泊、水库富营养化。在整个农田生态系统中，施用氮素化肥、种植豆类作物是氮输入的主要途径；农副产品离开农田及脱氮、挥发的损耗是氮输出的主要途径。

(4)磷循环

磷是有机体的主要组成部分，植物的光合作用和体内生化过程都必须有磷的参与才能正常进行，在现代农业中，是仅次于氮的第二重要的养分。生物圈中的磷主要来自磷酸盐岩石和有机残体形成的有机磷酸盐。

在磷循环过程中，磷酸盐岩石通过降水等作用溶解到水圈，或土壤中的固定态磷酸盐被氧化及含磷有机物分解后，形成可溶性磷酸盐，才能被植物吸收进入循环，形成含磷有机物。再经过一系列消费者的利用，最后仍将含磷的有机物归还土壤，经微生物分解，又转变为可溶性磷酸盐，供植物利用。

农田大量施用磷肥和生活用磷量增加，打破了原有的磷平衡，带来的环境问题主要表现在两个方面，一是水体富营养化。磷进入水体后，使河流水中含磷量增加，再与丰富含量的氮素养分一起，将促进藻类暴发性增长，藻类死亡后的残体大量沉入水底，被微生物分解，消耗水中的溶解氧，从而打破了水体溶解氧的平衡，威胁渔业资源，降低水的质量。二是磷矿中含重金属和放射性物质镉、钍等，导致土壤重金属和放射性物质污染。

(5)钾循环

钾是生物体内重要组成物质之一，钾离子有利于细胞的保水作用，提高抗逆性，促进光合作用，促进碳水化合物形成和运输，增强机械组织。

钾循环以地质大循环为主，生物小循环为辅。岩石风化及土壤中的钾离子，随水淋溶流入河海进入水体，除小部分可由水中生物吸收进入生物体，有可能再回到陆地外，大部分将沉入海底，进入地质大循环。土壤及水体中的钾离子被植物吸收，转化为有机体，被植物吸收的钾进入食物链中，以残体、排泄物的形式被微生物分解或经燃烧转化为无机盐状态归还土壤或水体，形成生物小循环。

(6)非必要物质的循环

非必要物质一般是指对不能促进生物的正常生长发育，且可能对生物造成毒害或产生多种奇异病症的物质。非必要物质通过工业生产和居民生活产生的废水、废气、固体废物以及化肥、农药、除草剂等进入生态系统，在缺乏分解机制的条件下，参与到生态系统的物质循环。

非必要物质有共同的特点，一是循环过程中性质比较稳定，很难被光、温、生物等因素分解或者降解解毒。二是生物体对其不需要或需要量很少。三是这些物质很容易被生物体吸收、积累,沿食物链流动,在食物链中产生富集作用,当积累到一定数量时,往往表现出很强的毒性,对生物体造成危害。如重金属会在生物体内产生富集作用,这些大原子量的重金属直接危害主要由 C、H、O 等小原子量元素组成的生物体,且沿食物链富集后,被转化为毒性更大的金属化合物,严重威胁生态系统安全。

1.2.3 生态系统的信息传递

生态系统中的信息是指引起生物行为和生理变化的“信号”。动植物都有各自特殊的方式感知外界的变化,以此调节自己的行为。动物有明显的神经系统,通过感觉器官感知环境信息,调整自己的行为,如捕食、迁移、繁殖等。植物通过体内的生理生化过程适应四季的变化,如落叶、冬眠、萌发等。植物还可以利用花朵的气味、颜色吸引昆虫,通过昆虫传粉受益。

1.3 生态学研究维度

生态学的一般规律大致可从种群、群落、生态系统和人与环境的关系 4 个方面说明。

1.3.1 生物种群

种群是指占据一定空间的同种有机体的集合群。是生物存在的形式,是种间关系及生物进化和繁殖的基本单位,具有独立的结构、特征、功能。

种群有 3 个基本特征,在空间特征方面,种群有一定的分布区域和分布方式。在数量特征方面,种群有一定的密度和出生率、死亡率、年龄结构、性别结构等,种群在单位面积上个体数量的变动受整个生态系统自我调节能力的控制。在遗传特性方面,种群有一定的遗传组成,且随时间进程改变其遗传性,即进化、适应能力。

(1)种群增长

种群增长是生物潜力和环境阻力共同作用的结果,一般遵循指数型增长和逻辑斯蒂(Logistic)增长。但增长都有一定的限度,环境容纳量就是某一种群在一个生态系统中,即一个有限的环境中所能稳定达到的最大数量(或最大密度)。环境容纳量的大小一般取决于两个方面,一是光、温、水、养分等因子或食物、空间等资源所构成的环境;二是食性行为、适应能力等种群遗传特性。

(2)种群进化

种群进化是生物种群长时间变化的结果,是生态系统的重要稳态机制。在一个种群中,只有那些较好适应环境的个体才能生存下来产生后代,它们的遗传特性因而能保存下来;而那些不能适应环境变化的个体连同其相应的遗传特性都会从种群中消失。

种群的另一个属性是种群内的差异,即变异性,是进化的起点,其结果使得生存者更能适应已变化的环境,并可能产生两种新的种群,一种是由于种群具有较大的可塑性,使其能与环境条件协调一致,并在协调过程中发展原来没有的遗传特性;另一种是通过遗传特性的突变,有些种群适应了环境的某些条件,而演变出截然不同的地理型。

(3)种群间相互作用

种群间的相互作用包括竞争、捕食与寄生、共生协同、他感效应等。

竞争是指在同种或异种的两个或多个体间,因需求或多或少地超过了当时的空间或者共同资源的供应情况，从而发生对环境资源和空间的争夺而产生的一种生存竞争现象。竞争作用常包括对空间、食物或营养物质、光等的竞争。影响种群间竞争的因素有两个，一是环境条件，生物种群对环境条件的要求与适应不同，当环境条件发生变化时，竞争将十分激烈。二是亲缘关系，近缘生物种的生活史和取食习性都有相似之处，为了争夺相同或相似的食物和栖息地，必然产生竞争。调节种间竞争一般有两种途径，一是生物种间竞争的自我调节，比如通过错开生长高峰和改变生长形态获得共存；分居栖息地，避免竞争，如森林系统中的乔木、灌木、草本的分层分布。二是人工调节。根据物种生活习性的不同、形态的差异进行种间合理搭配，如作物间作套种中的高秆与矮秆、宽叶与窄叶、喜光与耐阴等不同作物的相互搭配；池塘养鱼中的上层、中层、下层鱼种的混合饲养；通过合理的修剪、整枝以及改善果树和经济作物中下部的通风透光状况，减少对光、温的竞争等。

捕食与寄生是一个种群对另一个种群的生长与存活产生负效应的相互作用。在生态系统中，不同营养级生物存在摄食与被食的关系，这种关系在自然界中通过各种调控机制，控制着种群数量增长，保持生态系统的相对平衡，如果任一个链节受到干扰，就可能破坏平衡。一方面，捕食者和猎物间存在着反馈调节机制，猎物增加→捕食者增加→猎物减少→捕食者减少→猎物增加；另一方面，捕食者和猎物是共同进化的，猎物是捕食者生存的基础，捕食者的存在是猎物生存和进化的重要条件。在一个生态系统中，捕食者与猎物一般保持着平衡，否则生态系统就遭破坏，甚至不能存在。

种群间的共生协同作用有 3 种方式。第一种方式是偏利共生，即一个种群依附于另一种群生活，从而得到益处，但被依附的种群也不会因此受损。如藤本植物附生在乔木树干上，借以获取适宜的光照条件。第二种方式是原始协同，即两个种群共生互利，但二者并不存在依赖关系，如生活习性不同的植物间作套种，可以相互利用对方造成的有利环境条件。第三种方式是互利共生，即两个生物种群生活在一起，相互得益，共生的结果使两个种群都发展得更好，如异养生物完全依赖自养生物获得食物，而自养生物又依赖异养生物获得矿质营养或生命需要的其他物质；以及固氮细菌和豆科植物根系的共生。

生物种间的他感效应是指由生物体产生的生物活性物质能在生物体间传递信息，并导致生物体相互作用的现象。他感效应既包含相互有益的作用，也包括抑制和毒害作用，有相生、相克两方面。

植物间的他感效应表现在两个方面，一方面表现为不少植物趋向于单一种属生长，而不允许外来者的入侵，如许多杂草以及杂草残体能够释放克生物质，影响谷物生长；豚草、向日葵产生强烈的抑制豆科植物生长的克生物质，抑制根瘤菌和固氮作用；高粱、燕麦的残体释放他感物质，强烈抑制某些杂草的生长；稞麦和小麦的残体能有效杀死某些阔叶杂草。另一方面表现为自体毒性，抑制自身发展，如含有水稻残体的稻田土对水稻幼苗具有毒性，抑制第二季水稻幼苗生长；单一种植的甘蔗自身毒性能抑制甘蔗幼苗生长。植物对动物的他感效应也表现为两个方面，一方面是某些植物含有一种或多种对动物和昆虫有胁迫作用的他感物质，使草食动物、昆虫对其厌食、拒食。另一方面是某些植物散发的气味和颜色对昆虫有明显的吸引作用。

1.3.2 生物群落

生物群落是指生存于特定区域或生境的各种生物种群的集合体，是特定空间区域或生境的若干生物种群相互有规律地组合在一起的结构单元。生物群落一般具有 5 个方面的特征：

有一定的种类构成或称生物组合，并具有一定的结构和物质生产力；有相对一致的外貌；在群落中有能大量控制能流及对其他物种和环境有强烈影响的生物优势种；群落随时间和空间的变化，表现为群落随环境梯度变化及随时间演替现象；有一定的营养结构和代谢方式。

1.3.2.1　生物群落的结构

(1)生物群落结构类型

生物群落的结构可以从垂直结构、水平结构、时间结构等 3 个维度进行描述。

生物群落的垂直结构是指生物群落中不同物种在空间垂直分布上表现为成层分布的现象。由于环境要素具有一定的垂直分布特征，不同生活型的物种具有不同的生活习性，适应不同的环境条件，因此，生物群落的不同组分在地面以上不同高度和地面(或水面)以下不同深度表现为垂直分层排列。地上部分分层主要取决于光照、温度、湿度、空气等气象条件和生物本身特性，如森林生态系统内部气象条件垂直分布的差异，使发育成熟的典型森林自下而上可分为地下层、地被层、草本层、灌木层和乔木层等 5 层。地下部分分层主要取决于土壤的物理和化学性质，特别是水分和养分，如树木和农作物的根系在土壤中达到的深度不同，可利用的土壤养分和水分的层次有较大差别；由于光线在进入水体后光强和光质的变化，绿藻、褐藻和红藻分别分布在表水层、中间水层和较深水层，这也是不同水深生存着不同鱼类的重要原因。

生物群落的水平结构是指群落内由于环境和生物本身特性的差异，而在水平方向上分化形成不同的生物小型组合。主要影响因素有 3 个方面，一是物种亲代的散布习性，如靠风力或动物传播种子的植物可以散布很远，而以地下根、茎蔓延繁殖的植物大多只分布在母株周围很小的范围内。二是气象条件、地形地貌、土壤质地等环境因素水平分布不均匀，如在半干旱地区，阳坡温度高、蒸发量大、土壤湿度小，林木成活率和森林覆盖率明显劣于阴坡。三是种间相互关系的作用，使得相互依赖的物种趋于集中分布，而种间相互制约的物种由于相互排斥，则表现出分隔现象。

生物群落的时间结构是指因自然环境因素的时间节律所引起群落各物种在时间结构上相应的周期变化。例如，绿色植物白天的光合作用和晚上的呼吸作用；随气温升高、降低的年变化，森林经历了发芽、生长、落叶、休眠的年变化，农作物经历了播种、出苗、营养生长、生殖生长、成熟、收获的全生育期。动物群落也有明显的日、年尺度上的周期变化，例如，鸟类一般白天离巢外出觅食，夜间返回栖居巢中；淡水湖泊里，白天随太阳逐渐升高，浮游动物活动层下降，以避开光线最强烈的水层，午后随太阳高度下降，活动层又上升，天黑之后，多数浮游动物都集中在表层；迁徙性鸟类随季节变化，具有夏季在北方生活、冬季在南方过冬的习性。

(2)影响生物群落结构的因素

在影响群落结构的诸多因素中，经纬度、海拔、地形地势、土壤及光、温、水、湿度等不同环境因素的影响程度不同，当其中的一个或多个主导因子发生改变，形成环境梯度时，群落的结构和功能也发生相应的变化，因而出现了不同的生物群落分布。例如，北半球在纬度升高气温逐渐降低的梯度变化影响下，从南至北植被分布依次为热带雨林、亚热带常绿林、常绿阔叶混交林、针阔叶混交林、北方针叶林、冻原；在同一纬度条件下，随海拔升高也会出现相同的植被分布现象。在同一热量带内，由于距离海洋远近不同，气候逐渐由湿润、半湿润、半干旱过渡到干旱，群落结构逐步由森林、草原过渡到荒漠。

在两个或多个群落之间(或生态系统之间)的过渡区域，形成群落交错区(生态交错带、生态过渡带)。例如，在森林和草原群落之间有一个森林草原地带，在水陆交汇处有一个水生与陆生群落过渡带。群落交错区由于环境比较复杂、异质和多变，不同生态类型的植物在此定居，从而为更多的动物提供食物、营养和隐蔽条件，因而交错区内往往包括两个相邻群落的许多生物种及本身所特有的种。因此，群落交错区种的数目及一些种的密度较相邻群落有所增大，表现出明显的边缘效应。环境梯度发生较突然的变化或两种极不相同的生境或群落彼此交接处，实际上构成了一种独特的群落，生物种类多、密度大、多样性高，直至形成特有的结构和功能。

1.3.2.2　生物群落的演替

（1）群落演替的特征

生物群落演替是指生态系统内的生物群落，随时间的推移一些物种消失，另一些物种侵入而出现的群落替代过程。

群落演替有着其基本特征，一是演替是群落组成向着一定方向、具有一定规律、随时间而变化的有序过程，因而它往往是有预见的和可预测的。二是演替是生物和环境反复相互作用，发生在时间和空间上的不可逆变化，虽然环境在一定程度上决定着演替的类型、方向和速度，但演替是群落本身所控制的，并且群落演替极大地改变着物理环境。三是演替以其稳定的生态系统，即由顶级群落所形成的系统为其发展的顶点。

（2）群落演替的原因

群落演替是群落内部与外界环境中各种生态因子综合作用的结果，主要原因包括以下5个方面。

一是生物侵移、定居及繁殖。该过程是群落演替的先决条件。首先是有机生物体的繁殖结构侵移进入栖境或裸地；其次是侵移体定居新的环境后，开始生长发育直至个体成熟；最后是侵移到裸地或群落的物种通过繁殖作用，不断增加其个体数量。

二是群落内部环境变化。这种变化是由群落本身的生命活动引起的，与外界环境条件的改变没有直接的关系。主要是因为群落内部物种生命活动的结果，为自身创造了不良的居住和生活条件，使原来的群落解体，为其他生物的生存提供了有利条件，从而引起演替。例如，在森林发育的早期，往往是喜光的草本植物占优势；但当高大的乔木定居下来并在草本层上方形成郁闭时，群落内光照、温度、水分状况改变，最终导致原来发育很好的喜光草本植物被耐阴草本植物代替。

三是外界环境条件的变化。地震、火山活动、洪水冲刷、滑坡等引发的地貌改变，都可能使地表生物部分或全部毁灭，使演替从头开始；土壤性质的改变，直接影响置身其内的植物、动物和微生物，可能导致群落内部物种关系重新调整；火烧可以造成大面积的次生裸地，使演替从裸地上重新开始；气候变化使不同物种的适宜性发生变化，引起群落演替。

四是物种竞争。群落不同物种之间以及同一物种的不同个体之间的特定相互关系，随着外界环境条件和群落内环境的改变而不断地进行调整，使竞争能力强的种群得以充分发展，竞争力弱的种群逐步缩小自己的地盘，甚至被排挤到群落之外，从而改变群落的物种组成并形成优势种群。

五是人类经济活动的影响。例如，砍伐森林、开垦土地使原有的群落改变面貌；抚育森林、管理草原、治理沙漠使群落演替按照不同于自然发展的途径进行；建立人工群落，将演替方向和速度置于人为控制之下。

1.3.2.3 群落演替的种类

(1)原生演替

原生演替是指在没有任何生物的裸地上开始的群落演替。原生演替可分为旱生演替和水生演替 2 种类型。旱生演替是指在裸露的岩石表面开始的原生演替,典型的旱生演替系列一般要经历地衣群落、苔藓群落、草本植物群落、木本植物群落等 4 个阶段。水生演替是指从湖底或海湾开始的原生演替,实际上是水体淤平的过程,淡水湖沼群落演替一般经历自由漂浮植物、沉水植物、浮叶根生植物、直立水生植物、湿生草本植物、木本植物等 6 个阶段。

原生演替的特征:①原生演替是一种有秩序的群落改变过程,且改变有一定的方向,因而演替结果是可知的;②群落演替是由于群落本身发展改变了外界环境造成的,外界环境可以影响演替,但不是造成演替的主要原因;③演替以建立稳定的生物群落(顶级群落)为发展的顶点,环境条件不同,所能达到的顶级群落也不同,例如,草原地区只能达到多年生草本群落阶段,湿润、温暖地区可以演替达到森林群落阶段。

(2)次生演替

次生演替是指在生物曾经占领过或原有生物群落被火灾、洪水、风灾、病虫害、火山爆发等自然灾害以及弃耕、放牧、伐林等人类活动破坏后的地段上进行的演替。次生演替可划分为进展演替和逆行演替 2 种类型。进展演替是指群落由简单、不稳定和生产力低向复杂、较稳定和生产力高的趋势发展,一般发生在原有植被已不存在,但原有土壤条件基本保留,甚至还保留了植物种子或其他繁殖体的地方。逆行演替是指原来的群落在外界因素作用下,由比较复杂、相对稳定的阶段向着简单和稳定性差的阶段退化。例如,草原适度放牧,可保持牧草健康生长;过度放牧,会导致植被覆盖度降低,牧草产量下降;放牧强度继续增大,会造成土壤严重侵蚀、盐碱化、沙化,甚至荒漠化。

次生演替的特征:①由于次生演替都是以次生裸地为起始条件的,因此,早期出现的植物可从原先曾被植物占领过的土壤上获得巨大好处,在这样的土壤中,保留着原来群落腐烂的根系或枯枝落叶层,有机质和养分比较丰富,维持着一个尚为活跃的微生物群,使得次生演替的出现和进展一般都较快;②当引起群落次生演替的外力作用停止后,群落一般仍趋向于恢复到受破坏前原生群落的类型;③群落的逆行演替可以从任何一个阶段开始,而群落的复生则只有在外力作用停止的那一阶段才可能进行,并且只有在保留一定的土壤和种子来源的条件下,其复生过程才能开始。

1.3.3 生态平衡

(1)生态系统演替

生态系统演替是指一个生态系统在一定时间里有规律的发展,是在生态系统内部因素的驱动下生态系统类型的演变和替代过程。在相对稳定的地质和气候环境下,生态系统的自然演替主要表现为植被群落的演化,同时伴随着相应的生物地球化学、水文格局、气候等多种过程的改变。生态系统演替一般是以年为单位的中等时间尺度上的变化。年内随气候条件变化是生态系统的正常生长发育,是一个周期性的过程;相对更长的时间尺度上的运动发展则是生态系统的进化,是非周期性的变化。

生态系统演替有着明显的趋势和特征。①结构。由简单的、有序性差的系统,向着结构多样的方向发展。达到稳定后的物种又趋减少,组织有序化程度提高,最后达到相对稳定。②能量。总的生产量早期增加较快，逐渐趋于平衡。系统的呼吸量则是逐渐增加，最后发展到生产量与呼吸量相当的相对稳定阶段。③物质循环。天然生态系统趋于封闭化，而人工生态系统趋于开放化，但都朝着相对稳定的方向发展。④食物链。随着生态系统的发展，时间的延长，动植物及微生物的残体、排泄物等碎屑(腐屑)将逐渐积累增加。腐屑的增加，腐食食物链的加强，对维持系统中生物种类的多样性、建立良好的食物网关系、高效率地利用环境资源、增加系统保持养分的能力等都具有积极意义。⑤熵值。生态系统具有耗散结构的特征，随熵值减少，系统在时间、空间和功能上的有序化状态越来越高，向稳态的方向发展，直到顶级稳态的形成。

(2)生态平衡

生态平衡是指在一定的时间内，生态系统中生物与环境之间、生物与生物之间，通过能量流动、物质循环和信息传递，相互制约、相互渗透、相互影响，达到高度适应、协调和统一的状态。生态平衡的出现是由于生物强大的繁殖能力和较窄的适应能力，以及环境资源的有限性3个因素共同作用的结果。

处于平衡状态的生态系统，有以下基本特点：一是系统内生物种类组成、种群数量、食物链营养结构协调稳定；二是生产者、消费者、分解者和非生物环境之间，能量和物质的输入与输出基本相等，结构和功能处于相对稳定状态，并且极少有有害物质的入侵，物质储存量恒定；三是信息传递畅通；四是生物群落与环境之间达到高度的相互适应和同步协调，在受到外来干扰时，能通过自我调节机制恢复到初始的稳定状态。

生态平衡是一种相对平衡和动态平衡，而不是绝对平衡。生态系统对外来的冲击或压力具有一定的忍受能力，在其能忍受的范围内，当这种冲击或压力去除后，生态系统可以通过自我调节能力得到恢复；但若超过一定限度，原有的生态平衡将遭到破坏，生态系统将朝着新的平衡方向发展。

生态平衡维持是由于生态系统与生物有机体一样，具有阻止变化、保持平衡的自我调节能力，可以通过各种稳态机制保持自己的相对稳定性。主要表现在以下3个层面：①在生态系统构成要素层面，一是种群的自我调节，使种群的密度与个体增长率之间保持一定的关系，稳定在平衡点水平；二是通过捕食—被捕食的关系调节，捕食者因饵料(被捕食者的生物量)的增加而增加，但捕食者的增加会使被捕食者减少，除捕食者转移到以其他种类的生物为食外，否则将因被捕食者的减少而使捕食者也减少。②在生物有机体(个体)层面，以生物的生理和遗传调节为基础，增强对环境的适应能力。这种适应包括3个方面，一是生物可最大限度地利用环境优势条件，促进良好的生长发育；二是产生不同的生态型、亚种和新种，丰富和加强物种的多样性和基因的异质性，维持生态系统的稳定；三是种群通过形态的改变或生理的改变进行调节，保持适应性。③在生态系统层面，通过系统内部的正负反馈机制，营养物质贮存与释放的调节，有机物合成与分解的调节，抗生素、维生素、生长物质等外分泌物对系统稳定性的作用机制等，保持生态系统的稳定。

(3)生态平衡失调

生态平衡失调(或破坏)是指生态系统受到外界压力和冲击时，系统的平衡受到影响，如果这种压力和冲击超过了生态系统的承受力或阈限，系统的自我调节能力随之降低，以至消失。此时原有的生态平衡遭到了破坏，系统趋于衰退，甚至崩溃，发生系统的逆行演替。

生态失衡主要从生态系统的结构和功能上反映出来。①生态系统结构的变化。一级结构缺损，即系统中缺损一个或几个组成成分。如大面积毁灭性的砍伐森林，不合理的围湖造田，草原强度开垦，使原有的生产者从系统中消失，各级消费者也因栖息地和食物源的破坏而转移或者消失，分解者和土壤中的各种营养物质遭水蚀或风蚀，最后导致母质裸露或土壤沙化、砾质化，良好的生态系统遭到崩溃。二级结构变化，即因外部压力而使系统中某一组成成分内部结构发生变化，生物种类减少，种群数量下降，层次结构变化等。如草原过度放牧，使优质牧草减少，杂草、毒草增加，草原发生退化。②生态系统功能的变化。生态系统的功能主要表现为生物的生产功能、生物对环境的调节功能、系统抵御外界压力的功能。失衡生态系统的功能会发生以下 2 种变化，一是能量流动在生态系统的某一级受阻，生产者由于同化面积减少生产力降低，进而影响到消费者各营养级食物减少，使食物链关系紊乱。二是物质流在生产者、消费者、分解者某一环节中断，或输入、输出量之间的比例失调。例如，秸秆焚烧或用作燃料，中断了作为饲料、肥料的正常流动，农业就会走上既缺饲料又缺肥料的失调状态，生产力下降。

生态平衡失调的原因包括自然和人为两个方面。自然原因包括气候突变、灾害性病虫害的突然发生等。人为原因主要包括：①人类对自然资源的不合理开发利用。这是造成生态失衡的主要原因。例如，大面积毁灭性滥伐森林，引起气候条件变劣，水土流失；滥垦草场或过度放牧，引起土壤严重的风蚀；农田只用不养，越来越贫瘠等。水土流失是黄土高原生态平衡失调的一个主要原因，不仅使农田养分流失、土层变薄，甚至岩石裸露，同时严重的水土流失又使河床抬高，水库淤积，常酿成水灾。②工业排放造成环境污染。例如，大气中烟粉尘浓度增加会削弱太阳辐射，阻塞叶片气孔，植物光合作用、呼吸作用能力下降；大气、水体、土壤中的某些有毒有害污染物会影响植物正常的代谢功能，致使产量下降，甚至会影响某些动物正常的生长和生育功能，破坏食物链。③不合理的农业生产技术。例如，只灌不排及大水漫灌等不合理的农田灌溉技术，将引起地下水位上升，发生土壤大面积次生盐渍化，农业生产水平降低甚至被迫弃耕；不合理的病虫防治技术，造成某些病虫抗药性增强、猖獗发生发展以及农产品残毒等，均破坏生态平衡。

1.4　生态气象主要研究内容

生态气象学是以生态系统为中心（周广胜 等，2021），应用气象学、生态学的原理与方法，研究天气、气候和大气成分与生态系统结构、功能之间的相互作用及其规律的一门科学。

1.4.1　气象条件与生态系统的关系

（1）气象条件对生态系统的作用

气象条件对生态系统的作用是多方面、多层次的，既有天气尺度的影响，也有气候尺度的影响，主要体现在以下几个方面。

第一，气象条件是生态系统必需的基本环境因素。光、温、水、气等气象条件是生态系统中生产者、消费者、分解者等生物组分赖以生存和正常新陈代谢的基础，是生态系统最直接最根本的驱动力之一。只有在一定的光照、气温、水分、CO_2浓度等适宜生长发育的气象条件下，作为生产者的绿色植物才能通过光合作用形成初级产品，源源不断地为消费者和分解者提供能量和物质来源，形成稳定的食物链和生态结构，保持生态系统正常运行。如果温度等气象条件不适宜或没有光照、水分等气象要素，生产者无法生产有机物，生态系统没有物质和能源供给，消费者和分解者就不能维持正常的生命活动，也就不可能存在任何形式的生命活动和各种生物。

第二，气象条件的空间分布差异是形成不同生态系统的主要原因。其中，气温和降水量是影响不同生态系统格局形成和变化的两个主要气候要素。在北半球，气温随着纬度增加和海拔高度上升而降低，生态系统逐渐由热带雨林生态系统、常绿阔叶林生态系统、针叶林生态系统演变为冻原生态系统。由于降水量不同而形成的湿润、半湿润、半干旱、干旱气候区，典型生态系统分别为森林生态系统、草原生态系统和荒漠生态系统。在生态系统内部，气象条件不同也是导致群落分布差异的主要原因，如在农业生态系统中，由于热量和水分等气候条件的差异，既有一年多熟，也有一年一熟；既有水田，也有旱地。在森林生态系统中，太阳辐射的透射作用使林内不同层次辐射分布产生差异，同时气温、湿度也有一定程度的垂直分布特征和水平分布特征，形成了森林生态系统内部乔木、灌木、地表草类等不同层次配合的立体结构。

第三，气象条件是生态系统中最活跃的环境因素。在众多环境因素中，气象因素变化幅度最大，也最频繁，时刻影响着生态系统。一是气象要素的周期性变化。例如，太阳辐射、气温的日变化决定了绿色植物光合作用、呼吸作用的进程和强度，决定了生态系统积累物质和能量的变化；气温、降水的年变化决定了绿色植物一年中的可生长时间，也决定了开始生长—旺盛生长—停止生长的具体过程。二是气象条件的变化幅度。生态系统各生物组分正常的生长、发育和繁殖都需要适宜的气象条件，且在生长发育的不同阶段需要的气象条件不同，气象条件在一定范围内的变化对生态系统起着重要作用；如果出现极端气候条件，超过生物组分的忍受范围，就会变成气象灾害，导致生命活动减缓、受损甚至死亡，生态系统退化甚至崩溃。三是气候变化、气候变迁促进了生态系统演替和进化。特别是近几十年来水土流失、土地荒漠化、湖泊萎缩、河流断流、草地退化、生物多样性减少等生态功能退化、生态系统失衡均与全球气候变化密切相关。例如，气候变暖使全年≥0 ℃的植被生育期延长，有利于森林、草地、农田等生态系统健康生长的正向演替。降水变化趋势比较复杂，某些地区在气温上升的同时，降水量并没有相应增多，导致气候干燥度增加，干旱程度加重，生态系统长期适应的结果，可能会出现由森林生态系统、草地生态系统向荒漠化生态系统的逆向演替；如果降水量过于集中，或出现极端降水，则会导致洪涝灾害，严重时直接毁灭生态系统。

第四，气象条件间接影响生态系统的其他环境要素发挥作用。大多数环境要素和人为因素并不对生态系统产生直接作用，而是通过改变气象条件对生态系统产生影响。例如，地形因素中的高原、山岳、洼地等主要是由于海拔高度不同，在气温随海拔上升而递减的变化规律下，形成不同的小气候条件，分布着不同的生态系统；坡向、坡度则主要通过影响光照时间、光照强度和辐射平衡进而影响生态系统。在人为因素中，合理确定农作物种植密度以及经济林果整枝、打杈主要是改变不同高度的光照和通风等气象条件，为行间不同高度特别是活动层创造适宜的气象环境，有利于农作物和经济林果生长发育和高产优质；设施农业则是根据温室效应原理，充分利用太阳辐射，减少与外界空气交换，使设施内部保温、保湿，延长作物生长季，获取最大的经济效益。

第五，气象条件对其他环境因素的形成和分布起着重要作用。例如，土壤的成土过程是在多因子综合作用下的复杂过程，但气候条件特别是水热状况在其中发挥着重要作用，是土壤系统发展变化的主要推动力。一是控制土壤形成的方向及地理分布，不同气候带形成不同的土壤类型，使土壤质地也呈现出一定的水平和垂直分布规律；二是影响风化壳类型及其厚度，水热条件越好，对矿物的风化作用越强烈，形成的风化壳厚度越大；三是影响土壤有机质的积累和分解，不同气候带的植被类型不同，每年植物生长量、进入土壤的残体量、土壤有机质分解速率有明显差异，结果导致热带土壤有机质含量较少，寒温带土壤有机质含量反而较多；四是影响土壤内部物质迁移过程，随着气候由湿润到干旱，土壤内部物质的淋溶、淀积程度逐渐降低，土壤也由偏酸性转为偏碱性，盐渍土就是在干旱、半干旱地区，成土母质中的易溶性盐类随水搬运至排水不畅的低平地区，在蒸发作用下，使盐分向表层集聚而形成。另外，黄土高原形成的"风成说"也与气候条件密切相关，主要是在第四纪冰期干冷的气候条件下，位于黄土高原西部的大陆内部地区气候更为干旱，大片沙土裸露，在西北风的作用下，搬运大量沙尘至黄土高原地区，由于风力减弱而沉积，年复一年，最终形成厚厚的黄土堆积。

（2）生态系统对气候的反馈作用

生态系统与气象条件之间的作用是相互的，生物在受到气象因子作用的同时，通过形成局地小气候、改变大气成分等方式，对其所处的生存环境的气象条件乃至气候系统产生不同程度的影响。

一是对辐射平衡的影响。森林、草地、农田、湖泊湿地等生态系统改变了土地利用方式，与裸地相比，吸收率、反射率和辐射平衡发生了变化，通过影响地表能量平衡直接对大气产生影响，进而使得这些地区的气候系统产生变化，并可影响到周边区域。

二是对气温变化的影响。森林、草地、农田等生态系统吸收的太阳辐射除用于光合作用、植物本身的热消耗外，大部分用于植被蒸腾和土壤水分蒸发，因此，白天的气温比裸地要低；夜晚由于植被生态系统相对湿度较大，加之植被的遮挡和阻挡作用，空气交换弱，降温幅度小，因此，夜晚气温比裸地要高。湖泊湿地生态系统粗糙度小，对太阳辐射的反射率高，同时，水体具有很大的热容量，可以阻尼或减缓巨大的强温度变化，气温日变化和年变化也比较缓和。

三是对降水量的影响。森林、草地、农田等生态系统由于植被强大的蒸散作用，湖泊湿地生态系统可以为水面蒸发提供充足的水源，使这些生态系统的相对湿度比较大，往往通过抬升作用形成局地降水，增加了降水频率和降水量，特别是森林生态系统和湖泊湿地生态系统的降水量明显大于周围地区。

四是对风的影响。高大密集森林的阻挡、摩擦作用可以减小地面风速，在某些林内甚至经常为静风。利用这一原理建设的农田防护林带，其降低风速作用的范围可以达到林带高度的20～30倍，在减弱林带背风面风速的同时，在林带迎风面一定距离内风速也有所减小，对减少农田土壤侵蚀和热量、水分散失具有显著作用。

五是对大气成分的影响。生态系统可以通过吸收和排放各种气体，改变地球的大气成分组成，影响全球气候状况。一方面，生态系统是温室气体的吸收汇。例如，森林生态系统通过光合作用吸收大气中的 CO_2，森林、草地地下部分生长也可以起到固碳作用；湖泊湿地的植物—浮游生物通过光合作用也可以吸收大气中的 CO_2，其残体沉入水底起到封存 CO_2 的作用。因此可以认为，森林、草地、湖泊湿地是陆地最为有效的生态碳汇，对降低大气中 CO_2 浓度发挥重要作用。同时，温带地区的森林、草地和荒漠的土壤上层微生物能够氧化大气中的 CH_4 含量，减缓温室效应。另一方面，生态系统也可能是温室气体的排放源。例如，对天然湿地的改造如排水或灌溉、稻田等均会排放 CH_4；农田使用氮肥会引起 N_2O 排放；牲畜养殖中的动物肠道发酵、动物粪便管理会排放 CH_4 和 N_2O；森林火灾会导致木材储存的 CO_2 释放。这些均会在一定程度上导致大气温室气体浓度增加，温室效应增强。

1.4.2 影响生态系统的主要气象因素

(1)光照

森林、草地、农田等以绿色植被为主的生态系统,太阳能是其通过光合作用制造有机物的唯一能量来源,也是热量的主要来源,太阳的光和热对植物的生长有重要作用。光照强度决定植被光合速率及光合产物积累与呼吸消耗之间的关系,影响最终收获的产品数量和质量。昼夜间光照和黑暗的交替及它们的长度对不同植物开花结实有很大的影响,决定着能否形成可收获的产品。光谱成分特别是紫外线和蓝紫光成分的多少,对植物生长高度、叶片变厚和颜色有着重要的影响。太阳辐射光谱中能产生热效应的红外线辐射,虽不直接参与植物有机质制造过程,但却是影响植物热力状况的重要因素,通过热效应使植物的体温升高,促进植物的蒸腾和物质运输等生理过程。

光照对生态系统中的动物、微生物也有重要影响。太阳辐射中的红外线和可见光部分可转变为热能,能使动物保持有机体的热平衡,促进血液循环、皮肤组织的代谢和再生等正常的生理活动,促进畜产品产出。动物有机体在光的刺激下产生的光电效应、光化学效应和日夜明暗交替能使动物保持生命活动的规律性。光照强度、光照时间的长短及其变化趋势影响家畜的繁殖,以及许多动物的迁徙、换毛、换羽、冬眠等季节性节律。适度的紫外线照射对畜禽有益的方面是具有杀菌、防佝偻病、兴奋呼吸中枢等作用,但过度的紫外线照射可能引起皮肤损伤、眼睛受伤、致癌等不良反应。

(2)温度

温度对森林、草地、农田等生态系统的影响主要表现在以下5个方面。一是界限温度。初冬气温<0 ℃土壤开始冻结,越冬作物停止生长;早春>0 ℃土壤开始解冻,越冬作物开始萌动,早春作物开始播种。多数树木在初春气温>5 ℃时开始生长,深秋<5 ℃开始落叶。气温>10 ℃期间为喜温作物生长期,>15 ℃期间为喜温作物活跃生长期,>20 ℃为热带作物生长期。二是三基点温度。任何生物的生命活动都需要在一定的温度范围内进行,不同物种、不同发育阶段的生命活动都有不同的最高温度、最低温度和最适温度。完成每一阶段的发育都需要一定的积温,在适宜的温度范围内,温度越高生长发育越快。三是温度日变化对生物生长发育的影响。在日最低气温不低于下限温度,日最高气温不高于上限温度的条件下,白天适当的高温有利于增强光合作用,夜间适当的低温有利于减弱呼吸消耗,因此,日较差大有利于生物生长发育。四是对产量的影响。在适宜灌浆的温度范围内,温度偏高,灌浆期缩短,日灌浆速率提高;温度偏低,灌浆期延长,日灌浆速率下降,灌浆期延长仍可使最终粒重增加。五是对作物品质的影响。例如,草莓在形成甜味和红色时要求中等到较高的温度,但在形成特有香味时要求10 ℃左右的温度,春季第一茬种植后的早晚可以遇到这样的温度,故香味较浓,而后几茬种植由于温度较高香味较差。另外,温度日较差大一般有利于糖分积累,可影响瓜果的口感。

温度影响动物新陈代谢过程的强度和特点及其有机体生长发育速度、行为、繁殖、数量和分布等。一是动物生命活动也有最高温度、最低温度和最适温度范围。低于某一温度,动物将停止生长发育,如罗非鱼在水温12 ℃下即可因低温致死;高于该温度,动物才开始生长发育。每种动物每个品种在其不同年龄阶段都有其最适生长温度,在此范围内生长最快,饲料利用率最高;低温下增加的饲料消耗大量用于产热保持体温,高温下散热困难致使体温升高、食欲下降,育肥速度也减慢。二是动物具有调节体温的能力,动物对于高温、低温的耐受限度因种类而异，甚至同种动物的同一器官、同一生理过程，在不同条件下也有所不同。水生动物对高温的耐受性一般比陆生动物低，高纬度地区栖息的动物对高温的耐受性一般比低纬度的低，沙漠中的动物往往能忍受较高的温度。变温动物忍受体温下降的能力比常温动物强，耐寒锻炼可提高动物适应低温能力。三是温度对动物的生长发育和繁殖的影响。昆虫、鱼类等变温动物的生长发育进程与积温有着明显的关系，但恒温动物的生长发育受环境温度的影响较小。农业害虫完成某一发育阶段需要一定的积温，据此可以用积温指标推算虫态、繁殖代数及危害期。温度也与生产能力有关，例如，鸡在 20 ℃舍温下产蛋率最高，<7 ℃或>25 ℃产蛋率都会下降。

气温对成土过程有重要的影响。气温及其变化对土壤矿物体的物理崩解、土壤有机物与无机物的化学反应速率具有明显的作用；气温及其变化影响土壤水分的蒸发、土壤矿物质的溶解与沉淀、有机质的分解与腐殖质的合成，从而制约土壤中元素迁移转化的能力和方式；温度的快速剧烈变化会导致母岩中不同矿物晶体热胀冷缩的差异，并使相邻晶体彼此分离；温度在冰点附近的频繁变化也会引起母岩裂隙中水—冰相互转化，即冰劈作用加速母岩的崩解，使母岩转化为碎屑状成土母质。

（3）水分

水对植物的作用体现在 5 个方面：一是植物光合作用的基本原料；二是作为溶剂，土壤水分要溶于水中才能被根系吸收和在植物体内循环，植物制造的有机养分也只能以溶液形式从叶片输往贮存器官；三是植物细胞依靠充满水分维持膨压，支撑自身保持直立和固有姿态，细胞的伸长也是依靠增大膨压实现的；四是植物依靠水分蒸腾降低叶温防止热害，蒸腾还是植物根系吸收土壤水分和养分的动力；五是植物的呼吸作用、有机物质合成和分解过程都有水分子的参与，许多生命化学反应要求细胞质被水合。

不同种类的植物，同一种植物的不同器官及不同部位，处于不同的环境条件下，其水分含量有较大的差异。当外界缺乏水分时，植物的生命活动不能正常进行，干燥的空气或土壤甚至可以从植物中夺走水分，直接导致植物死亡。当外界水分过多时，由于缺氧使许多植物的根系不能从土壤中正常吸收水分和养分而受伤乃至死亡。作物需水临界期是对水分最敏感的时期，水分缺乏或过多均会对产量产生严重影响。一般作物的需水临界期大多与生殖器官分化和形成有关。临界期不一定是作物需水最多的时期，也不一定成为需水的关键期。如作物对水分相当敏感，又正是当地降水条件较差却不稳定的时期，此时成为水分影响作物产量的关键期，称为作物的水分关键期。

水对动物也有重要影响。水是动物有机体内部一切生命活动和生化过程的基本保证，保持机体水分代谢的平衡是动物生存的基本要求。一方面，水分对正常生长发育活动有重要影响，动物体内的水主要以体液形式存在，可溶解无机盐和有机物，动物的消化、吸收、循环、呼吸、排泄、神经调节等生命活动都必须在水的参与下进行，养分输送、血液和淋巴等体液的流动都要以水为溶剂，水还具有润滑食物、保护器官的作用。另一方面，水是维持动物生命的关键保障。动物缺水首先表现为饲料消耗和生产力下降，长时期持续缺水还会危及生命，失水 10%生命活动会严重失调，失水 20%可致死。陆生动物在炎热环境下，蒸发散热是降低体温、避免体温过高影响生存的重要手段；对水生动物而言，由于水中含盐量的多少影响渗透压，对其生存同样产生重大影响。

水分在土壤成土过程中也发挥着重要作用。在高寒地区或温带季风气候区，气温的变化常使地表母岩裂隙及土壤空隙水分在一日或一年之内发生冻融交替的现象，由于水分在冻结成冰的过程中其体积会膨胀，因而冰块会对母岩的裂隙壁施加巨大压力，加速母岩的破碎；当冰块融化时，水分在重力作用下进一步渗入到母岩内壁，并再次被冻结形成冰楔。这样频繁地冻融交替使母岩不断破碎分解，最后形成具有较好通透性的成土母质。如果母岩中富含易溶盐分时，母岩裂隙中的水分会溶解大量盐分，一旦水分被蒸发，盐分便再次结晶，使体积增大，也会对母岩裂隙产生膨胀压力，促使母岩崩裂。

(4)空气湿度

空气湿度直接影响植物的蒸腾速率，在土壤水分充足和植物具有一定保水能力的情况下，空气湿度低，叶面蒸腾旺盛，根系吸收水分和养分增多，可加速生长。空气湿度饱和时，生长速度往往因蒸腾减弱而下降，特别是灌浆期间还会延迟成熟，降低产量和品质。空气湿度过低时，即使土壤水分充足，也会由于空气饱和差增大使植物蒸腾加剧，叶片水势降低，气孔阻力增加，最终导致蒸腾速率下降。

空气湿度对动物的影响主要有2个方面，一是对动物体热调节的影响。高温时，动物主要依靠蒸发散热调节体温，如果空气湿度过大，动物体蒸发面水汽压与空气水汽压差减小，不利于蒸发散热；在低温环境中，动物力图减少散热量维持体热平衡，由于潮湿空气的导热性和热容量比干燥空气大，且动物的皮肤和皮毛因吸收空气中的水分而变湿，显著增加非蒸发散热，不利于维持体热平衡。二是空气湿度与动物疾病相关。高湿情况下，动物抵抗能力降低，对传染病的蔓延较为有利，发病过程也较严重，死亡率增加；空气过分干燥，会使动物皮肤和外露黏膜发生干裂，减弱对微生物的防卫能力。

(5)CO_2 浓度

CO_2浓度增加对森林、草地、农田等以绿色植被为主的生态系统的影响，体现在对作物生长发育及产量与品质的影响上。一是生物量增加。CO_2是植物光合作用必不可少的原料，其浓度增加，可使绿色植被更多地处于CO_2补偿点以上的环境中，有利于提高光合作用能力和植被生长，作物叶片水分状况得以改善和有机碳化合物增加，促进叶片的生长速度加快，叶面积指数增大，叶片数和干鲜重、根的总干重和分布密度增加，大多数农作物产量具有增加的趋势。二是改善蒸腾和水分利用效率。增加CO_2浓度可导致气孔阻力增大，蒸腾减弱，但由于光合干物质积累的增加，最终植物水分利用率得以提高。三是影响生态系统稳定性。例如，在高CO_2浓度条件下，由于植物间种群对土壤养分、水分供应的竞争，在C3植物占生长优势的生态系统中生长的C4植物处于劣势，特别是C4植物在与C3杂草的竞争中特别脆弱，势必危及以此类植物为食或与其共生的生物，严重时可导致生物种类的减少，生物多样性程度降低。四是引起植物分布区域变化。增加CO_2浓度，除气候变化使植物分布界限北移和向高海拔地区发展外，还可增强植物固碳的能力，碳水化合物供应增加，从而缓解盐害，提高植物的耐盐性，使某些植物在中等盐渍地区生长速度加快，在原来不能生长的重盐渍地区能够生存下来，植物向多盐地区扩张。五是对动物的影响。例如，在动物栖息地，特别是人工养殖中，畜舍中CO_2含量过多的危害是造成缺氧，引起对牲畜的慢性毒害，使牲畜精神萎靡，食欲减退，增重迟缓，体质下降。高浓度CO_2使植物叶片含氮量减少，干扰叶片中蛋白质的合成，降低对昆虫的营养价值，进一步导致昆虫的发育迟缓，数量减少；昆虫发育迟缓意味着幼虫化蛹时间延长，受到天敌和逆境袭击的机会增加，导致蛹和成虫数量下降，反过来抑制了以此为食的天敌的生长，因而又有可能为虫灾的发生创造条件。

单纯的CO_2浓度增加有利于生态系统的光合作用，但CO_2浓度增加引起的全球气候变化、气候偏离平均态和极端气候事件，对生态系统的影响是多方面的。例如，随着气温升高，田间杂草、病虫害的发生发展将增加和加速；高温使肥料分解加速，为了高产需要增加施肥量，从而增加了农业投入；某些地区土壤湿度呈下降趋势，加之降水分布不均匀，旱灾有可能加剧。因此，CO_2浓度增加对生态系统的影响需要根据不同生态系统的特征综合考虑。

（6）风

风对生态系统的有利作用主要包括以下5个方面：①促进植物异花授粉和种子传播；②可使作物冠层附近CO_2浓度保持在接近正常的水平上，防止或减轻植物周围的CO_2亏缺；③引起茎叶振动，造成群体内闪光，改善群体下部的光质和光量；④降低边界层阻力，增强植株周围空气流动，增大植株蒸腾能力，促进植物对土壤养分的吸收；⑤降低叶片温度，促进动物散发体热，防止动植物处于高温高湿环境而受到危害。

风对生态系统的不利作用主要包括以下4个方面：①大风，特别是伴随土壤过湿或被水淹、强降水，会使植物倒伏，影响作物正常生长，甚至严重减产；②白粉蝶、黏虫、稻纵卷叶螟等昆虫的迁飞、降落与气流运动有密切关系，使病虫害危害范围扩大；③长期单向风可使树木迎风面的新生枝条受到风干燥作用的伤害，生长受到抑制，而背风面枝条继续发育，造成明显的不对称；④长期大风使植物茎秆受力不均匀，倾向于朝着背风一侧生长，导致横向生长力增强，纵向生长力减弱，植物基部变粗，顶端尖小，同时破坏植物的水分平衡，使细胞成熟时未能扩大到正常大小，从而使所有器官小型化，最终导致植物矮化。

1.4.3 气象要素对生态系统作用的基本特征

综合作用。生态环境是包括气象要素在内的许多环境因素综合作用的结果。气象因素各要素之间不是独立地存在及产生作用的，它们是相互联系、相互制约的，其中任何一个要素的变化，都可能引起其他要素不同程度的变化。

主导因素。组成环境的因素都影响着生态系统的发展，但在一定条件下，其中必有1～2个因素是起主导作用的，它的存在与否和数量的变化，会使动植物的生长发育状况发生明显的变化。

不可替代性和可调性。一方面，动植物正常生长发育过程中所需要的光、温、水等环境气象条件是同等重要的，缺少任何一个都能引起动植物生长发育受阻，甚至死亡，而且任何一个要素都不可能由另一个要素取代。另一方面，在一定情况下，某一要素在量上的不足，可以由其他要素的增加或减少而得到调剂，并仍然有可能获得相似的生态效应。

阶段性作用。每一个气象要素，或彼此有关联的若干要素的结合，对同一动植物的各个发育阶段所起的生态作用是不同的；动植物的一生中，所需要的气象要素也是随着动植物生长发育的推移而变化的。

直接作用与间接作用。气象因子对动植物生长发育状况和分布既有直接作用，也有间接作用。例如，干热风、低温对作物的影响属于直接作用；地形的起伏、坡向、坡度、海拔、经纬度等其他环境因素，是通过改变光照、温度、降水量、风速等气象条件，进而对作物产生影响的，属于间接作用。

第 2 章
山西省气候概况

2.1 山西省基本气候特征

山西省地处黄土高原，地势较高，全省年平均气温为 10.2 ℃，各地年平均气温为 4.6～14.6 ℃（右玉最低，永济最高）。年平均气温的分布在很大程度上受到地形的影响，北部以及中部的东、西山区，年平均气温在 10.0 ℃以下；中部黄河沿岸、太原盆地、阳泉大部、临汾丘陵山区以及东南部部分地区为 10.0～12.0 ℃；临汾盆地、运城大部在 12.0 ℃以上，其中运城西南部部分地区达 14.0 ℃以上（图 2.1a）。山西气温季节变化明显，冬季平均气温为－3.6 ℃，春季平均气温为 11.8 ℃，夏季平均气温为 22.6 ℃，秋季平均气温为 10.0 ℃。各季节平均气温地理分布特征与年平均气温分布基本一致。

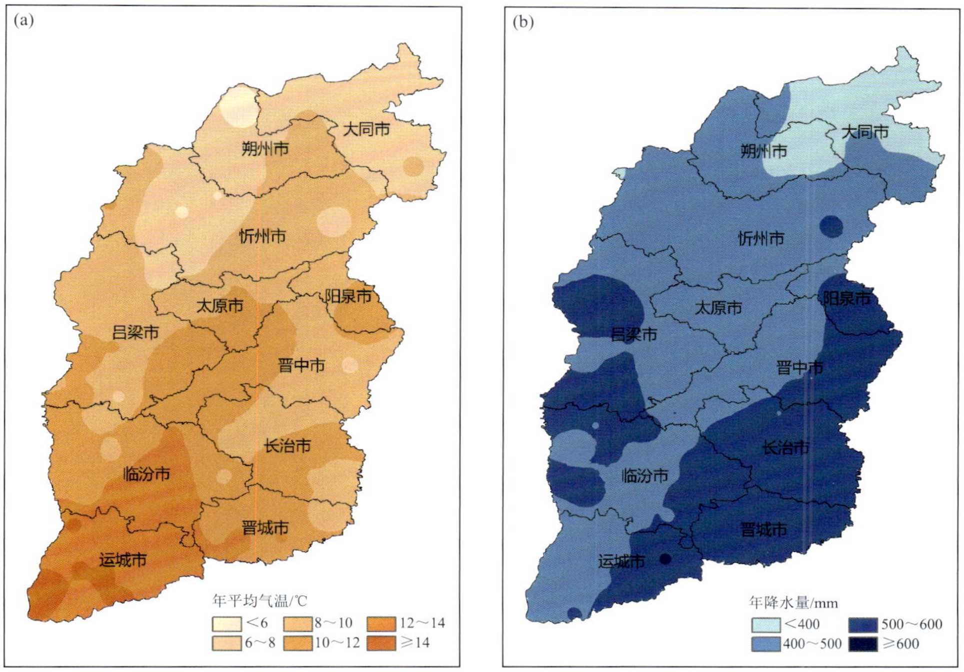

图 2.1 山西省年平均气温(a)和年降水量(b)分布

山西省年平均降水量为479.5 mm。降水量空间分布总的特征是由东南向西北递减，各地年降水量为372.0～614.9 mm(应县最少，垣曲最多)。大同、朔州、忻定盆地、太原盆地年降水量在450.0 mm以下；吕梁山部分山区、中东部的阳泉和晋中等地、东南大部分地区、临汾东部山区、运城东部年降水量在500.0 mm以上，为山西省多雨区(图2.1b)。由于地形的抬升作用，暖湿气流遇山地极易成云致雨，致使山地降水量普遍多于川谷。

山西省降水量季节变化明显，夏季受到海洋性暖湿气流影响，为多雨季节，其他大部分时间则在干燥大陆性气团的控制之下，气候干燥，雨雪稀少。山西省夏季雨水较多，降水量为273.5 mm，占年总降水量的57%，但雨季时间较短；秋季和春季的降水量分别为115.3 mm和77.5 mm，占比分别为24%和16.2%，秋雨多于春雨；冬季干旱少雨，降水量为13.3 mm，仅占年总降水量的2.8%。

山西省地势起伏不平，地面气流受到较大影响。山西省年平均风速为2.0 m/s，各地平均风速在1.0～3.4 m/s(沁县最小，神池最大)，晋西北和西部丘陵山区是风速较大的区域，大部分地区在2.0 m/s以上，其中平鲁、蒲县、宁武、中阳、岢岚、神池等地在3.0 m/s以上；风速较小区域集中在忻定盆地南部、临汾盆地北部等地，在1.5 m/s以下。风速的季节变化明显，春季是风速最大的季节，其次是夏季和冬季，秋季风速较小。2—6月，各月平均风速均在2.0 m/s以上，8—10月风速年内最小，均为1.7 m/s。

2.2 山西省气候变化事实

2.2.1 主要气象要素变化

(1)气温

1961—2023年，山西省年平均气温呈显著升高趋势，升温速率为0.30 ℃/(10 a)(图2.2)。20世纪90年代中期之前，年平均气温处于偏冷时期；之后气温呈明显上升趋势，其中大部分年份平均气温高于累年平均值(10.2 ℃)；近10余年来，年平均气温一直维持在较高的水平。从年代际来看，20世纪90年代升温幅度最大，21世纪10年代的年平均气温最高，较20世纪60年代升高1.4 ℃(图2.3)。

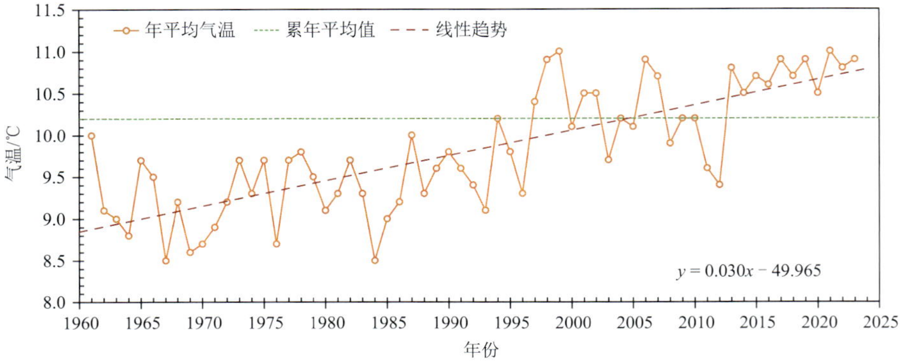

图2.2 1961—2023年山西省年平均气温变化

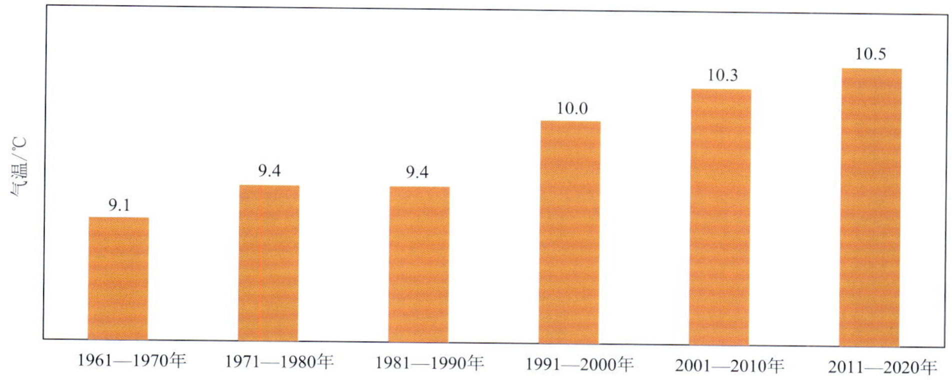

图 2.3　1961—2020 年山西省平均气温年代际变化

1961—2023 年，山西省年平均最高气温呈显著上升趋势，升温速率约 0.35 ℃/(10 a)，高于年平均气温的升温速率(图 2.4)。20 世纪 90 年代中期之前，年平均最高气温处于一个偏低的时期，之后呈明显上升趋势。60 余年来，山西省年平均最高气温为 14.9～18.1 ℃。近年来，全省年平均最高气温一直在高于累年平均值(16.8 ℃)的基础上波动变化。

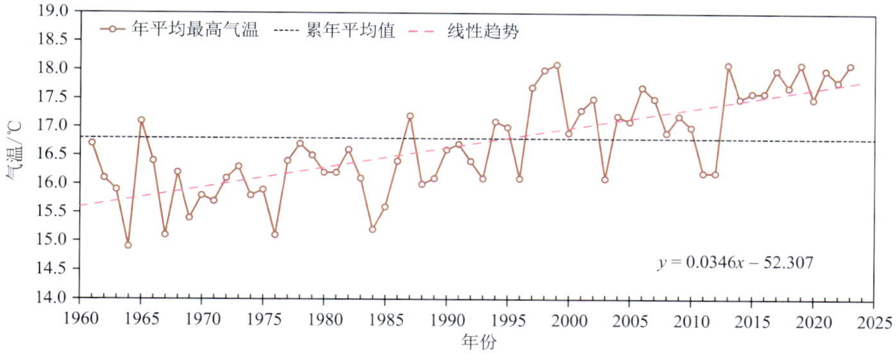

图 2.4　1961—2023 年山西省年平均最高气温变化

1961—2023 年，山西省年平均最低气温呈显著上升趋势，升温速率约 0.36 ℃/(10 a)，高于年平均气温和年平均最高气温的升温速率(图 2.5)。60 余年来，山西省年平均最低气温为 2.5～5.5 ℃。近 10 年来，全省年平均最低气温均高于累年平均值(4.1 ℃)，且在 2020 年达到 1961 年以来历史最高。

(2)降水量

1961—2023 年，山西省年降水量年际变化显著，并伴随明显的年代际波动(图 2.6)。2000 年之前，年降水量下降趋势较为明显，之后逐渐转为增加趋势；20 世纪 60—90 年代，降水量快速下降，其中 70 年代和 90 年代下降更为明显，90 年代是降水最少的时期，低于累年平均值。21 世纪前 10 年，降水量逐步回升至平均线附近；10 年代(2011—2020 年)降水量持续增加，年代际降水量已回升至接近 20 世纪 60 年代水平(图 2.7)。60 余年来，山西省年降水量最大值出现在 2021 年，达到 721.9 mm，较累年平均值(479.5 mm)偏多 242.4 mm，偏多 50.6%；年降水量最小值出现在 1965 年，仅有 301.2 mm，较累年平均值偏少 178.3 mm。

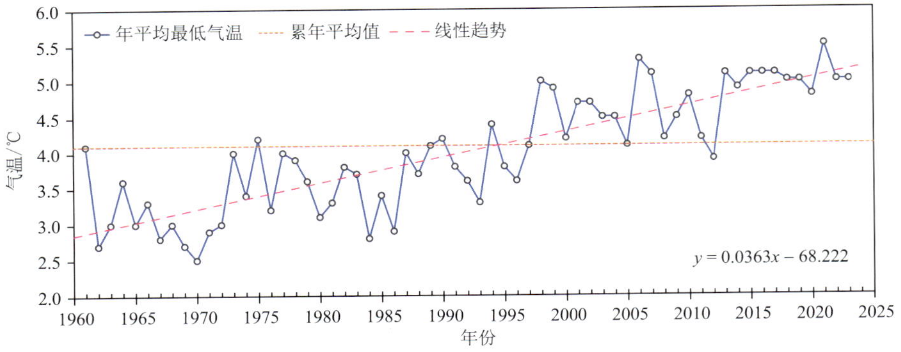

图 2.5　1961—2023 年山西省年平均最低气温变化

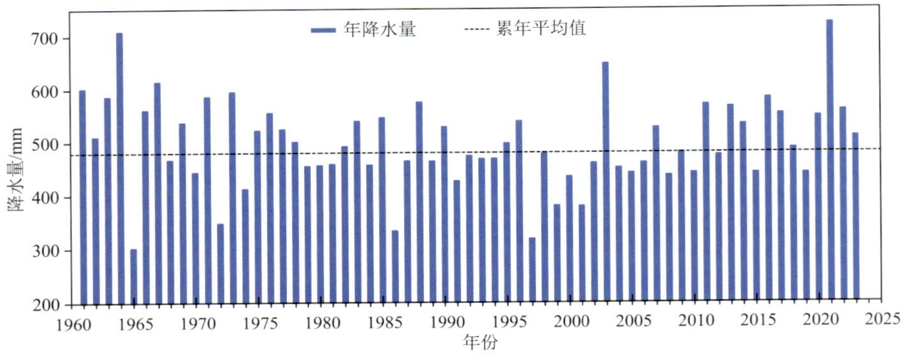

图 2.6　1961—2023 年山西省年降水量变化

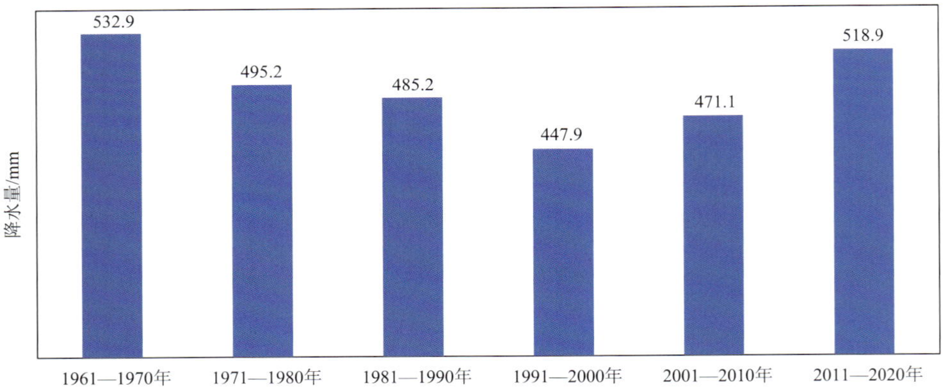

图 2.7　1961—2020 年山西省年降水量年代际变化

(3)雨日数

1961—2023 年，山西省年雨日数呈弱下降趋势，下降速率为 1.7 d/(10 a)（图 2.8）。最多雨日数出现在 1964 年，达到 117.3 d；最少雨日数出现在 1997 年，仅 58.6 d；近年来，雨日数多在平均线(77.9 d)附近波动。

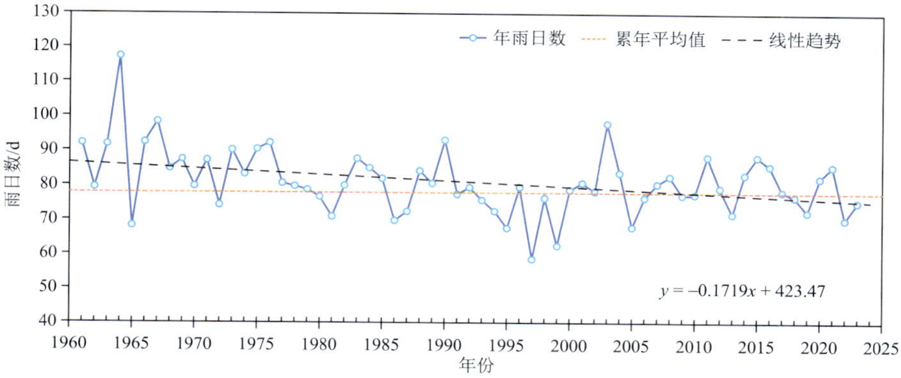

图 2.8　1961—2023 年山西省年雨日数变化

(4)相对湿度

1961—2023 年，山西省年平均相对湿度呈微弱下降趋势，下降速率为 0.2%/(10 a)(图 2.9)。2006 年以后，年平均相对湿度持续低于累年平均值(58%)。

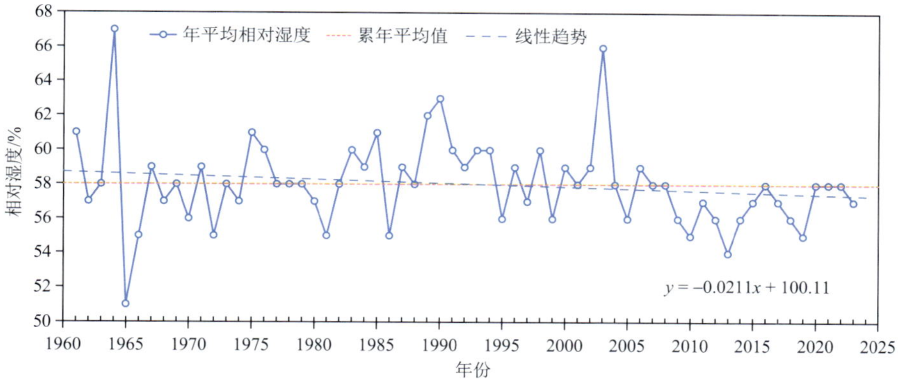

图 2.9　1961—2023 年山西省年平均相对湿度变化

(5)风速

1961—2023 年，山西省年平均风速呈减小趋势，平均每 10 年大约减小 0.08 m/s(图 2.10)。20 世纪 60 年代至 70 年代中期，风速呈现缓慢增大的趋势，之后至 90 年代初呈现快速减小的趋势，20 世纪 90 年代至 2014 年，平均风速基本围绕累年平均值(1.9 m/s)上下波动，维持相对稳定的态势，此后，年平均风速表现出增大的趋势。

2.2.2　极端要素变化

(1)极端温度

1961—2023 年，山西省年极端最高气温呈上升趋势，升温速率约为 0.21 ℃/(10 a)(图 2.11)，升温速率较年平均气温和年平均最高气温偏小。20 世纪 90 年代中期以来年极端最高气温超过累年平均值(36.1 ℃)的年份较多，部分年份年际变化剧烈；1961 年以来，年极端最高气温最高值出现在 2005 年，达到 39.4 ℃，最低值出现在 1964 年，为 33.4 ℃。

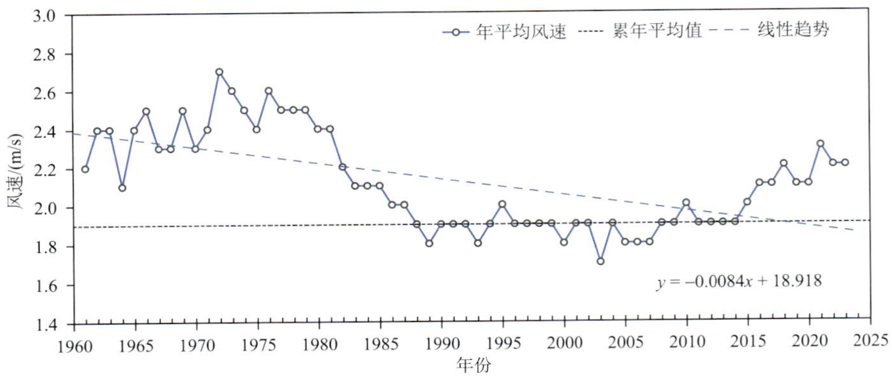

图 2.10　1961—2023 年山西省年平均风速变化

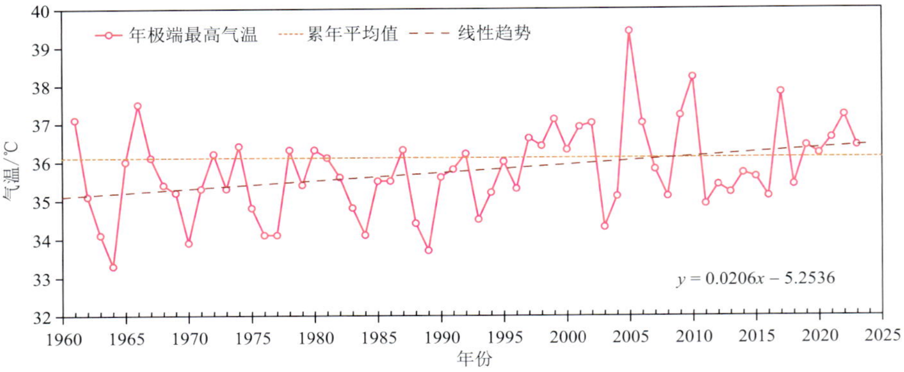

图 2.11　1961—2023 年山西省年极端最高气温变化

1961—2023 年，山西省年极端最低气温呈上升趋势，升温速率约 0.37 ℃/(10 a)(图 2.12)，升温速率高于年平均气温和年平均最低气温，每 10 年升温幅度分别较上述气象要素指标高出 0.07 ℃、0.01 ℃，气候变暖更多表现为低温指标的显著升高。20 世纪 60 年代到 70 年代中期前，极端最低气温大多在累年平均值(−19.2 ℃)以下；到 21 世纪初，极端最低气温基

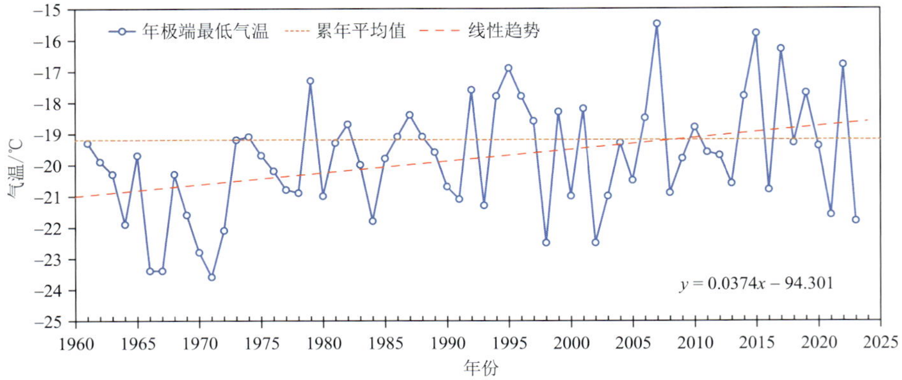

图 2.12　1961—2023 年山西省年极端最低气温变化

本上围绕累年平均值上下波动;2004 年以后,极端最低气温有升高的趋势,大部分年份均在累年平均值之上。1961 年以来,年极端最低气温的最小值出现在 1971 年,为−23.6 ℃,最高值出现在 2007 年,为−15.5 ℃。

(2)高温日数

1961—2023 年,山西省年高温日数呈上升趋势,平均每 10 年增加 0.62 d(图 2.13)。20 世纪 90 年代中期前,年高温日数总体低于累年平均值(6.4 d),且变化幅度较小;此后,年高温日数明显增加,且年际变化幅度更加剧烈。高温日数最多的年份出现在 1997 年,达到 14.6 d;高温日数最少的年份出现在 1984 年,仅 0.8 d。

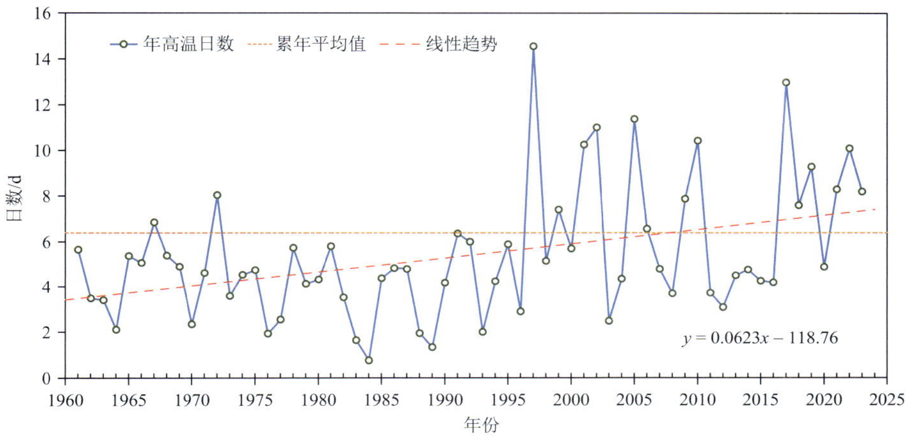

图 2.13　1961—2023 年山西省年高温日数变化

(3)日最大降水量

1961—2023 年,山西省日最大降水量年际间波动较大(图 2.14)。20 世纪 80 年代前,日最大降水量相对较大,到 20 世纪 90 年代末,日最大降水量处于相对偏小时期,2000 年后,日最大降水量开始增加,近年来,日最大降水量大多处于累年平均线(54.5 mm)以上。日最大降水量的最大值出现在 2016 年,达到 70.1 mm,最小值出现在 1965 年,仅 35.7 mm。

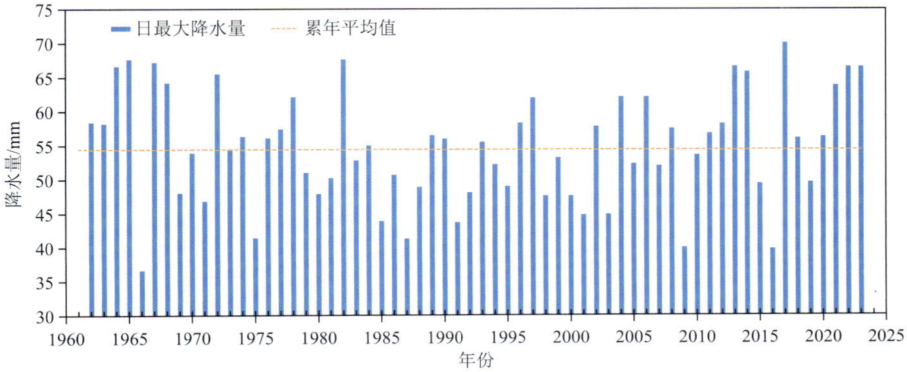

图 2.14　1961—2023 年山西省日最大降水量变化

(4)暴雨日数

1961—2023 年,山西省年平均暴雨日数变化趋势不明显,但近年来有增多趋势(图 2.15)。2021 年,山西省受近 60 年来超强秋汛影响,出现大范围暴雨,全年平均暴雨日数达 2.1 d,较累年平均值(0.7 d)偏多 1.4 d,是历史最高值。

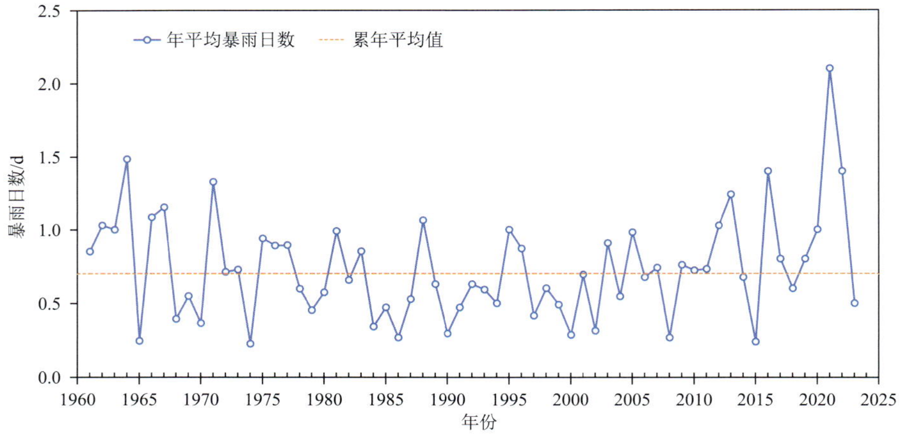

图 2.15 1961—2023 年山西省年平均暴雨日数变化

(5)冰雹日数

1961—2023 年,山西省年平均冰雹日数呈明显减少趋势,减少速率约为 0.22 d/(10 a)(图 2.16)。冰雹日数最多的年份出现在 1965 年,达到 2.7 d;最小值出现在 2018 年,仅有 0.2 d。

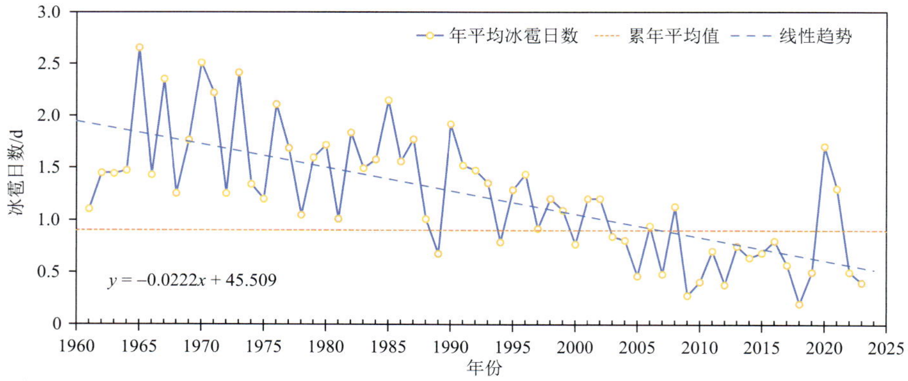

图 2.16 1961—2023 年山西省年平均冰雹日数变化

(6)大风日数

1961—2023 年,山西省年大风日数呈显著减少趋势,平均每 10 年减少 1.2 d(图 2.17)。20 世纪 80 年代中期前,大风日数总体较累年平均值(8.7 d)偏多,至 21 世纪 10 年代,大风日数总体围绕累年平均值波动,2015 年以来大风日数转为增加趋势,2021 年出现明显增加,达到 14.9 d。1966 年大风日数最多,达 17.6 d,2014 年大风日数最少,仅 4.4 d。

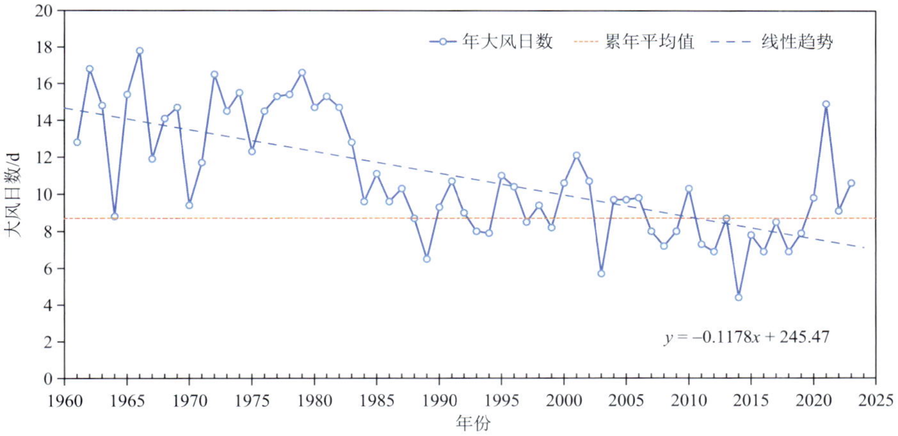

图 2.17　1961—2023 年山西省年大风日数变化

第3章 生态气象观测

生态气象观测是指运用生态学和气象学的观测方法，对反映和指示各生态系统的特征量以及影响生态系统的气象要素进行平行观测，获取相关数据。通过生态气象观测，在了解生态系统特征和气象条件时空变化规律的基础上，一方面可深入分析和把握气象条件、气候变化与各生态因子之间的相互关系、相互作用机制和反馈机理，建立相应的指标体系，科学评价生态系统的特征和动态变化，以及气象条件对生态系统影响的程度和贡献率，为生态系统保护和修复提供气象依据，充分发挥气象在生态文明建设中的作用；另一方面，可建立长期、稳定的大气圈、水圈、岩石圈、生物圈等圈层的地球物理参数序列资料集，为气候系统模式研究以及气候变化预测、气候变化影响评估提供基础资料，提高天气预报和气候预测的精细化程度和准确性。

生态气象观测一般包括三部分内容，一是生态系统的生态特征监测，如农作物、森林、草地的生长发育状况，湖泊和河流的水量、水质、水相等。二是气象条件观测，如光照、气温、降水、风向风速、空气相对湿度、土壤温度、土壤湿度等。三是其他相关环境要素观测，如土壤物理特征、土壤化学特征、生态气象灾害、大气成分、温室气体浓度等。生态气象观测主要采取地面生态站网长期定位观测、短期生态调查、地面或航空遥感监测、多源卫星遥感反演等地基—空基—天基多种方式进行。

3.1 地面生态气象观测

3.1.1 主要生态系统生态特征观测

(1)农田生态系统生态特征观测

农田生态系统生态特征观测项目主要包括以下7个方面。一是农田生态系统的组成和结构，如种植的作物种类，单作、复种、间作套种等种植方式及作物搭配，一年一熟、两年三熟、一年两熟等熟制和前后茬作物安排情况，各类作物的播种期、收获期及生长期等。二是农作物生长发育状况，如各类作物的营养生长和生殖生长状况、叶面积、光合效率、灌浆速度等。三是农田生产力，如农田净初级生产力，产量构成要素情况及籽粒产量，茎、叶、根等各器官的干鲜重。四是产品品质，如籽粒中蛋白、脂肪、氨基酸等有机成分含量。五是农田管理措施，如平田整地、灌溉、施肥、喷药等。六是农用土地状况，如旱地、水田、水浇地，平地、坡地及坡度等。七是农业灾害情况，如农业气象灾害、病虫害等。主要观测指标见表3.1(中国气象局，1993，2005)。

表 3.1　农田生态系统主要观测指标

指标类型		观测项目
生理生态指标	发育期	冬小麦:播种、出苗、三叶、分蘖、越冬开始、返青、起身、拔节、孕穗、抽穗、开花、乳熟、成熟 玉米:播种、出苗、三叶、七叶、拔节、抽雄、开花、吐丝、乳熟、成熟 谷子:播种、出苗、三叶、分蘖、拔节、抽穗、乳熟、成熟 马铃薯:播种、出苗、分枝、花序形成、开花、可收
	生长状况	冬小麦:高度、株数、茎数(总茎数、有效茎数),分蘖数(大蘖数)、越冬死亡率、小穗数、结实粒数 玉米:高度、株数(总株数、有效株数),茎粗、果穗长、果穗粗、双穗率 谷子:高度、株数、茎数(总茎数、有效茎数) 马铃薯:高度、株数、最大根深、根宽、根长密度
	生物量	叶面积,根、叶片、叶鞘、茎、果实等的鲜重、干重,总生物量鲜干重
	产量结构	冬小麦:小穗数(不孕小穗数)、穗粒数、千粒重、理论产量、株成穗数、成穗率、茎秆重、籽粒与茎秆比 玉米:果穗长、果穗粗、秃尖比、株籽粒重、百粒重、理论产量、茎秆重、籽粒与茎秆比 谷子:空秕率、穗粒重、千粒重、理论产量、茎秆重、籽粒与茎秆比 马铃薯:株薯块重、屑薯率、出干率、理论产量、鲜蔓重、薯蔓比
	光合作用	光合速率、气孔阻力、蒸腾速率、叶面积指数、叶绿素含量等,灌浆速度
	营养成分组成	果实或籽粒的灰分、蛋白、脂肪、纤维、氨基酸等
土壤理化特征指标	土壤物理特征	土壤结构特性:土壤容重、比重、孔隙度、土壤质地、土壤机械组成、土壤紧实度等土壤农业物理特性 土壤质地:沙土、壤土、黏土等
	土壤侵蚀	风蚀、水蚀、冻融侵蚀
	土壤化学特征	土壤有机质含量(土壤有机碳等)、土壤 pH 值、土壤矿质营养总量及可利用量(氮、磷、钾等),土壤离子交换能力,土壤中农药、重金属和其他有害物质的累积量等
灾害	农业气象灾害	灾害名称、受害期、受害症状、受害程度,天气气候状况 灾害种类主要有水分异常引起的干旱、洪涝、渍害、雹灾、连阴雨,温度异常引起的低温冷害、霜冻、冻害、高温热害,风灾,气象因子综合作用引起的干热风等
	病虫害	病虫害名称、受害期、受害症状、受害程度,天气气候状况 病虫害种类主要有冬小麦的条锈病、白粉病、赤霉病、吸浆虫、麦蜘蛛等,玉米的黑粉病、螟虫、蚜虫、蝗虫、杂食性害虫等
	有害物质污染	果实或籽粒中农药、重金属或有毒物质的含量等
区域调查	田间工作	整地(耕地、镇压、耙地、开沟整畦)、播种移栽(种子处理、大田播种、育苗、移栽、补播、间套作物播种)、田间管理(间苗、定苗、中耕(除草、培土)、整枝摘心、施肥、灌溉、防治病虫害、灾害性天气的防治与补救措施、人工授粉)、收获方式

(2)森林生态系统生态特征观测

森林生态系统生态特征观测项目主要包括以下 6 个方面。一是森林群落结构,包括森林树种构成及分布、优势种、树龄,乔木、灌木、林下植被等森林分层结构,天然林、人工林等林分起源,林内动物种类及分布等。二是森林生长发育情况,包括各林种物候期,密度、盖度、叶面积指数,高度、胸径、木材蓄积量等。三是森林凋落物、林下可燃物等。四是森林灾害,包括林业气象灾害、病虫害、森林火灾等。五是森林特殊生态功能,包括固碳释氧、涵养水源、负氧离子等。六是森林生境，包括立地条件、地形地势、坡度坡向等。主要观测指标见表 3.2（中国气象局，2005）。

表 3.2 森林生态系统主要观测指标

指标类型		观测项目
生理生态指标	森林群落结构	树种组成、树龄、林分起源、林相，密度、盖度、乔木层叶面积系数
	物候期	芽膨大期、芽开放期、展叶、花蕾（花序）出现、开花、第二次开花、果实（种子）成熟、果实（种子）脱落、叶变色、落叶
	生长状况	高度、胸径、单株立木材积、单株生长量、林分蓄积量
	凋落物	凋落物量、森林可燃物量、枯枝落叶层含水量
森林生态功能		固碳释氧、水源涵养、负氧离子浓度
灾害		气象灾害：灾害类型（冻害、霜冻、低温冷害、高温、干旱、洪涝、冰雹、暴雨、雪压、雨凇、大风等），整个植株或根、茎、叶、花蕾、花、果实、种子等器官的受害症状、受害程度 病虫害：病虫害类型（松毛虫、美国白蛾、杨树蛀干害虫、松材线虫、日本松干蚧、松突圆蚧、湿地松粉蚧、大袋蛾、松叶蜂、森林鼠害），病虫种类、发育阶段，受害株率，根、茎、叶、花等器官受害程度 森林火灾：火灾类型（地面火、林冠火、地下火），火源（人为火源：生产性火源、生活性火源、坏人放火、外来火。自然火源：雷击火、越冬火、裸露石灰或泥炭自燃火），过火面积，受害程度

（3）草地生态系统生态特征观测

草地生态系统生态特征观测项目主要包括以下 6 个方面。一是草地类型，如草甸草地、草原草地、高山草地，牧区草原、林间草地、农区草山草滩，天然草地、人工草地等。二是草地群落结构，如草地植被构成，一年生或多年生，草类、灌丛等分层结构，主要牧草种类、优势度、毒杂草比例等。三是各类草的生长发育情况，如发育期、生长高度、密度、盖度、叶面积指数、草地生产力、产草量等。四是牧草营养成分，如粗纤维、粗蛋白、粗脂肪等。五是草畜平衡监测，如放养的牲畜种类、载畜量、牲畜饲草情况、牲畜活动、牲畜膘情，其他草地动物分布等。六是草地灾害，如草地气象灾害、病虫鼠害，牲畜气象灾害，草地退化等。主要观测指标见表 3.3（中国气象局，2005）。

表 3.3 草地生态系统主要观测指标

指标类型		观测项目
生理生态指标	物候期	禾本科草类：返青（出苗）、分蘖、抽穗、开花、种子成熟、黄枯 豆科草类：返青（出苗）、分枝形成、花序形成、开花、果实成熟、黄枯 莎草科草类：返青、花序形成、开花、果实成熟、黄枯 杂类草：返青（出苗）、形成、开花、种子（果实）成熟、黄枯 灌木、半灌木：返青（芽开放）、展叶、新枝形成、开花、果实成熟、黄枯
	生长量	草本：生长高度、草层高度（自然高度）、再生草草层高度，牧草覆盖度，优势种株丛数 灌木、半灌木：新生枝条（新茎）长度，密度
	产量	牧草：鲜重、干重，杂草鲜重、干重，千株重，干鲜比，总产量 灌木、半灌木：单株丛重（鲜重、干重），杂草鲜重、干重，产量，干鲜比
	凋落物	地表凋落物量
	牧草营养成分	粗纤维、粗蛋白、粗脂肪、无氮浸出物、磷、钙、水分、灰分
	其他	草地光谱、有毒有害草生长情况

续表

指标类型		观测项目
灾害	牧草灾害	霜冻、干旱、冰雹、暴雨、大风、病虫害、鼠害
	家畜灾害	白灾、黑灾、暴风雪、大风、风沙，病虫害

草地退化是指天然草地在干旱、风沙、水蚀、盐碱、内涝、地下水位变化等不利自然条件影响下，或过度放牧与割草等不合理利用，或滥挖、滥割、樵采破坏草地植被，引起草地生态环境恶化，草地牧草生物产量降低，品质下降，草地利用性能降低，甚至失去利用价值的过程。具体观测项目见表 3.4。

表 3.4　草地退化程度观测项目

观测项目		具体指标
必需观测项目	植物群落特征	总覆盖度相对百分数的减少率 草层高度相对百分数的降低率
	群落组成结构	优势度牧草综合算术优势度相对百分数的减少率 可食草种个体数相对百分数的减少率 不可食草与毒害草个体数相对百分数的减少率
	指示植物	草地退化指示植物个体数相对百分数的增加率 草地沙化指示植物个体数相对百分数的增加率 草地盐渍化指示植物个体数相对百分数的增加率
	地上部产草量	总产草量相对百分数的减少率 可食产草量相对百分数的减少率 不可食产草量相对百分数的增加率
	土壤养分	0～20 cm 土层有机质含量相对百分数的减少率
辅助观测项目	地表特征	浮沙堆积面积占草地面积相对百分数的增加率 土壤侵蚀模数相对百分数的增加率 鼠洞面积占草地面积相对百分数的增加率
	土壤理化性质	0～20 cm 土层土壤容重相对百分数的减少率
	土壤养分	0～20 cm 土层全氮含量相对百分数的减少率

在表 3.4 各观测项目中，＜10％为未退化，11％～20％为轻度退化，21％～30％为中度退化，＞30％为重度退化。

(4)河湖湿地生态系统生态特征观测

河湖湿地生态系统生态特征观测项目主要包括以下 5 个方面。一是物理特性，如河湖湿地的汇水面积；河流的长度、比降、河床宽度、河面宽度、河流纵剖面形态等，支流情况；水库的功能，总库容、死库容、调节库容、库容曲线等；湖泊湿地的面积形状等。二是水文特性，如雨水、冰雪融水、湖泊、沼泽地和地下水等河湖湿地的水源补给来源、渗漏损失情况；河流的流量、流速、流向，水位、水深，含沙量；湖泊水库的水位、水深、水体蒸发，水体面积，入水量、出水量；沼泽积水时间、最大积水面积、最小积水面积。三是水相特征，如结冰期、融冻期、封冻期，河流流凌情况。四是化学性质，如 pH 值、电导率、溶解氧、水污染等。五是生物特性，河流、湖泊、水库、湿地的浮游植物、水生生物情况，湿地植被种类、生物量、净初级生产力等，湿地鸟类、兽类、两栖类动物、土壤动物等。主要观测指标见表 3.5（中国气象局，2005）。

表 3.5　河湖湿地生态系统主要观测指标

观测项目		具体指标
湿地植被	植被基本要素	湿地植被类型，保护物种（特有种、罕见种、濒危种、对环境有指示意义的指示种），湿地植被面积、分布
	植物种类	植物种类、分布和资源特点，单位面积的物种数目（苔藓植物、蕨类植物、裸子植物和被子植物的科、属、种的数量）
	生物量	单位面积或单位植株的鲜重、干重
	高等植物状况	高等植物种类，生境，性状，高度，胸径，树皮，叶，花，果实
湿地动物	鸟类	物种、数量、小生境
	大型兽类	物种、数量，动物个体、足迹、粪便、洞巢、尸体残骸、鸣叫等
	小型兽类	物种、数量、死亡率、逃逸数、密度等
	两栖类	物种、数量、性别、成体、幼体、卵数
	鱼类	物种、数量、经济鱼类、珍稀濒危种、经济鱼类捕获量
	土壤动物	蚯蚓、蜈蚣、马陆、鼠妇、昆虫幼虫、蜘蛛，原尾虫、弹尾虫、螨、线蚓，跳虫、蚂蚁、拟蝎类、双尾类、小型蜘蛛、甲虫，线虫、姬丝蚓、蜗虫、缓步动物（俗称“熊虫”），鞭毛亚门、内足亚门、纤毛亚门的动物
水环境	物理性质	水面辐射、水下温度和辐射梯度、水体透明度（浊度），结冰和解冻
	化学性质	pH 值、电导率、溶解氧、总磷、总氮、总有机碳（TOC）、硫酸盐、化学需氧量（COD）、氯化物、凯氏氮、阳离子（钾、钠、钙、镁）、溶解性固体总量（TDS）
	水文	水位、水深、水体蒸发，水体面积，汇水面积，入水量、出水量 河流的流量、流速、流向，河流宽度 沼泽积水时间、最大积水面积、最小积水面积

（5）城市生态系统生态特征观测

城市生态系统生态特征观测项目主要包括以下 4 个方面。一是城市结构特征，包括建成区地形地貌、形状、面积等，建构筑物、道路、公园、广场、植被、水体及排水管网等布局情况。二是植被和水体特征，包括城市的森林、公园绿化、行道树、人工草地等植被，河流、湖泊湿地等水体，生态特征观测参考相应生态系统的观测项目。三是环境空气质量，包括 SO_2、NO_2、PM_{10}、$PM_{2.5}$、CO、O_3 等 6 种大气污染物浓度以及 VOCs、气溶胶等。四是对人居环境有重要影响的特征量，如酸雨、杨柳飘絮、负离子、紫外线、黑臭水体等（中国气象局，2005）。

（6）荒漠生态系统生态特征观测

荒漠生态系统生态特征观测项目主要包括以下两个方面。一是植被特征，包括荒漠植被结构、组成，植物物候、生物量，光合速率、气孔阻力、蒸腾速率、叶面积指数、叶绿素含量等，果实和籽粒的灰分、蛋白质、脂肪、氨基酸等营养成分。二是荒漠特征，如荒漠风蚀与沙尘输送、水蚀、盐碱、冻融等（中国气象局，2005）。

3.1.2 大气要素观测

（1）大气要素观测主要内容

生态气象条件观测项目主要包括常规气象要素，并根据不同生态系统的特征，有针对地对边界层、小气候、通量、土壤温度、土壤湿度以及大气成分、温室气体等进行观测。主要观测要素见表 3.6（中国气象局，2003，2005）。

表 3.6 大气要素观测内容

观测项目		观测要素
大气物理要素	常规气象	气温、气压、湿度、水汽压、风向、风速、低温、降水、蒸发量、日照时数、冻土深度、总辐射、直接辐射、散射辐射、反射辐射、净辐射、紫外辐射、光合有效辐射、云、能见度、天气现象等
	大气边界层	气温、相对湿度、风向、风速
	小气候	气温、相对湿度、风速、土壤温度、总辐射、直接辐射、散射辐射、反射辐射、净辐射、紫外辐射、光合有效辐射等
	下垫面—大气间通量	农田、森林、草地、湿地、荒漠生态系统：地—气间感热、潜热、动量、水汽、CO_2、N_2O 通量 湖泊生态系统：水—气间感热、潜热、动量、水汽、CO_2、CH_4 通量
大气化学要素	大气降水	pH 值，电导率 K，阴离子 F^-、Cl^-、NO_2^-、NO_3^-、SO_4^{2-} 浓度，K^+、Na^+、Ca^{2+}、Mg^{2+}、NH_4^+ 浓度
	大气污染物	SO_2、NO_2、PM_{10}、$PM_{2.5}$、CO、O_3、VOCs、气溶胶
	温室气体	CO_2、CH_4、N_2O、HCFs、PFCs、SF_6
土壤物理特征		土壤水分特性：饱和持水量、毛管持水量、田间持水量、凋萎湿度、土壤最大吸湿度等土壤农业水文特性，土壤相对湿度、土壤水分贮存量、地下水位深度、干土层厚度、降水渗透深度、渗漏量 土壤热特性：土壤热通量，农田土壤冻结和解冻

在大气化学要素观测中，大气降水电导率是反映大气降水导电能力的指标，导电能力可反映大气降水的清洁程度。大气降水的电阻与溶解离子的浓度和温度有关。一方面，水中所含离子的浓度可以决定水的导电性能，离子浓度越高，导电能力越强。纯水中只有很微量的 H^+ 和 OH^- 离子，导电能力很弱。当降水被大气污染后，会有各种阴、阳离子产生，其导电性能大大增加。因此，测定降水的导电性能，可间接了解水被大气污染的程度。另一方面，水的导电性能与温度有关，温度越高，水的导电性能越强。

（2）观测层次设置

大气边界层是指对流层下部靠近地面 1.2～1.5 km 的薄层大气，其中，距地面 50～100 m 的大气层称为近地面层。近地面层不仅是生态系统的大多数活动集中的层次，也是气象条件变化最剧烈的层次。因此，采用梯度观测的方式了解和掌握近地面层气象条件垂直分布及变化，对生态气象研究具有十分重要的意义（中国气象局，2005）。

农田生态系统中，矮秆作物一般在 0.3 m、0.6 m 和 1.5 m 高度处观测气温、空气相对湿度、风速，高秆作物一般在 0.3 m、0.6 m、1.5 m 和 3.0 m 高度处观测气温、空气相对湿度、风速。同时，在 1.5 m 高度处观测降水量，在 6.0 m 高度处观测风向、风速、总辐射、光合有效辐射、冠层叶温，地温观测深度分别为 0 cm（地表）、5 cm、10 cm、15 cm、20 cm、30 cm、40 cm、

50 cm，土壤水分观测深度为 0～100 cm，每隔 10 cm 设一个观测层。草地生态系统、荒漠生态系统的梯度观测层次设置参考农田生态系统。

森林生态系统中，梯度塔高度视观测区域森林树木高度和树木生长情况而定，一般在 1.5 m、冠层下方距地面 1/2 处、冠层中部、冠层上方 2 m 处观测气温、空气相对湿度、风速、CO_2 浓度、总辐射、净辐射、光合有效辐射，在冠层上方 2 m 处观测风向，在 1.5 m 处观测降水量。土壤温度、土壤湿度观测层次与农田生态系统相同。

湖泊、水库、湿地等生态系统中，除观测水面以上气象要素外，同时对水面以下的水温、辐射和水质、含氧量等进行梯度观测，一般观测深度分别为 0.1 m、0.5 m、1.0 m、1.5 m、2.0 m 和 3.0 m 等 6 个深度。

城市生态系统中，为了解大气扩散条件和大气污染物垂直分布特征，一般采用梯度塔或无人机，在观测大气边界层气温、风向、风速等气象条件的同时，观测大气污染物、温室气体浓度垂直分布变化。

3.2 遥感生态气象监测

遥感技术是一种强大的现代探测技术，在远距离不接触物体的前提下，利用物体反射及辐射电磁波的特性可以对目标物进行识别、测量和分析。与传统的地面观测方法相比，遥感技术不受地面条件限制，能够从高空对大范围的生态区域进行实时动态监测，获取大量生态信息。通过分析这些生态信息可以反演生态系统的结构和功能，及时掌握生态系统中植被生长、土地利用等变化情况，实现对整个国家或地区的森林覆盖、草地分布、湿地面积等进行监测，为制定生态保护政策提供依据。遥感技术的实时监测能力对于应对生态灾害和环境突发事件也至关重要。例如，在森林火灾、洪水、地震等灾害发生后，遥感技术可以迅速获取灾区的信息，为救援和灾后重建提供支持。

3.2.1 植被遥感监测

植被是地表生态系统的重要组成，占据了陆地表面积的 70%，与气候条件、土壤资源、地形地貌等密切相关。遥感技术在植被监测方面已经非常成熟，为生态环境保护、资源管理、气候变化研究等提供了重要的技术支持。

植被光谱特征非常特别，具有植被红外陡坡效应，在可见光的蓝紫波段（0.4 μm 附近），反射率低于 10%，在绿光波段（0.55 μm 附近）反射率增大，但在红光波段（0.67 μm 附近）反射率下降明显，之后近红外波段（0.71 μm 附近）反射率急剧上升，上升至 0.8 μm 附近达最高点（魏安世 等，2010）。基于植被光谱特征可建立反映地表植被生长状况和植被生产力、评价植被生态质量的植被遥感监测指标。常用的植被遥感监测指标有植被指数、植被覆盖度、植被净初级生产力、植被综合生态质量指数等。

植被指数可以定量监测到植被生长状况（环境保护部卫星环境应用中心 等，2013）。目前应用最广泛的归一化植被指数（normalized differential vegetation index，NDVI）的计算公式为

$$\mathrm{NDVI}=\frac{\rho_{\mathrm{NIR}}-\rho_{\mathrm{Red}}}{\rho_{\mathrm{NIR}}+\rho_{\mathrm{Red}}} \tag{3.1}$$

式中：ρ_{NIR} 为近红外波段反射率；ρ_{Red} 为红光波段反射率。

NDVI取值范围为[-1,1]，当NDVI小于0时，一般为云、水或雪等高反射率地物；当NDVI为0时，一般为裸地或岩石；当NDVI大于0时，代表有植被覆盖，且NDVI高值区代表植被长势好，植被覆盖度高。

植被覆盖度(fraction of vegetation cover,FVC)可基于植被指数计算获取(环境保护部卫星环境应用中心 等,2013)，反映了植被覆盖的变化情况，计算公式为

$$FVC = \frac{NDVI - NDVI_i}{NDVI_v + NDVI_i} \tag{3.2}$$

式中：$NDVI_v$为完全被植被所覆盖的像元的NDVI值，即纯植被像元的NDVI值；$NDVI_i$为裸露地表(土壤或者建筑表面)覆盖区域的NDVI值，即无植被覆盖像元的NDVI值。

植被净初级生产力(net primary productivity of vegetation,NPP)是生物圈碳循环的重要分量，在农作物产量预估、森林固碳释氧量评估等方面具有重要意义。根据气象行业标准《陆地植被气象与生态质量监测评价等级》(QX/T 494—2019)，基于陆地植被光能利用原理，利用NDVI和地面气象资料估测月度陆地植被净初级生产力，计算公式如下：

$$NPP_k = \varepsilon \times \sigma \times FPAR \times PAR \times (1 - R_{grow}) \times (1 - R_{maint}) \tag{3.3}$$

式中：NPP_k为全年或生长季第k月陆地植被净初级生产力，以碳(C)计，单位为克每平方米(g/m^2)；ε为陆地植被所吸收的光合有效辐射转化为有机物的转化率，即光能转化率，以碳(C)计，单位为克每兆焦(g/MJ)；σ为影响光能转化率的因子，反映温度、水分等因子对光合作用的影响；FPAR为陆地植被吸收光合有效辐射的比例；PAR为陆地植被所利用的光合有效辐射，单位为兆焦每平方米(MJ/m^2)；R_{grow}为陆地植被生长呼吸消耗系数；R_{maint}为陆地植被维持呼吸消耗系数。

全年或生长季陆地植被净初级生产力计算公式如下：

$$NPP = \sum_{k=1}^{K} NPP_k \tag{3.4}$$

式中：NPP为全年或生长季陆地植被净初级生产力，以碳(C)计，单位为克每平方米(g/m^2)；NPP_k为全年或生长季第k月陆地植被净初级生产力，以碳(C)计，单位为克每平方米(g/m^2)；K为该时段包含的月数；k为该时段月序。

植被综合生态质量指数(ecological quality index of terrestrial vegetation,QI)主要反映植被生态质量的高低，数值越大表明植被生态质量越好。根据气象行业标准《陆地植被气象与生态质量监测评价等级》(QX/T 494—2019)，基于年内任意时段、生长季、全年的植被NPP和平均植被覆盖度，计算得到反映该时段的植被综合生态质量指数，计算公式如下：

$$QI_i = \left(f_1 \times C_i + f_2 \times \frac{NPP_i}{NPP_m}\right) \times 100 \tag{3.5}$$

式中：QI_i为第i年某段时间的植被综合生态质量指数；f_1为植被覆盖度的权重系数(根据区域及其植被类型进行调整，全国取0.5)；C_i为第i年该时段的平均最高植被覆盖度；f_2为植被净初级生产力的权重系数(根据区域及其植被类型进行调整，全国取0.5)；NPP_i为第i年该时段植被累计净初级生产力；NPP_m为第1年至第n年同时段陆地植被净初级生产力中的最大值，即当地最好气象条件下该时段的植被净初级生产力。f_1和f_2之和约定为1。

3.2.2 其他地物遥感监测

除植被外的其他不同的地物类型，如土壤、岩矿、城市、水体、积雪等也各自具有不同的波

谱特征，是识别和区分各种地物的重要依据(童庆禧 等，2006)。

土壤在可见光波段的反射率取决于土壤的颜色、质地和含水量等因素。一般来说，颜色较深的土壤反射率较低，而颜色较浅的土壤反射率较高。土壤质地也会影响反射率，砂质土壤反射率较高，黏质土壤反射率较低。土壤在近红外波段的反射率相对较低，但比水体的反射率高。土壤中的有机质、氧化铁等成分会影响近红外波段的反射率。土壤在中红外波段的反射率主要取决于土壤中的水分和矿物成分。含有较多水分的土壤反射率较低，而含有特定矿物的土壤可能在中红外波段有独特的反射特征。因此，可依据土壤的波谱特征区分土壤质地，分析土壤肥力，获取土壤含水量等信息。

不同岩石在可见光波段反射率差异很大，主要取决于岩石的颜色、矿物成分、结构、纹理以及表面粗糙度。岩石在近红外波段的反射率也与矿物成分有关，如含铁矿物的岩石在近红外波段可能有较高的反射率，而含云母等矿物的岩石反射率可能较低。不同类型的岩石在热红外波段的辐射温度和发射率不同，可以用于岩石的识别和分类(陈江 等，2007)。

城市由于地表类型多样，其光谱特征具有复杂性和多样性。建筑物因材料不同在可见光波段具有不同的反射特征，浅色的建筑材料反射率较高，深色的建筑材料反射率较低；在近红外波段的反射率相对较低，在中红外波段的光谱特征主要与建筑材料的热辐射特性有关。道路在可见光波段的反射率与颜色和材质有关，黑色的沥青路面反射率较低，浅色的水泥路面反射率相对较高；在近红外波段的反射率相对较低，但由于道路表面的粗糙度和纹理不同，其反射特征也会有所差异(刘建贵 等，2000；刘闻雨 等，2011)。

水体较为纯净时在可见光和近红外波段的反射率很低，特别是在近红外波段几乎为零，根据水体这一特征可以实现水体分布的提取。在中红外波段的反射率主要取决于水温、水中的溶解物质和悬浮物质等因素，含有较多悬浮物质的水体反射率会升高(董晓锐，2013；庞毓雯 等，2020)。

积雪在可见光、近红外波段反射率较高，与植被、土壤、水体等大部分地物对比鲜明，在中红外波段积雪的反射率开始下降。积雪在微波波段的反射率反而相对较低，与雪的颗粒大小、密度和含水量相关。利用积雪的光谱特征可对积雪覆盖范围、雪水当量、积雪深度、积雪密度等进行监测(陈思勇，2024)。

3.2.3 灾害遥感监测

在灾害发生时，地表的物理和化学性质会发生变化，这些变化将反映在遥感影像的光谱特征、纹理特征和空间特征等方面。通过分析这些特征的变化，可以及时发现灾害的发生、发展和影响范围。

森林草原火灾具有突发性、灾害发生地的随机性、短时间内造成巨大损失的特点。森林草原发生火灾时，火焰温度远高于 600 ℃，在红外波段 3～5 μm 具有较强辐射，而植被等其他地物地表温度一般较低，不高于 30 ℃，与火焰温度对比差异较大，在遥感影像上清晰可见。基于此原理，遥感技术可以及时发现森林草原火灾的发生，准确定位火灾的位置和范围。灾后还可基于多光谱遥感数据持续监测火灾后的植被恢复情况，评估火灾对森林草原生态系统的影响(杨军，2012)。

洪涝灾害的发生也常具有突发性，还具有影响范围广、破坏性强的特征。在洪涝灾害发生时，大面积淹没区可以根据水体在可见光和近红外的低反射率特征来确定。但是由于连续的强降水天气引发的洪涝灾害，受天气条件的限制无法利用多光谱遥感技术获取洪涝受灾区。合成孔径雷达（SAR）等微波遥感技术能够穿透云层和降雨，可利用其在恶劣天气条件下持续监测洪涝灾害变化（田国珍 等，2023）。

3.2.4 大气遥感监测

遥感技术在大气探测中也发挥着重要作用。遥感技术通过接收大气中各种成分对电磁波的反射、散射和辐射探测大气状况。不同的大气成分在不同波段的电磁波作用下会表现出特定的光谱特征，通过分析这些特征可以分析大气的温度、湿度、气压等气象要素信息，还可以获取大气污染物浓度（如颗粒物、NO_2、SO_2、O_3 等）和温室气体浓度（CO_2、CH_4）等分布特征。

3.3 山西省生态气象业务能力建设

山西省生态气象观测系统主要包括地基观测、空基观测和天基观测。地基观测主要由地面气象观测站、应用气象观测站、农业气象观测站和生态气象观测站组成，空基观测主要依据生态气象监测需求购置了无人机及机载高光谱成像系统，天基观测主要包括风云气象卫星、高分卫星、葵花静止卫星等多种卫星遥感观测系统，并分别建设了省级风云三号极轨卫星直收站（临汾）和省级风云四号静止卫星直收站（阳曲、朔州）。目前，山西省气象部门已初步具备了“天—空—地”一体化的生态气象观测能力，并开展了全省生态气象监测评估工作。

3.3.1 地基观测站建设情况

山西省气象部门建设有国家级地面气象观测站 262 个，其中国家基准气候站 4 个、国家基本气象站 24 个、（常规）气象观测站 234 个；省级地面气象观测站（原区域气象站）1601 个。建设有应用气象观测站 81 个，其中气溶胶观测站 13 个、温室气体观测站 6 个、反应性气体观测站 6 个、酸雨观测站 13 个、沙尘暴观测站 2 个、大气电场观测站 34 个、闪电定位观测站 7 个。

2012 年以来，依托中央财政“三农”“乡村振兴气象服务”和地方财政专项建设资金，建立了较为完善的农业气象监测站网，包括 31 个农业气象观测站、110 个自动土壤水分观测站、76 套农田小气候站和 3 个农业气象试验站。农业气象观测站的观测作物主要包括冬小麦、玉米、马铃薯、谷子、苹果等，具体观测站点见表 3.7。

表 3.7 农业气象观测站作物观测分布

观测作物	观测站数量/个	观测站分布
冬小麦	13	太谷、介休、交城、汾阳、尧都、安泽、盐湖、临猗、芮城、万荣、上党、沁县、泽州
玉米	16	灵丘、朔城、忻府、繁峙、五台、清徐、寿阳、昔阳、太谷、隰县、安泽、上党、沁县、泽州、盐湖、芮城
马铃薯	10	平城、五台、灵丘、离石、繁峙、五寨、右玉、岚县、阳高、朔城
苹果	2	吉县、万荣

山西省内针对山水林田湖草沙等多生态系统的观测站较少，气象部门正在建设 12 个植被和物候观测系统，主要包括 9 个农田生态观测系统、1 个草地生态观测系统和 2 个森林生态观测系统。农田生态观测系统部署在尧都、临猗、忻府、寿阳、沁县、晋城城区、清徐、石楼、平城，

主要观测项目包括植物物候期、盖度、密度、冠层温度、冠层高度、群落结构、植被指数、叶面积指数、日光诱导叶绿素荧光、冠层总激发叶绿素荧光值、叶绿素荧光量子产额、光合作用速率、动物物候的关键特征参数(类别、始鸣日期、终鸣日期)和土壤温湿度等。新建草地气象观测站1个、森林生态气象观测站2个,观测项目主要包括植物物候期、盖度、密度、冠层温度、冠层高度、群落结构、植被指数、叶面积指数、日光诱导叶绿素荧光、冠层总激发叶绿素荧光值、叶绿素荧光量子产额、光合作用速率和动物物候的关键特征参数(类别、始鸣日期、终鸣日期)等。预计全面建设完成后,可自动、高频次、长序列地获取植物物候、动物物候相关的观测要素数据。

3.3.2 空基观测技术手段

山西省气象部门已具备多种空基观测手段,建设高空气象观测站1个、GNSS/MET水汽观测站94个、新一代多普勒天气雷达站6个、风廓线雷达站1个,并购置了无人机遥感系统。无人机遥感系统在开展生态气象观测时具有机动、快速、经济等优势,现已从研究开发阶段发展到实际应用阶段。

山西省气象部门无人机遥感系统可实现对地物的高光谱探测,光谱范围400～1000 nm,光谱分辨率5 nm,全幅像素1024(空间维)×448(光谱维),飞行高度300 m时,其空间分辨率可达1.6 cm。同时,具备反射率校正、区域校正、辐射度校正、光谱及图像数据预览等功能,可实时计算常用相关指数以及自定义实时分析模型,开展实时生态气象监测分析(图3.1)。可实时计算的常用指数模型主要包括植被类、水质类、土壤类等地物反演模型,如归一化植被指数(NDVI)、比值植被指数(RVI)、增强植被指数(EVI)、大气阻抗植被指数(ARVI)、改进红边比值植被指数(mSR 705)、Vogelmann红边指数(VOG)、光化学植被指数(PRI)、结构不敏感色素指数(SIPI)、归一化氮指数(NDNI)、类胡萝卜素反射指数1(CR1)、类胡萝卜素反射指数2(CRI2)、花青素反射指数1(ARI1)、花青素反射指数2(ARI2)、水波段指数(WBI)、归一化水体指数(NDWI)、水分胁迫指数(MSI)、归一化红外指数(NDII)、归一化木质素指数(NDLI)、纤维素吸收指数(CAI)、植被衰减指数(PSRI)、调整土壤亮度的植被指数(SAVI)等(图3.2)。

图3.1 无人机遥感系统(无人机经纬M300 RTK搭载高光谱成像系统Gaiasky-min3-VN)

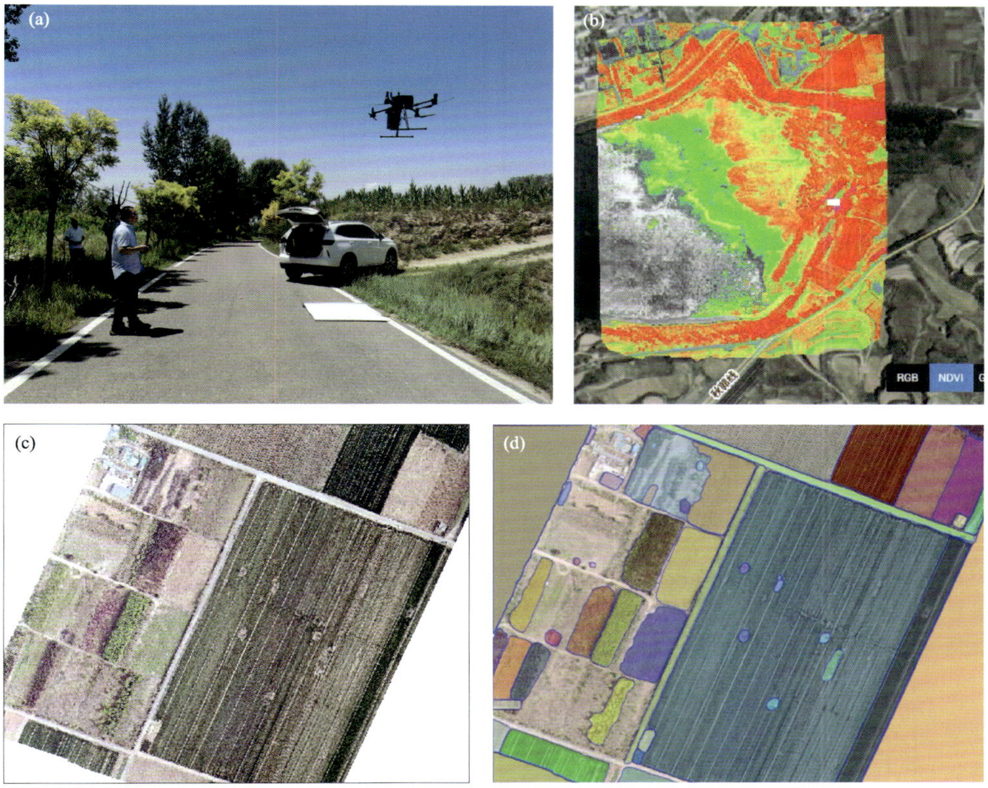

图 3.2　开展无人机作业及效果图

3.3.3　天基生态遥感监测评估

山西省气象部门建设了省级风云三号极轨卫星直收站（临汾）和省级风云四号静止卫星直收站（阳曲、朔州），具备风云气象卫星的实时接收、处理能力，还具备高分卫星、哨兵卫星、葵花静止卫星、Landsat、Terra、Aqua、NOAA 等多源卫星遥感数据的分析处理能力。自 20 世纪 90 年代开始，山西省气候中心（山西省生态气象和卫星遥感中心）开展生态环境遥感监测评估工作至今已有近 30 年。在中国气象局统一部署的气象卫星遥感监测业务基础上，利用卫星监测分析遥感应用系统、生态气象灾害监测预警评估系统和生态服务功能气象影响评估系统等生态遥感业务系统开展了对地表生态（植被、农作物、水体、积雪等）、大气环境（大气成分、沙尘等）以及气象灾害（火情、干旱、洪涝、黄河凌汛等）等多种类型监测工作，形成遥感监测服务产品 20 余种，同时还基于多年遥感和气象等数据开展了全省及地方生态监测评价工作。多年来，为地方政府和农业、林业、应急等部门提供了多种类型的业务产品及服务材料，在防灾减灾和政府决策中发挥了重要作用。

3.3.3.1　业务系统

（1）卫星监测分析遥感应用系统（SMART）

卫星监测分析遥感应用系统（SMART）是为一线业务人员提供的交互式气象卫星遥感应用专业分析工具，由国家卫星气象中心研发，山西省气象部门实现山西省生态遥感监测的本地化应用(图 3.3)。SMART 系统同时提供了遥感数据标准化处理、产品生产、地理信息综合应用、产品共享发布等多项功能。系统可处理国内外共计 11 类 34 颗气象及高分辨率卫星资料，实现海量卫星遥感数据的快速处理，风云二号全圆盘原分辨率 48 张云图动画加载 5 s 内完成，风云三号 250 m 分辨率单轨道卫星数据投影在 30 s 内完成。系统集成了国家卫星气象中心自主研发的近 20 类卫星定量应用产品算法，且监测精度大部分达 85%以上，特别是火点识别精度达 98%左右。山西省气候中心基于 SMART 系统开展了针对山西省的多项生态遥感监测业务，包括热点火情监测、植被长势及变化监测、陆表高温监测、城市热岛监测、积雪监测、水体监测、洪涝灾害监测、沙尘监测等，形成了标准化的遥感监测业务服务流程。

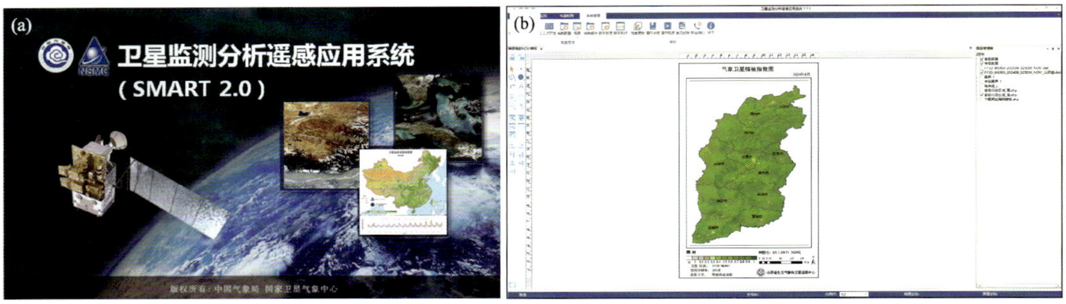

图 3.3　SMART 系统山西本地化应用

(2)生态气象灾害监测预警评估系统

水土流失是我国当前面临的重大生态环境问题，而黄土高原是水土流失最为严重的地区，同时也是生态环境最脆弱的地区之一，严重限制了该区域经济发展和人们生活水平的提高。黄土高原地区年降水量少且暴雨集中，汛期降雨量占年降水量的比例大。这种暴雨历时短、强度大、突发性强的特点是造成严重水土流失和高含沙洪水的主要原因。山西省气候中心建立基础地理信息数据库，通过开展触发山西省黄土高原水土流失的关键降雨因子及地表径流对水土流失的影响过程研究，构建黄土高原基于水土流失生态功能的山洪地质灾害生态风险预警评估模型，研制生态气象灾害监测预警评估系统，开展强降水等灾害性天气对生态系统影响的评估工作(图 3.4)。

(3)生态服务功能气象影响评估系统

建立基础地理信息数据库，开展基于降水和蒸散的水源涵养模型研究和考虑风速、降雨、温度、土壤质地、地形以及植被覆盖因子的防风固沙模型研究，对水源涵养模型和防风固沙模型进行山西本地化工作，建立生态服务功能气象影响评估系统(图 3.5)。

水源涵养是生态系统(如森林、草地等)通过其特有的结构与水相互作用，对降水进行截留、渗透、蓄积，并通过蒸散发实现对水流、水循环的调控，主要表现在缓和地表径流、补充地下水、减缓河流流量的季节波动、滞洪补枯、保证水质等方面。以水源涵养量作为生态系统水源涵养功能的评价指标。采用基于降水和蒸散的水量分解模型法进行评价。

防风固沙是生态系统(如森林、草地等)通过其结构减少由于风蚀所导致的土壤侵蚀，是生态系统提供的重要调节服务之一。防风固沙功能主要与风速、降雨、温度、土壤、地形和植被等因素密切相关。以固沙量(潜在风蚀量与实际风蚀量的差值)和固沙率(固沙量与潜在风蚀量

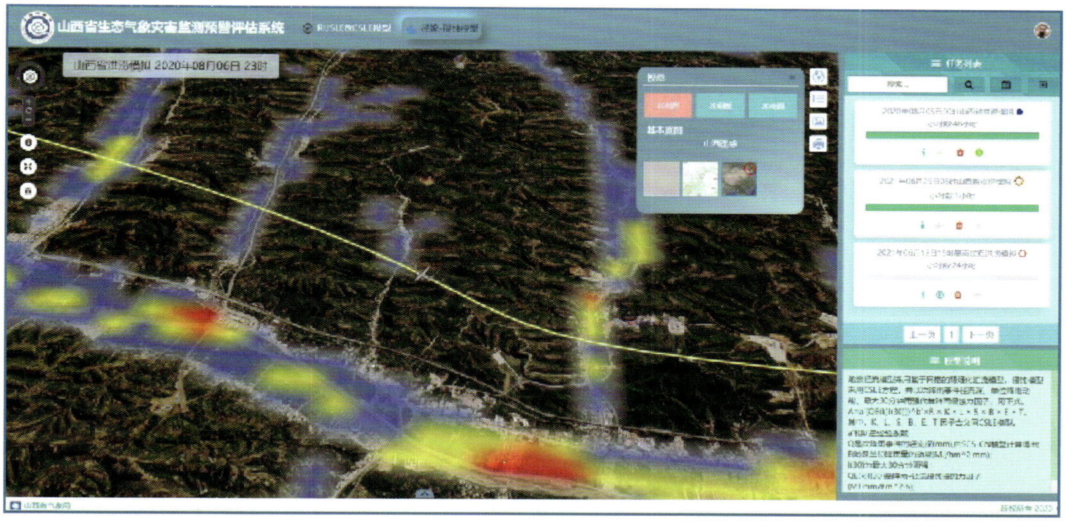

图 3.4　山西省生态气象灾害监测预警评估系统

图 3.5　山西省生态服务功能气象影响评估系统

的比值,即生态系统固定风蚀量的比例)作为生态系统防风固沙功能的评价指标。采用修正风蚀方程计算固沙量、固沙率,主要考虑风速、降雨、温度、土壤质地、地形以及植被覆盖对土壤侵蚀以及水土保持的影响。

3.3.3.2　业务服务

（1）植被遥感监测业务

基于风云三号极轨气象卫星、TERRA/MODIS 卫星遥感资料开展山西省级、市级月尺度和年尺度的植被长势、植被覆盖度、植被净初级生产力的变化监测，开展全省及典型生态区域的植被生态质量监测评估，多次为省政府提供监测分析报告，并获省级领导批示，为政府加快推进山西省生态文明建设提供了决策依据（图 3.6）。

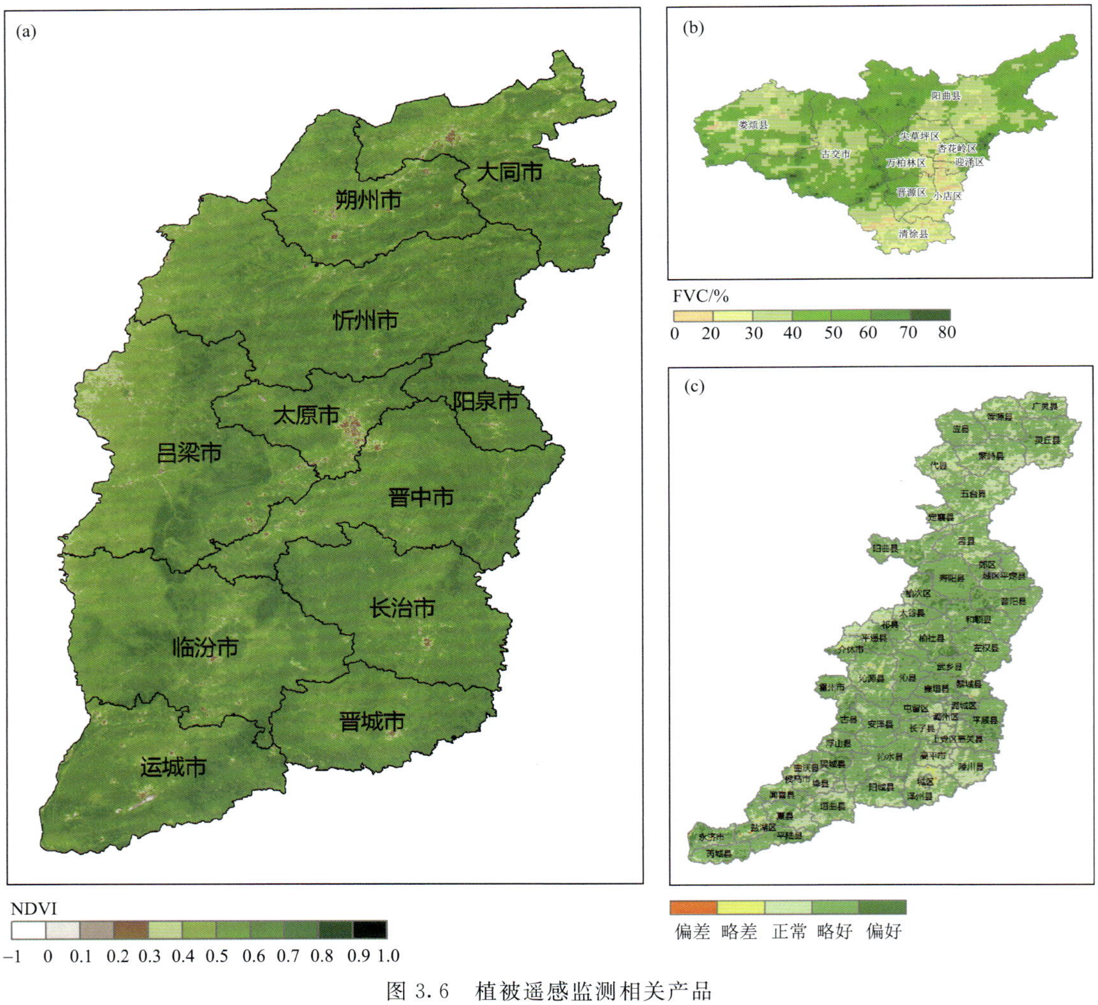

图 3.6　植被遥感监测相关产品

（a. 山西省 2024 年 8 月植被指数分布；b. 太原市 2023 年植被覆盖度分布；
c. 山西省太行山 2023 年植被长势与 2000 年对比）

（2）干旱遥感监测业务

基于改进的 SEBS 模型，利用风云三号极轨气象卫星、风云四号静止气象卫星、气象观测资料等多源数据研发了干旱遥感监测模型，实现对全省旱情的实时动态监测。2023 年地基观测中的自动土壤水分观测站资料显示，4—10 月大部分时段土壤墒情整体以适宜为主，对农作物生长有利，夏季出现阶段性干旱。同期遥感干旱监测结果显示，从 4 月上旬开始，山西南部局部地区出现了旱情，至 6 月上旬干旱向中北部发展，程度也有所加重，7 月上旬大部分地区出现不同程度的干旱，8 月至 9 月上旬由于降水增多，大部旱情得到缓解（图 3.7）。基于遥感的农业干旱监测空间分布与自动土壤水分站基本一致，且有效弥补了自动土壤水分站墒情监测空间不连续的不足。

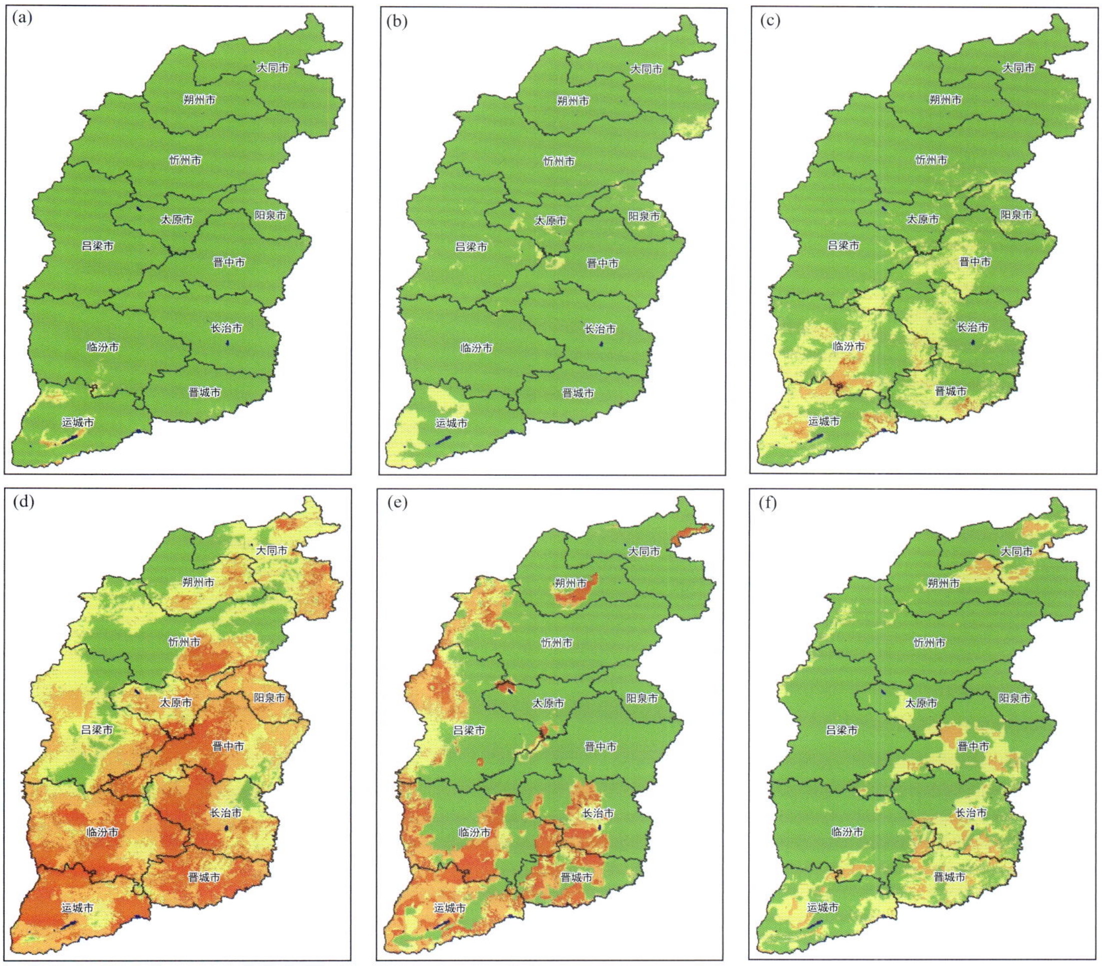

图 3.7　2023 年 4—9 月各月上旬气象卫星农业干旱监测

（a. 4 月；b. 5 月；c. 6 月；d. 7 月；e. 8 月；f. 9 月）

（3）热点火情监测

多年来山西省气候中心利用风云极轨气象卫星、美国 NOAA 极轨卫星遥感数据每日开展全省热点监测，在火情发生初期便可获取详细的位置信息，为实现火灾的“打早、打小、打了”及时提供重要信息（图 3.8a）。在火灾发生时，还利用风云四号静止气象卫星、葵花静止卫星动态追踪火情发展态势，利用高分卫星精准定位火场位置、获取火区范围，为现场灭火指挥部提供实时动态的火情监测信息，在火灾扑救过程中发挥重要作用（图 3.8b、c）。火灾扑灭后，利

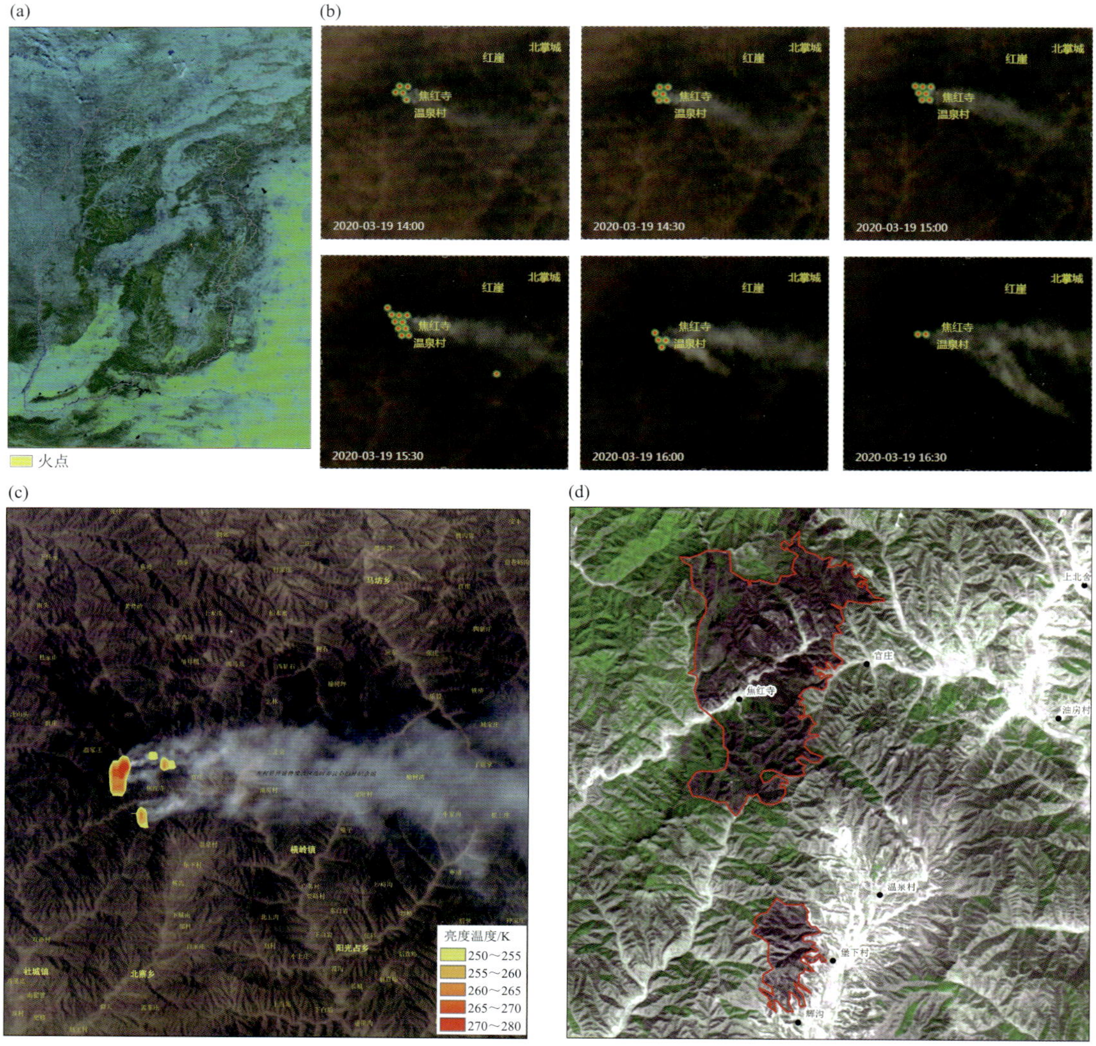

图 3.8 2020 年“3・17”榆社森林火灾遥感监测

（a. 风云极轨卫星监测火点；b. 静止卫星动态监测火点；c . 高分卫星精准定位；d. 高分卫星灾后评估）

用高分卫星、哨兵卫星等高分辨率卫星对比灾前和灾后的遥感影像，提取受灾面积，评估灾后影响，并持续监测评估受灾区域的生态修复情况（图 3.8d）。目前，已形成了较为完善的遥感热点火情监测评估业务流程（图 3.9），为山西省应急管理厅、山西省森林草原防灭火指挥部办公室等相关部门提供森林草原防灭火遥感监测全流程服务，在历年多次重大森林火灾扑救过程中发挥了重要作用，如 2019 年“3・14”和“3・29”沁源森林火灾、2020 年“3・17”榆社森林火灾、2024 年“6・12”安泽森林火灾等。

（4）其他遥感监测

利用风云气象卫星、高分卫星、哨兵卫星、葵花静止卫星、Landsat、Terra、Aqua、NOAA 等多源卫星遥感数据开展多种类型的生态环境遥感监测评估，如积雪、沙尘、雾/霾、大气、降温、黄河凌汛等，持续为林草、农业、水利等相关部门提供生态遥感监测产品（图 3.10—图 3.15）。

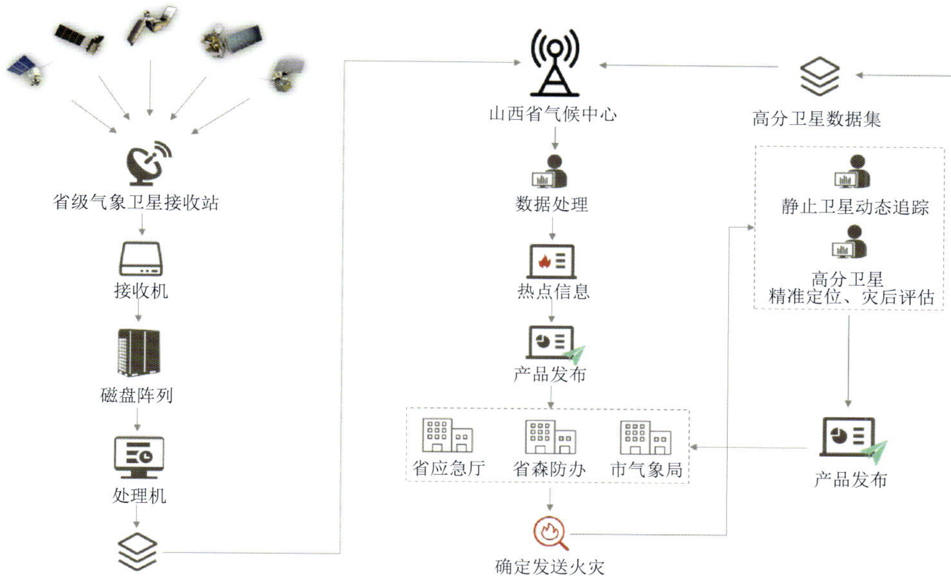

图 3.9　遥感热点火情监测评估业务流程

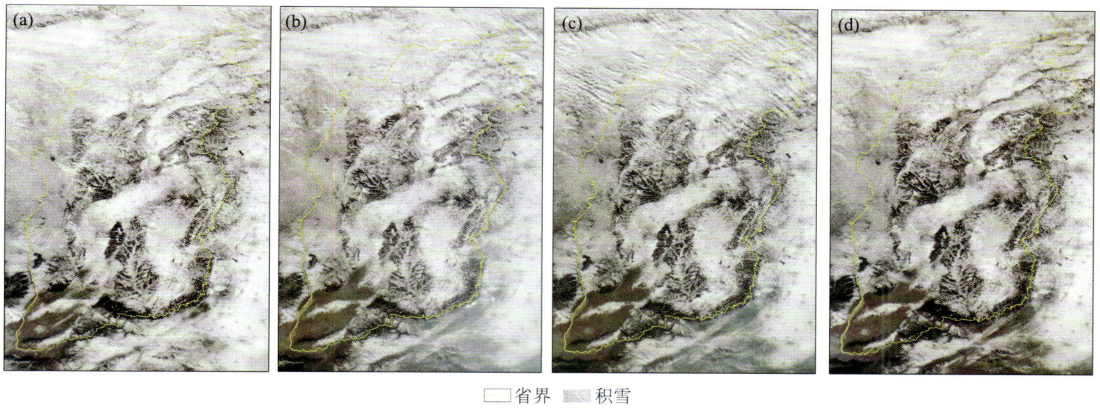

图 3.10　积雪分布日变化动态监测(2023 年 12 月 遥感数据:FY-3D)
(a. 16 日 13:53; b. 19 日 14:37; c. 20 日 14:19; d. 21 日 14:01)

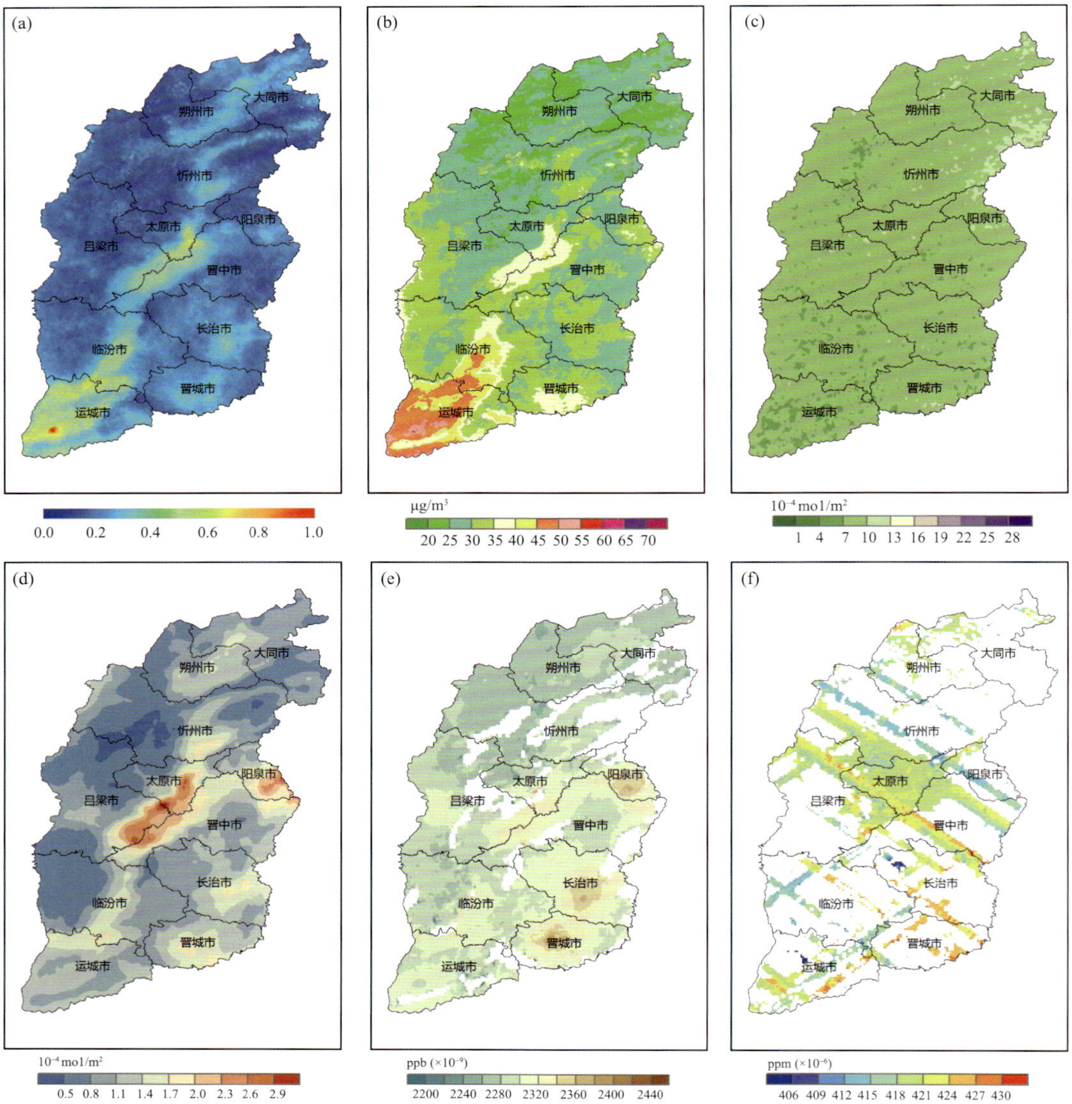

图 3.11 大气污染物、温室气体监测(2023 年 遥感数据:FY-3D、哨兵 5P、OCO-2、OCO-3)
(a. 气溶胶光学厚度；b. $PM_{2.5}$ 颗粒物浓度；c. SO_2 均值；d. NO_2 均值；e. CH_4 均值；f. XCO_2 均值)

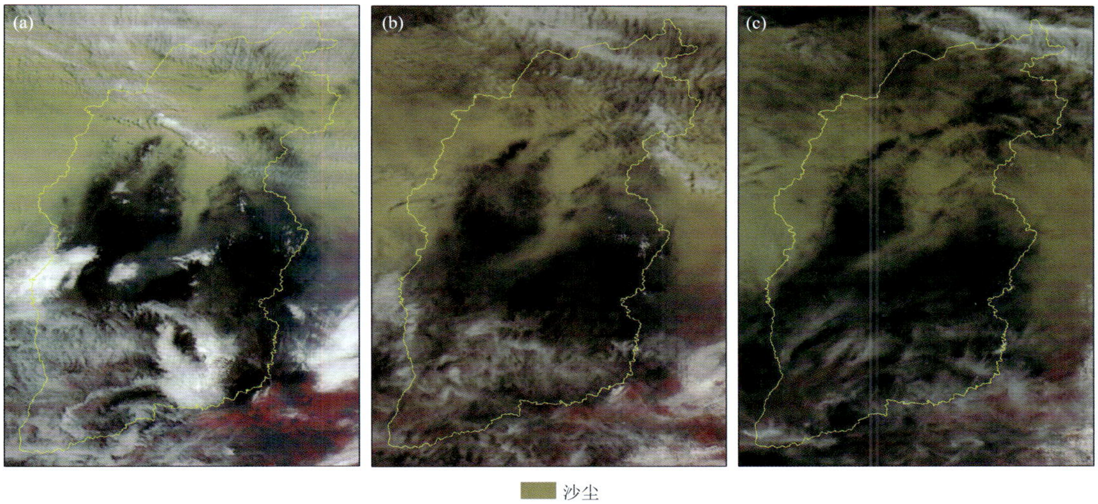

图 3.12　沙尘天气动态监测(2021 年 3 月 15 日 遥感数据:H8)
(a. 10:00; b. 12:00; c. 14:00)

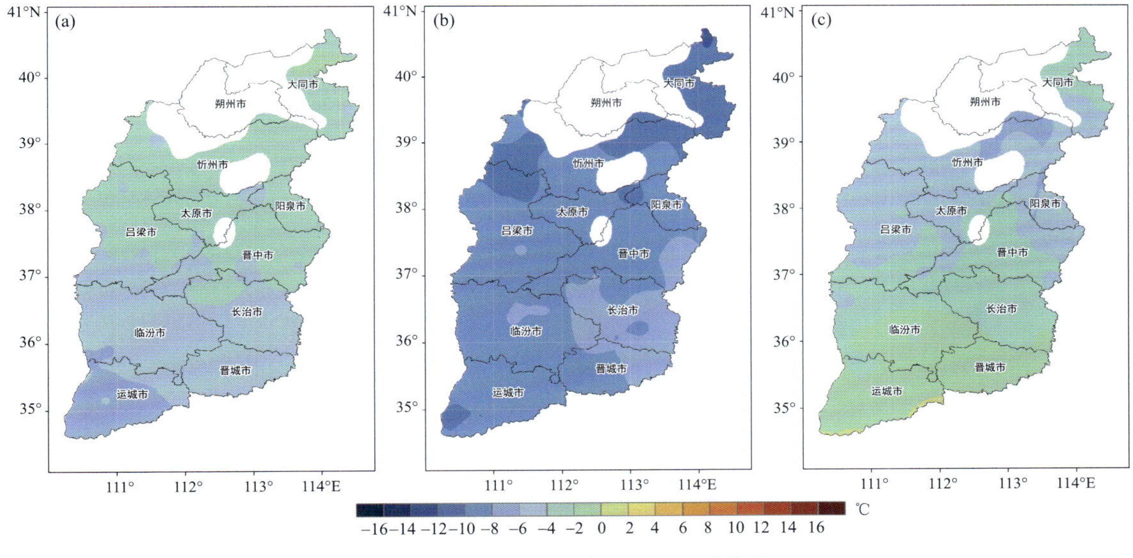

图 3.13　降温过程监测(2023 年 12 月 遥感数据:FY-4A)
(a. 350 hPa; b. 550 hPa; c. 850 hPa)

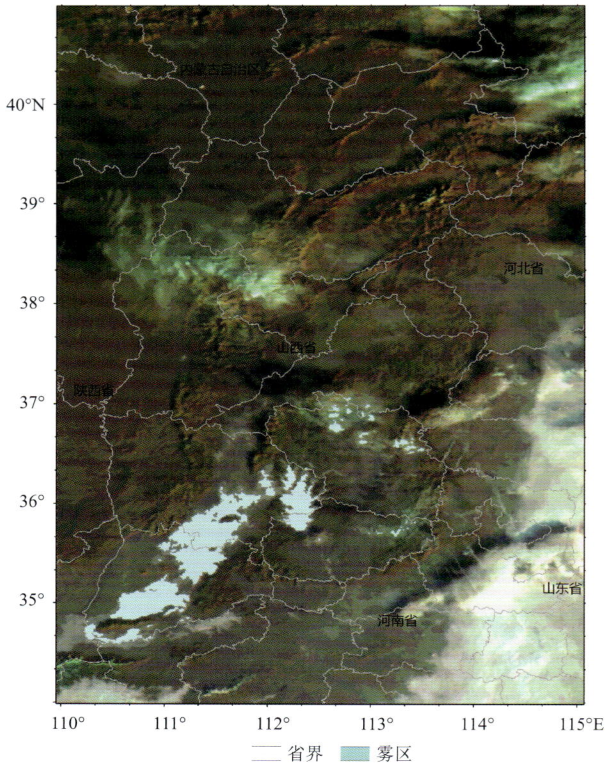

图 3.14 雾/霾监测
（2022 年 1 月 9 日 遥感数据：FY-3C）

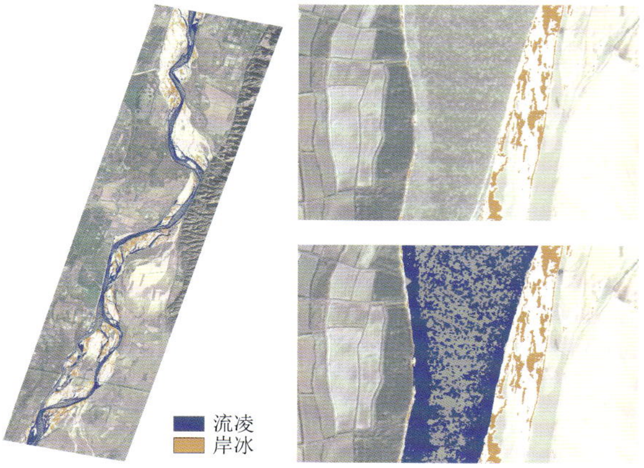

图 3.15 黄河小北干流中部流凌监测
（2023 年 12 月 21 日 遥感数据：GF-2）

第 4 章
农田生态气象

4.1 农田生态系统

4.1.1 农田生态系统概念

农田生态系统是人工建立的生态系统，与自然生态系统相比增加了一个特殊组分，即人类。它是一定时间和地区内，利用农田生物和环境之间以及生物种群之间的相互关系，在人工调节和控制下，通过合理的生态结构和高效的系统机能，进行能量转化和物质循环，并按照人类要求建立的各种形式和不同发展水平的农田生产有机综合体。农田生态系统包括农田生物系统、生态环境系统和人类控制系统 3 个主要部分。

4.1.2 农田生态系统特点

农田生态系统具有人为调控特点，是在人类干预和调节下形成的生态系统，区别于自然生态系统的主要方面在于人为调节代替了群落中的自我调节。人类通过种植、养殖、灌溉、施肥、病虫害防治等农业活动，对生态系统的结构和功能进行调控。

农田生态系统具有较高的初级生产力，主要目的是提供丰富的农产品，如粮食、蔬菜、水果、肉类、蛋类、菌类等。为了提高产量和经济效益，农田中往往种植一种或几种作物，导致生物多样性相对较低。自然生态系统自发地向种群稳定、物质循环能量转化顶极群落化的方面发展，初级生产力水平中等。

农田生态系统的组成因素较简单，稳定性较差，常采用人工调控和自然调控相结合的“双向调控”措施，易遭受生态环境和社会经济的影响。农田生态系统不仅依赖于自然环境条件，如气候、土壤、水资源等，而且农业生产活动也会对环境产生影响。

农田生态系统属于开放性系统，空间异质性较高，农田、草坪、果园、牧场、设施大棚等不同类型的农田景观集中分布。时间变化性随着农事活动有周期性变化，如作物的种植收获、经济林果开花采摘等。

农田生态系统农产品产出丰富，经济价值较高，为了维持和稳定农田生态系统的生产力，人类需要补充各种有机、无机物质如化肥、饲料、除草剂等，否则会造成资源枯竭、地力衰退、系统生产力降低。除了提供农产品外，农田生态系统还提供生态服务价值，如碳固定、防止害虫、水土保持、调节水资源等。农田生态系统需要适应环境变化和人类需求变化，通过科学的田间管理和农田机械化程度提高可持续性（表 4.1）。

表 4.1　农田生态系统与自然生态系统在结构和功能上的差异(王留芳,1994)

特征	农田生态系统	自然生态系统
净生产力水平	高	中等
营养变化	简单	复杂
品种多样性	少	多
物种多样性	少	多
人为调控	明显需要	不需要
熵	高	低
时间变化	短	长
物候	同时发生	季节性发生
生境不均匀性	简单	复杂
适宜性管理	好	差
经济价值	高	中等

4.2　山西省农业生产特征

4.2.1　种植制度定义

种植制度是农业生产方式的具体体现,指一个地区或生产单位在一定历史时期内为适应当地自然条件和社会经济条件与科学技术水平而形成的作物组成及其种植方式的技术体系。它包括作物的种植结构与布局、种植次数、熟制、种植方式以及与之配套的技术措施。

种植制度随着自然资源、社会经济和科学技术水平的提高而逐渐演变。山西大部分区域种植制度以一年一熟为主,主要分布在山西省的中部山区以及北部,种植作物主要包括玉米、大豆、谷子、高粱等。南部的部分区域种植制度以一年两熟为主,主要分布在临汾盆地南部和运城,种植作物包括冬小麦和夏玉米等。两年三熟制主要分布在临汾、长治、晋城以及中部太原盆地等局部地区。山西省北部小杂粮、油料及马铃薯等作物种植采用轮作倒茬制。

4.2.2　山西粮食作物种植结构分布

根据《山西省统计年鉴》数据分析,1949—2021 年山西省农作物播种面积呈下降趋势(图 4.1)。大多在 350 万～450 万 hm^2 的范围内变化,尤其是 2000 年以前波动较大,阶段性较为明显,2000 年以后农作物播种面积变化较为稳定。

1949—2021 年山西省粮食产量呈显著增加趋势,趋势倾向率为 15.05 万 t/a(图 4.2)。由 2021 年山西省粮食作物播种面积和产量比例(图 4.3)可以看出,山西省主要粮食作物是谷物,播种面积和产量占比分别达到 89%和 94%。

(1)小麦种植分布

对山西省小麦播种面积统计分析可知,1949—2021 年山西省小麦播种面积变化范围为 53.6 万～130.9 万 hm^2,平均值为 94 万 hm^2(图 4.4)。山西省小麦播种面积呈现波动减少趋势,趋势倾向率为 −0.926 万 hm^2/a,1954 年达到最大值后波动减少。图 4.5 是基于高分一号

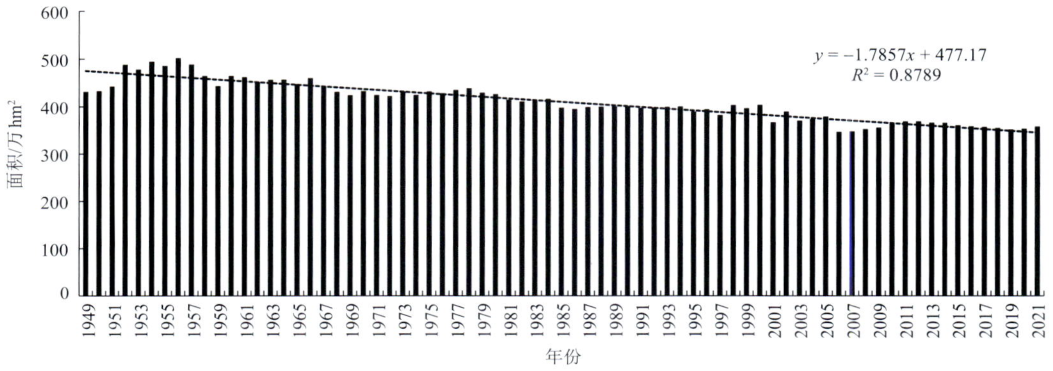

图 4.1　1949—2021 年山西省农作物播种面积变化（虚线代表线性趋势，下同）

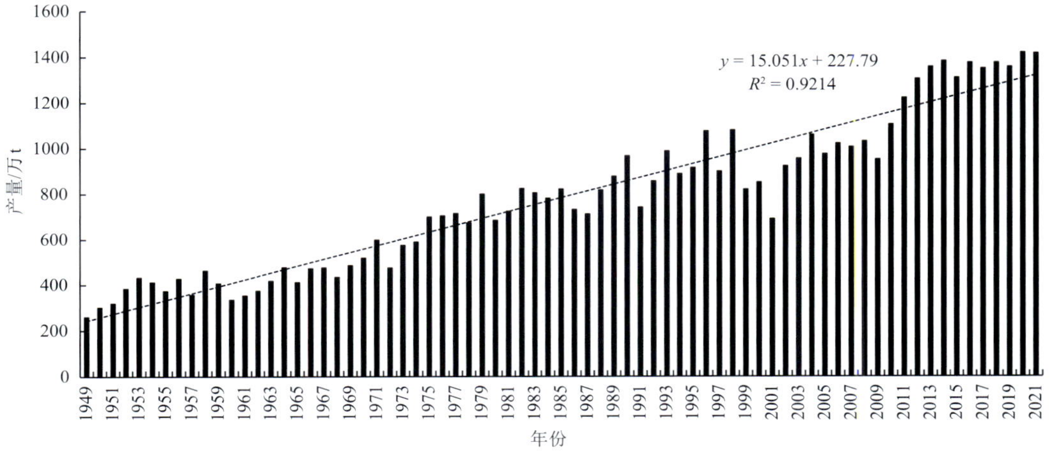

图 4.2　1949—2021 年山西省粮食产量变化

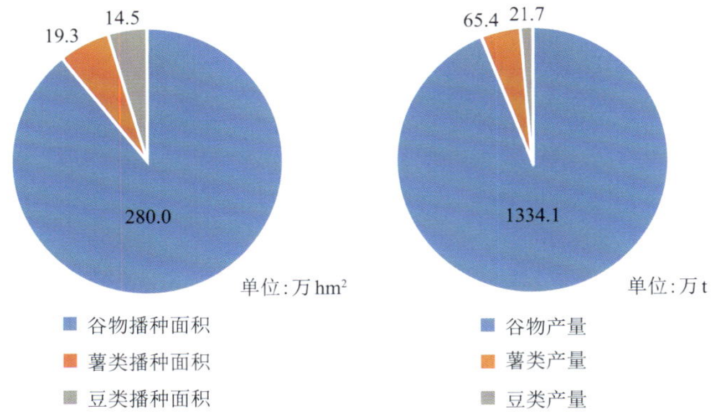

图 4.3　2021 年山西省粮食（谷物、薯类、豆类）面积和产量分布

16 m 分辨率 WFV 数据提取的小麦种植分布，从空间分布对冬小麦主要种植地区以市域为单位进行统计，结果显示，山西省冬小麦主要种植在运城市和临汾市，两市种植面积约占全省的 91%，运城市种植面积最多，临汾次之；另外，在晋城市也有少量分布，长治市、晋中市、吕梁市

和太原市零星种植。

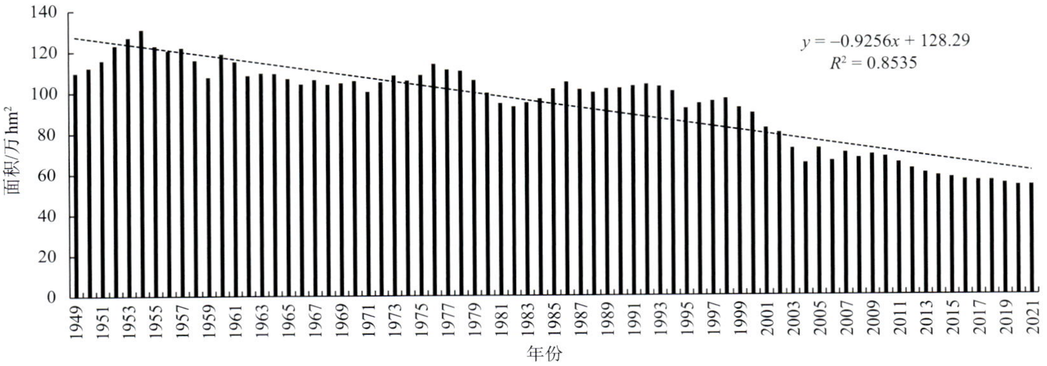

图 4.4　1949—2021 年山西省小麦播种面积变化

图 4.5　2024 年山西省冬小麦种植区分布

结合小麦产量统计数据可知，虽然小麦播种面积呈减少趋势，但小麦产量呈现波动增加趋势，尤其在 1980 年以后，小麦产量出现一个高峰，这是由于农业技术创新推动，通过生物技术、信息技术等现代科技手段的应用，提高了小麦的单产水平；智能农机的使用减少了人力成本，提高了种植效率。2000 年以后随着小麦播种面积大幅减少，小麦总产量有所下降(图 4.6)。

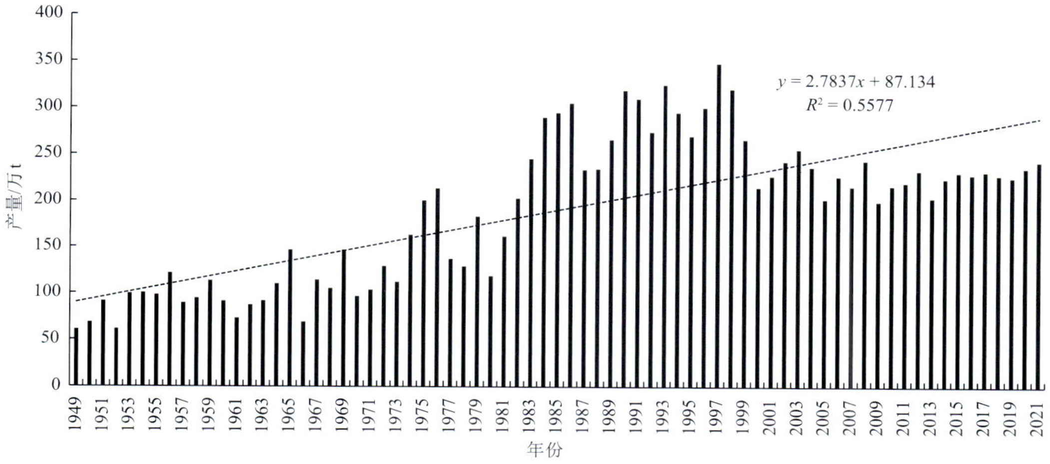

图 4.6　1949—2021 年山西省小麦产量变化

(2)玉米种植分布

对山西省玉米播种面积统计分析可知,1949—2021 年山西省玉米播种面积为 30 万～190 万 hm^2,平均值为 86.56 万 hm^2(图 4.7)。山西省玉米播种面积呈现波动增加趋势,趋势倾向率为 1.935 万 hm^2/a,2015 年达到最大值。图 4.8 是基于高分一号 16 m 分辨率 WFV 数据提取的玉米种植分布,对玉米种植地区以市域为单位进行统计,结果显示,山西省各地均有玉米种植,2024 年玉米种植面积超过 20 万 hm^2 的地市有运城市、忻州市、临汾市和吕梁市,其中忻州市最多,临汾次之;种植面积在 10 万～20 万 hm^2 的地市有大同市、长治市、朔州市和晋中市;其余 3 市种植面积小于 10 万 hm^2。

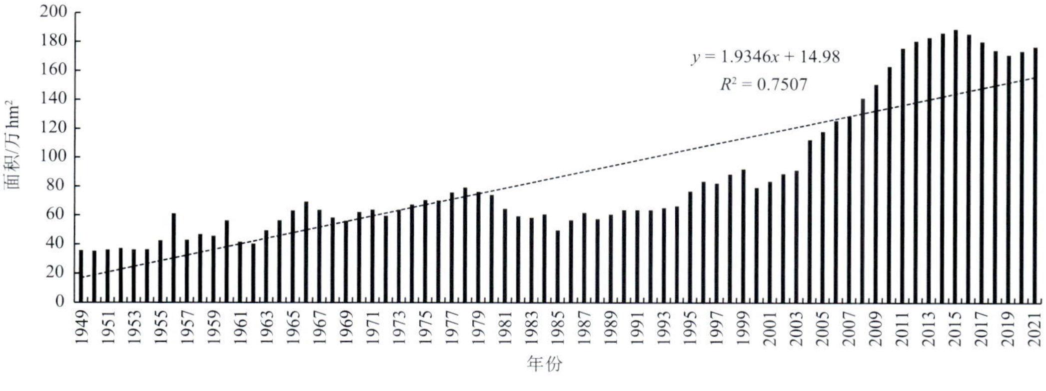

图 4.7　1949—2021 年山西省玉米播种面积变化

结合玉米产量统计数据可知,玉米产量呈现波动增加趋势,变化范围为 40 万～1100 万 t,平均值为 371.30 万 t(图 4.9)。尤其在 2010 年以后,玉米产量呈现一个波动高峰,2013 年达到最大值以后,玉米产量波动趋于稳定。

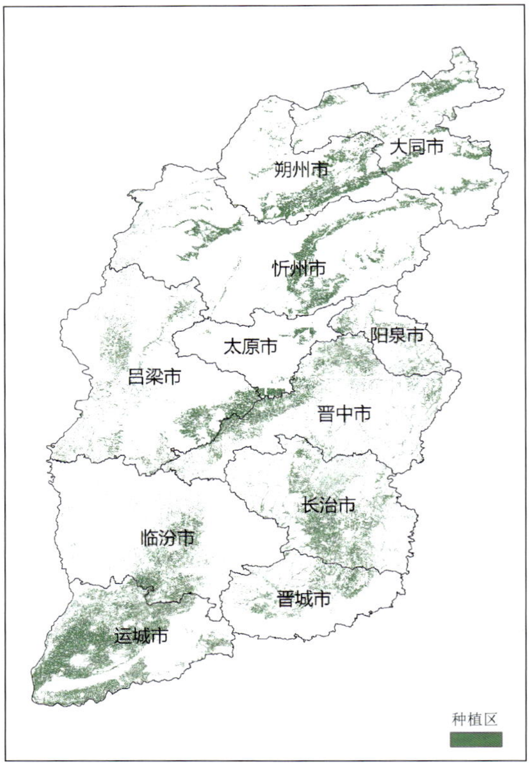

图 4.8　2024 年山西省玉米种植区分布

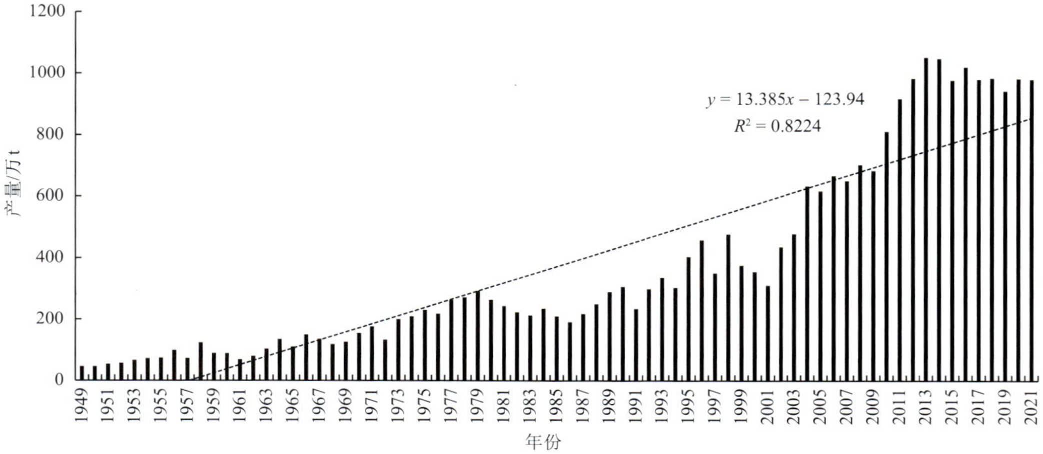

图 4.9　1949—2021 年山西省玉米产量变化

4.3 气象条件和气候变化对农田生态影响分析

全球变暖改变了山西省气候资源的时空格局与生态环境，对经济、社会发展产生了深刻影响，尤其是暴露性强和与气候环境关系密切的产业；对人体健康和居民生活也有很大的潜在影响。由于主要在露天生产和以生物为生产对象，农业是对气象条件和气候变化最为敏感和相对脆弱的产业（张建新 等，2016）。

气象作为农业生产中不可忽略的重要因素之一，是农作物生长赖以生存的环境、物理资源和能力基础，对于农作物生长发育、农作物产量、农产品品质等都具有非常重要的影响，其中影响较大的主要有温度、水分和光照。首先，作物生长发育需要适宜的温度，过高或过低的温度都会对作物造成不利影响，高温使作物的光合作用速率下降、产量降低，而低温则会抑制植物的生长和代谢；其次，作物生长发育也需要适宜的水分条件保证其健康生长，水分不足导致干旱发生，作物会受到水分限制，生长受阻，严重时会造成作物绝收，水分过多会导致土壤过湿，造成作物根部缺氧、腐烂，病虫害发生等；最后，作物生长发育还需要充足的日照来保障，日照是植物进行光合作用的能量来源，日照不足则光合速率减缓，导致作物产量下降。

气候变化对山西省农业的影响有利有弊，有利影响主要是热量增加和 CO_2 浓度增高提高了作物生产潜力，不利影响主要是高温、低温、干旱和强降水等极天气气候事件频发导致农业生产的气象灾害风险变大（房世波 等，2011）。

4.3.1 对农业气候资源的影响

农业气候资源是指对农业生产有利的气候要素值及其组合，主要包括光能资源、热量资源和水分资源，广义的农业气候资源还包括风能和 CO_2。

4.3.1.1 热量资源增加

（1）无霜期延长

1981 年以来，山西省平均初霜日以 1.8 d/(10 a) 的速率明显推后，无霜期以 4.4 d/(10 a) 的速率明显延长，终霜日以 2.7 d/(10 a) 的速率呈现波动提前趋势（图 4.10—图 4.12）。

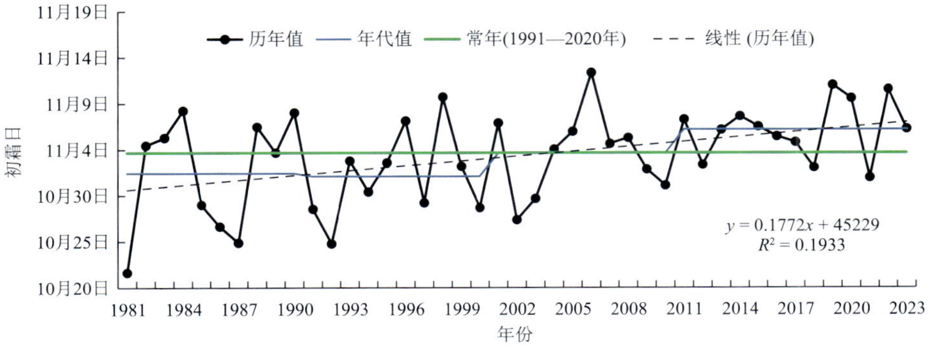

图 4.10 1981—2023 年山西省初霜日

采用 1991—2020 年气象数据分析，初霜日常年值（1991—2020 年，后续本章的常年值均

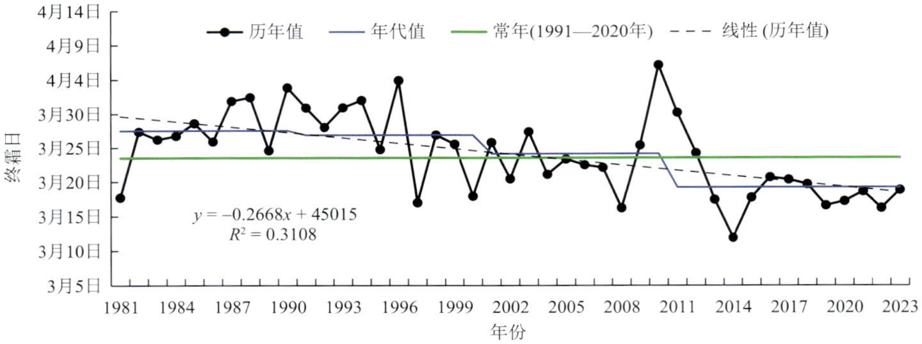

图 4.11　1981—2023 年山西省终霜日

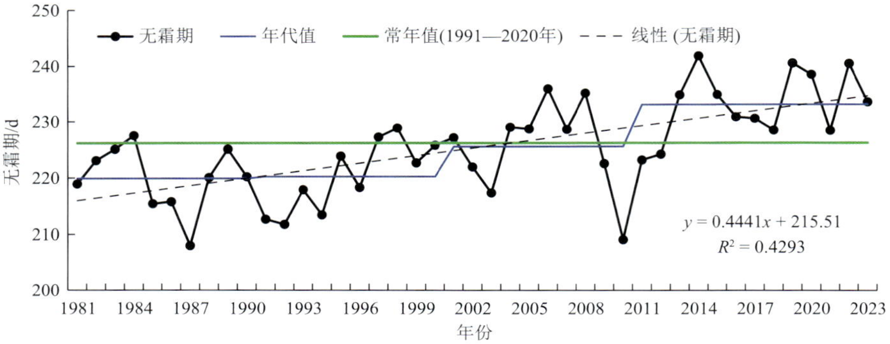

图 4.12　1981—2023 年山西省无霜期

为 1991—2020 年的均值）平均为 11 月 4 日。20 世纪 80 年代和 90 年代平均初霜日较常年值偏早，均为 11 月 1 日；21 世纪 00 年代初霜日较 20 世纪 80—90 年代推后了 3 d，为 11 月 4 日；2011 年以来（2011—2023 年）初霜日继续推后，为 11 月 6 日，晚于常年值。

终霜日常年值平均为 3 月 23 日。20 世纪 80 年代平均终霜日为 3 月 27 日；20 世纪 90 年代平均终霜日较 80 年代提前了 1 d，为 3 月 26 日；21 世纪 00 年代，平均终霜日较 20 世纪 90 年又提前了 2 d，为 3 月 24 日；2011 年以来，终霜日较 00 年代大幅提前，提前了 5 d，为 3 月 19 日。由此可以看出，21 世纪以来温度持续升高，尤其是早春升温明显。

无霜期常年值为 226 d。20 世纪 80 年代和 90 年代平均为 220 d，较常年值偏少 6 d；21 世纪 00 年代无霜期较 20 世纪 90 年代延长了 6 d，为 226 d；2011 年以来，无霜期大幅延长，达到了 233 d。

从稳定通过 0 ℃的初日（终霜期）空间分布来看（图 4.13），20 世纪 80 年代大同中北部、朔州中西部、忻州西部等地终霜日在 4 月 6—20 日，大同南部、朔州东部、忻州中部和东部、吕梁北部和中南部、太原北部、阳泉大部、晋中中东部以及长治中东部和晋城西部等地区终霜日在 3 月 27 日—4 月 5 日，太原盆地、晋中西部、吕梁东部、长治西部、晋城中部和西部、临汾和运城大部终霜日在 3 月 17—26 日，运城西南部终霜日在 3 月 7—16 日。2011 年以来，终霜日与 20 世纪 80 年代相比，明显提前，晚于 4 月 6 日的区域明显缩小，仅剩大同西北部局部、朔州西部和北部、忻州中西部的局部地区；忻定盆地、太原盆地终霜日较 20 世纪 80 年代提前了 10 d 左右，临汾盆地和运城 2011 年之后也提前至 2 月下旬至 3 月上旬初。

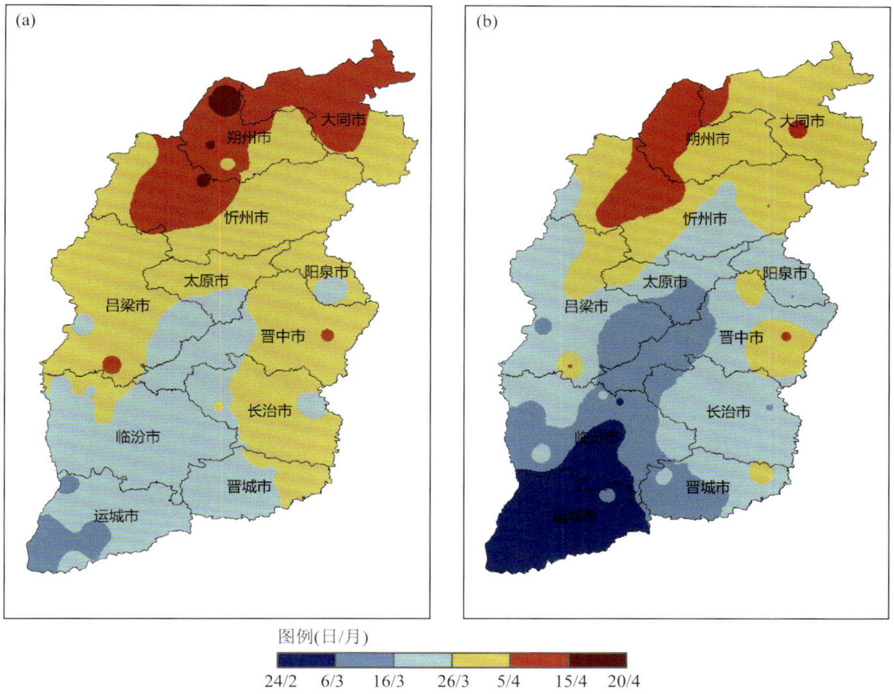

图 4.13　1981—1990 年(a)和 2011—2023 年(b)山西省稳定通过 0 ℃初日

从稳定通过 10 ℃的初日空间分布(图 4.14)来看，20 世纪 80 年代朔州中西部和忻州中西部等地稳定通过 10 ℃的初日在 4 月 30 日—5 月 5 日，大同大部、朔州中部和东部、忻州西部和东部部分、吕梁中北部和中部局部、晋中东南部局部等地气温稳定通过 10 ℃的初日在 4 月下旬，临汾盆地和运城在 3 月下旬至 4 月上旬，其余地区在 4 月中旬。2011 年以来，气温稳定通过 10 ℃的日期，与 20 世纪 80 年代相比大幅提前，全省大部分地区在 4 月下旬之前，大同、朔州、忻州中西部在 4 月下旬，临汾盆地和运城在 3 月下旬，其余地区在 3 月下旬至 4 月上旬。

从稳定通过 0 ℃的终日空间分布(图 4.15)来看，晋中西部、吕梁东部、长治中部等地近 10 多年来较 20 世纪 80 年代推迟了约 10 d，运城西部和南部的部分地区从 20 世纪 80 年代的 11 月中旬推迟到 11 月下旬初，推迟了约 5 d；其余地区变化不大。山西省稳定通过 10 ℃终日的分布格局变化不大(图 4.16)，仅在运城南部的局部地区有所推迟，推迟了约 5 d。

从无霜期日数空间分布(图 4.17)来看，20 世纪 80 年代山西北部、太原西北部、晋中东南部、吕梁西部以及晋城局部等地无霜期日数在 180～200 d，大同西北部、朔州西部和忻州西北部等地无霜期低于 180 d，运城中部和南部无霜期在 220～240 d，其余地区无霜期在 200～220 d。2011 年以来，全省无霜期较 20 世纪 80 年代都有所延长，其中运城和临汾盆地南部等地延长 10～15 d，达到 260～280 d，太原盆地、临汾中部和南部、晋城西部等地无霜期也有所延长，延长大约 30 d。

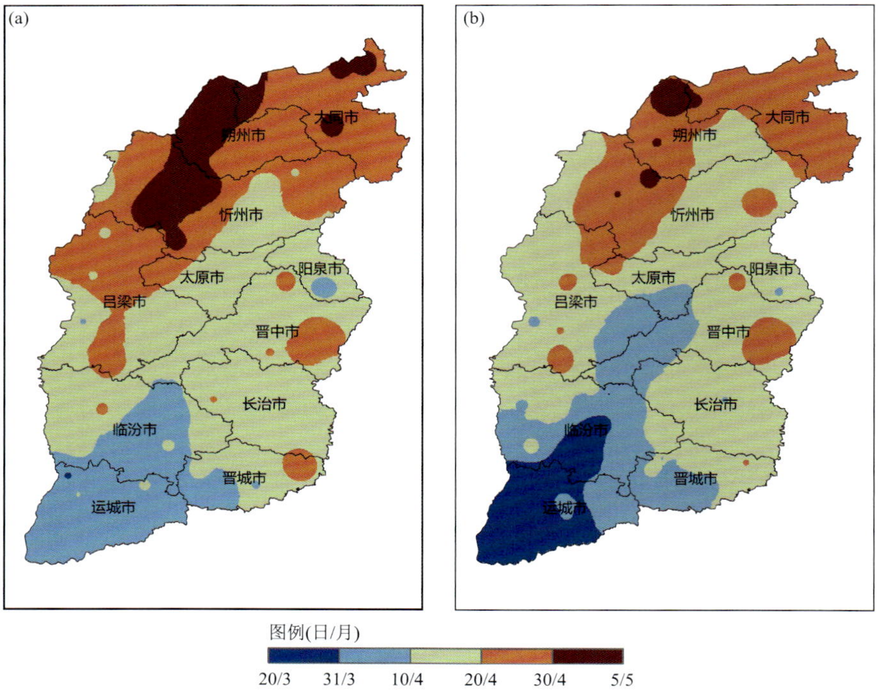

图 4.14　1981—1990 年(a)和 2011—2023 年(b)山西省稳定通过 10 ℃初日

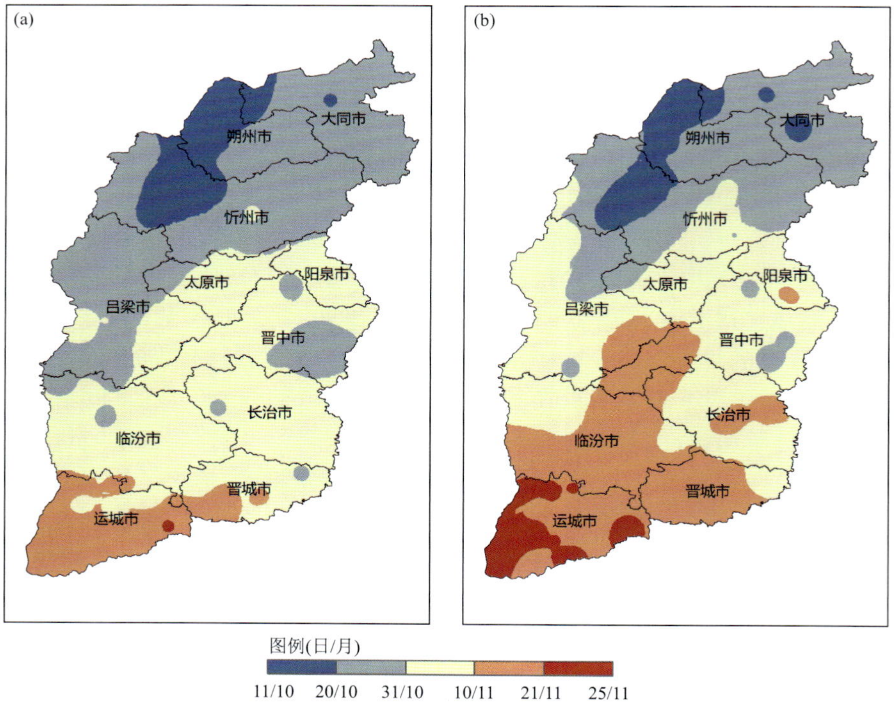

图 4.15　1981—1990 年(a)和 2011—2023 年(b)山西省稳定通过 0 ℃终日

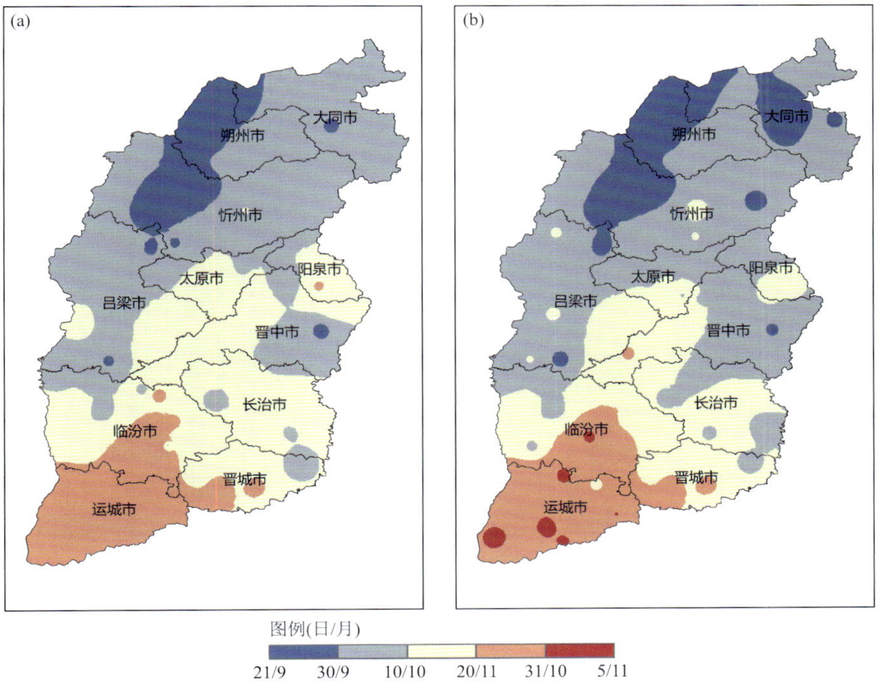

图 4.16　1981—1990 年(a)和 2011—2023 年(b)山西省稳定通过 10 ℃终日

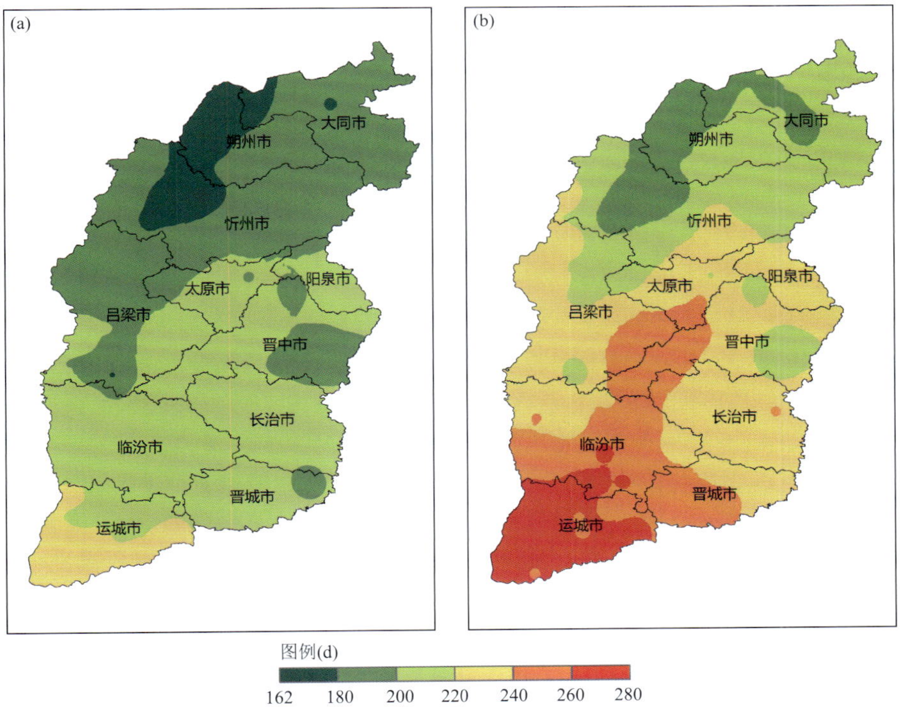

图 4.17　1981—1990 年(a)和 2011—2023 年(b)山西省无霜期日数

(2)积温持续增加

日平均气温稳定通过 0 ℃和 10 ℃的活动积温显著增加。1981 年以来,山西省日平均气温稳定通过 0 ℃和 10 ℃的初日呈提前趋势,终日呈略推迟趋势,初、终日期间持续日数增多,有效积温呈增多趋势。从年代际变化来看,1981—2023 年,日平均气温大于或等于 0 ℃积温增加了 399.7 ℃·d;日平均气温大于或等于 10 ℃积温增加了 311.2 ℃·d(图 4.18)。

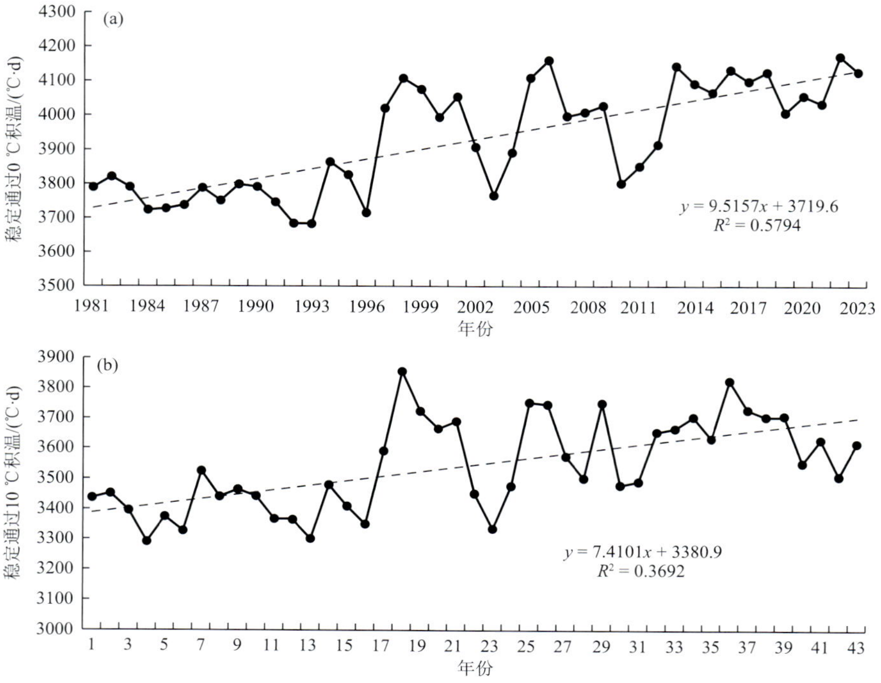

图 4.18　1981—2023 年山西省日平均气温稳定通过 0 ℃(a)和 10 ℃(b)积温

从日平均气温稳定通过 0 ℃积温空间分布(图 4.19)来看,20 世纪 80 年代大同、朔州、忻州、吕梁北部和中部部分、太原西北部、阳泉北部、晋中东部以及长治和晋城的局部等地气温稳定通过 0 ℃的积温在 2700～3300 ℃·d,运城南部在 4100～4500 ℃·d,临汾盆地和运城北部在 3700～4100 ℃·d,其余地区在 3300～3700 ℃·d。2011—2023 年日平均气温稳定通过 0 ℃期间积温与 20 世纪 80 年代相比,除朔州西部和忻州中西部外,其他地区均有较大幅度增加,增幅在 300～800 ℃·d,大同、朔州中西部、忻州西部和东部山区、阳泉、晋中东部增加 300～500 ℃·d,运城和临汾盆地增加了 850～1100 ℃·d,其余地区增加了 500～850 ℃·d。

从日平均气温稳定通过 10 ℃积温空间分布(图 4.20)来看,20 世纪 80 年代大同、朔州、忻州大部、吕梁东北部、太原西北部、晋中东南部等地气温稳定通过 10 ℃的积温在 2300～2800 ℃·d,临汾盆地以及运城在 3600～4000 ℃·d,其余地区在 2800～3600 ℃·d。2011—2023 年日平均气温稳定通过 10 ℃期间积温与 20 世纪 80 年代相比均有所增加,大部分地区增加幅度在 300～600 ℃·d,其中东部太行山区以及朔州西部、忻州西部增加 150～400 ℃·d,太原盆地局部、临汾盆地和运城增加 600～900 ℃·d,其余地区增加了 400～600 ℃·d。

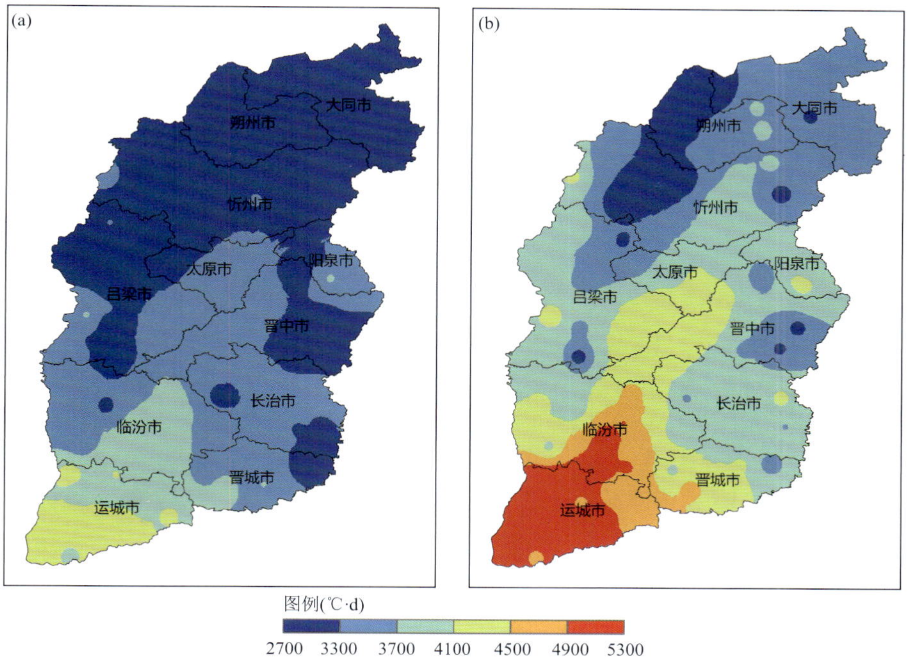

图 4.19 山西省日平均气温稳定通过 0 ℃积温空间分布
(a. 1981—1990 年；b. 2011—2023 年)

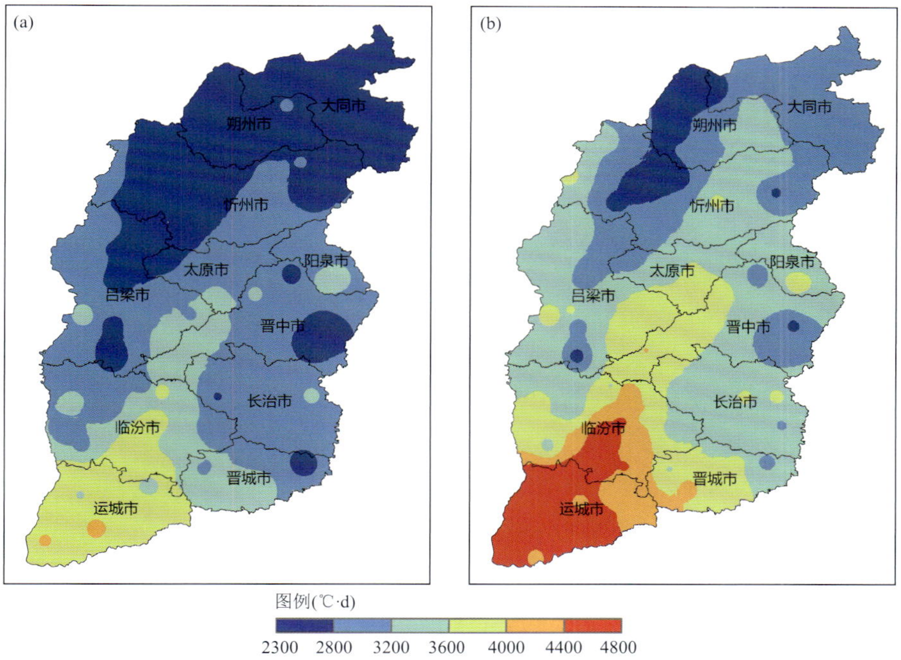

图 4.20 山西省日平均气温稳定通过 10 ℃积温空间分布
(a. 1981—1990 年；b. 2011—2023 年)

4.3.1.2 降水量总体呈增加趋势

1981年以来，山西省日平均气温稳定通过0 ℃期间的降水量（无霜期降水量）总体呈增加趋势（图4.21），增幅约1.7 mm/a，但年际间波动较大。20世纪80年代，山西省无霜期降水量447.7 mm，处于较高的水平，到了90年代降水量大幅减少，无霜期降水量下降至411.5 mm；进入21世纪，降水量有所增加，21世纪00年代山西省无霜期降水量增加至433.1 mm，但仍然低于20世纪80年代；2011—2023年降水量继续增加，平均降水量增至498.0 mm。

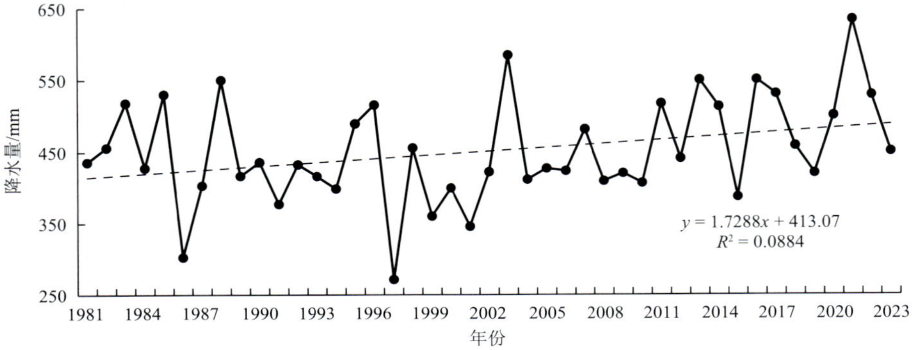

图4.21 1981—2023年山西省日平均气温稳定通过0 ℃期间降水量

近些年通过水利建设与农田基本建设，灌溉面积有所扩大，灌溉用水有所增加。作物生长季的延长和对农产品需求量的日益增加，将导致农业需水量的增加。但随着农村人口的城市化，城镇公共用水和居民生活用水呈迅速增长势头，必将不断挤占农业用水。现有水资源数量很难满足农业用水的需求。

气候变化对作物水分平衡也有其有利的一面。CO_2浓度的增高使植物叶片的气孔开度变小，在吸收同等数量CO_2的同时可以减少水汽的蒸腾消耗，从而提高作物对水分的利用效率。虽然气温升高具有加大土壤蒸发与植被蒸腾的效应，但太阳辐射和风速的减弱又起到了抑制蒸发和蒸腾的作用。大多数气象站和水文站观测到的水面蒸发量下降也证明了这一趋势，但这些有利因素远不能抵消农业水资源日益紧缺的影响。

1981年以来，山西省日平均气温稳定通过10 ℃期间的降水量（10 ℃期间降水量）总体也呈增加趋势（图4.22），增幅约1.2 mm/a，年际间变化趋势与无霜期降水变化趋势一致，但变化幅度较低。20世纪80年代，山西省10 ℃期间降水量418.5 mm，处于较高的水平，到了90年代降水量大幅减少，10 ℃期间降水量下降至378.9 mm；进入21世纪，降水量有所增加，21世纪00年代山西省10 ℃期间降水量增加至401.7 mm，但仍然低于20世纪80年代；2011—2023年降水量继续增加，10 ℃期间降水量增至451.1 mm。

4.3.1.3 日照时数减少

1981以来山西省稳定通过0 ℃和10 ℃期间日照时数总体呈略下降趋势（图4.23、图4.24），日照减少对作物光合生产潜力起到一定削减作用。但由于目前的产量水平与光合生产潜力的差距很大，影响作物生产效率的主要因素仍是水分、养分和温度条件等，太阳辐射减弱对作物产量的影响尚不明显。但如果未来进一步削弱，则可能产生较大影响。

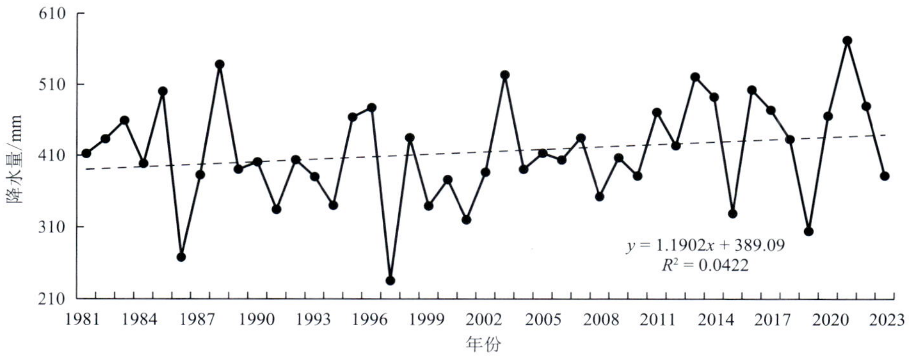

图 4.22 1981—2023 年山西省日平均气温稳定通过 10 ℃期间降水量

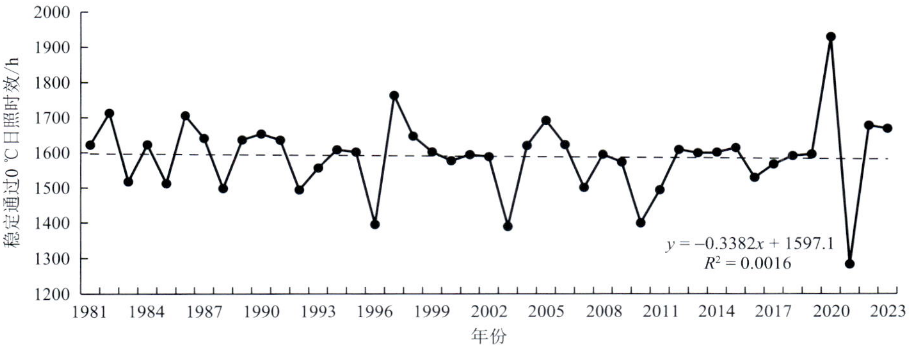

图 4.23 1981—2023 年山西省日平均气温稳定通过 0 ℃期间日照时数

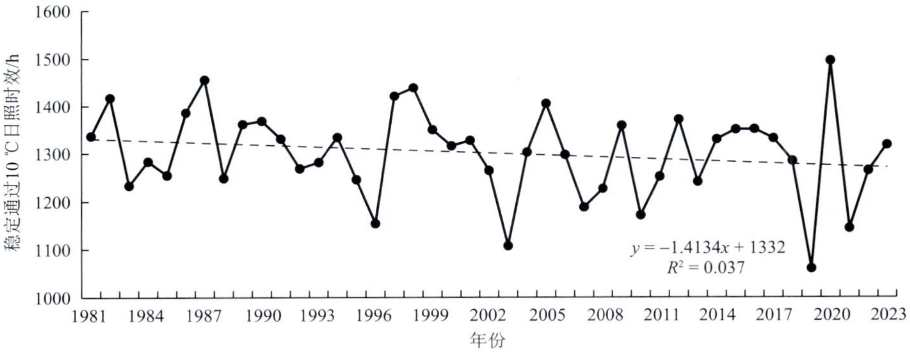

图 4.24 1981—2023 年山西省日平均气温稳定通过 10 ℃期间日照时数

4.3.2 对农作物发育期和种植制度的影响

4.3.2.1 对发育期变化的影响

选取冬小麦和玉米两种山西省主要粮食作物，分析其发育期的变化。依照不同作物北、中、南种植分布，冬小麦选取太谷、汾阳和盐湖区，玉米选取灵丘、昔阳和上党区。

(1)冬小麦

山西省冬小麦播种期总体呈推后趋势，尤其在 20 世纪 90 年代以后，播种日期推迟一周至

10 d(图 4.25)。这是由于秋季变暖后,冬前生长期延长,按照原播种期,麦苗冬前生长过旺,不利于安全越冬。中部地区越冬期推迟较南部地区相对明显,南部地区相对比较稳定;返青期中部(太谷和汾阳)有略微提前的趋势,但南部盐湖有推迟的趋势;拔节期全部呈提前趋势,中部相对明显一些。从三地冬小麦生育期总长度(图 4.26)来看,均呈减少的趋势,即生育期缩短。

气候变暖虽然导致冬小麦全生育期的缩短,但由于冬半年变暖程度明显大于夏半年,许多地区的越冬休眠期缩短时间往往超过全生育期的缩短时间,使得冬小麦的有效生长期反而延长,有利于增产。

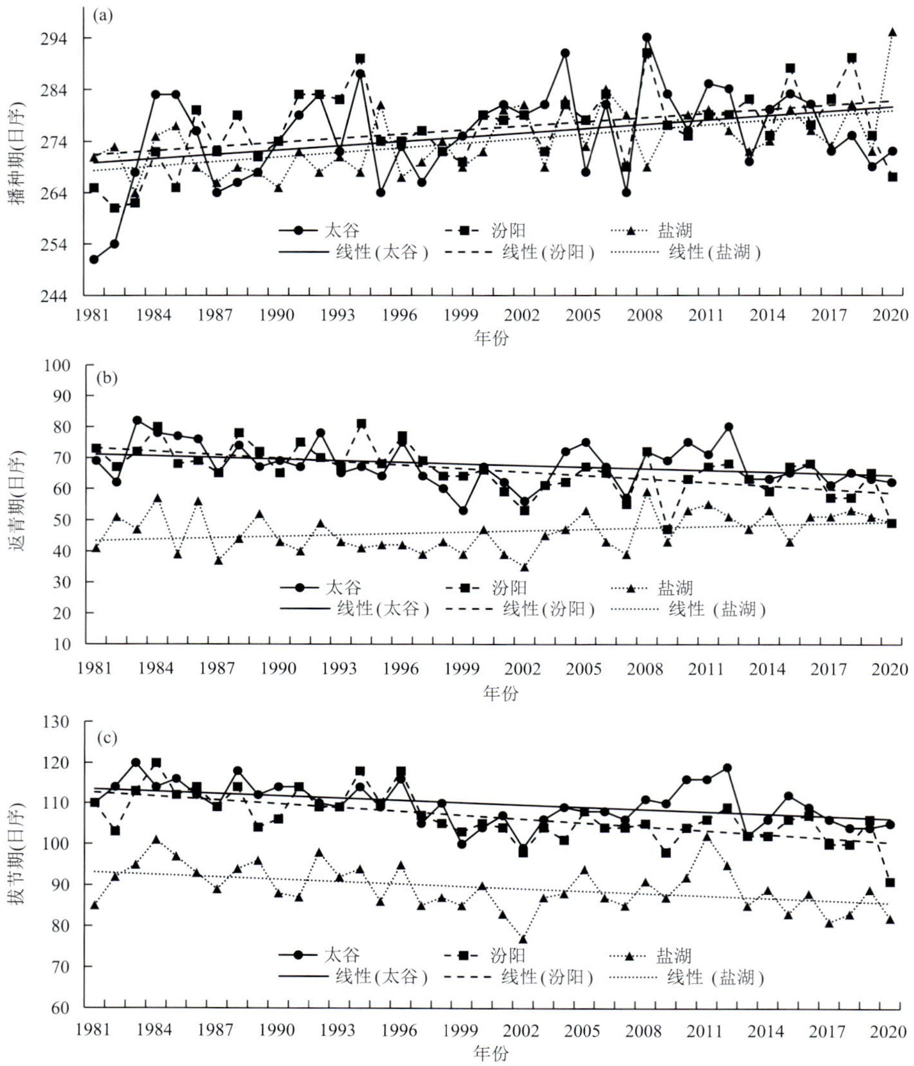

图 4.25 1981—2020 年太谷、汾阳和盐湖区冬小麦播种期(a)、返青期(b)、拔节期(c)

(2)玉米

山西省玉米播种期总体持平略有前移(图 4.27),2000 年之前,播种期呈提前的趋势;2000 年之后,出现播种期推迟的情况。从拔节期和抽雄期日序变化来看,拔节期和抽雄期三地均有

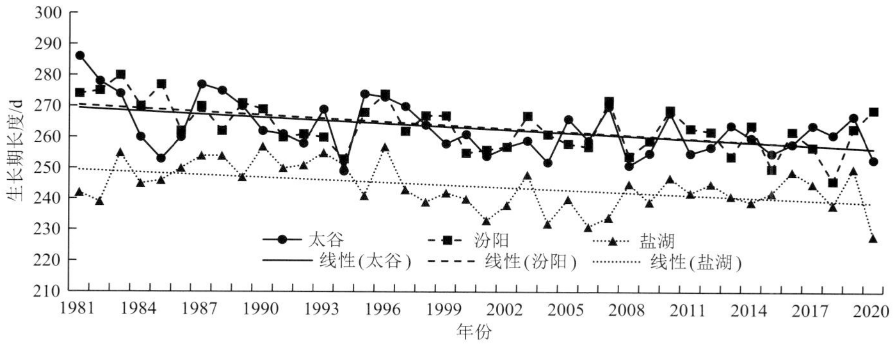

图 4.26 1981—2020 年太谷、汾阳和盐湖区冬小麦生育期长度

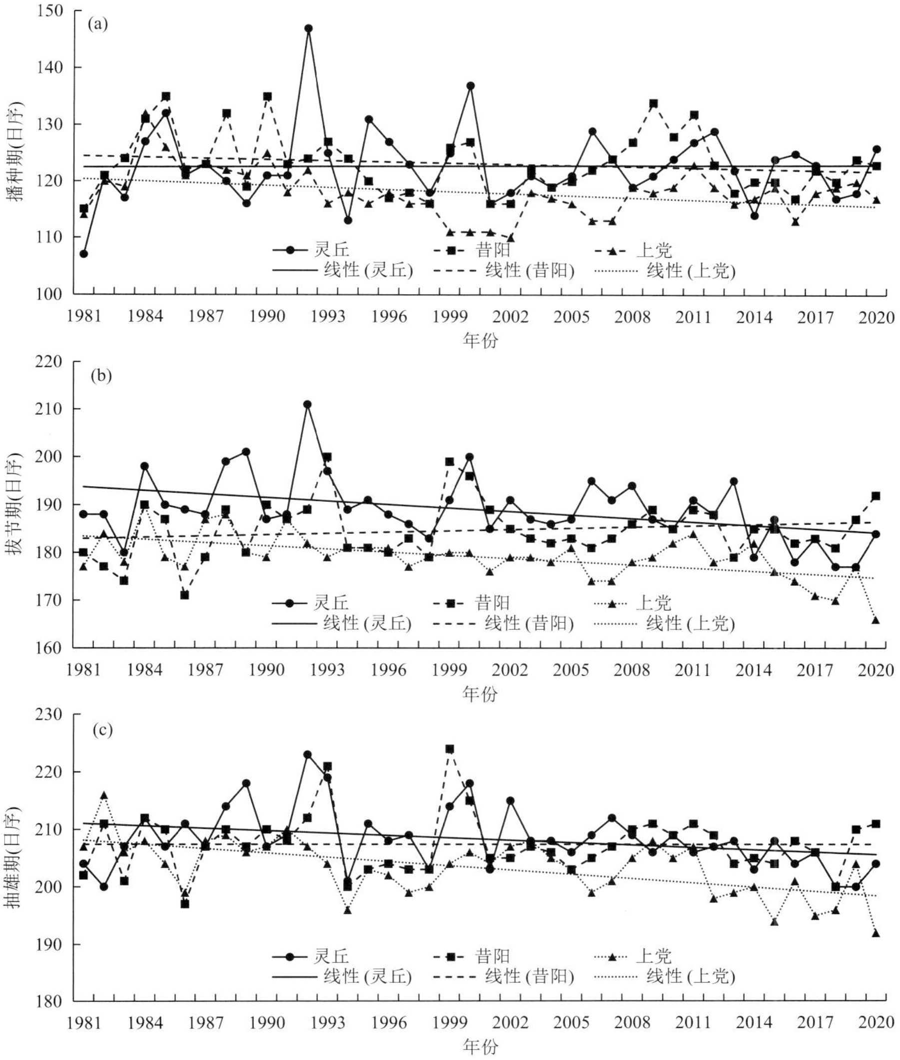

图 4.27 1981—2020 年灵丘、昔阳和上党区玉米播种期(a)、拔节期(b)、抽雄期(c)

所提前，提前 3～5 d。从三地整个玉米生育期长度（图 4.28）来看，灵丘和昔阳玉米的拔节期和抽雄期有所增加，但上党区观测资料表明，玉米整个生育期有所缩短。

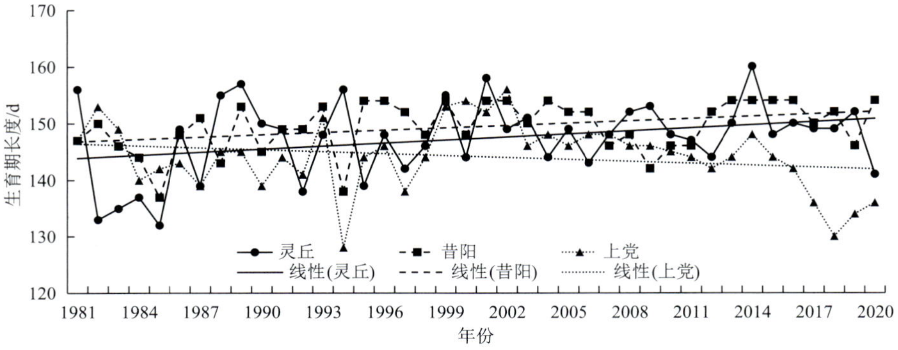

图 4.28　1981—2020 年灵丘、昔阳和上党区玉米生育期长度

4.3.2.2　对种植制度的影响

气候变化可能使原来适应某地区的作物变得不再适应或使某种生物的适应范围改变。因此，为有效利用新的气候资源和规避胁迫，需要调整作物种植结构和优化区域布局。针对未来气候变化对农业的可能影响，分析光、温、水资源重新分配和农业气象灾害的新格局，改进作物、品种布局，有计划地培育和选用抗旱、抗涝、抗高温和低温等抗逆性强及光合生产率高的新品种，采用防灾抗灾、稳产增产的技术措施及预防可能加重的农业病虫害具有重要的意义。

大气中 CO_2 浓度增高，气候变暖，生育期延长，对农业生产可能有利，因此科学地调整种植结构、改变耕作熟制可以充分利用生育期内的农业气候资源。另外，改变种植作物的用途，如增加饲用玉米、饲用稻和大麦的生产，降低农业对气候的敏感性。

随着农业生产水平和复种指数的提高，作物对适宜气象条件的要求更加严格，对不利气象条件的反应更加敏感。研究表明，在高产水平下，产量基本上随气象条件波动而波动。为此，在改革种植制度时要深刻了解作物生长发育、产量形成和气象条件的关系，开展合理利用农业气候资源，防御农业气象灾害的研究，提供农业气象灾害预报服务。

受热量资源分布的影响，山西省各地农作物种植制度差异明显。位于南部的运城市，气温较高、无霜期较长，主要种植冬小麦、复播夏玉米或大豆等，实行一年两熟制；中南部的临汾市、东南部以及中部的太原盆地，主要实行两年三熟制，即玉米成熟后播种冬小麦，麦收后复播生长期较短的豆类、蔬菜或者种植一年一熟的大秋作物如玉米、高粱等；中部山区以及北部主要种植大秋作物，为一年一熟；北部高寒地区主要种植喜凉的马铃薯或莜麦、荞麦等小杂粮。随着气温的升高，作物生长季节也在延长，例如冬季的气候变暖，对山西冬小麦农业生产影响日益明显，致使冬小麦播种和越冬期推迟、返青后各发育期提前、冬小麦种植北界北移等。气温的升高和生长季的延长，使得山西省现行的农作物种植面积逐步向东、西山区以及向北推移成为可能；耕作制度的一年一熟、两年三熟的界限都将可能发生变化，理论上复种面积可能扩大，复种指数也会提高。由于热量和降水的综合影响，山西省北部种植界限变动较为明显，但由于水资源不足，迫使小麦面积压缩，又缺乏其他合适的越冬作物，近 20 多年来山西省的复种指数变化不大，只是在小麦向北扩种的平原地区略有提高。

气候变化给山西省冬小麦种植带来机遇，兴县、娄烦、阳曲、宁武、代县、定襄一带以南地区在气候上已能保证冬小麦安全越冬，在经济上考虑种植冬小麦比较可行，此线较 20 世纪 60 年代北移大约 15 km。气候变暖为冬小麦扩种提供了可能的条件，但山西省北部大部地区的热量条件目前仍不能完全满足冬小麦生长发育的需要，北部地区仍需采取一年一熟制，其余地区种植方式基本保持不变。

随着气候的变化，种植制度要在以下 5 个方面进行改变。第一，育种目标要进行相应改变。20 世纪 80 年代以来，山西省冬小麦育种对冬性和抗寒性要求的同时，对丰产和抗病的要求更高了。第二，要加强抗逆锻炼。在全球变暖的气候背景下，要求作物选育过程中要加强耐热、耐旱性和抗病虫能力的锻炼。第三，调整生育期。随着气候变暖，通常需要将春季的播期或移栽期提早，将秋季的收获期或播期延迟，或为躲避干旱、高温等不利时期而调整播期。第四，调整轮作或间套作方式。气候变暖使作物生育进程和土壤养分循环加快，从而需要调整轮作或间套作方式。如原来实行套种两熟制的有可能实行平作两茬，原来只能一年一熟的，有可能通过套种充分利用增加的热量等。第五，改善农业设施。如畜舍夏季的遮阴和降温及农田实行节水灌溉等。

4.3.2.3 对作物、品种布局和产量的影响

(1)对作物布局和种植结构的影响

气候变暖为冬小麦种植区域适度北扩提供了可能。目前兴县、娄烦、阳曲、宁武、代县、定襄一线以南地区在气候上已能保证冬小麦安全越冬，在经济上适当复种冬小麦也是可行的；但北部大部地区的热量条件仍不能完全满足，仍需实行一年一熟制。

由于水资源日益紧缺，1981—2020 年，全省小麦播种面积由 1986 年的历史最高水平 104.67 万 hm^2 下降到 2020 年的 53.588 万 hm^2。总体来看，山西省冬小麦种植面积呈逐年缩小的趋势，1981 年冬小麦种植面积约占全省粮食作物种植面积的 27.6%，2020 年冬小麦种植面积占比缩小至 17.7%。

随着气候变暖和特早熟玉米品种的育成，过去以种植春小麦、莜麦和马铃薯为主的北部地区玉米种植面积大幅度增加。除左云、右玉、宁武等海拔很高的少数县，玉米在大多数县已成为播种面积最大的粮食作物，2020 年玉米播种面积占山西省全部粮食作物播种面积的比重为 55.7%，而 1981 年仅为 18.9%。2000 年之前，冬小麦一直是山西第一大粮食作物，2001 年玉米播种面积首次超过冬小麦，成为山西新的第一粮食作物。近年来，玉米播种面积已经是冬小麦播种面积的 3～4 倍，稳居山西第一大作物。除马铃薯和豆类面积略有增加外，其他粮食作物由于相对低产，播种面积都在缩小。由于严重缺水，水稻几乎绝迹；由于春季温度升高和春旱加剧，春小麦在北部地区现在已经很少种植(图 4.29)。

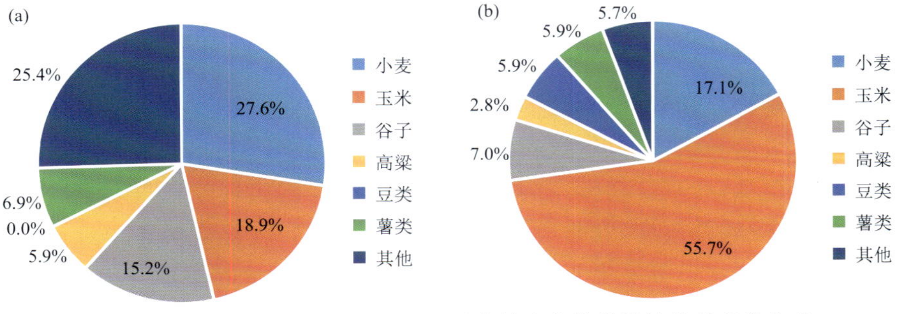

图 4.29 1981 年(a)、2020 年(b)山西省粮食作物种植结构的变化分布

(2)对品种布局与产量的影响

随着秋冬季的变暖,小麦越冬冻害的威胁总体上有所减轻。由于冬性偏弱的品种较早开始穗分化,有利于形成大穗。各地为了挖掘增产潜力,普遍降低了对品种冬性的要求。中部偏南地区过去一直要求种植强冬性品种,现在也引入了一些冬性品种;南部地区由以冬性品种为主改为弱冬性品种。但如将品种的冬性过度削弱,仍会发生严重冻害。随着品种冬性的适度减弱,对冬前积温的要求也有所降低,这也是冬小麦播期普遍后延的原因之一。但目前山西省小麦单产仍低于全国平均值。

在热量条件较好的中南部,普遍以中熟玉米品种替代早熟品种,以中晚熟品种替代中熟品种,增产效果显著。1981—2023 年,1986 年玉米产量最低,仅为 191.3 万 t,2013 年玉米总产量升至最高,为 1049.5 万 t(图 4.30)。

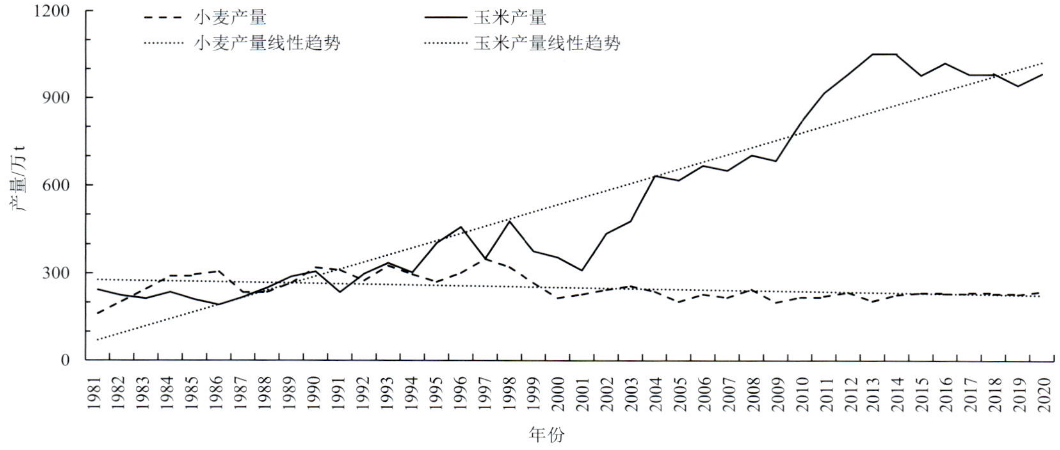

图 4.30　1981—2020 年山西省玉米和小麦总产量变化趋势

4.3.2.4　对农业自身污染的影响

大量使用化肥、农药、农膜等化工产品使得农业源污染物排放迅速增加,不但导致土壤生产力的下降,在许多地方还成为水体污染的主要原因。气候变暖将加速化肥的挥发和淋溶损失,加剧水体和地下水的富营养化。气温升高还会加快农膜的老化。

气候变化对化肥、农药使用会产生影响。肥效对环境温度的变化十分敏感,尤其是氮肥,温度增高 1 ℃,能被植物直接吸收利用的速效氨释放量将增加约 4%,释放期将缩短 3.6 d,要想保持原有肥效,每次的施肥量将增加 4%左右。

4.3.3　气象条件对农作物产量的影响分析

气候变化对经济社会的最大影响之一是农业,这体现在对农业生产布局、农业生产结构,以及农业病虫害的发生和防治等方面。气候变化将使农业生产面临以下三方面突出问题:农业生产的不稳定性增加,产量波动大;农业生产布局和结构将出现变化,作物种植制度可能发生较大变动;农业生产条件改变,农业成本和投资大幅增加。气候变暖将导致地表径流、旱涝灾害频发和一些地区的水质等发生变化,特别是水资源供需矛盾将更加突出。

对于农业生产而言,如果温度升高超过某一阈值,将影响一些作物的关键生长期(如导致水稻不结实、玉米花粉败育、土豆块茎发育不良)进而影响作物产量,而阈值本身是随作物和物种的不同而变化的;如果温度超过了关键临界值,即使持续时间很短,也会造成这些作物出现严重减产。气候变化将使全球的粮食价格升高,可能使脆弱人口遭受饥饿的风险增加,并且气候变化将加剧许多水资源缺乏地区的水短缺。水需求一般随人口增长和经济的发展而增加,但一些地区的水需求会因水利用效率提高而减少。对于中国而言,气候变化已经对我国农业产生了一定的影响,其表现之一为自 20 世纪 80 年代以来,中国的春季物候期提前了 2～4 d。

统计资料表明,山西省粮食作物总产量从 1961 年的 353.5 万 t 增长到 2020 年的 1424.3 万 t,其中秋粮产量高于夏粮,且增长速率也远高于夏粮。秋粮产量从 1961 年 275.2 万 t 增加到 2020 年的 1187.5 万 t,夏粮产量从 1961 年的 78.3 万 t 增加到 2020 年 236.8 万 t(图 4.31)。

山西省粮食总产量、夏粮总产量、秋粮总产量呈增加趋势,除作物种植面积增加外,单产也呈增加趋势,这当中原因一是农业技术的提高,原因二是气候资源利用率的提高,但其并不能表明气候变化越来越有利于粮食单产的提高。因此,需要使用剔除趋势单产后的气象单产反映气候变化(降水和温度变化)对粮食生产的影响。趋势单产反映了粮食生产水平不断上升的趋势,其数值受粮食品种更新、耕作水平提高、政策环境、市场行情以及农民种植积极性等因素的影响。趋势单产总体呈上升趋势,可对趋势单产进行拟合,从实际单产中减去趋势单产得到气象单产,进而可用气象单产占实际单产的比例,即相对气象单产反映近几十年来粮食单产在气候变化条件下的相对变化趋势。

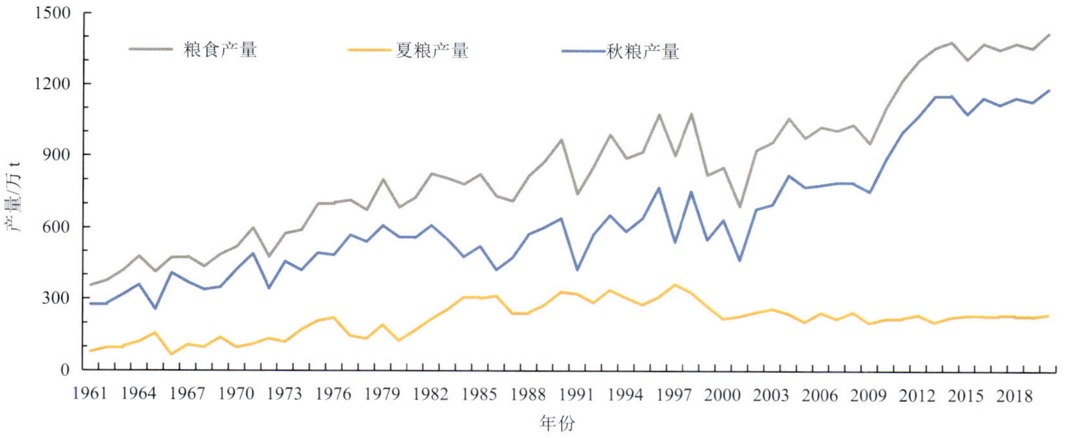

图 4.31　1961—2020 年山西省粮食产量年际变化

1961—2020 年山西省粮食作物相对气象单产与年平均气温和年降水量的相关性统计分析(一元线性回归)结果如下:

$$y = -2.5339x_1 + 24.096 \tag{4.1}$$

$$y = 0.0574x_2 - 28.873 \tag{4.2}$$

式中:y 为全省粮食作物相对气象单产,单位为%;x_1 为年平均气温,单位为℃;x_2 为年降水量,单位为 mm。

从图 4.32 可以看出,全年粮食作物相对气象单产与年平均气温无显著线性回归关系,呈现弱的负相关性,说明气温升高并未造成山西粮食作物的大幅减产,只是略有减产。全年粮食作物相对气象单产与年降水有一定正相关关系，说明全年粮食作物产量随降水的增加而增加，也进一步证明了山西农业主要气象灾害为旱灾，降水是制约山西粮食产量的最重要气象因素。

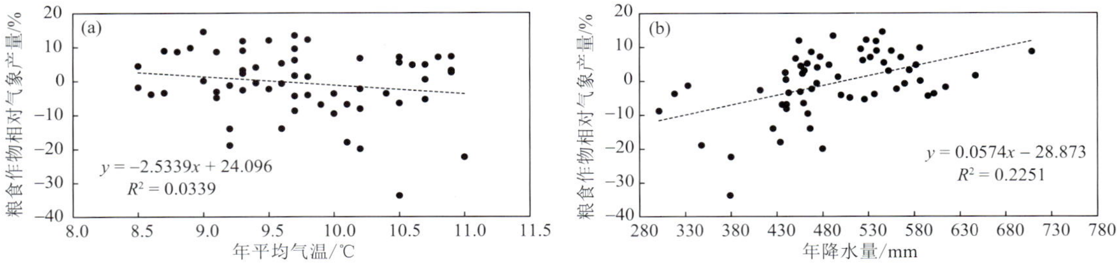

图 4.32　全年粮食作物相对气象单产与气温(a)、降水(b)的关系

用同样的方式得到山西省冬小麦相对气象单产与降水和气温的线性关系方程分别为

$$y = -1.7524x_1 + 17.262 \tag{4.3}$$

$$y = -0.01x_2 + 1.0259 \tag{4.4}$$

式中：y 为冬小麦相对气象单产，单位为%；x_1 为冬小麦主产区年平均气温，单位为℃；x_2 为冬小麦主产区年降水量，单位为 mm。

从图 4.33 可以看出，冬小麦相对气象单产与年平均气温也无显著线性回归关系，说明气温升高对山西冬小麦产量无明显影响。全年冬小麦相对气象单产与年降水量呈弱负相关关系，降水较多年份的降水量基本集中在冬小麦收获的时节，降水增多不仅对收获不利，在一定程度上也影响了作物籽粒的进一步饱满，造成产量下降，同时也说明在全年粮食作物中冬小麦仅占据产量的较小一部分。

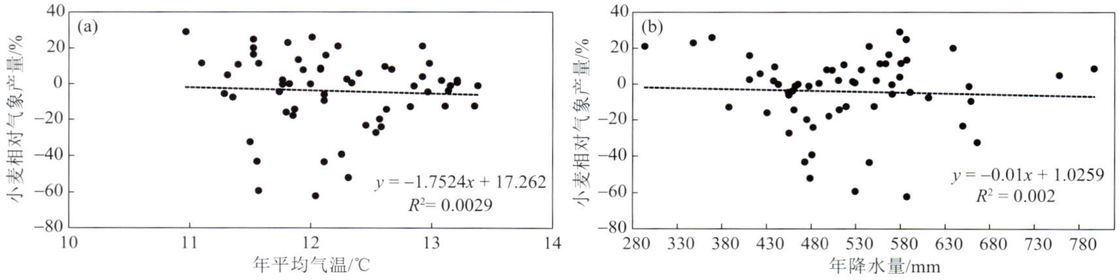

图 4.33　冬小麦相对气象单产与气温(a)、降水(b)的关系

山西省玉米相对气象单产与降水和气温的线性关系方程分别为

$$y = -0.4801x_1 + 2.6412 \tag{4.5}$$

$$y = 0.0414x_2 - 22.389 \tag{4.6}$$

式中：y 为玉米相对气象单产，单位为%；x_1 为年平均气温，单位为℃；x_2 为年降水量，单位为 mm。

从图 4.34 可以看出，玉米相对气象单产与年平均气温的关系与全年粮食作物和夏粮作物相对气象单产与年平均气温的关系一致，即也无显著线性回归关系。全年玉米相对气象单产与年降水量有一定正相关关系，趋势率达 0.0414%/a，说明夏秋季节降水增多对玉米产量形成非常有利。综合全年粮食作物、冬小麦和玉米相对气象单产与年平均气温和年降水量的相关关系来看，干旱是山西农作物的主要气象灾害，降水较多、干旱较轻的年份山西粮食作物产量较高，降水偏少、干旱较重的年份产量较低；气温与产量无明显的相关关系。

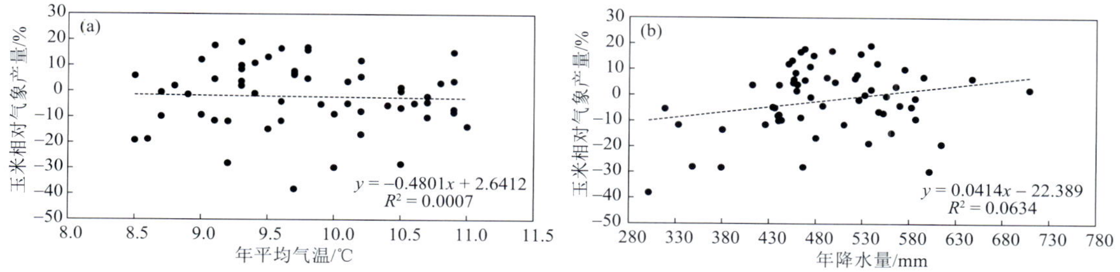

图 4.34 玉米相对气象单产与气温(a)、降水(b)的关系

4.4 山西省农田气候生产潜力评估

4.4.1 农田生产潜力评价技术方法

作物气候生产潜力是在其他条件(如土壤、养分、CO_2等)处于最适宜状况，作物充分利用光、热、水气候资源时，单位面积土地上可能获得的最高生物学产量或农业产量。气候生产潜力的大小取决于光、温、水三要素的数量及其相互配合协调的程度，是评价农业气候资源的依据之一。

常见的计算模型主要有 Miami 模型、Thornthwait Memory 模型、FAO 农业生态区域模型(AEZ)和逐级订正模型。逐级订正模型是目前应用最广泛的粮食生产潜力研究方法，是一种能够反映不同作物生长季内气候生产潜力的统计模型，能很好地反映光、热、水等气候资源的匹配状况，其物理意义清晰，因果关系明确。

采用逐级订正模型计算作物气候生产潜力，主要是依据在辐射影响下的生产潜力，逐级订正温度系数和降水系数，得到各级生产潜力，包括光合生产潜力、光温生产潜力和气候生产潜力。

4.4.1.1 冬小麦气候生产潜力

采用逐日平均气温、降水、太阳辐射、湿度、风速等数据，计算冬小麦逐年气候生产潜力。计算公式如下：

$$Y_v = Y_P \times f(T) \times f(W) \tag{4.7}$$

式中：Y_v 为气候生产潜力；Y_P 为光合生产潜力；$f(T)$ 为温度订正函数；$f(W)$ 为水分订正函数。气候生产潜力是在光合生产潜力的基础上进行温度和水分条件的订正得到。

$$Y_P = \sum Q \cdot \varepsilon \cdot \alpha \cdot (1-\rho) \cdot (1-r) \cdot \phi \cdot (1-\omega) \cdot (1-X)^{-1} \cdot H^{-1} \cdot S \tag{4.8}$$

式中：Q 为单位时间单位面积上的总辐射，单位为$(MJ/m^2)/d$；ε 为生理辐射系数，取 0.49；α 为作物群体对辐射的吸收率，取 0.465；ρ 为非光合器官无效吸收率，取 0.1；r 为光饱和限制率，在自然条件下取 0；ϕ 为量子效率，取 0.224；ω 为呼吸消耗率，取 0.3；X 为有机物中的含水率，冬小麦取 0.12；H 为干物质发热量，取 17.8 MJ/g；S 为经济系数，冬小麦取 0.5。

冬小麦温度生产潜力订正函数计算公式如下：

$$f(T)=\begin{cases}0 & t<3\ ℃\\ (t-3)/17 & 3\ ℃\leqslant t\leqslant 20\ ℃\\ 1 & t>20\ ℃\end{cases} \tag{4.9}$$

水分订正函数计算如下：

$$f(W)=\begin{cases}(1-C)R/ET_0 & 0<(1-C)R<ET_0\\ 1 & (1-C)R\geqslant ET_0\end{cases} \tag{4.10}$$

式中：C 为地表和渗入地下流出量占降水量的比例系数，取 $C=0.2$；ET_0 为潜在蒸散，由彭曼-蒙蒂斯公式计算得到。

4.4.1.2　玉米气候生产潜力

$$Y_v=Y_P\times f(T)\times f(W)=Y_T\times f(W) \tag{4.11}$$

式中：Y_v 为玉米气候生产潜力，单位为 kg/hm^2；Y_P 为光合生产潜力，单位为 kg/hm^2；Y_T 为光温生产潜力，单位为 kg/hm^2；$f(T)$ 为温度订正系数，$f(W)$ 为降水订正系数。

光合生产潜力是指作物生长季内除光照资源以外其他均充分保证的条件下，作物充分利用光照资源所获得的产量。光合生产潜力计算公式如下：

$$Y_P=\frac{C\cdot s\cdot\Omega\cdot\varepsilon\cdot\varphi\cdot(1-\alpha)(1-\beta)(1-\rho)(1-\gamma)(1-\omega)\cdot f(L)}{q\cdot(1-\eta)(1-\delta)}\sum_{i=1}^{n}Q_i \tag{4.12}$$

式中：C 为单位换算系数；$\sum_{i=1}^{n}Q_i$ 为作物生长季内太阳总辐射，单位为 MJ/m^2，计算方法见式 4.13（朱旭东 等，2010），其他参数的意义和取值见表 4.2。

$$Q_i=(a+b\frac{n}{N})Q' \tag{4.13}$$

式中：Q_i 为太阳辐射，Q' 为天文辐射（翁笃鸣，1997），单位为 MJ/m^2；n 为实际日照时数，N 为可照时数，单位为 h；a、b 为经验系数。

表 4.2　玉米生产潜力模型参数及其物理意义和取值

参数	物理意义	取值
ε	光合辐射占总辐射的比例	0.49
φ	光合作用量子效率	0.224
α	作物群体反射率	0.08
β	作物群体透射率	0.06
ρ	非光合器官光合辐射截获率	0.10
γ	超过光饱和点的太阳光比例	0.01
ω	作物呼吸消耗率	0.30
η	成熟谷物含水率	0.15
δ	作物无机灰分含量	0.08
s	作物经济系数	0.40
Q	单位干物质含热量/(MJ/kg)	17.2
Ω	作物光合固定 CO_2 的能力	1.00
$f(L)$	作物叶面积动态变化订正系数	0.58

光温生产潜力指在水分、土壤、品种以及农业技术措施适宜前提下，由当地辐射和温度调节决定的作物产量，是一个地区灌溉条件下可以达到的作物产量上限。光温生产潜力可以通过光合生产潜力乘温度订正系数得到。其中，温度订正系数计算公式如下：

$$f(T)=\begin{cases}\dfrac{[(T-T_L)(T_H-T)]^B}{[(T_S-T_L)(T_H-T_S)]^B}, & T_L<T<T_H\\ 0, & T\leqslant T_L \text{ 或 } T\geqslant T_H\end{cases} \tag{4.14}$$

$$B=\frac{(T_H-T_S)}{(T_S-T_L)} \tag{4.15}$$

式中：T 为发育期的平均气温；T_L 、T_H 和T_S 分别为发育期内作物生长发育的下限温度、上限温度和最适温度。

气候生产潜力是在光温生产潜力基础上乘降水订正系数得到，表示辐射、温度和降水共同影响下能达到的产量上限。其中，降水订正系数计算公式如下：

$$f(R)=\begin{cases}1, & R\geqslant E_0\\ R/E_0, & R<E_0\end{cases} \tag{4.16}$$

式中 :R 为作物发育期内降水量(mm)；E_0 为可能蒸散量(mm)，$E_0=K_c\times ET_0$ ，K_c 为作物系数(付晓刚，2009)，ET_0 为潜在蒸散量(mm)，ET_0 采用世界粮农组织推荐的彭曼-蒙蒂斯方法计算得到。

4.4.2 山西农田生产潜力时空变化

4.4.2.1 山西冬小麦生长季气候生产潜力

(1)山西冬小麦生长季气候生产潜力时间变化

山西省冬小麦生长季气候生产潜力在 1981—2020 年的 40 年间整体呈微弱的上升趋势，在 4000～8000 kg/hm^2 范围内变化，尤其是 2001 年以来波动较大，阶段性较为明显(图 4.35)。20 世纪 80 年代平均气候生产潜力为 6375 kg/hm^2，20 世纪 90 年代和 21 世纪 00 年代有所上升，分别为 6560 kg/hm^2 和 6614 kg/hm^2，21 世纪 10 年代冬小麦气候生产潜力有较大幅度提高，平均为 7347 kg/hm^2，与降水增多、气温升高有较大关系(图 4.36)。气候生产潜力年际间有所波动，表明山西省冬小麦生长季气候生产潜力受光温及水资源多种因素影响。

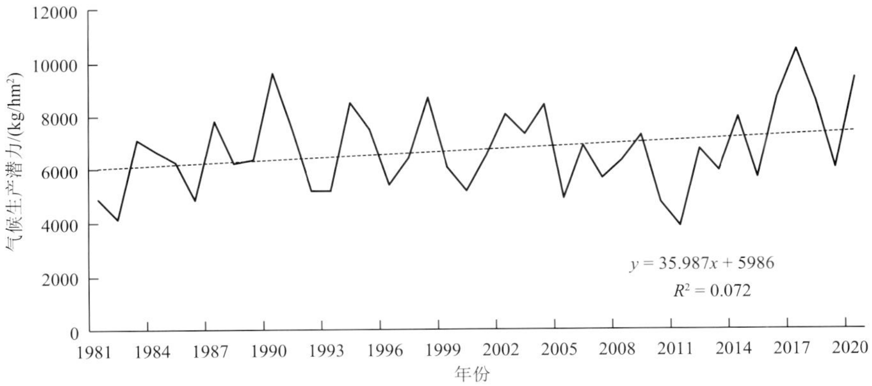

图 4.35 1981—2020 年山西省冬小麦气候生产潜力

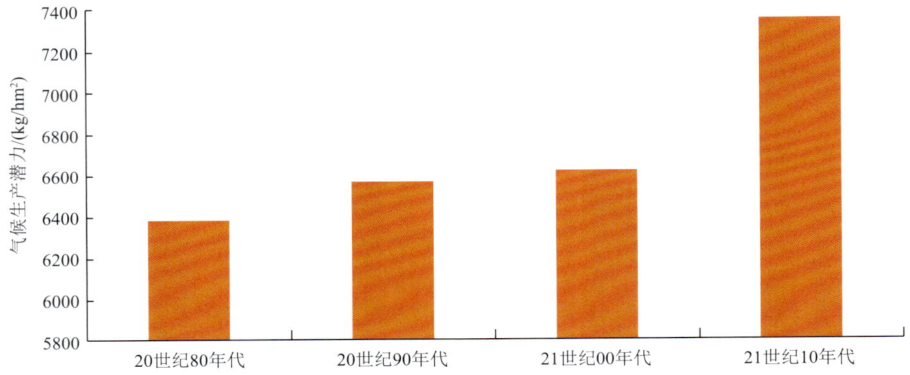

图 4.36　山西省冬小麦气候生产潜力年代际变化

(2)山西冬小麦生长季气候生产潜力空间变化

从山西省冬小麦生长季气候生产潜力空间变化图(图 4.37)可以看出,山西省冬小麦气候生产潜力各地为 2191～11048 kg/hm^2,空间上呈现南部多于北部的分布格局。太原、吕梁、晋中、临汾西部、长治西北部及东南部等地冬小麦气候生产潜力大部低于 5000 kg/hm^2,临汾盆地、运城、晋城中西部冬小麦气候生产潜力较高,高于 7000 kg/hm^2,运城东南部、晋城中南部等地冬小麦气候生产潜力最高,在 9000～11000 kg/hm^2。

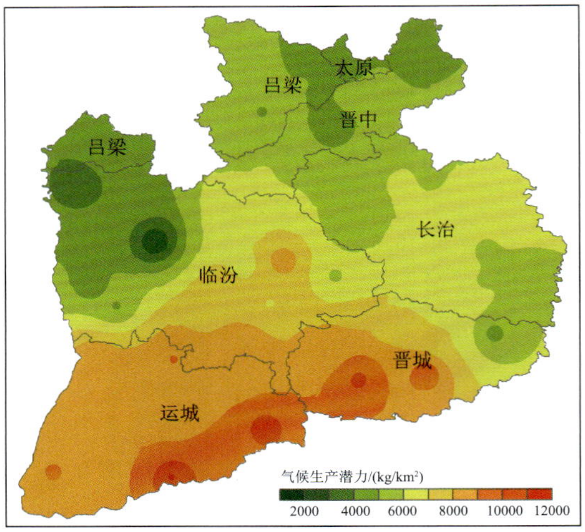

图 4.37　1981—2020 年山西省冬小麦产区气候生产潜力空间分布

从年代际变化图(图 4.38)可以看出,20 世纪 80 年代冬小麦气候生产潜力较低,太原、吕梁、晋中、长治以及晋城西北部低于 6000 kg/hm^2,临汾南部、运城、晋城中西部较高,大部分地区高于 8000 kg/hm^2。90 年代全省大部分地区的冬小麦气候生产潜力较 80 年代有所上升,尤其是运城中南部升高较为明显,但太原和晋中大部分地区有所下降。21 世纪 00 年代与 20 世纪 90 年代相比,运城大部分地区呈下降趋势,晋中中南部呈升高趋势。2011 年以来冬小麦气候生产潜力增幅明显,运城中东部和晋城中南部大部冬小麦气候生产潜力增加至 9000 kg/hm^2 以上,部分地区超过 10000 kg/hm^2,太原和晋中大部从 3000～5000 kg/hm^2 增加至 4000～

6000 kg/hm²，长治从 5000～7000 kg/hm² 增加至 6000～8000 kg/hm²。

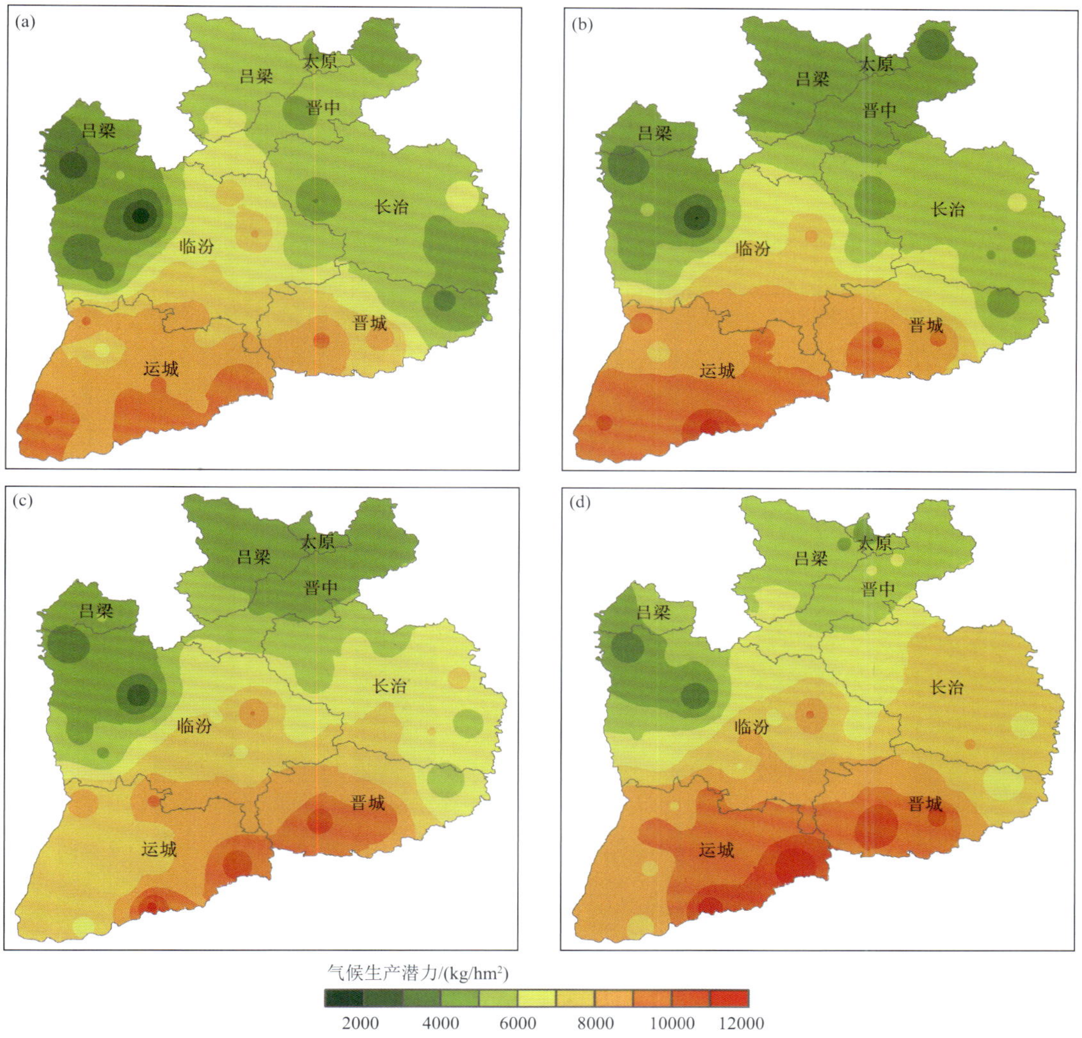

图 4.38　山西省冬小麦产区气候生产潜力年代际空间变化
（a. 1981—1990 年；b. 1991—2000 年；c. 2001—2010 年；d. 2011—2020 年）

4.4.2.2　山西春玉米生长季气候生产潜力

（1）山西春玉米生长季气候生产潜力时间变化

山西省春玉米生长季气候生产潜力在 1981—2020 年的 40 年间整体呈上升趋势，在 17000～27000 kg/hm² 范围内变化，阶段性较为明显（图 4.39）。20 世纪 80 年代平均气候生产潜力为 23275 kg/hm²，年代内变化较大，最高为 32880 kg/hm²（1988 年），最低为 15830 kg/hm²（1986 年）；20 世纪 90 年代和 21 世纪 00 年代较 80 年代有所下降，波动较小，分别为 21375 kg/hm² 和 21995 kg/hm²；21 世纪 10 年代春玉米气候生产潜力有较大幅度提高，平均为 25201 kg/hm²，波动较大，最高为 30672 kg/hm²（2013 年），最低为 17704 kg/hm²（2015 年），与降水增多、气温升高有较大关系（图 4.40）。

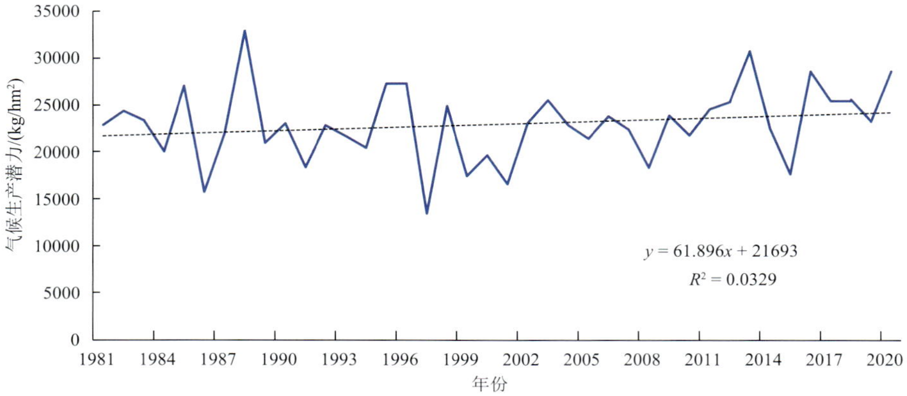

图 4.39 1981—2020 年山西省春玉米气候生产潜力

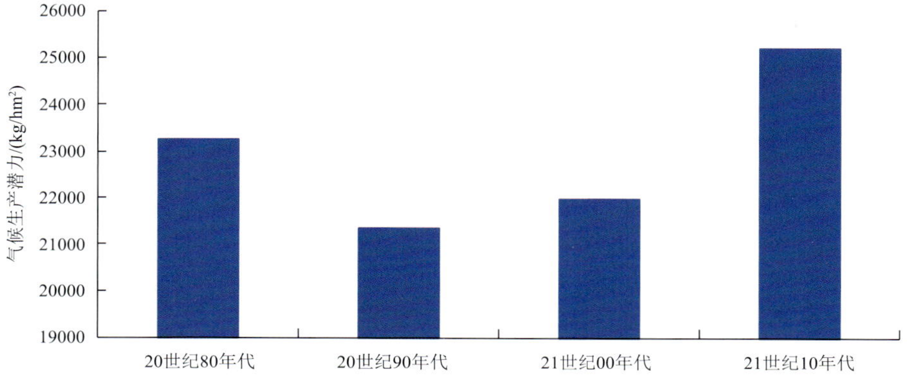

图 4.40 山西省春玉米气候生产潜力年代际变化

(2)山西春玉米生长季气候生产潜力空间变化

从山西省春玉米生长季气候生产潜力空间变化图(图 4.41)可以看出,山西省春玉米气候生产潜力各地为 17656～28743 kg/hm^2,空间上呈现南部多于北部、山区多于盆地的分布格局。晋北及太原盆地春玉米气候生产潜力大部低于 23300 kg/hm^2,阳泉大部、晋中东部、长治大部、晋城大部春玉米气候生产潜力较高,高于 25300 kg/hm^2,大同西北部、朔州中北部以及忻州西北部的部分地区春玉米气候生产潜力最低,低于 17300 kg/hm^2。

从年代际变化图(图 4.42)可以看出,20 世纪 80 年代大同、朔州、忻州中西部春玉米气候生产潜力低于 21300 kg/hm^2,东南部大部气候生产潜力高于 25300 kg/hm^2。90 年代全省气候生产潜力大部较 80 年代有所下降,其中太原、吕梁以及临汾下降较为明显,从 21300～25300 kg/hm^2 下降至 21300 kg/hm^2 以下,东南部大部从 25300～29300 kg/hm^2 下降至 23300～25300 kg/hm^2,降幅较为明显。21 世纪 00 年代与 20 世纪 90 年代相比,大同、朔州、忻州西部呈继续下降的趋势,其余地区呈增加趋势。2011 年以来春玉米气候生产潜力增幅较大,吕梁、临汾、阳泉、晋中、长治和晋城大部春玉米气候生产潜力增加至 25300 kg/hm^2 以上,部分地区超过 29300 kg/hm^2,北部也呈增加趋势,绝大部分地区都超过 19300 kg/hm^2。

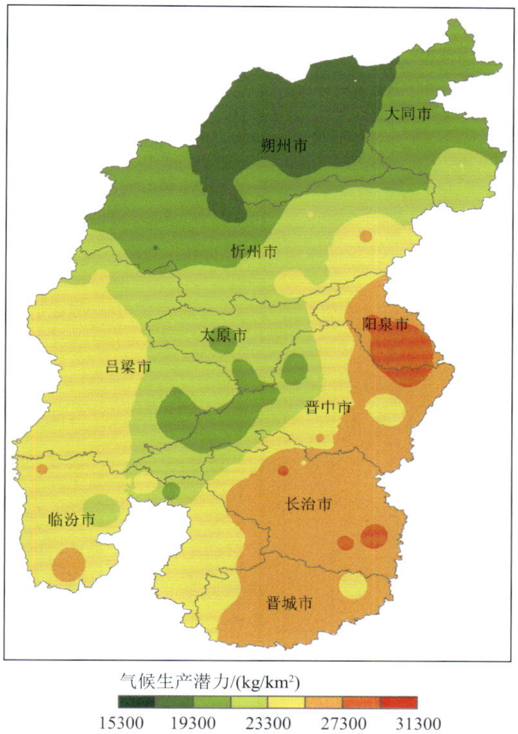

图 4.41 1981—2020 年山西省春玉米产区气候生产潜力空间分布

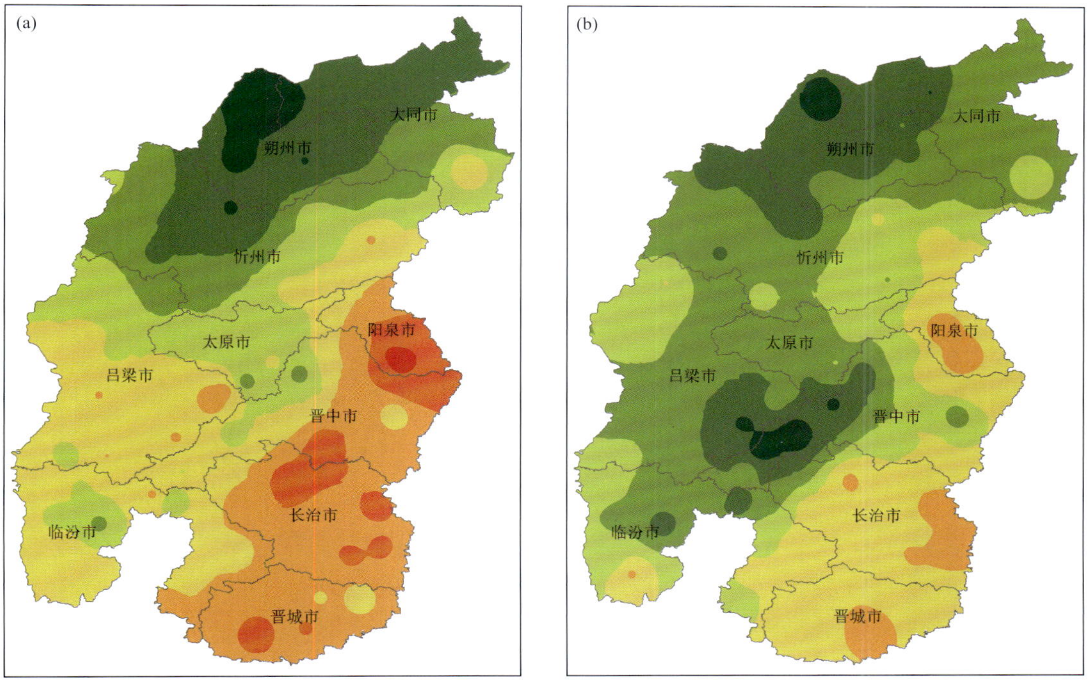

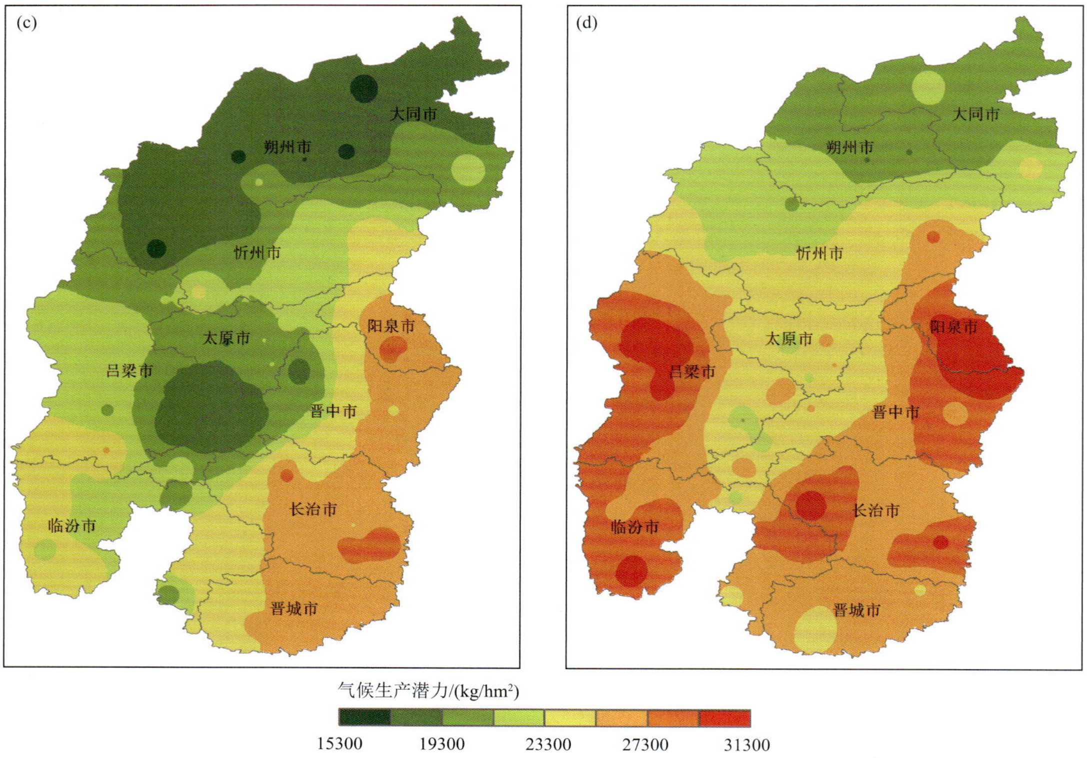

图 4.42 山西省春玉米产区气候生产潜力年代际空间变化

(a. 1981—1990 年；b. 1991—2000 年；c. 2001—2010 年；d. 2011—2020 年)

4.4.2.3 夏玉米生长季气候生产潜力

(1)夏玉米生长季气候生产潜力时间变化

山西省夏玉米生长季气候生产潜力在 1981—2020 年的 40 年间整体呈微弱的上升趋势，波动较大，大多在 11400～21000 kg/hm^2 范围内变化，阶段性波动较为明显(图 4.43)。20 世

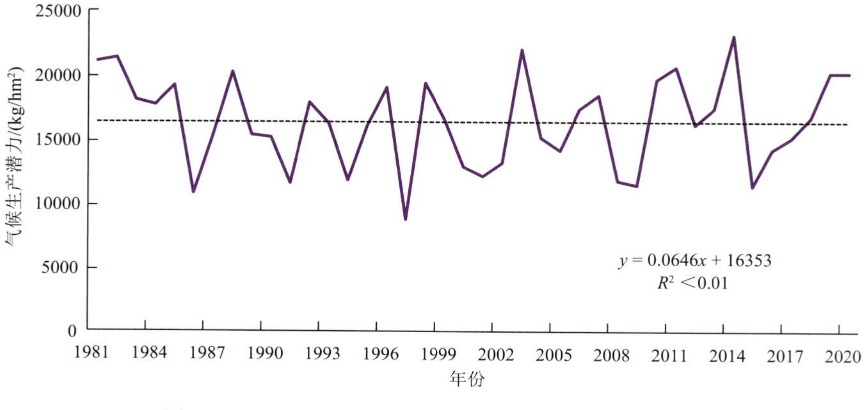

图 4.43 1981—2020 年山西省夏玉米气候生产潜力

纪 80 年代平均气候生产潜力为 17419 kg/hm²，20 世纪 90 年代和 21 世纪 00 年代较 20 世纪 80 年代有所下降，分别为 15006 kg/hm² 和 15001 kg/hm²；21 世纪 10 年代夏玉米气候生产潜力有较大幅度提高，平均为 17492 kg/hm²(图 4.44)。

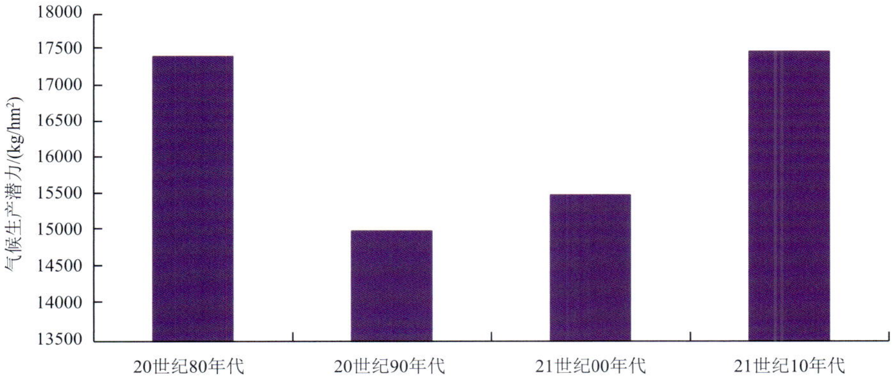

图 4.44　山西省夏玉米气候生产潜力年代际变化

(2)夏玉米生长季气候生产潜力空间变化

从山西省夏玉米生长季气候生产潜力空间变化图(图 4.45)可以看出，山西省夏玉米气候生产潜力各地为 15266～17748 kg/hm²，空间上呈现从南到北、从西到东逐渐增多的分布格局。运城西南部夏玉米气候生产潜力较低，大部在 15000～16000 kg/hm²，运城东部夏玉米气候生产潜力较高，大部在 16600～17700 kg/hm²，临汾盆地大部在 16000～16800 kg/hm²。

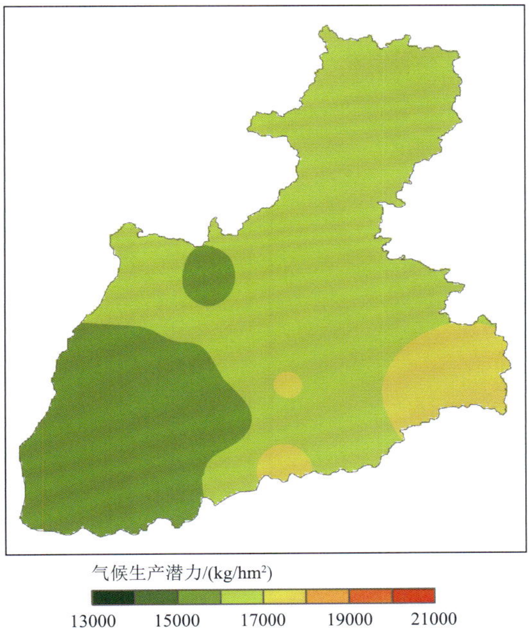

图 4.45　1981—2020 年山西省夏玉米产区气候生产潜力空间分布

从年代际变化图(图 4.46)可以看出,20 世纪 80 年代山西夏玉米种植区气候生产潜力还相对较高,运城及临汾中南部在 16000～18000 kg/hm²,局部在 18000～19000 kg/hm²。90 年代夏玉米气候生产潜力大幅下降,种植区大部气候生产潜力下降至 16000 kg/hm² 以下。21 世纪 00 年代夏玉米气候生产潜力有所升高,临汾盆地和运城东部升高至 16000～18000 kg/hm²。2011 年以来夏玉米气候生产潜力大幅升高,大部分地区在 16000 kg/hm² 以上,临汾、运城东部在 17000 kg/hm² 以上,运城东部的部分地区达 19000 kg/hm² 以上。

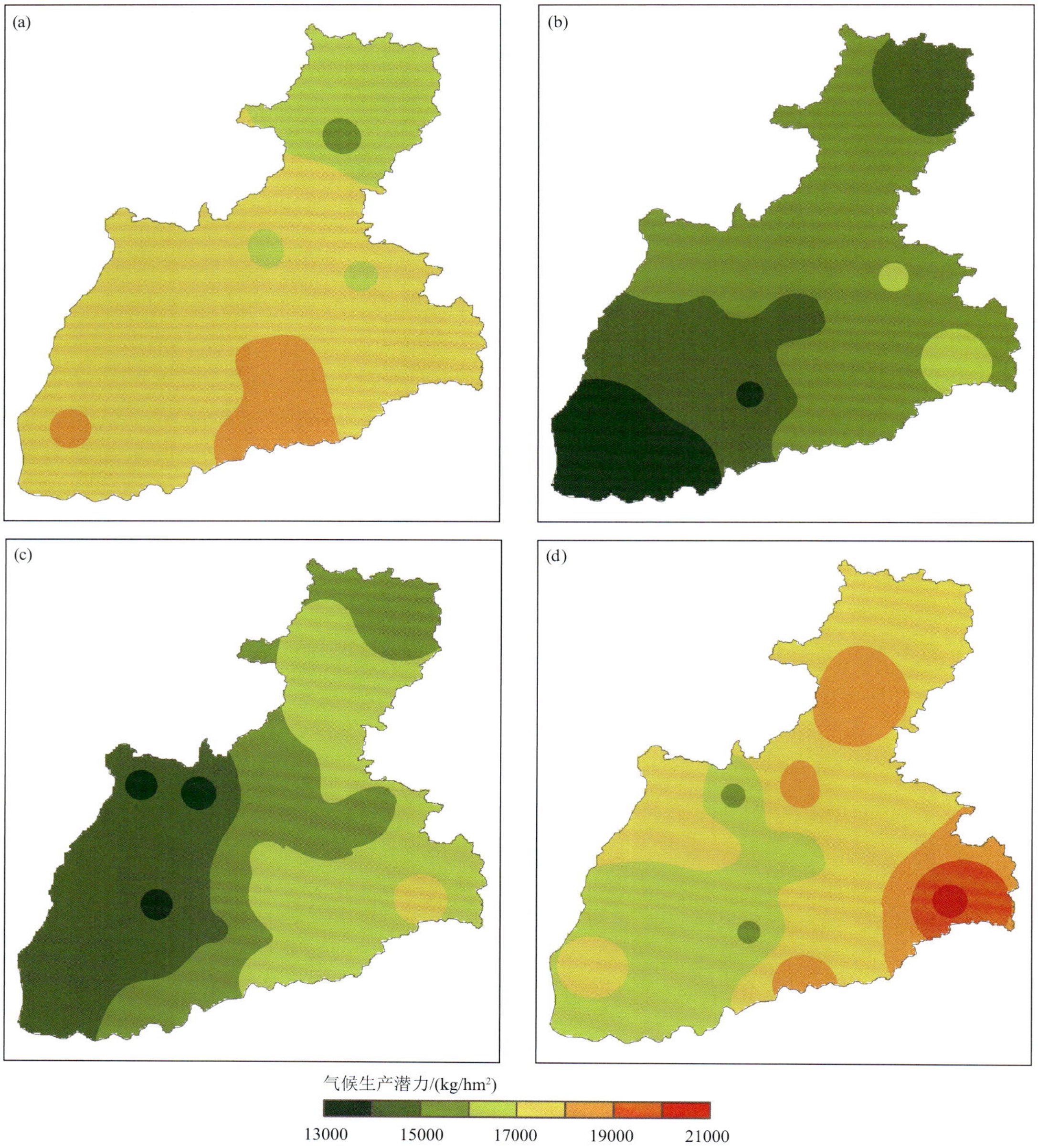

图 4.46　山西省夏玉米产区气候生产潜力年代际空间变化
(a. 1981—1990 年;b. 1991—2000 年;c. 2001—2010 年;d. 2011—2020 年)

4.5　山西省主要农业气象灾害特征

在全球气候大背景下，华北地区干旱上升趋势较明显，对农业生产的影响极大。干旱是山西最主要的农业气象灾害，涝灾是仅次于旱灾的第二大气象灾害，对农业生产也起着很大的消极影响。此外，影响山西省农作物产量的农业气象灾害还有冰雹、霜冻、大风、连阴雨等。

本节选取 1981—2022 年《山西统计年鉴》中农作物受灾面积、成灾面积、旱灾面积、水灾面积等数据进行分析。

统计数据显示，1981—2022 年山西省平均每年因干旱、洪涝、冰雹和冷冻害等造成农作物受灾面积 165.2 万 hm^2，其中成灾面积 84.7 万 hm^2，成灾面积约占受灾面积的 51.3%。受灾面积中干旱受灾面积平均每年 119.1 万 hm^2，约占受灾面积的 71.2%，其次为水灾，占受灾面积的 10.8%（图 4.47）。

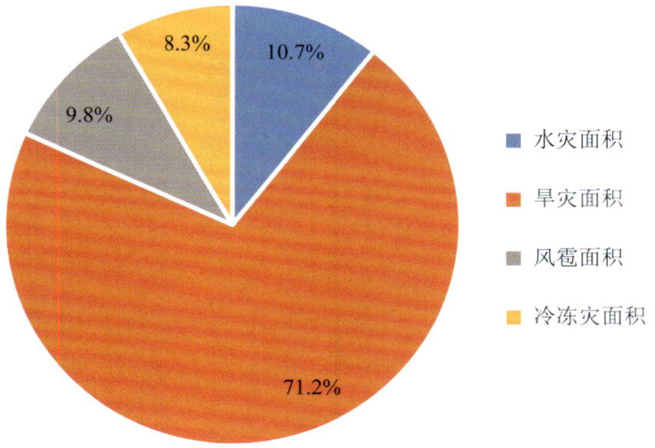

图 4.47　1981—2022 年山西省各农业灾害受灾面积百分比

4.5.1　旱灾

干旱是山西最主要的气象灾害之一。旱灾和其他洪涝风雹等气象灾害相比，有范围广、历时长、灾情重的特点。平均每年干旱使 20%～25%的耕地面积遭受到不同程度的损害，是其他各种气象灾害总和的 2 倍以上。因此，旱灾是山西第一大农业气象灾害。它一年四季都有可能发生，尤以春旱出现的概率最高，其次是春夏连旱、夏秋连旱和夏旱，春夏秋连旱较少。严重的干旱年一般都是春夏连旱、夏秋连旱或者是春夏秋连旱。受地形的影响，山西西部地区吕梁的降水较少，比较容易发生干旱，太行山脉背风一侧的盆地，降水也显著减少，很容易发生干旱，从而形成了山西降水量分布具有由东南向西北逐渐减少的趋势，而旱情则由山区向盆地逐渐增加的趋势。

据统计，1981—2022 年的 42 年中，每年均发生不同程度的干旱，平均每年旱灾受灾面积 119.1 万 hm^2，总体呈下降趋势（图 4.48）。20 世纪 80 年代平均每年干旱受灾面积 134.8 万 hm^2，90 年代降水量少，平均每年受旱面积达 180.1 万 hm^2；21 世纪以来，随着降水的不断增多，00 年代平均受旱面积下降至 116.5 万 hm^2，2011—2023 年平均每年受旱面积继续大幅下降，缩减至 57.4 万 hm^2。

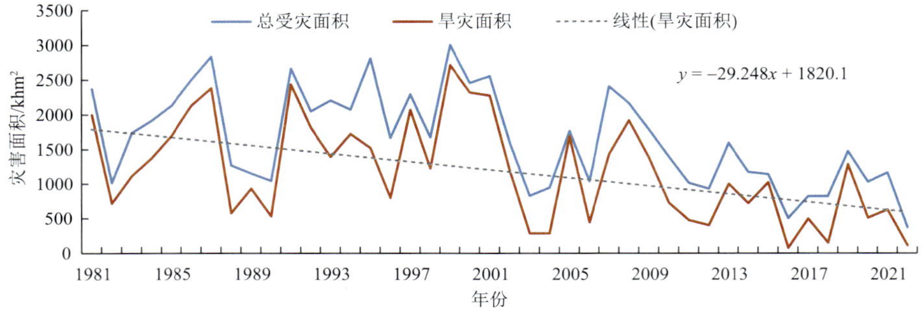

图 4.48　1981—2022 年山西省旱灾面积年际变化

4.5.2　水灾

山西平均每年因暴雨洪涝灾害造成的受灾面积占全省总耕地面积的 1.8%。洪涝灾害一般分为 2 种，一种是短时强降水，很容易造成山洪暴发，河水泛滥，冲毁水库、堤防，淹没房屋、田地，淹死人畜等洪水灾害；另一种是连阴雨，土壤水分过分饱和，造成农田涝渍、农作物被浸泡而受到损伤，以及房屋倒塌等次生灾害。

山西以局地性暴雨居多，由于受到大气环流、地形条件及水汽输送途径等多种机制影响，暴雨中心多出现在山脉的迎风区，特别是气流随山势升高的喇叭口状的河谷地带更容易出现大暴雨，如太行山中南部到中条山南麓、吕梁山东侧、太岳山等地都是大暴雨洪灾的多发区。晋城东部和南部、长治、临汾西部、运城东部山区暴雨出现较多，晋城南部地区几乎每年都出现大暴雨，五台山地区以及晋中东山、西山暴雨次数也较多，只有北部大部分地区暴雨次数较少。

从图 4.49 可以看出，1981—2022 年山西平均每年因水灾受灾面积 17.8 万 hm^2，总体也呈下降趋势。20 世纪 80 年代平均每年水灾受灾面积 18.3 万 hm^2，受灾面积较大；90 年代平均每年水灾受灾面积 23.4 万 hm^2，其中 1995 年和 1996 年受灾较重，受灾面积分别为 55.2 万 hm^2 和 61.3 万 hm^2；21 世纪以来，降水量有增加趋势，但随着预报预测预警系统和防汛抗洪设施的不断完善，总体水灾面积呈下降趋势，00 年代平均水灾受灾面积下降至 14.9 万 hm^2，2011—2023 年为 15.2 万 hm^2。从每年水灾受灾面积来看，近年来极端强降水频发，局地水灾受灾相对较重，如 2021 年国庆节期间山西经历了一次持续时间长、强度大、范围广的降水天气

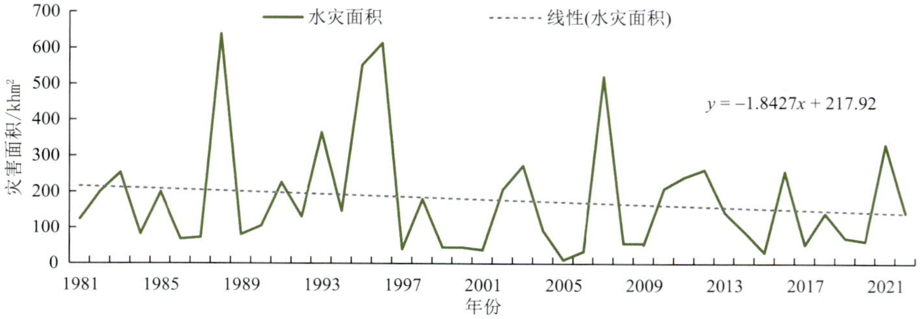

图 4.49　1981—2022 年山西省水灾面积年际变化

过程，中南部尤其是汾河流域地区遭遇严重秋涝，部分农田水淹时长长达 1～2 个月之久，秋粮作物无法收获、冬小麦无法播种，造成巨大的经济损失。

4.5.3 风雹灾害

风雹灾害也是山西主要的农业气象灾害，平均每年受灾面积 16.4 万 hm^2，略低于水灾受灾面积，总体也呈下降趋势（图 4.50）。20 世纪 80 年代平均每年风雹灾害面积 21.8 万 hm^2，受灾面积较大；90 年代平均每年风雹灾害面积 18.2 万 hm^2；21 世纪 00 年代平均风雹灾害面积下降至 14 万 hm^2，2011—2023 年为 12.7 万 hm^2。

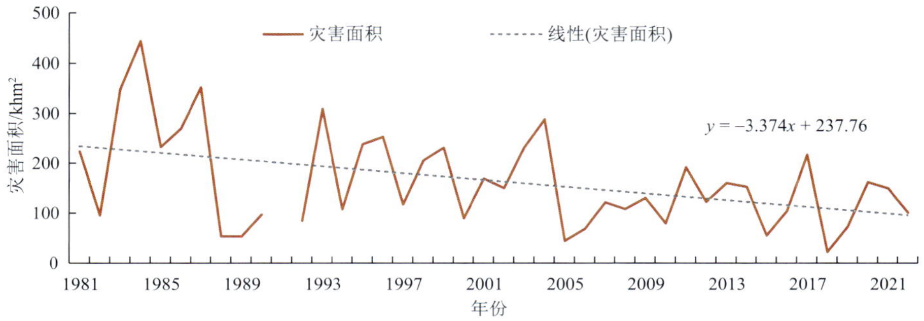

图 4.50　1981—2022 年山西省风雹灾害面积年际变化
（1991 年无数据）

第5章 森林生态气象

5.1 森林的概念和特点

5.1.1 森林相关概念

(1)森林的定义

森林的定义有多种，一般而言，森林指的是由乔木、直径 1.5 cm 以上的竹子组成且郁闭度 0.20 以上，以及符合森林经营目的的灌木组成且覆盖度 30%以上的植物群落。包括郁闭度 0.20 以上的乔木林、竹林和红树林，国家特别规定的灌木林、农田林网以及村旁、路旁、水旁、宅旁林木等。联合国粮食及农业组织(FAO)将森林定义为面积在 0.5 hm^2 以上、树木高于 5 m、林冠覆盖率超过 10%，或树木在原生境能够达到这一阈值的土地。不包括主要为农业和城市用途的土地。《中华人民共和国森林法》中所称森林包括乔木林、竹林和国家特别规定的灌木林。

在关于森林的定义中，涉及一些相关的概念，主要有乔木、灌木、郁闭度、覆盖度等。

乔木是指树身高大的树木，具有独立的主干，树干和树冠有明显区分，有一个明显的直立主干，且通常高达 6 m 至数十米的木本植物。根据乔木生长的高度可分为伟乔(≥31 m)、大乔(21～30 m)、中乔(11～20 m)、小乔(6～10 m)四级。

灌木指那些没有明显的主干、呈丛生状态、比较矮小的树木，一般可分为观花、观果、观枝干等几类，矮小而丛生的多年生木本植物，一般为阔叶植物，也有一些针叶植物是灌木。

灌木和乔木的区别主要体现在以下 6 个方面。一是生长高度。乔木通常具有明显的高大主干，高度一般在 6 m 以上；灌木则相对较矮，高度通常在 3 m 以下。二是主干和分支形态。乔木具有较明显的高大主干，树干和树冠有明显的区分；灌木则没有明显的高大主干，近地面处生出许多枝干。三是茎部结构。乔木的茎部为木质结构；灌木的茎部多为木质或草质，其中有些灌木的茎部介于草质与木质之间，上部为草质，下部为木质。四是生长方式。乔木的主干明显，通常从根部直接生长出来；灌木则通常从基部分出多个枝条，多个枝条在生长过程中逐渐木质化形成主干。五是寿命和生长周期。乔木一般寿命较长，能生长几十年甚至上百年；灌木由于株型矮小，生命周期相对较短，一般为几年到几十年不等。六是花朵和用途。乔木的花朵通常较为明显，但并非所有乔木都会开花；灌木的花朵则更为丰富多样，包括各种颜色的花朵，通常用于园林景观设计、花坛、植物绿篱等。

郁闭度也称林冠层盖度，是描述乔木层树冠连接程度的指标，以林冠层的投影面积与林地面积之比表示。郁闭度的最大值为 100%，表示树冠层全部连接起来，形成完全郁闭的状态，林冠层完全覆盖了地表。郁闭度可反映林分光能利用程度，常作为抚育间伐和主伐更新控制采伐量的指标，也是区分有林地、疏林地、未成林造林地的主要指标。覆盖度指林地中灌木等对于地表遮盖占据的地表面积与总林地的地表面积之比。

国家特别规定的灌木林地是由国家林业局 2004 年 1 月颁布的《“国家特别规定的灌木林地”的规定(试行)》中明确的，特指分布在年平均降水量 400 mm 以下的干旱(含极干旱、干旱、半干旱)地区，或乔木分布(垂直分布)上限以上，或热带亚热带岩溶地区、干热(干旱)河谷等生态环境脆弱地带，专为防护用途，且覆盖度大于 30%的灌木林地，以及以获取经济效益为目的进行经营的灌木经济林。山西省年平均降水量 400 mm 以下的区域包括大同市平城区、云冈区、新荣区、云州区、天镇县、阳高县、广灵县，朔州市山阴县、怀仁市、应县，忻州市河曲县 11 个县(市、区)。乔木分布上限为太行山 2400 m、吕梁山脉 2600 m、西部山地 2500 m 以上的地区。《中华人民共和国森林法实施条例(修订草案)》对国家特别规定的灌木林地做了适当的调整，覆盖度由>30%增加为≥40%；增加了平均高度 0.5 m 以上的灌木林地，且不包括多年生、木质化的半灌木的要求；年降水量取值为最近连续 30 年的平均值，且以县级区域为单位确定。

(2)林地及其种类

林地是指县级以上人民政府规划确定的用于发展林业的土地。包括有林地、灌木林地、疏林地、无立木林地、未成林造林地、苗圃地、宜林地等多种类型(表 5.1)。

表 5.1 林地类型及其特征

林地类型		特征
有林地	乔木林	郁闭度≥0.20，由乔木(含因人工栽培而矮化的)树种组成的片林或林带，其中林带行数在 2 行以上且行距≤4 m 或林冠冠幅的水平投影宽度在 10 m 以上
	竹林	附着有胸径 2 cm 以上的竹类植物的林地
	红树林	指生长在热带和亚热带海岸潮间带或海潮能够达到的河流入海口，附着有红树科植物或其他在形态上和生态上具有相似群落特性科属植物的林地
灌木林地		附着有灌木树种，或因生境恶劣矮化而成灌木型的乔木树种以及胸径小于 2 cm 的小杂竹丛，连续面积大于 0.067 hm^2、覆盖度在 30%以上的林地。其中灌木林带行数应在 2 行以上且行距≤2 m
疏林地		附着有乔木树种、郁闭度在 0.10～0.19 的林地
无立木林地	采伐迹地	采伐后 3 年内活立木达不到疏林地标准、尚未人工更新或天然更新达不到中等等级的林地
	火烧迹地	火灾 3 年内活立木达不到疏林地标准、尚未人工更新或天然更新达不到中等等级的林地
未成林地	未成林造林地	人工造林(包括植苗、播种、分殖造林)和飞播造林后不到成熟年限，苗木分布均匀，尚未郁闭但有成林希望的林地
	未成林封育地	通过自然变化、封山育林或人工促进天然更新后，不超过成林年限，天然更新等级中等以上，尚未郁闭但有成林希望的林地
苗圃地		固定的林木和木本花卉育苗用地

续表

林地类型		特征
宜林地	宜林荒山荒地	经县级以上人民政府规划为林地，未达到上述有林地、疏林地、灌木林地、未成林地标准，规划为林地的荒山、荒(海)滩、荒沟、荒地等
	宜林沙荒地	指未达到上述有林地、疏林地、灌木林地、未成林地标准，造林可成活，规划为林地的固定或流动沙地(丘)、有明显沙化趋势的土地等
	其他宜林地	经县级以上人民政府规划用于发展林业的其他土地

(3)森林特征指标

森林资源包括森林、林木、林地以及依托森林、林木、林地生存的野生动物、植物和微生物。森林特征指标主要包括结构、生长状况、生态功能等指标。

森林结构指标。林分是指内部特征大体一致，而与邻近地段又有明显区别的一片林子。一个林区的森林，可以根据树种组成、森林起源、林相、林龄、树木度、地位级及其他因子的不同，划分成不同的林分。优势树种是指在一个林分内数量最多(一般指蓄积量所占比例最大)，盖度最大，对森林环境作用最明显，并对森林生态环境起指示作用的树种。先锋树种是指能在荒山瘠薄等立地条件差的地方最先自然生长成林的树种，如马尾松、油松、枫香、沙棘等。混交林是指由两个或两个以上树种组成的林分，其中任何一个树种(组)蓄积量占总蓄积量不到65%的乔木林地。林相有两种含义，一是指森林的外形，如树冠的层次，有单层林和复层林之分；二是指森林的林木品质和健康状况，林木价值高、生长旺盛为林相优良，反之为不良。

森林生长发育指标。林龄指林分与林木的年龄结构，可分为同龄林和异龄林。林分内所有林木年龄完全相同的为同龄林；林分内林木之间的年龄相差不超过一个龄级为相对同龄林；林木年龄相差一个龄级以上的森林为异龄林。胸径是立木测定的最基本因子之一，是指树干距根径以上相当于一般成年人胸高部位的直径，我国和大多数国家胸高位置定为地面以上1.3 m高处。

森林生态功能指标。森林覆盖率是指以行政区域为单位森林面积与土地面积的百分比，森林面积包括郁闭度0.2以上的乔木林地面积和竹林面积，国家特别规定的灌木林面积，农田林网及村旁、路旁、水旁、宅旁林木的面积。森林蓄积量是指一定区域的森林(包括幼龄林、中龄林、近熟林、成熟林、过熟林和枯立木林分)中，生长着的胸径5 cm以上林木材积的合计，主要是指树干的材积。

5.1.2 森林的分类

(1)按用途分类

《中华人民共和国森林法》按照不同的用途，将森林分为防护林、特种用途林、用材林、经济林和能源林等五类。①防护林，是指以防护为主要目的的森林、林木和灌木丛，包括水源涵养林、水土保持林、防风固沙林、农田防护林、牧场防护林、护岸林、护路林。防护林对于改善生态环境，维持生态平衡，减少自然灾害，减轻自然灾害所造成的危害，促进经济的发展具有十分重要的意义。②特种用途林，是指以国防、环境保护、科学实验等为主要目的的森林和林木，包括国防林、实验林、母树林、环境保护林、风景林、名胜古迹和革命纪念地的林木、自然保护区的森林。③用材林，是指以生产木材为主要目的的森林和林木，包括以生产竹材为主要目的的竹林。④经济林，是指以生产果品、食用油料、饮料、调料、工业原料和药材等为主要目的的林木。⑤能源林，是指以生产燃料为主要目的的林木。

实践中，常将防护林、特种用途林称为公益林，将用材林、经济林、能源林称为商品林。《中华人民共和国森林法》根据国家生态保护的需要，将森林生态区位重要或者生态状况脆弱，以发挥生态效益为主要目的的林地和林地上的森林划定为公益林，包括重要江河源头汇水区域、重要江河干流及支流两岸、饮用水水源地保护区、重要湿地和重要水库周围、森林和陆生野生动物类型的自然保护区、荒漠化和水土流失严重地区的防风固沙林基干林带、沿海防护林基干林带、未开发利用的原始林地区、需要划定的其他区域的森林。未划定为公益林的林地和林地上的森林属于商品林，包括以生产木材为主要目的的森林，以生产果品、油料、饮料、调料、工业原料和药材等林产品为主要目的的森林，以生产燃料和其他生物质能源为主要目的的森林，其他以发挥经济效益为主要目的的森林。

(2)按人为影响程度分类

通常将森林分为原始林、次生林和人工林三类。①原始林。位于边远地区，基本上没有受到人为干扰而自然发展形成的森林，它们是反映地区环境条件综合作用的顶极植物群落。在原始森林形成以后，不断进行天然更新而出现的各种现代群落，其区系组成、群落结构、形态和生态等各个方面，都保持着稳定的状态。②次生林。是原始林经过人为的干扰破坏或因各种灾害而改变了原来面貌以后，通过林木的自然更新再度形成的森林。③人工林。是人为采用播种或植苗方式营造的森林。

(3)按树木特征分类

按树叶特征可分为针叶林和阔叶林两类。①针叶林。是以针叶树为建群种所组成的各类森林的总称，包括常绿和落叶，耐寒、耐旱和喜温、喜湿等类型的针叶纯林和混交林，主要由云杉、冷杉、落叶松和松树等属一些耐寒树种组成，其中由落叶松组成的称为明亮针叶林，而以云杉、冷杉为建群树种的称为暗针叶林。②阔叶林。是由阔叶树种组成的树林，相对于针叶林和普通叶子的树林叶子宽阔。

(4)按自然属性分类

在划分植被形态特征的基础上，结合地理环境、气候条件等自然属性，可将针叶林和阔叶林进一步细分。针叶林可划分为寒温性针叶林、温性针叶林、温性针阔叶混交林、暖性针叶林、热性针叶林等5个植被型。阔叶林可划分为落叶阔叶林、常绿落叶阔叶混交林、常绿阔叶林、硬叶常绿阔叶林、季雨林、雨林、珊瑚岛常绿阔叶林、红树林、竹林等9个植被型。

(5)按林龄分类

龄组是对林木生长发育时期的年龄分组，可分为幼龄林、中龄林、近熟林、成熟林和过熟林。幼龄林是指造林后到郁闭前的这一时期的森林。中龄林是指林冠郁闭后至林分成熟时期的森林。近熟林是指生长速度下降，接近成熟利用的森林。成熟林是指林木在生物学及工艺方面都已进入成熟，直径生长已非常缓慢或基本停止的森林。过熟林是指自然稀疏已基本结束，林木生长停滞，开始心腐、病虫害侵染，部分立木由于生理衰退而枯立腐朽，林分经济价值和有益效能开始不断下降的森林。

(6)按森林生态系统分类

森林生态系统是在一定的气候、土壤条件下形成的。依据不同气候特征和相应的森林群落，可划分为热带雨林、常绿阔叶林、落叶阔叶林、针叶林和常绿落叶阔叶混交林等5类生态系统。

热带雨林生态系统。分布在赤道及其两侧的热带湿润区域内，是目前地球上面积最大、对人类生存环境影响最大的森林生态系统。全年气温高而温差小，雨量充沛且均匀。热带雨林生态系统有明显的特点，一是物种组成极为丰富，绝大部分是木本植物。二是群落结构复杂，整个雨林群落一般可分为5～8层，主要包括乔木层、灌木层和草本层，其中乔木可分为3层；附生植物有苔藓、地衣、藻类、蕨类以及大量的高等有花植物。三是能量流动和物质循环等生态过程以及生产力都非常高，呼吸消耗量也很大；组成雨林的每一个物种都终年进行生长活动，但仍有其生命活动节律。四是与植物根共生的真菌可以把营养物质送入植物的直接循环，而不是靠矿质土壤。

常绿阔叶林生态系统。常绿阔叶林分布在亚热带湿润季风气候区，夏季炎热多雨，冬季稍寒冷，春秋温和，四季分明。常绿阔叶林生态系统以壳斗科、樟科、山茶科、木兰科等常绿阔叶林树种为主组成，终年常绿，物种甚为丰富，结构较热带雨林简单，乔木一般分为2层，灌木层较稀疏，草本层以蕨类为主。

落叶阔叶林生态系统。又称夏绿林，分布于中纬度湿润地区，夏季炎热多雨，冬季寒冷，四季分明。有明显的季节更替，树木仅在温暖季节生长，由于冬季寒冷，整个植物群落中的植物都处于休眠状态。结构简单而明晰，多为乔木层、灌木层、草本层和地被层。林内木质藤本植物和附生植物少见，以草质和半木质藤本为主；动物量少，且以土壤动物为主。

针叶林生态系统。分布于北半球高纬度地区，气候寒冷，大陆性气候明显，夏季短暂，冬季漫长，土壤有永冻层，不适于农耕，是寒温带地带性生态系统，也是森林群落分布的最北界。针叶林生态系统的特点，一是生物组成贫乏，多为单优种森林。二是林下灌木稀疏，但以贫养的常绿小灌木和草本植物组成的地被层很发达，常有多种藓类，常有很厚的落叶层。三是叶面积系数大，终年常绿，但因冷季长，初级生产力很低。

常绿落叶阔叶混交林生态系统。是北亚热带丘陵、低山地区的地带性植被，是过渡类型，由于冬季气温低而绝对低温尚高，因而形成了混交林。这种生态系统中的树木一般无明显的优势种，林冠郁茂，参差不齐，因有落叶阔叶树的存在，常有明显的季节性。群落结构分为乔木层、灌木层和草本层，乔木层又可分为2～3个亚层。

5.1.3 森林的生态功能

5.1.3.1 森林生态系统的特征

森林生态系统是指森林生物群落与非生物环境之间，通过能量交换和物质循环，从而构成一定结构和功能的、相互作用的综合体。森林群落与其环境在功能流的作用下形成一定结构、功能和自调控的自然综合体就是森林生态系统。森林生态系统主要由4个方面组成：①生产者，是以乔木为主的森林植物；②消费者，主要是森林动物；③分解者，如细菌、真菌等腐生微生物；④非生物环境，包括土壤、空气、光、热、水、氧、CO_2、雷电、风等因子。

森林生态系统是陆地生态系统中最大的生态系统。森林里有高大的乔木、众多的灌木和草本、蕨类、苔类、地衣植物，还栖息着各种动物和微生物。所有这些动物、植物、微生物种群集居于一个森林有机体中，构成了相互制约、相互依存、错综复杂的矛盾统一体。森林还与温度、降水、光照、辐射、雷电等环境因子以及人的采伐、垦荒、放牧干扰和环境污染等之间构成制约和矛盾。森林生态系统的特征主要包括4个方面。

第一，物种繁多、结构复杂，是巨大的基因库。树木作为森林的主体成分，其寿命可达数十年、数百年甚至上千年。长期的进化和演替，使得森林生态系统成为具有丰富的植物、动物和微生物资源的庞大系统，比其他生态系统复杂。具有多层次，一般可分为乔木层、灌木层、草本层和地面层等 4 个基本层次，有的多达 7～8 个层次。森林中生存着大量的野生动物，还有杂食和寄生动物，形成极为复杂的营养结构和食物链。

第二，森林生态系统类型多样。既有明显的纬向水平分布带，又有山地的垂直分布带。由落叶或常绿以及具有耐寒、耐旱、耐盐碱或耐水湿等不同特性的树种形成的各种类型森林，广泛分布在寒带、温带、亚热带、热带的山区、丘陵、平地，甚至沼泽、海涂滩地等地方。

第三，系统稳定性高。在森林生态系统与环境长期相互适应的过程中，形成了内部物种丰富、群落结构复杂、各种生物群落与环境相协调、群落中各个成分之间以及与其环境之间相互依存和制约的系统稳态。森林生态系统具有很高的自调控能力，能自我调节和维持系统的稳定结构与功能，保持着系统结构复杂、生物量大的属性。系统内部能量、物质和物种的流动途径通畅，同时有很强的竞争力，能自行恢复在植被中的优势地位，不仅使生产潜力得到充分发挥，而且对外界的依赖程度很小，保持输入、存留和输出等各个生态过程。森林植物从环境中吸收其所需的营养，一部分保存在机体内进行新陈代谢活动，另一部分形成凋谢的枯枝落叶将其所积累的营养元素归还给环境，通过这种循环，森林生态系统内大部分营养元素得到收支平衡。

第四，生产力高、现存量大，对环境影响大。森林具有巨大的树冠和多层的枝叶分布，其光能利用率可达 1.6%～3.5%，远高于农田、草地等生态系统。森林每年所固定的总能量占陆地生物每年固定的总能量的 63%，森林的生物产量在所有植物群落中最多，是最大的自然物能储存库。同时，森林可影响覆盖范围及其周边的风速、气温、降水等气候环境，在防风沙、保水土以及抗御干旱、风灾等方面有重要生态作用。

5.1.3.2 森林的生态效益

(1)涵养水源，发挥绿色水库作用

森林涵养水源的作用主要是对降水进行空间和时间上的再分配，使大量的降水存储在森林中，并在较长时间内缓慢释放出来，降低短时强降水产生的径流强度，削弱和阻滞洪水产生的可能，延缓地表径流的持续时间，在无雨季节还能缓慢渗出，将大部分降水变成有效水，发挥类似于水库的作用。水源涵养作用主要表现在 4 个方面。

一是森林对降水重新分配。森林对降水一般有 3 次截留，地上的林冠层形成第一次截留，林下灌木、草本植物层为第二次截留，林地枯枝落叶层和土壤等形成第三次截留。大气降水被林冠层重新分配成 3 个不同的部分，从林冠层上或从林冠空隙降落到林地上，是穿透水；经过树冠沿着树干到达林地，是茎流水；还有一部分以水珠的形态被保持在植物体表面，形成截留水。通过以上 3 次截留，一方面，森林对降水实现了空间上的再分配；另一方面，降水通过树冠阻挡后下落或沿树干形成茎流水，延缓了降水到达地面的时间，实现了对降水时间上的再分配。同时，被植物体表面截留的水很少达到地面，大多被物理蒸发返回大气中，或树木通过根系吸收土壤水分而蒸发，均可能增加森林及其周围区域降水量，也是森林对降水进行时间上再分配的一种形式。

二是枯枝落叶层吸收后缓慢释放。森林在长期的生长过程中，一般均会在林内形成很厚的枯枝落叶层，这些枯枝落叶具有较强的吸水能力，像一层“海绵”，持水量达本身重量的 2～4

倍，在有降水时可以吸收并存贮水分，无雨时又逐渐地散发水分，调节地表土壤水分，避免土壤水分过干或过湿。同时，枯枝落叶层可增加地表的粗糙度，降低坡地的水流速度。

三是土壤水库作用。大气降水在经过林冠层、林下活地被物及枯枝落叶层的再分配后，部分降水最终渗入到森林土壤层中。土壤的渗透性主要受非毛管孔隙发育状况的影响，孔隙多、团粒结构好的土壤，渗透性较强。由于林木根系的作用，森林土壤能在较深层次内形成含水能力很强的孔隙，同时森林可以改善土壤结构，促进土壤团粒结构的形成。其结果不仅是提高降水在土壤中的蓄存和渗透性，而且由于土壤水流动速度明显慢于地表径流，在出现强降水时，大量的水在土壤中滞留贮存，并在延续一段时间后再缓慢地补充河川流量，起到调蓄径流、缓解洪峰径流的作用。

森林涵养水源的作用受林冠层截持—林内灌草层截持—林地枯枝落叶层和苔藓层拦蓄—森林土壤层涵蓄所构成的一个综合复杂过程影响。一是森林土壤在水源涵养中发挥着最为重要的作用。一般林冠层截留降水的20%～30%，经过叶面蒸发，增加大气湿度；70%～80%的降水透过林冠降落到地面，其中又有10%左右为枯枝落叶层吸收，其余渗入地下，变为地下水，森林长期演替所形成和发育良好的复杂土壤结构成为主要的储水库。二是森林涵养水源能力因森林类型、树种组成、密度、降水强度和降水持续时间长短而不同。原始林对水源涵养作用最为显著，主要原因在于原始林长期自然演替形成了发达的海绵状苔藓层、枯枝落叶层，以及具有非毛管孔隙度大、渗透性强的土壤团粒结构，且林内一般分布为多层结构，有利于水分的蓄存和渗透。林分单一、树龄短、密度小的森林水源涵养能力弱。降水强度越小，被树冠截流雨量的比例越大；降水强度越大，树冠截留雨量的比例越小。

(2)防风固沙，减少水土流失

森林能降低风蚀的影响。一是森林对风的阻挡作用可降低一定范围内的风速，减轻风蚀对土壤的影响。二是风速降低减少了土壤蒸发力，土壤水分损失减小，使土壤湿度增大，也弱化了风蚀对土壤的影响。相关研究表明，一般在林带迎风面1～3倍树高范围内、在森林中和在林带背风面15～20倍树高范围内，风速可降低40%～50%，水分蒸发量减少14%，土壤含水量增加2%，空气湿度也有所提高。由林缘向林内深入，在50 m左右处，风速可减弱至60%～70%，再深入到100 m处，基本上平静无风。

森林能降低水蚀的影响。一是降水经过森林生态系统的多次截留，降低了雨滴到达地面的速度，有效地缓冲了降水对土壤表层的直接冲击。二是雨水降落到森林里，渗入土壤深层和岩石缝隙，森林强大的储水能力缓冲了降水产生的径流，间接减轻了由于降水产生的径流对森林和流水经过区域地表土壤的冲刷力。三是森林土壤有机质含量丰富、黏性大，且根系本身具有机械固土作用，土壤不易被水冲走，也在一定程度上降低了水土流失的可能。

(3)吸收固定CO_2，减缓气候变化

近几十年来的全球气候变化是由于人为排放导致大气中温室气体浓度持续增加引起的，而CO_2是其中最为重要的温室气体。森林能通过光合作用，吸收大气中的CO_2生产有机物质，并储存在生物质中。由于森林为多年生木本植物，生长速度快，可以长期固定大气中的碳，同时，如果生物自然死亡，这部分生物体所含的碳则转移到土壤中；如果生物产品被收获利用，这部分生物量碳则转移到林产品中。因此，森林能长期储存固定大气中的碳，是最为有效且存储量较大的自然碳库。

森林碳库主要包括5个方面。一是地上生物量，包括树干、树桩、树枝、树皮、果实和叶片

等所有活体生物量，其中主要是树干蓄积的木材量。二是地下生物量，一般树木都有发达的根系，具有较大的生物量，且不会因地上部分的采伐或自然灾害的损失而消失，因此根系不仅能固定大量的 CO_2，而且比地上部分贮存的时间更为长久。三是枯落物，包括凋落物、腐殖质等处于不同分解状态的所有死生物量。四是枯死木，包括枯立木、枯倒木等枯落物以外的所有死生物量。五是土壤有机质，据 2020 年世界粮农组织《全球森林资源评估报告》评估，全球森林总碳储量达到 6620 亿 t(C)，主要储存在森林生物质（约 44%）、森林土壤（约 45%）以及凋落物（约 6%）和死木（约 4%）这些碳库中。

影响森林碳库的能力主要包括 3 个方面的因素。一是林龄结构，一般森林根据其年龄可分为幼龄林、中龄林、近熟林、成熟林和过熟林，其中固碳速度和能力最大的是中龄林生态系统；成熟林和过熟林由于其生物量基本停止增长，其碳素的吸收与释放基本平衡。二是活立木生长率，主要取决于树种、林分和气候条件。如杨树类生长率较大，而杉、松、柏类的生长率则较小。据王世昌(2013)等研究，在山西省气候条件优越的临汾、运城地区，15 年生的毛白杨胸径可达 33.8 cm，而气候条件较差的太原、晋中地区只有 20.9 cm，单株材积前者可达 0.7356 t/m^3，而后者只有 0.2562 t/m^3。三是基本木材密度，不同树种差异较大，如密度较大的枫香、木荷、硬阔类、桉树等可达到 0.578～0.598 t 干物质/m^3，而密度较小的柳杉、水杉、桐类等则只有 0.239～0.294 t 干物质/m^3。

（4）调节气候，改善环境

森林调节气候的作用主要表现在气温变化缓和、空气湿度大、森林及其周边区域降水量增加、风速减小等方面。在林内及其周围，温度较为温和稳定；林内气温年较差小，冬暖夏凉；林内气温日较差也小。据有关研究，有林地年平均气温比无林空旷地低 1～2 ℃，一般夏季林内比林外低 2～3 ℃，冬季高 0.5～1.0 ℃；白天林内可比林外低 3～4 ℃，夜晚高 1～2 ℃。森林昼凉夜暖、冬暖夏凉、温和湿润的环境，提供了优越的旅游环境，这就是森林生态效益的直接利用。

森林对气温的调节主要是通过森林庞大的树冠对太阳辐射进行了再分配和减弱气流实现的。投射到林冠上的太阳辐射，经过反射（为林冠上辐射的 10%～25%）、吸收（35%～80%），透入林内的辐射只有 10%～20%，因此林内的温度较低。另外，林冠像一个保温罩，防止热量迅速散失；同时林内湿度大，热容量大，而且风速小，湍流交换弱，因此温度变化缓慢。林内空气湿度大，一方面是由于对降水的多层截留，以及森林土壤和枯枝落叶层储蓄水分能力强，可保持较多和较长时间的林木蒸腾和地面蒸发的水汽；另一方面是林内风速小，水分不容易通过与外界空气交换而散失。由于森林每天从地下吸收大量水，再通过树木树叶的蒸发，回到大气中，因而森林上空水蒸气含量要比无林地区上空多，同时水变成水蒸气要吸收一定的热量，因此在大面积的森林上空，空气湿润，容易成云致雨，增加地域性降水量。

森林对风的拦截、阻挡作用在建设农田防护林带，改善农业生态方面有重要作用。当气流通过林带，由于受到林带的阻挡、摩擦作用而减弱，当风吹向林带时，一部分从林带穿过，另一部分则翻越林带而过，无论哪一种情况，风速的动能都要受到减弱。对于穿过林带的气流，由于与树干、枝叶之间的碰撞、摩擦，一部分动能转化为热能消耗掉；同时由于气流受到树木类似筛网或栅栏的作用，把气流中大的涡旋切割成小的涡旋，内摩擦力加强，也引起动能的减弱。对于翻过林带的气流，在林带上空因为树冠摩擦，以及在林冠上产生强烈的涡旋引动，将造成能量的损失。通过和翻越林带的气流，到达背风面一定距离内汇合。汇合时两者产生摩擦作用又要消耗掉一部分动能，使距背风林缘相当距离内，风速减弱。随着距背风林缘距离的增加，上层气流不断将动能传递给下层，风速又逐渐加大。

(5)改善环境质量

一是产生负氧离子，有益人类健康。在自然状态下，空气分子的极性呈中性，即不带电荷。但在宇宙射线、紫外线、微量元素辐射、雷击闪电等作用下，空气分子会失去一部分围绕原子核旋转的最外层电子，使空气发生电离。逃逸原子核束缚的电子称为自由电子，带负电荷。当自由电子与其他中性气体分子结合后，形成带负电荷的空气负离子。空气中虽然氮含量最高，但对电子无亲和力；氧含量也较高，且对电子有亲和力，因此空气中生成的负离子绝大多数与氧气结合成为负氧离子。

自然界的负电荷生成途径有 3 个。①大气中的氧分子由太阳紫外线、宇宙射线、雷电、风暴、空气和山岩中的放射性元素等因素诱导而发生电离，产生负氧离子。②水的碰撞电效应，森林中溪流的跌失、瀑布的冲击使水滴破裂，水分子破解失去电子成为正离子，而周围空气中的氧分子捕获这些电子，成为负氧离子。③许多植物的茎、皮、叶等器官或组织分化为具有低曲率的针状结构，会发生“尖端放电”作用而诱导产生负氧离子。另外，一些树木和花草所分泌出的萜烯类和芳香类物质能促使空气电离产生丰富的负氧离子。可见，森林是负氧离子的主要产生地之一。

影响森林群落空气中负氧离子浓度的因素主要有两方面。一方面是林分因素，包括郁闭度、年龄结构、树种组成、树种类型等，一般地，疏林内的空气负离子浓度大于密林，生长旺盛的成熟林增加空气负离子的作用要好于幼龄林和过熟林；不同的植物群落中空气负氧离子浓度存在很大差异，一般规律是针叶林＞阔叶林＞混交林＞草地＞灌丛。另一方面是气象因素，一般晴天的空气负氧离子浓度高于阴天，雨天高于晴天；气温较高而相对湿度较低时，森林空气负氧离子浓度较高。此外，风向、风速、雾、雨等因素对空气负氧离子浓度也有影响。

二是吸附尘埃和有毒有害气体。森林或林带对尘埃具有阻挡、过滤和吸附作用，能减少空气中的粉尘、飘尘和灰尘，起着吸尘器的作用。森林的吸尘作用有两方面，一方面是森林或林带降低风速，起到降尘作用；另一方面是林木叶片的表面结构(如绒毛)和分泌黏性油脂和汁液，能吸附或粘住大量气溶胶微粒。森林叶片经雨水淋洗后，又能恢复其净化空气的作用。阔叶林吸尘量更大，如棕榈、无花果、桂花、枫香、桑树、榆树等均具有较强的吸附空气尘埃的能力。

森林也能吸收有毒物质，净化空气。树木能吸收空气中的 SO_2、NO_x、O_3、氯气、氟化氢以及醛、酮、醚、苯酚、铅蒸气、汞蒸气等有毒有害气体，降低大气污染物含量。例如，垂柳、悬铃木、加拿大杨、侧柏、合欢等对 SO_2 具有较强的吸收能力，茶树、垂柳、女贞、木槿、洋槐、榆树、乌桕等对氟的耐受能力较强，梧桐、大叶黄杨和女贞等能较好地吸收氟化氢。

三是杀死病菌，减少病毒传播。一方面是由于森林吸附尘埃，减少了细菌的载体，空气中的细菌量减少；另一方面是很多树木能分泌杀菌素，直接起到杀死细菌、真菌和原生动物的作用。如杉、松、桉、杨、圆柏、橡树等能分泌出一种带有芳香味的单萜烯、倍半萜烯和双萜类气体“杀菌素”，能杀死空气中的白喉、伤寒、结核、痢疾、霍乱等病菌。同时，绿色的环境能在一定程度上减少人体肾上腺素的分泌，降低人体交感神经的兴奋性，不仅能使人平静、舒服，而且还使人体的皮肤温度降低 1～2 ℃，脉搏每分钟减少 4～8 次，能增强听觉和思维活动的灵敏性。

四是降低噪声，改善声环境质量。森林或乔木、灌木和草本植物组合的林带像一堵隔音墙,能吸收声波。树叶和细枝具有轻、柔、软的特点,能有效吸收声波,特别是大量带柄和厚的肉质叶的树木,吸收噪声的效果更好。

5.1.4 气象条件与森林生态的关系

5.1.4.1 森林气候特征

(1)森林辐射平衡

森林是一个立体的植物层,通常有林冠和林地两个活动面,在复层林中可能存在林冠、灌木层、林地等多个活动面,其中某个面在辐射收支和热量、水分交换中起主要作用。森林主要活动面的位置与林分状况有关。在郁闭的森林中,太阳辐射大部分被林冠阻挡和吸收,仅有少部分到达林地,这时林冠是主要活动面;在疏林地上,太阳辐射大部分到达林地,林地为主要活动面。在森林不同生长发育阶段、不同季节,主要活动面位置也不同。

森林辐射平衡是森林气候形成的物理基础,也是影响森林生态系统生产力的重要生态因子。森林辐射平衡的大小,决定于太阳总辐射、森林的反射率和森林的有效辐射等 3 个因子,随着各分量的变化,森林辐射平衡也相应地发生改变。森林活动层辐射平衡与各种自然活动面辐射平衡相比,其差异主要在于反射率和温度的不同。森林反射率较小,平均在 0.10～0.15,除水面外,森林的反射率最小,与田野相比,森林不仅反射率小,而且森林活动层温度也较低,因此,其有效辐射也小于田野。由于森林能更多地接收太阳短波辐射,放射较少的长波辐射,致使森林辐射平衡大于农田。

(2)森林热量平衡

白天森林活动层净吸收的热量,一部分消耗在森林活动层与大气间湍流交换上,一部分用于森林蒸散耗热上,一部分用于森林活动层储热的变化上,还有一部分用于森林植物光合作用耗热上。夜间,森林活动层的热量支出为辐射差额,收入项为森林活动层储存热量的变化以及森林植物呼吸作用放出的热量。

森林活动层热量平衡中,白天主要消耗项是森林的蒸散耗热,占到森林净辐射的 60%以上,森林与大气间热量交换约占 30%,森林活动层储存热量的变化及森林光合作用耗热共约占 10%。由于森林活动层热量平衡主要支出项是蒸散耗热,因而形成林区空气湿度大,白天气温低、夜间气温高,低温和气温变化缓和的森林气候特征。

(3)森林水量平衡

大气降水通过林冠截留后,在某个时间内,林内获得的降水量与沿着地表、顺着地下流出量及由森林向大气蒸散三者之间的平衡关系称为该区域某时间的森林水量平衡。上述各量与森林覆被率、森林的特性(结构、组成、年龄、疏密度等)、土壤和母质有关,同时还与降水状况(降水性质、频率、强度、持续时间)和季节有关。森林延长了降水驻留时间,水量平衡的结果使空气湿度增大,森林及周边区域产生云雾和降水的可能性增加。

5.1.4.2 气候条件对林业的影响

(1)影响森林生长发育的主要气候条件

气候条件是林木生长不可缺少的生态因子。森林的组成、演替和地理分布,树木的萌芽、开花、结果、休眠等生长发育过程,森林碳汇能力,以及林产品产量、品质等,都直接或间接地取决于光、热、水、气等气候因子及其变化。同时,气候条件还可通过对土壤和其他生物的作用间接地影响森林生长。

太阳辐射能是森林自然环境诸要素发展变化的主要动力，是森林光合作用、形成森林生态系统能量的基础。光照时间长度以及光强、光质对树木和森林都能产生影响，不同树种的生长发育对光照的要求不同，同一树种不同的生育阶段对光照的要求也不同。

温度直接影响树木生长发育进程，当春季气温回升到一定程度后，树木开始萌芽生长；当秋、冬季气温降低到一定程度后，树木进入休眠期。在整个生长期，温度不仅决定了树木光合作用强度、木材蓄积量，而且只有满足一定的积温后，树木才能进入开花、落果、结实等不同发育期或物候期。不同树种、同一树种不同生长发育时期对温度要求不相同，有相应的最高温度、最适温度、最低温度等三基点温度。

由于森林一般不具备灌溉条件，因此降水是维持森林生理特征和生态过程的主要水分补给源。年降水量大于 400 mm 的地区，森林才能正常成活，年降水量少或季节分布不均匀，会导致树木处于干旱状态，不仅影响土壤矿物质、有机质向叶片输送，而且会使叶片气孔关闭，光合能力下降，树木生长缓慢，甚至叶片细胞受损，树木死亡。

风虽不是林木生长中必需的因子，但风对林木生长发育有重要的作用，能够引起温度和水分状况的改变，从而影响林木的光合作用和蒸腾作用等。风也有助于树木花粉、种子的传播。另外，风通过对大气的扰动，使大气中 CO_2浓度混合更加均匀，避免了森林活动层因 CO_2浓度较低而使光合作用强度下降。

(2)气候条件对森林的影响

一是对森林分布的影响。气温、降水量等气候条件是决定植被分布类型的重要因素。例如，我国东北北部寒温带、青藏高原、蒙新山地等区域，由于气温较低，或者降水量较少，森林主要为针叶林。温带水热条件变好，主要分布着针阔叶混交林和落叶阔叶林。北亚热带以落叶、常绿阔叶林为主；南亚热带以常绿阔叶林为主。热带水热资源丰富，以热带雨林为主。

二是对造林季节的影响。造林季节一般选择在林木休眠期即将结束时，这时起苗损害较小，定植以后，气候转向有利于苗木生长的变化，温度升高，降水量增大，苗木容易成活。因此，一般均在春季造林，气温回升到 10～22 ℃时造林为宜。在温带干旱地区，虽然春季气温回升到可满足造林的条件，但因土壤底墒不足，加之春季风大，蒸散力强，苗木易干枯，在该区域造林季节温度并不是主要因素，而降水和湿度成为关键因素，因此也多在雨季造林。

三是林木引种的影响。每个树种在自然条件下都有一定的气候适宜范围，引进树种的先决条件是气候相似性。首先比较原产地与引进地区的气候条件；其次是林木生长的逐渐驯化，使其适应本区域气候变化规律。影响引种的气候条件有 4 个方面。①温度。尤其是低温和绝对低温，往往是树种分布的主要限制因子，甚至几年到几十年时间内遇到的极端低温对持续期运营的影响也应充分考虑。高温和绝对高温对林木的损害没有低温显著，但高温配合干旱却能产生严重不良影响。②降水。降水是决定引进外来树种成败的关键因素之一，尤其是降水的季节分配与引种林木的生长发育进程关系更为密切。③光。林木的正常生长发育需要一定昼夜比例交替的光周期。对于多年生高大乔木，每年都有越冬问题，其对日照长度的反应比一年生植物要更复杂。当南树北移时，生长季节内日照时间延长，使生长周期延长，则影响林木生长封顶，妨碍组织木质化和入冬前保护物质的转化，树木抗寒性降低。当北树南移时，日照长度变短，促使树木提早封顶，缩短生长期，影响树木正常的生理活动，有时会引起二次生长，破坏了林木生长的正常规律。④病虫害。因气候条件的变化，林木引种常引起病虫害的复杂变化。有的病虫害在原产地就已存在，但并不构成严重威胁，但当在新的气候条件下，却常常成为严重的问题。

5.1.4.3　主要林业气象灾害

(1)气象条件异常引发的林业灾害

①气温异常引发的灾害

低温灾害主要包括5种类型。一是冻害。冻害是指林木遭受0 ℃以下低温导致丧失生理活力而受害或死亡。树木遭受冻害的程度取决于温度变化的特点、树木所处的位置、树种对冻害的敏感程度及所处的生长发育阶段。晚秋突降的早霜对生长期尚未结束的树木为害最重；初春树木刚开始萌动，易受晚霜为害；如温度缓缓下降则为害较轻。霜冻尤易在冷空气容易堆积的山谷洼地发生。对霜冻比较敏感的树种有白蜡树、水青冈、刺槐等；山杨、桦树等则对霜冻抵抗力较强。近年来由于冬末春初气温上升较快，山西省经济林果发育期提前，但3—4月往往会遇晚霜冻，造成苹果、梨、桃、杏等经济林果花期冻害，经济损失严重。二是寒害。寒害是指0 ℃以上低温对林木(热带林木)生长发育造成的为害。温度低于树木进行正常生理活动所能忍耐的最低温度可造成树木酶系统的紊乱，影响光合作用暗反应的进行。树种不同，所耐低温也不同。如橡胶树在温度低于5 ℃时即可出现不同程度的寒害。三是冻拔(又称冻举)。冻拔是指因土层结冰抬起树木致害，为害对象多是苗木和幼林。形成的原因是土壤水分过多，昼夜温差较大，当夜间温度在0 ℃以下，上层土壤连同根系冻结在一起，使其体积增大而被抬高。冻结层以下因有冻柱形成，不断将冻结层上抬，使树木根系与下层土壤脱离；解冻时土壤下陷，根系因悬空吸收不到水分而致树木枯死。通常洼地上的冻拔害甚于山坡，阳坡、半阳坡的甚于阴坡、半阴坡，黏重湿润土尤易发生。四是冻裂。由于树木是热的不良导体，温度骤降时树干表皮比内部收缩快而造成冻裂。树皮薄而光滑、木材弹性较大的树种一般不易冻裂；树的阳面比阴面容易发生冻裂；林缘木、孤立木冻裂现象较重。冻裂虽不会造成树木死亡，但可使树木生长衰弱，易罹病虫害，降低木材的工艺品质。五是土壤结冻造成的生理干旱。因树木根系不能吸收土壤水分而导致失水干枯甚至死亡。对幼林的危害大。冬季气温低，枝叶蒸腾量小，生理干旱为害较轻；初春气温回暖快，地上部分萌动后蒸腾作用增强，而土壤尚未解冻，往往为害较重。

高温引发的灾害。当外界温度高于树木生长所能忍受的高温极限时，可造成酶功能失调，使核酸和蛋白质的代谢受干扰，可溶性含氮化合物在细胞内大量积累，并形成有毒的分解物，最终导致细胞死亡。高温引发的灾害包括两种类型。一是皮烧。主要发生于树皮光滑的成年树(如冷杉、云杉等)上。一般林缘木向阳面(常为西南方向)树干由于太阳辐射强烈，局部温度过高而较易发生。树木受害后，形成层和树皮组织局部死亡，树皮呈现斑点状或片状脱落，树木因而易罹病害。二是根颈灼烧(又称干切)。根颈灼烧是指土壤表面温度过高，灼烧幼苗根茎的危害。盛夏中午前后强烈的太阳辐射可使地表温度达40 ℃以上，幼苗皮层组织嫩弱容易受害。受害的根茎有一个几毫米宽的环带，里面的输导组织和形成层因高温灼烧致死，灼烧部位分布在土表下2 mm至土表上2～3 mm。一般认为，松科和柏科幼苗在土表温度超过40 ℃时即可受害。

②降水异常引发的灾害

降水量阶段分布不均匀可导致干旱或洪涝灾害。干旱是指土壤含水量严重不足对树木生长发育造成的危害，多发生于降水量较少的夏季。可导致树木体内原生质脱水，气孔关闭，叶形变小，叶片老化，光合作用能力降低。因干旱引起的其他生理生化变化，如淀粉的水解以及呼吸作用和原生质透性、黏滞性的增强等，对树木都可产生不利影响，最后导致生长减退，甚至死亡。干旱危害程度因树种而异，较耐旱的树种如松树、侧柏、骆驼刺、木麻黄等即使在土壤极端干旱的情况下也能生长；而枫杨、水杉等耐旱能力较差的树种则易受害。洪涝是指因降水或融冰、融雪、泄洪等其他原因造成地表水过剩而引起的灾害。其发生与降水的时间、强度、范围及气候变化，春季气温迅速回升有直接关系。洪水在平原地区可使树木长期处于水淹状态而窒息死亡；在山区则引起水土流失，导致树木根系裸露，树干倾倒，甚至死亡。

固体降水引发的灾害。一是雪害。雪害是指降雪时因树冠积雪重量超过树枝承载量而造成的雪压、雪折危害。受害程度因纬度、地形、降雪量和降雪特性，以及树种、林龄、林分密度而有不同。一般高纬度甚于低纬度，湿雪甚于干雪，针叶树甚于落叶阔叶树，人工林甚于天然林，单层林甚于复层林。二是雨凇（又称冻雨）。雨凇是过冷却雨滴在温度低于 0 ℃的物体上冻结而成的坚硬冰层，多形成于树木的迎风面。由于冰层不断地冻结加厚，常压断树枝，对林木造成严重破坏。三是雹害。冰雹是严重的灾害性天气，常使林木枝叶、干皮、种实遭受伤害，尤其对苗圃、种子园危害严重。发生区域多为一狭长地带，其宽度一般为 10～15 km。降雹季节以春末夏初最多，盛夏及秋季也有发生。降雹时间多发生在白天上升气流最旺盛的中午到 15 时。

③大风灾害

大风灾害是指大风对树木造成的机械或生理为害。一般性风害系指内陆地区因大风（指风速大于 10 m/s）造成的风倒和风折，其危害程度因树种和土壤条件而异。浅根树种一般较深根树种易发生风倒。抗风能力与树木生长环境有关，如云杉虽系浅根，生长在地下水位低、质地疏松的土壤时，根系变深，抗风力随之增强；而长在黏重、通气性不良的土壤时，根系分布较浅，易风倒。森林的抗风力取决于林分密度和林况：密林中的树木抗风力弱，当林分在皆伐、渐伐后骤然稀疏，易致风倒；采伐后新露出的林缘木风倒可能性最大。老龄树木、感染病虫害的树木、皆伐迹地上保留的单株母树都易风倒和风折。

(2)气象条件异常衍生的林业灾害

①森林火灾

森林火灾发生取决于森林可燃物、气象条件和火源等三要素。虽然大部分森林火灾都是由人为原因或雷击引发的，但长期的天气干燥也可能导致地面温度持续升高，森林物质易引起自燃。除雷击外，降水量、气温、相对湿度、风等气象因素对林火的发生、发展有显著影响。降水量直接影响林区可燃物含水量，可燃物含水量越高，着火率越低，可燃物含水量越低，着火率越高。日最高气温往往是该地着火与否的主要指标，在降水量偏少或长期干旱的条件下，气温升高使得可燃物自身温度升高，同时蒸发力增强使可燃物含水量变小，发生火灾的可能性增大。一般林火发生气温在－10～25 ℃范围，如气温＞25 ℃可燃物生长变绿，体内含水量增加，则发生林火机会也随之减少。相对湿度与可燃物含水量密切相关，相对湿度越大，可燃物含水量也越大，发生林火的可能性越小。通常相对湿度在 75％以上则不易发生森林火灾，75％～55％可能发生火灾，55％以下容易发生火灾，30％以下发生火灾的可能性最大。风速对森林火灾的影响主要表现在两个方面，一是大风使未燃烧的可燃物蒸发变干，更加易燃；二是可燃物燃烧后，通过风带来新鲜氧气，使火燃烧得更旺，风速和风向决定了林火蔓延的范围。

②林业病虫害

气象因素是影响林业有害生物的重要环境因子，对林业有害生物的发生、发展、传播及分布有显著的影响。温度对卵的孵化、蛹的羽化，以及幼虫生长发育、存活能力和活动等都有显著影响，直接影响昆虫的世代、生长发育、栖息、繁殖以及生存。温度变化诱发林业病虫害加重，一方面，环境温度高，呼吸代谢强，耗氧量大，害虫体内新陈代谢旺盛，生长发育快，繁殖能力增强，在相同时间内产生更多的世代，不仅使病虫害个体生长迅速，而且虫口密度显著增加。另一方面，气候变暖，特别是冬季气温上升幅度更为明显，极端最低气温达到虫卵致死温度以上，昆虫虫卵的越冬存活率越来越高，春季突发虫害面积和危害程度均会增加。降水可以改变天气状况、空气湿度和土壤湿度，从而影响寄主植物的含水量和害虫本身的发育。降水过多形成的潮湿环境有利于病菌和虫害的滋生和繁殖，绝大多数病害都发生在湿度高的地方；连阴雨易引起白僵菌的自然流行，茶赤叶斑病发生与空气湿度呈正相关；花期雨水过多会导致花瓣脱落；积雪可使树木抗病力下降，有利于病原菌的繁殖。干旱将导致树木生长状况变差，云杉叶峰、绣色粒肩天牛等病虫害容易暴发，相对湿度低，有利于发生危害杨树为主的多种食叶害虫。风对病虫害的迁飞、地理分布、进化途径有直接影响。病原体主要凭借风力传播，部分害虫常借助风力远距离迁飞扩散以此扩大分布区域。光照一方面直接或间接影响供给昆虫生长所需的能量，另一方面对昆虫的发育具有直接或间接的刺激、诱导和调控作用。光照对害虫的影响主要表现为光波、光强和光周期等 3 个方面。光波与害虫的趋光性关系密切。光强主要影响害虫的取食、栖息、交尾、产卵等昼夜节奏行为，且与害虫体色及趋集程度有一定关系。光周期是引起害虫滞育和休眠的重要因子，短日照引起昆虫休眠，而长日照则抑制休眠。异常引种病虫害往往是由于光照条件变化而引起的。气象条件的变化影响病虫害天敌的消长、食料植物的生理代谢以及环境条件的变化，间接影响林业病虫害的数量变动和分布范围。气象灾害造成林木损伤后，为病菌、蛀干害虫的繁殖创造了有利条件，且树木抵抗病虫害的能力降低，受害程度增加。

5.2 山西省主要林区分布及特征

5.2.1 山西省森林覆盖率变化

为准确掌握森林资源现状和动态变化情况，国家有关部门于 1950—1962 年开展了全国首次森林资源整理统计汇总，之后分别于 1973—1976 年、1977—1981 年、1984—1988 年、1989—1993 年、1994—1998 年、1999—2003 年、2004—2008 年、2009—2013 年和 2014—2018 年组织开展了 9 次全国森林资源清查，据此可以了解掌握森林资源变化情况（图 5.1、图 5.2）。

1949 年以来，山西省森林面积和森林覆盖率总体均呈不断增加的趋势（图 5.2）。1949 年全省仅残存森林 551 万亩，森林覆盖率仅为 2.4%。根据历史森林资源清查情况，从森林面积看，1975 年以后达到 1000 万亩以上，1995 年超过 2000 万亩，2000 年超过 3000 万亩，2010 年超过 4000 万亩，2018 年超过 5000 万亩。从森林覆盖率看，1975 年达到 5%以上，1995 年达到 10%以上，2010 年达到 15%以上，2015 年达到 20%以上。2020 年山西省森林面积达到 5542.93 万亩，是 1949 年的 10.06 倍；森林覆盖率达到 23.57%，比 1949 年增加了 21.17 个百分点。

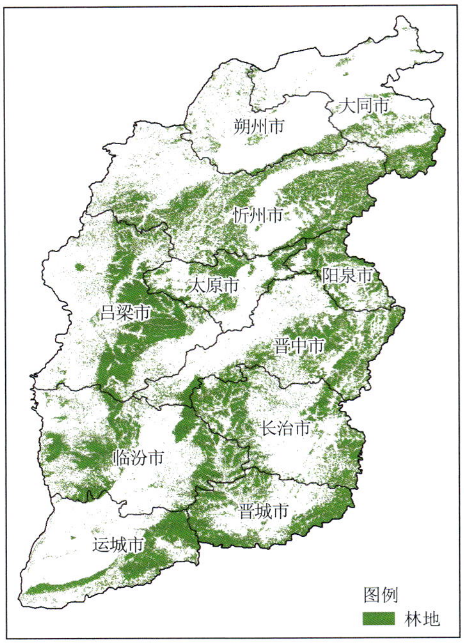

图 5.1　山西省林地分布

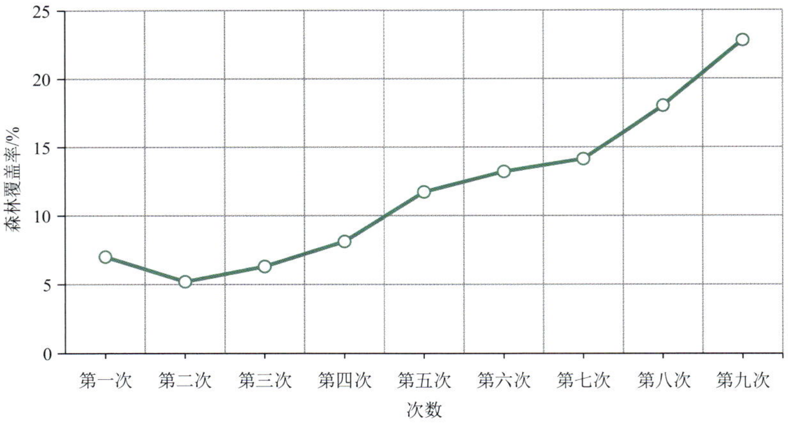

图 5.2　山西省森林覆盖率变化

与全国平均状况相比，山西省森林面积和森林覆盖率均处于较低的水平。根据全国和山西省第三次国土调查主要数据公报，截至 2019 年 12 月 31 日，山西省林地面积在全国占比较少，且在总林地中，乔木林地占比偏低，灌木林地和其他林地占比偏高。山西省林地面积仅占全国的 2.15%，乔木林地、灌木林地和其他林地在全国的占比分别为 1.54%、2.96% 和 6.29%。山西省乔木林地在全省总林地中的占比只有 49.75%，比全国平均的 69.46% 低 19.71 个百分点；山西省灌木林地和其他林地在全省总林地中的占比分别为 28.46% 和 21.79%，分别比全国平均的 20.63% 和 7.44% 高 7.82 个百分点和 14.36 个百分点。山西省园地面积在全国占比稍高，为 3.18%，其中主要是果园，占全省总园地面积的 86.40%，比全国果园在总园地中的占比 64.60%高出 21.80 个百分点。山西省林地主要分布在吕梁、临汾、忻州、晋中等 4 个市，占全省林地总面积的 55%；果园主要分布在运城、吕梁、临汾等 3 个市，占全省园地总面积的 75%。

山西省林业和草原局公布的 2020 年山西省各县（市、区）森林覆盖率见图 5.3 和表 5.2，各地森林覆盖率差异明显。从全省 11 个市森林覆盖率看，晋城市森林覆盖率最高，是全省唯一超过 30%的市，达到 35.51%。运城、吕梁、长治、临汾等 4 市的森林覆盖率也较高，均在 26%以上。晋中、太原、忻州等 3 市的森林覆盖率较低，均不足 20%，最低的忻州市只有 15.22%，比森林覆盖率最高的晋城市低 20.29 个百分点。

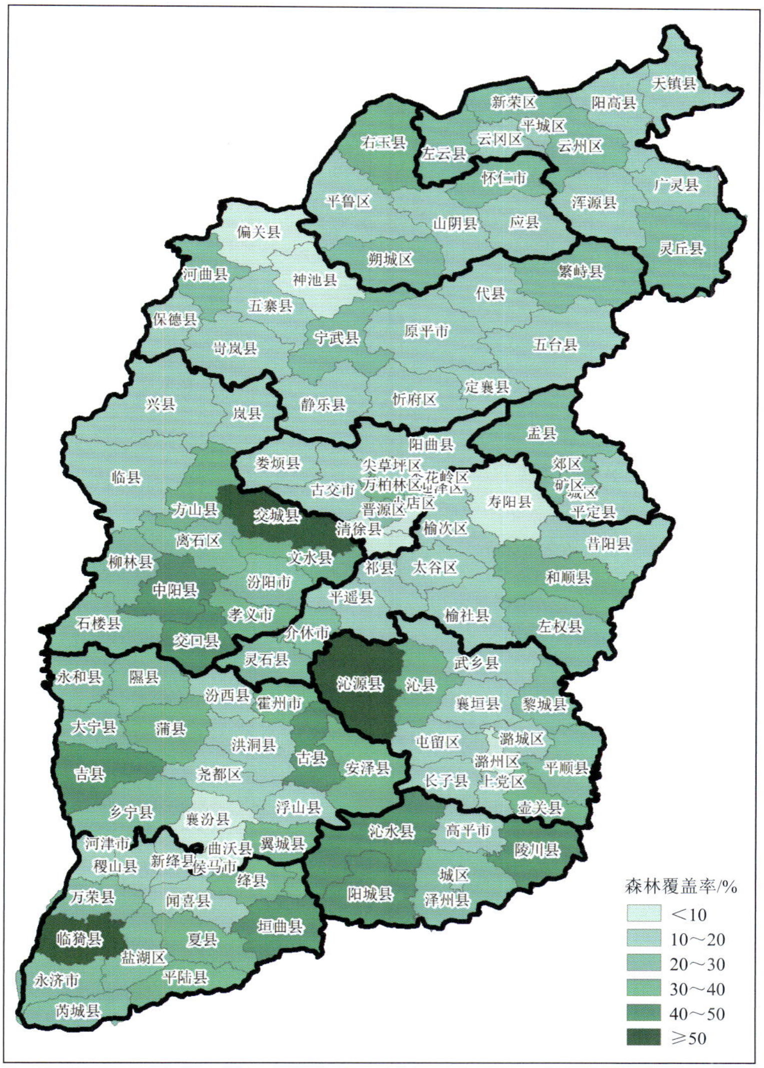

图 5.3　2020 年山西省各县（市、区）森林覆盖率

表 5.2　2020 年山西省各市、县(市、区)森林覆盖率

%

市	县(市、区)	森林覆盖率	市	县(市、区)	森林覆盖率	市	县(市、区)	森林覆盖率
太原市	小店区	6.85	吕梁市	离石区	28.59	长治市	沁源县	52.75
	迎泽区	21.00		文水县	37.39	晋城市	城区	17.02
	杏花岭区	22.97		交城县	51.40		沁水县	43.28
	尖草坪区	12.79		兴县	15.57		阳城县	42.04
	万柏林区	31.01		临县	16.73		陵川县	48.24
	晋源区	21.03		柳林县	28.60		泽州县	20.95
	清徐县	7.43		石楼县	25.14		高平市	12.35
	阳曲县	17.57		岚县	16.94	临汾市	尧都区	16.41
	娄烦县	13.92		方山县	36.97		曲沃县	9.36
	古交市	19.03		中阳县	49.44		翼城县	32.68
大同市	新荣区	24.59		交口县	40.10		襄汾县	4.95
	平城区	10.98		孝义市	30.60		洪洞县	15.38
	云冈区	13.43		汾阳市	25.43		吉县	43.76
	云州区	24.51	晋中市	榆次区	10.08		安泽县	36.31
	阳高县	17.19		太谷区	12.67		浮山县	17.07
	天镇县	10.42		榆社县	14.42		古县	40.67
	广灵县	17.59		左权县	28.94		大宁县	21.83
	灵丘县	27.52		和顺县	30.96		乡宁县	27.30
	浑源县	18.43		昔阳县	18.48		隰县	29.99
	左云县	27.99		寿阳县	7.47		永和县	20.12
朔州市	朔城区	20.29		祁县	14.30		蒲县	33.84
	平鲁区	18.30		平遥县	17.69		汾西县	15.47
	山阴县	14.96		灵石县	25.17		侯马市	4.11
	应县	14.57		介休市	20.59		霍州市	30.20
	右玉县	32.81	阳泉市	城区	38.10	运城市	盐湖区	21.39
	怀仁市	20.58		矿区	15.38		临猗县	51.21
忻州市	忻府区	10.69		郊区	23.74		万荣县	28.57
	定襄县	10.35		平定县	15.76		闻喜县	14.89
	五台县	19.41		盂县	25.49		稷山县	17.98
	代县	15.09	长治市	潞州区	9.14		新绛县	12.35
	繁峙县	23.97		上党区	11.22		绛县	36.90
	宁武县	23.18		屯留区	16.78		垣曲县	45.40
	静乐县	10.51		潞城区	15.28		夏县	38.81
	神池县	6.93		襄垣县	10.82		平陆县	31.35
	五寨县	12.80		平顺县	26.97		芮城县	22.53
	岢岚县	15.49		黎城县	27.85		永济市	22.13
	河曲县	24.81		壶关县	30.31		河津市	10.76
	保德县	12.95		长子县	15.29			
	偏关县	7.70		武乡县	17.63			
	原平市	12.03		沁县	32.63			

从全省 117 个县(市、区)森林覆盖率情况看，沁源、交城、临猗等 3 个县的森林覆盖率超过 50%，最高的沁源为 52.75%。沁源和交城山地较多，分别为太岳山林区和关帝山林区所在地；临猗则是由于经济林果分布面积较大所致，其园地面积为全省最大，占全省园地总面积的 15%。有 8 个县的森林覆盖率在 40%～50%，由高到低依次为中阳、陵川、垣曲、吉县、沁水、阳城、古县、交口。这些县分别位于太行山南部、中条山、太岳山、吕梁山南部，以山地为主，气候条件较为优越。森林覆盖率在 30%～40%、20%～30%和 10%～20%的分别有 16 个、32 个和 49 个县(市、区)。有 9 个县(市、区)的森林覆盖率不足 10%，由高到低分别为曲沃、潞州、偏关、寿阳、清徐、神池、小店、襄汾和侯马，其中襄汾和侯马森林覆盖率均不足 5%，侯马是全省森林覆盖率最低的地区，仅 4.11%。总体来看，森林覆盖率较高的区域一般为山区，森林覆盖率较低的区域一般为盆地平川区域，或地形起伏较大、支离破碎的黄土分布区域。

5.2.2 山西省九大林局森林资源概况

从 20 世纪 50 年代开始，全省陆续组建了关帝山、管涔山、太岳山、中条山、五台山、吕梁山、太行山、黑茶山 8 个国有林管理局和桑干河杨树丰产林实验局(简称“杨树林局”)(图 5.4)，省直林区地跨全省 11 个市 62 个县(市、区)，辖 125 个国有林场，经营总面积超过 2389 万亩，管理着山西最精华的森林资源(表 5.3)。

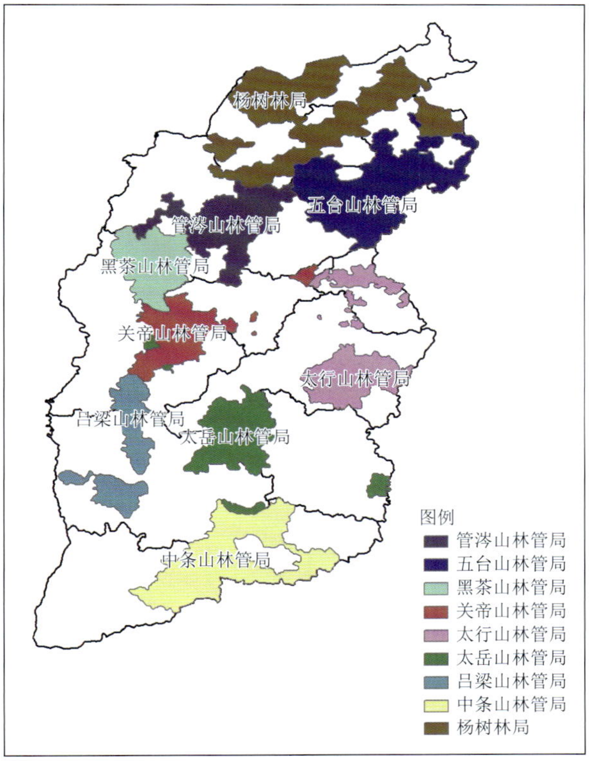

图 5.4 山西省九大林局分布

表 5.3　山西省直国有林管局基本情况

林管局	主要分布区域		立地条件			生态特征					
	地理位置	分布县市	地形地势	土壤	河流	覆盖率	林种分布	优势树种	蓄积量	林龄	生物多样性
管涔山国有林管理局	吕梁山脉北端，南北宽约 70 km，东西长约 78 km	忻州市的宁武、神池、五寨、岢岚、静乐、原平 6 县(市)	山脉平均海拔 1900 m，主峰海拔 2787 m，位于宁武、五寨、岢岚三县交界处	土壤垂直分布明显，主要有花岗岩、石灰岩、砂岩上发育成的亚高山草甸土、棕壤和褐土，土壤厚度为 25～100 cm	山西最大的河流汾河的发源地，是桑干河、滹沱河、岚漪河、朱家川河的发源区和主要支流区	49.8%	乔木林面积 4.82 万 hm^2，一般灌木林面积 1.75 万 hm^2，灌乔比 36%。在乔木林中，天然林 3.36 万 hm^2，占比 69.7%；人工林 1.46 万 hm^2，占比 30.3%	山西重要的天然林分布区，其典型林分为华北落叶松和云杉林组成的天然次生林。林局范围内有 10 个乔木优势种，其中面积最大的优势种华北落叶松占该局乔木面积的 47.09%，云杉林面积占 27.5%	乔木总蓄积量 473.9 万 m^3，占省直各国有林管理局总蓄积量的 8.33%，其中落叶松蓄积量占全局蓄积量的 50.41%，云杉占 32.74%；单位面积蓄积量全省最高，为 98.31 m^3/hm^2	华北落叶松的中林龄占比 58.10%，幼龄林占 28.02%，而近、成、过熟林面积分别占 5.09%、4.54%和 4.26%；云杉林的中龄林占 66.29%，幼龄林占 22.40，近熟林占 11.15%，成熟林仅占 0.16%	林区植物种类 1380 多种，各种大型真菌类 110 多种，野生动物共计 300 余种
五台山国有林管理局	山西省东北部，北起恒山山脉，南至系舟山脉，东临太行山脉北段，西至忻定盆地	地跨 3 市 9 县(市、区)，包括忻州市的五台、繁峙、代县、原平，朔州市的山阴、应县，大同市的浑源、灵丘、广灵	晋北高原的黄土丘陵土石山区，境内山峦起伏，沟谷纵横，地形复杂，自然条件较差，山地、丘陵面积约占全区面积的 80%，一般海拔在 1700 m 左右，最高峰北台顶海拔 3061 m	土壤主要类型为褐土，可分为 3 个亚类：淋溶褐土、淡褐土性土、褐土。淋溶褐土主要分布在 1600～2000 m；淡褐土性土分布于黄土丘陵沟壑区，包括川地、原地、梁峁、坡地等各种类型，海拔在 680～1500 m；褐土主要分布在淋溶褐土下部，与丘陵褐土交错分布，一般海拔高度 1450～1650 m	滹沱河	52.5%	乔木林面积 7.55 万 hm^2，一般灌木林面积 0.85 万 hm^2，灌乔比 11%；人工林面积 4.2 万 hm^2，大部分为华北落叶松。主要树种有华北落叶松、云杉、油松、桦树、山杨、辽东栎等。此外，珍稀植物臭冷杉、裂唇虎舌兰、迎红杜鹃、丁香叶忍冬等亦有分布	有 9 个乔木优势种，其中面积最大的优势种华北落叶松，占该局乔木面积的 46.79%，油松等松类面积占 27.28%	乔木总蓄积量 439.8 万 m^3，占省直各国有林管理局总蓄积量的 7.73%，单位面积蓄积量为 65.01 m^3/hm^2，其中落叶松蓄积量占全局蓄积量的 58.05%，油松等松类占 18.76%	华北落叶松的中林龄占比 62.31%，幼龄林占 32.91%，而近、成、过熟林占比很小；油松等松类的中龄林占 50.02%，幼龄林占 30.74，近熟林占 17.07%，成、过熟林占比极小	野生动物主要有狍子、野猪、草兔、啄木鸟、猫头鹰以及各种燕雀等。其中黑鹳、金雕属于国家一级保护动物；斑羚、豹猫、红隼、苍鹰、啄木鸟、猫头鹰属于国家二级保护动物

续表

林管局	主要分布区域		立地条件			生态特征					
	地理位置	分布县市	地形地势	土壤	河流	覆盖率	林种分布	优势树种	蓄积量	林龄	生物多样性
黑茶山国有林管理局	吕梁山脉中部的北段	跨涉2市5县，包括吕梁市的岚县、兴县、临县、方山和忻州市的岢岚	属黄土丘陵区的土石山区。境内山峦起伏，沟谷纵横，地形复杂，山地地貌为整个林区的主体，占60%～70%。海拔1229 m的石桥林场石咀头到2831 m的南阳山（即孝文山），高差1602 m	主要为棕壤和褐土。林区高山阳坡由于受强烈侵蚀，岩石斑驳裸露，土层薄而多含风化角砾，中低山阳坡土层瘠薄，为粗骨性褐土	主要有蔚汾河、岚漪河、湫水河、北川河等	59.4%	乔木林面积5.11万 hm^2，一般灌木林面积2.14万 hm^2，其他林地面积2.06万 hm^2，灌乔比42%。森林以油松和落叶阔叶天然次生林为主。灌木主要有胡枝子、虎榛子、绣线菊、沙棘、山桃、黄刺玫、小叶鼠李等，草本有苔草、碱草、蒿草等	共有10个乔木优势种（组），其中面积最大的优势种为油松等松类，以油松纯林为主，占该局乔木林面积的23.1%；其次是阔叶混交林占19.7%，阔叶混交林绝大部分是天然萌生的山杨、白桦林与栎类、青杨、五角枫、等其他阔叶树种混交而形成	乔木蓄积量384.4万 m^3，占省直各国有林管理局总蓄积量的6.75%，单位面积蓄积量为75.46 m^3/hm^2，其中油松等松类蓄积量占比最大，占全局林木总蓄积量的27.86%，阔叶混交林占18.92%	油松等松类的中龄林占35.46%，其次成熟林、近熟林和幼龄林，过熟林占6.15%	共有植物777种，野生脊椎动物224种，其中国家一级保护动物有褐马鸡、金钱豹、黑鹳、金雕、麝等7种，二级保护动物30种
关帝山国有林管理局	山西省西部，吕梁山脉中段，是山西省面积最大、森林资源最为丰富的省直国有林区	跨涉2市8县（市、区），包括吕梁市的交城、文水、汾阳、中阳、离石、方山，太原市的娄烦、古交	主体系自东北向西南由云顶山、孝文山、真武山、薛公岭、上顶山等高大山峰连贯的主脊线及其两侧起伏的山峦和纵横的沟壑所构成，全区平均海拔1500 m左右，主峰南阳山，海拔2831 m，系吕梁山脉最高峰，省内第三高峰	主要有褐土性土、山地褐土、黄绵土、棕壤等土类，部分高山地带还有少量草甸土	汾河和三川河两大河系源头，中部是汾河一级支流文峪河由西向东，流贯全境；东部是汾河支流涧河、西川河、屯兰河、岱川河、原平川河的源头地带；西部是三川河主要支流东川河、北川河、南川河的上游地带	70.9%	天然林是关帝山森林资源的主体，面积14.90万 hm^2，占全省天然林的18.1%、省直林区的28.9%。乔木林面积18.0万 hm^2，一般灌木林面积4.69万 hm^2，灌乔比26%。森林以油松和落叶阔叶天然次生林为主	共有11个乔木优势种（组），其中面积最大的优势种是油松等松类，占该局乔木面积的34.11%；其次是针阔混交林占14.77%	乔木蓄积量1360.1万 m^3，占省直各国有林管理局总蓄积量的23.88%，占比全省最大，占全省的30.1%、省直林区的36.7%。单位面积蓄积量为75.46 m^3/hm^2，仅次于管涔林局排名第二。油松等松类蓄积量占全局乔木蓄积量的43.91%，其次是落叶松，针阔混交林，阔叶混交林，桦树、山杨类及栎类，其他优势树种（组）蓄积量占比较小	油松的中近熟林比48.72%，成熟林占30.98%，中龄林17.82%，幼龄林1.62%，过熟林0.82%；针阔混交林中油松、栎类和山杨混交林的中过熟林占该优势树种（组）面积的47.57%，中龄林27.04%，成熟林11.70%，近熟林8.17%，幼龄林5.52%	植物多达870多种，脊椎动物237种，无脊椎动物1100多种，其中最为珍贵的是国家一类保护动物——山西省鸟褐马鸡，此外还有黑鹳、金雕、原麝、金钱豹等珍稀动物，以及鸳鸯、苍鹰、黄腹山雀等

续表

林管局	主要分布区域		立地条件			生态特征					
	地理位置	分布县市	地形地势	土壤	河流	覆盖率	林种分布	优势树种	蓄积量	林龄	生物多样性
太行山国有林管理局	山西省东部太行山脉中段，东以太行山与河北省相邻	跨涉晋中市的和顺、左权、榆社 3 县	地势东北高，西南低，平均海拔为 1000～2180 m，阳曲山主峰孟信垴为全区最高峰	是山西省太行山石质山区极为稀缺的绿色资源，林地土壤主要以棕壤和褐土为主，岩石以石灰岩、砂岩、砂页岩三大类为主，属典型的土石山区，岩石裸露，土壤瘠薄	清漳河、浊漳河均发源于太行山林区，流入河北省境内后注入海河；潇河的支流由林区流出汇入汾河	58.0%	主要是天然次生林和人工林，林区乔木林面积 5.13 万 hm^2，一般灌木林面积 1.79 万 hm^2，灌乔比 35%。树种以温带、暖温带的油松、辽东栎、华北落叶松、山杨为主	共有 11 个乔木优势种（组），其中面积最大的优势种为油松等松类，占该局乔木林面积的 82.36%，其次为落叶松，占 9.23%，栎林为 4.81%。灌木以沙棘、山柳、虎榛子、黄刺玫、绣线菊为多，草本植被多为白草、莎草和各种蒿类等	乔木林蓄积量 274.2 万 m^3，占省直各国有林管理局总蓄积量的 4.82%，单位面积蓄积量为 53.47 m^3/hm^2，油松等松类蓄积量占全局乔木蓄积量的 82.41%，落叶松占 6.19%，栎类占 5.47%	油松等松类的中龄林占比 72.26%。落叶松的中龄林和幼龄林分别占 57.39%和 42.61%	栖息着国家一级保护动物金钱豹、黑鹳和白鹳等多种野生动物资源
太岳山国有林管理局	山西省中南部，属太行山系	跨涉 3 市 9 县（市），包括晋中的平遥、介休、灵石，临汾市的霍州、洪洞、古县、安泽，长治市的沁源、沁县	属太行山系，分为西山、东山两大片，总体地势西部高而陡峻，东部低而平缓，沁河谷地明显低于东西两侧，最高峰为介庙林场境内的牛角鞍，海拔 2566 m	林区内土壤垂直分布明显，海拔 1200 m 以下为钙积褐土，1200～1500 m 为褐土性土和淋溶褐土，海拔 1500～2100 m 为棕壤，海拔 2100～2400 m 为腐棕壤，高山顶部分布有亚高山草甸土	境内河流属汾河、沁河两大水系，西部是汾河中游 8 条支流的发源地，东部是沁河的源头和上游地带	83.86%	乔木林面积 13.16 万 hm^2，一般灌木林面积 1.92 万 hm^2，灌乔比 15%。森林以油松和栎类为主，主要针叶树种为油松、落叶松、杜松、侧柏、白皮松，主要阔叶树种为辽东栎、山杨、白桦、五角枫、椴树、水曲柳、漆树等。灌木以沙棘、丁香、胡枝子、黄刺玫、虎榛子、荆条为主，草本多为禾本科杂草	共有 12 个乔木优势种（组），其中面积最大的针阔混交林占该局乔木林面积的 50.98%，其次为油松等松类，占 15.45%，杨树及软阔类 9.66%，阔叶混交林 8.05%。太岳林局是我国油松的集中产区之一，位于灵空山林场麻池背的油松林，是全省质量最好、产量最高的天然油松林之一；全国最大的单株油松“九杆旗”树龄 600 余年，树高 45 m，胸径 1.5 m，根部地径 5 m，单株蓄积量 48.6 m^3，被誉为“油松王”	乔木林蓄积量 752.5 万 m^3，占省直各国有林管理局总蓄积量的 13.21%，其中针阔混交林蓄积量占全局乔木蓄积量的 72.48%，其次是杨树及软阔类，占 15.69%；单位面积蓄积量为 57.23 m^3/hm^2	中龄林面积最大，幼龄林次之，近、成、过熟林面积逐渐减少，林分结构较为合理	有木本植物 44 科 99 属 233 种；草本植物 62 科 500 多种；野生动物有 166 种，其中兽类 46 种，鸟类 120 种，属于国家一级保护动物有金钱豹、原麝，二类保护动物有林麝、红脚（猫头鹰），三类保护动物有黑熊、岩羊等

续表

林管局	主要分布区域		立地条件			生态特征					
	地理位置	分布县市	地形地势	土壤	河流	覆盖率	林种分布	优势树种	蓄积量	林龄	生物多样性
吕梁山国有林管理局	山西西南部，吕梁山脉南段	跨涉2市9县(市、区)，包括临汾市的尧都、乡宁、吉县、蒲县、隰县、汾西，吕梁市的石楼、交口、孝义	自北向南由上顶山、紫荆山、老爷顶、秦王山、高天山、人祖山等大山峰连贯的主脊线及两侧起伏的山峦和纵横的沟壑与部分黄土丘陵所组成，地形破碎。地势西北高、东南低，处于黄河、汾河的夹角地带，全区平均海拔1500 m，最高峰上顶山海拔2024 m	土壤处在褐土带，多为山地褐土和粗褐土。土壤侵蚀严重，干旱瘠薄	主要河流有三川河、昕水河、汾河三大黄河支流	69.7%	乔木林面积16.09万 hm^2，一般灌木林面积4.86万 hm^2，灌乔比30%。森林以天然阔叶残次林为主，栎类分布较广，多与山杨、白桦、油松、白皮松混交。灌木主要有黄刺玫、虎榛子、沙棘、黄栌、胡枝子、忍冬、连翘、山桃、山杏等，草类以白草、羊胡子草、苔草、蒿草等为主	有10个乔木优势种(组)，其中面积最大的优势种为栎类，占该局乔木林面积的34.79%；其次为阔叶混交林20.57%；另外，针阔混交林占11.17%，油松及其他松类10.43%，柏类占6.62%，桦树、山杨类占6.5%，针叶混交林占6.08%	乔木林蓄积量857.3万 m^3，占省直各国有林管理局总蓄积量的15.05%，单位面积蓄积量为53.28 m^3/hm^2，栎类蓄积量占全局乔木蓄积量的32.2%，阔叶混交林占23.02%，针阔混交林占12.62%，油松等松类占10.84%，桦树山杨类占7.3%，针叶混交林占6.29%，柏树占4.96%	栎类林龄结构是以中龄林为主，占该优势种(组)面积的45.43%，幼龄林占38.94%，近熟林占15.39%	林区栖息着多种野生动物，其中最为珍贵的国家一级保护动物、山西省鸟褐马鸡，此外还有原麝、金钱豹、金雕、华北豹、豹猫、赤狐、狍等多种珍稀野生动物
中条山国有林管理局	山西省南部中条山脉的中、东两段	跨涉临汾、运城、晋城3个地市的翼城、垣曲、沁水等8个县(市)，包括临汾的浮山、翼城，运城的绛县、闻喜、夏县、垣曲，晋城的沁水和阳城	山脉绵延起伏，地势复杂多变。东段较为宽阔，南为王屋山，北接太岳山，东临沁河。主峰舜王坪，海拔2322 m	土壤类型多样，海拔2000 m以上为黄土质山地棕壤，海拔1450～1700 m为黄土质山地淋溶褐土，海拔900～1450为坡积黄土质山地褐土，海拔900 m以下的山麓及河谷多为冲积土	北有涑水，南有黄河，多条溪流从园内发源，分别注入涑水和黄河	82.3%	乔木林面积21.77万 hm^2，一般灌木林面积2.65万 hm^2，灌乔比12%	拥有华北唯一的一块原始森林。共有11个乔木优势种(组)，面积较大的优势种有油松等松类，占乔木林面积的27.89%，栎类占25.90%，阔叶混交林占23.01%，针叶混交林占10.55%，针阔混交林占9.28%	乔木林蓄积量972.6万 m^3，占省直各国有林管理局总蓄积量的17.07%，其中油松等松类蓄积量占全局乔木蓄积量的28.57%，阔叶混交林占26.17%，栎类占22.23%，针阔混交林占10.69%，针叶混交林占10.44%；单位面积蓄积量为44.67 m^3/hm^2	油松等松类林的中龄林占该优势种(组)面积的55.52%，幼龄林占21.14%，近、成、过熟林分别占14.09%、8.64%和0.51%；栎类幼龄林面积最大，占该优势种(组)面积的33.32%，中龄林占32.20%，近熟林占23.51%，成熟林和过熟林分别占10.68%和0.29%	是华北动植物资源宝库，区内种子植物1400余种，其中仅木本植物就达400余种，动物资源中，鸟类256种，兽类48种，两栖爬行类36种

续表

林管局	主要分布区域		立地条件			生态特征					
	地理位置	分布县市	地形地势	土壤	河流	覆盖率	林种分布	优势树种	蓄积量	林龄	生物多样性
杨树丰产林实验局	地处黄土高原东侧，内外长城之间，毛乌素沙漠东部前沿，是“三北”防护林建设的主体工程区、京津风沙源治理区	地跨大同、朔州、忻州3市17个县(市、区)	总体地貌特征是四周陡峭，中间以丘陵、盆地和平原为主	土壤分布为广大丘陵、冲积扇、山前倾斜平原以及高级阶地上的钙层土钢黄土状栗钙土地、黄土质栗钙土、半淋溶土钢黄土状栗褐土、洪积褐土，一、二级阶地的水成土钢硫酸盐、氯化物碱化土。成土母质多为黄土、红土、洪积、冲洪积、风积母质	桑干河	78.6%	乔木林面积8.66万hm^2，一般灌木林面积0.17万hm^2，灌乔比2%	共有10个乔木优势种(组)，杨树及软阔类占全局乔木林面积的90.41%	乔木林蓄积量168.7万m^3，其中杨树及软阔类蓄积量占到全局乔木林蓄积量的89.01%，单位面积蓄积量19.25 m^3/hm^2；油松等松类占5.87%，单位面积蓄积量23.15 m^3/hm^2；落叶松类占2.52%，单位面积蓄积量25.66 m^3/hm^2	杨树及软阔类优势种(组)中的过熟林占65.86%，近、成、过熟林占87.30%，杨树绝大部分已经老化	森林资源是20世纪50—60年代人工营造的小叶杨纯林，从70年代末开始，用樟子松、油松、落叶松更替小叶白杨，使树种结构得到了改善，使林分稳定性得到增强。灌木主要有沙棘、柠条等，草本植物主要有百里香、蒿类、碱草等，是部分鸟类的栖息地

5.2.3 山西省森林资源分布特征

(1)山西林业生态特征

山西地形复杂多样,有山地、丘陵、高原、盆地等,森林主要分布在山区,少而不均,镶嵌性很大。其中,太行山地区的森林以落叶阔叶林和针叶林为主,吕梁山地区则以针叶林和灌木林为主,高原和盆地地区相对地势较为平坦,森林主要以防护林和经济林为主。此外,在汾河、桑干河等流域也有一定面积的防护林带。

山西植被类型丰富,针叶林主要有油松、华北落叶松等。油松是山西的主要乡土树种之一,适应性强,耐干旱、瘠薄,在山区广泛分布。华北落叶松则主要分布在高海拔地区,其材质优良,具有较高的经济价值。阔叶林包括栎类、桦木、杨树等树种。栎类是山西阔叶林的重要组成部分,如栓皮栎、辽东栎等,它们具有较高的生态价值,能够为野生动物提供栖息地和食物来源。桦木林主要分布在山区的阴坡和半阴坡,树形优美,秋季树叶变为黄色,具有一定的观赏价值。杨树是山西常见的速生树种,广泛用于防护林和用材林建设。山西灌木种类繁多,如沙棘、黄刺玫、荆条等。沙棘是山西的特色灌木之一,具有耐旱、耐瘠薄的特点,其果实富含维生素 C 等营养成分,具有很高的经济价值。黄刺玫和荆条则是常见的野生灌木,在保持水土、涵养水源方面发挥着重要作用。

山西森林蓄积量相对较低,不同地区、不同林种的蓄积量差异较大。针叶林蓄积量一般较高,而灌木林蓄积量较低。林龄结构较为复杂,既有幼龄林、中龄林,也有成熟林和过熟林。成熟林和过熟林主要分布在一些自然保护区和国有林场的核心区域,具有较高的生态价值和经济价值。近年来,新造林面积不断增加,幼龄林和中龄林所占比例较大,森林覆盖率也逐步提高,但总体来说,森林覆盖率仍有待进一步提升。不同地区的森林覆盖率差异较大,山区的森林覆盖率相对较高,而平原地区的森林覆盖率较低。

山西作为华北地区重要的基因宝库,生物多样性资源丰富。全省拥有野生高等植物达 2743 种,陆生脊椎野生动物 541 种,已记载昆虫、蜘蛛等 3793 种,大型野生真菌 573 种。此外,山西的遗传资源颇具地方特色,种质资源丰富。地方作物品种、畜禽品种、中药材、食药用菌种等资源均独具优势。

(2)林业生态存在的问题

山西省优质森林旅游资源主要分布在山区,尤其是深山和山脊两侧,如太行山、吕梁山等区域,这种分布导致林业资源的空间分布不平衡。山西地形起伏不平,河谷纵横,地貌类型复杂多样,给造林工作带来较大困难,在一定程度上限制了林业资源的开发和利用。

虽然近年来山西森林覆盖率有所提高,但总体仍然处于较低水平。森林覆盖率的不足导致生态系统的调节能力较弱,难以有效应对气候变化、水土流失等生态问题。除覆盖率较低,林分质量也不高,亩均蓄积量仅为全国平均水平的 51%(第九次森林资源清查),这与森林的生长环境、树种选择、经营管理等因素有关。此外,山西森林树种结构相对单一,经济价值较低和材质较差的先锋树种占优势,森林病虫害和森林火灾的发生概率较大,影响了森林的生态功能和经济效益。

森林生态系统的破碎化和单一化导致生态系统的多样性减少,不同生态系统之间的联系和相互作用减弱,生态系统的稳定性和抗干扰能力下降。由于森林破碎化、栖息地破坏、环境污染等原因,一些珍稀物种的生存面临威胁,如金钱豹、褐马鸡等珍稀野生动物的栖息地不断缩小，数量减少。一些野生植物也面临着过度采挖、生存环境恶化等问题。

5.3 山西省森林植被生态状况

5.3.1 归一化植被指数

2000年以来，山西省林地年均NDVI整体呈上升趋势（图5.5），平均每年上升0.0035。2000—2023年，2001年林区NDVI最低，为0.429，2022年最高，为0.530；从年代际变化来看，2000—2010年全省林区平均NDVI为0.466，2011—2020年全省林区平均NDVI为0.505，近3年来全省林区平均NDVI为0.519。

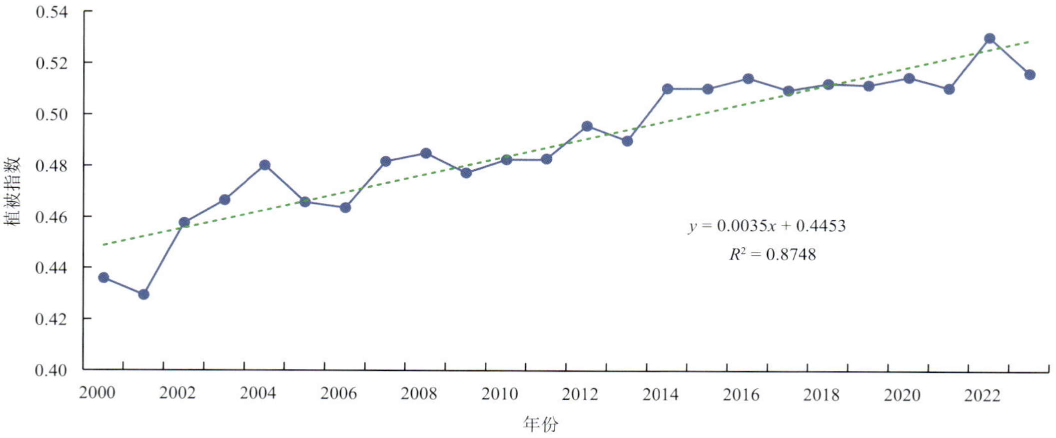

图5.5 2000—2023年山西省林地逐年平均植被指数变化

从空间分布（图5.6）来看，2000—2023年山西省林区植被NDVI中南部高于北部，恒山以北林区NDVI最低，其次为吕梁山、太岳山，太行山和中条山林地NDVI最高。2000年和2005年，大同北部、朔州、忻州西部林区植被NDVI小于0.3，忻州中部和东部植被NDVI在0.3～0.4，中南部大部林地NDVI在0.4～0.6，2000年全省林地平均NDVI为0.436，2005年全省林区平均NDVI为0.466；2010年和2015年大同、朔州等地林地NDVI小于0.3的区域明显缩小，中南部林地NDVI也有所增加，局部地区NDVI超过0.6，2010年全省林地平均NDVI为0.482，2015年增加至0.510；2020年以后，山西省林地NDVI进一步增加，大同、朔州、忻州西部林地NDVI增加明显，尤其是2023年，NDVI小于0.3的区域仅剩局部区域，平均来看，2020年全省林地平均NDVI为0.514，2023年为0.516。

2000年以来，山西省林地约96.2%的区域植被长势得到改善，植被长势呈利好趋势（图5.7）。其中，忻州西部、吕梁中北部、太原西部、晋中中部、长治东部等地林地NDVI增加趋势明显，NDVI增加趋势倾向率达0.006/a～0.01/a，局部地区超过0.01/a。受城市化发展影响，各市主城区及周边植被长势未得到改善。

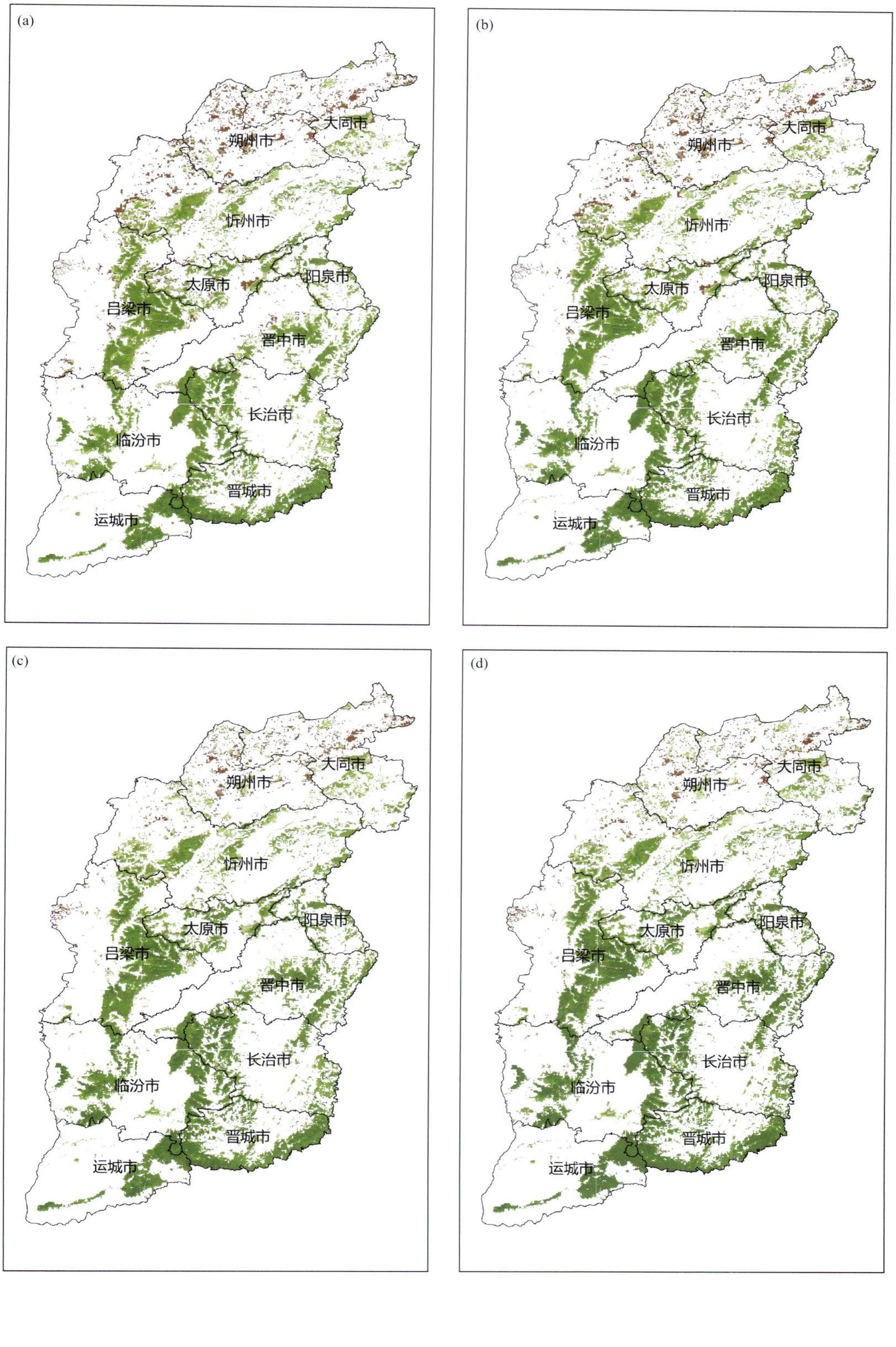
(a)
大同市
朔州市
忻州市
太原市
阳泉市
吕梁市
晋中市
长治市
临汾市
晋城市
运城市
(b)
大同市
朔州市
忻州市
太原市
阳泉市
吕梁市
晋中市
长治市
临汾市
晋城市
运城市
(c)
大同市
朔州市
忻州市
太原市
阳泉市
吕梁市
晋中市
长治市
临汾市
晋城市
运城市
(d)
大同市
朔州市
忻州市
太原市
阳泉市
吕梁市
晋中市
长治市
临汾市
晋城市
运城市

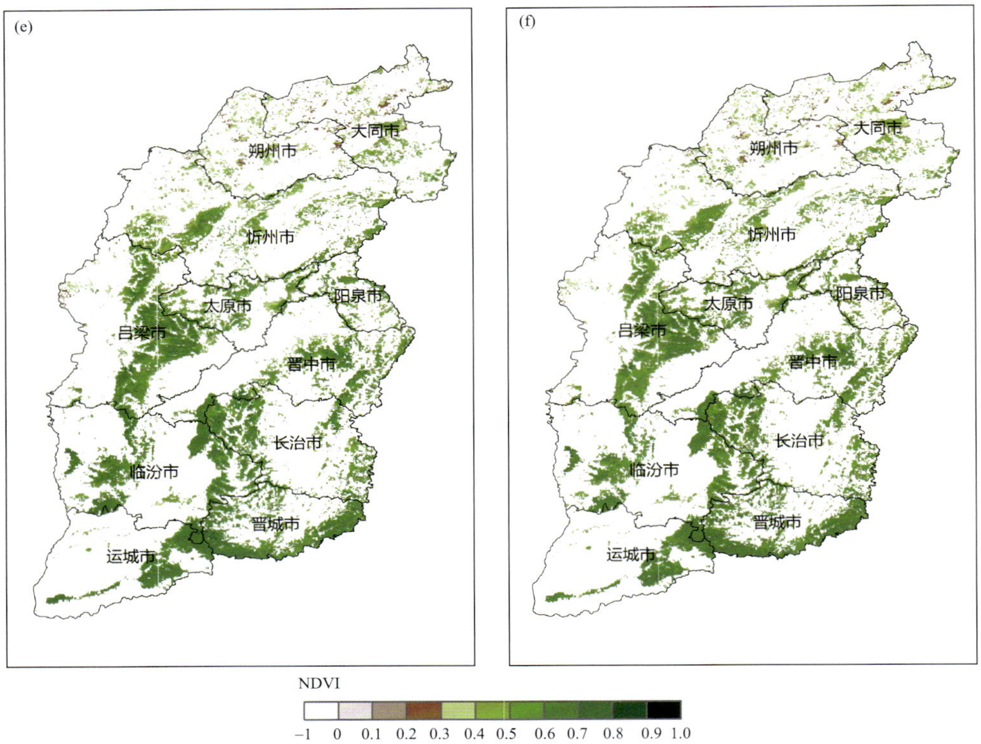

图 5.6 山西省林区植被指数分布

（a. 2000 年；b. 2005 年；c. 2010 年；d. 2015 年；e. 2020 年；f. 2023 年）

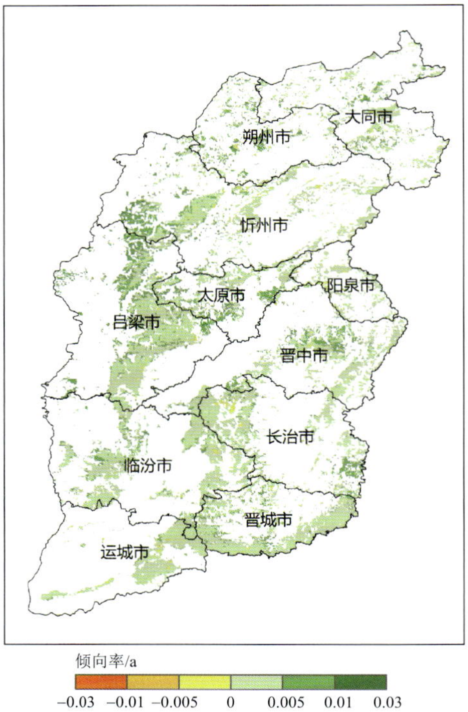

图 5.7 2000—2023 年山西省林区植被指数变化趋势率

5.3.2 植被净初级生产力

森林植被净初级生产力(NPP)总量的变化与森林覆盖度变化以及森林植被长势有关。图5.8为2000—2023年山西省森林植被净初级生产力的变化情况,可以看出,2000年以来山西省森林植被净初级生产力总量随年份呈上升趋势,森林植被净初级生产力总量平均每年上升38.15万t。森林植被净初级生产力总量从2000年的1760.95万t增加到2023年的2758.19万t,最低年份为2001年(NPP总量1548.37万t),最高年份为2022年(NPP总量2953.81万t)。2000—2010年,森林植被NPP总量年平均值为2066.85万t,大部分年份在2200万t以下;2011—2023年,森林植被NPP总量年平均值为2568.31万t,大部分年份在2400万t以上。

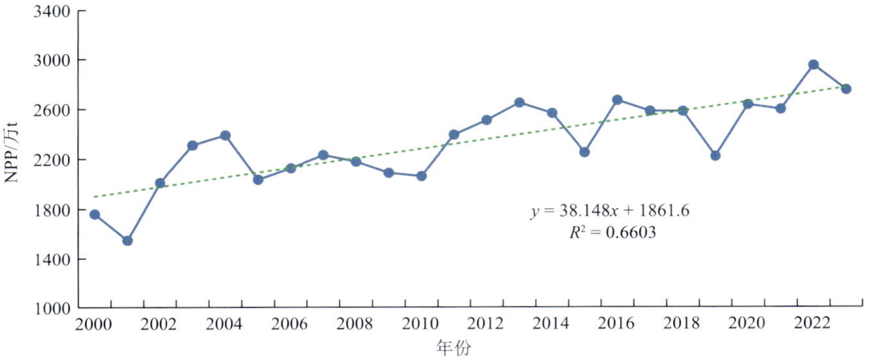

图 5.8 2000—2023年山西省森林植被净初级生产力年际变化

山西省森林植被净初级生产力在空间分布上呈现中南部高、北部低的空间格局(图5.9)。中南部吕梁山、太岳山、中条山、太行山森林植被净初级生产力大部分地区在400～700 g(C)/m^2,晋城南部的少部分地区森林植被NPP甚至达到700～800 g(C)/m^2。山西北部森林覆盖较少,受降水偏少影响,植被长势较山西中南部偏差,大部分地区森林植被NPP在100～500 g(C)/m^2,忻州东部五台山以及西部芦芽山等地森林植被NPP达500～600 g(C)/m^2,大同、朔州的部分地区森林植被NPP甚至低于100 g(C)/m^2。

从年变化来看,不同时间段、不同区域的森林植被净初级生产力变化趋势有一定差异(图5.9)。2005年相比2000年,仅在吕梁北部、忻州西南部、太原北部等林地NPP有所减小,减小幅度在0～20 g(C)/m^2,其余86.5%的林地NPP呈增加趋势,其中吕梁中南部、太岳山北部、晋中中部和南部、太行山南部等林地NPP增加100～280 g(C)/m^2,其余地区增加幅度在0～100 g(C)/m^2。2010年相比2005年,山西西北部林地NPP呈增加趋势,东南部林地NPP呈减小趋势,其中吕梁中北部、忻州西南部等地增加幅度在100～300 g(C)/m^2,太岳山林地和太行山林地NPP减小幅度较大,在60～130 g(C)/m^2。2015年相比2010年,山西西北部林地NPP呈减小趋势,东南部呈增加趋势,西北部林地大部分地区NPP减少幅度在50～120 g(C)/m^2,太原东部、晋中东部、太岳山、中条山、晋城南部等地林地NPP增加较为明显,增加幅度100～300 g(C)/m^2。2020年相比2015年,全省94.3%的林地NPP呈增加趋势,仅在太原东部、晋城南部等局部林地NPP有所减小,减小幅度20～60 g(C)/m^2,大同、朔州、忻州中北部、吕梁中部、临汾西部、太岳山北部以及太行山的部分山区NPP增幅较大,增幅100～300 g(C)/m^2,局部地区增幅达500 g(C)/m^2。2023年山西省林地NPP与2020年基本相同。

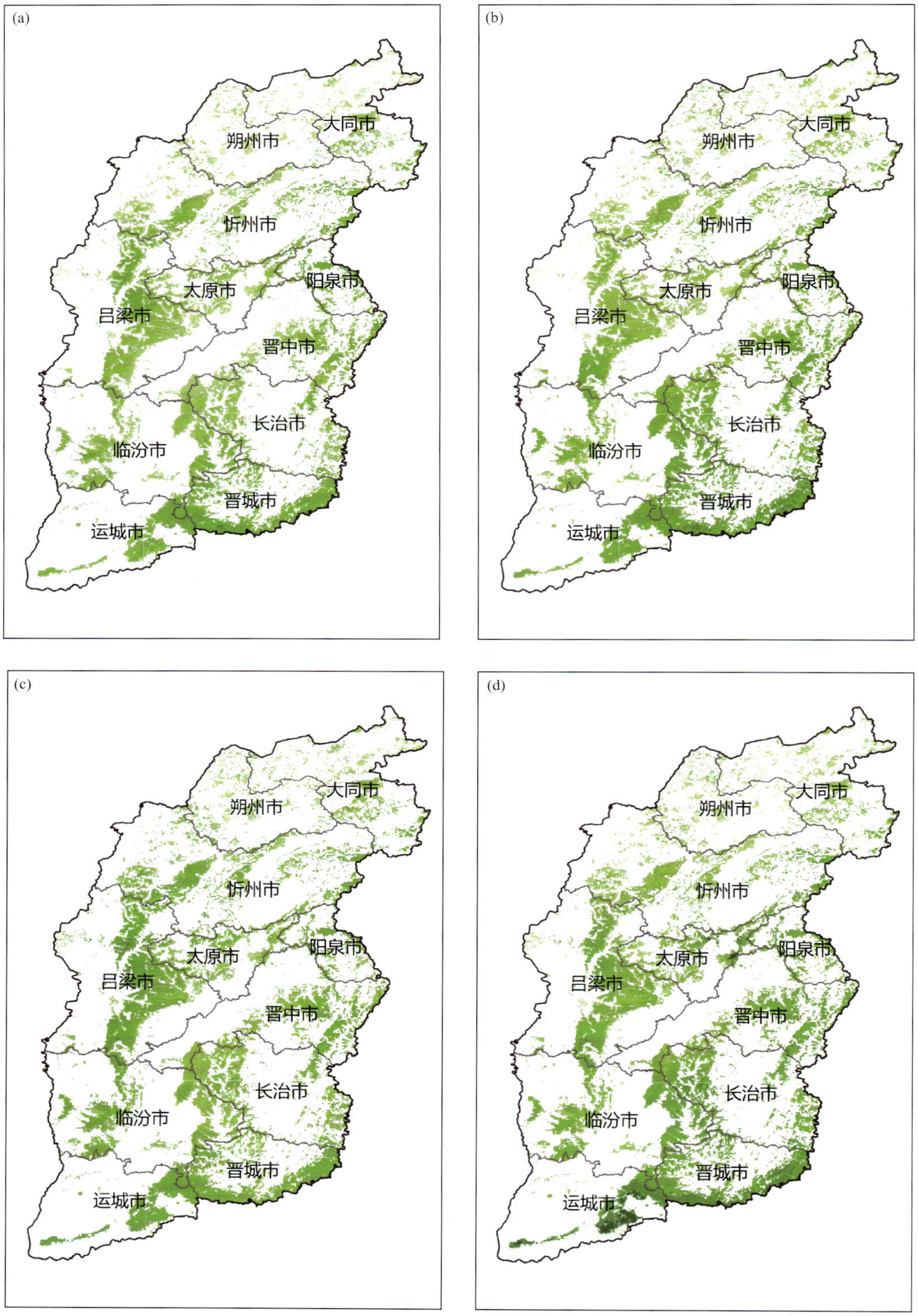
(a)
大同市
朔州市
忻州市
阳泉市
太原市
吕梁市
晋中市
长治市
临汾市
晋城市
运城市
(b)
大同市
朔州市
忻州市
阳泉市
太原市
吕梁市
晋中市
长治市
临汾市
晋城市
运城市
(c)
大同市
朔州市
忻州市
阳泉市
太原市
吕梁市
晋中市
长治市
临汾市
晋城市
运城市
(d)
大同市
朔州市
忻州市
阳泉市
太原市
吕梁市
晋中市
长治市
临汾市
晋城市
运城市

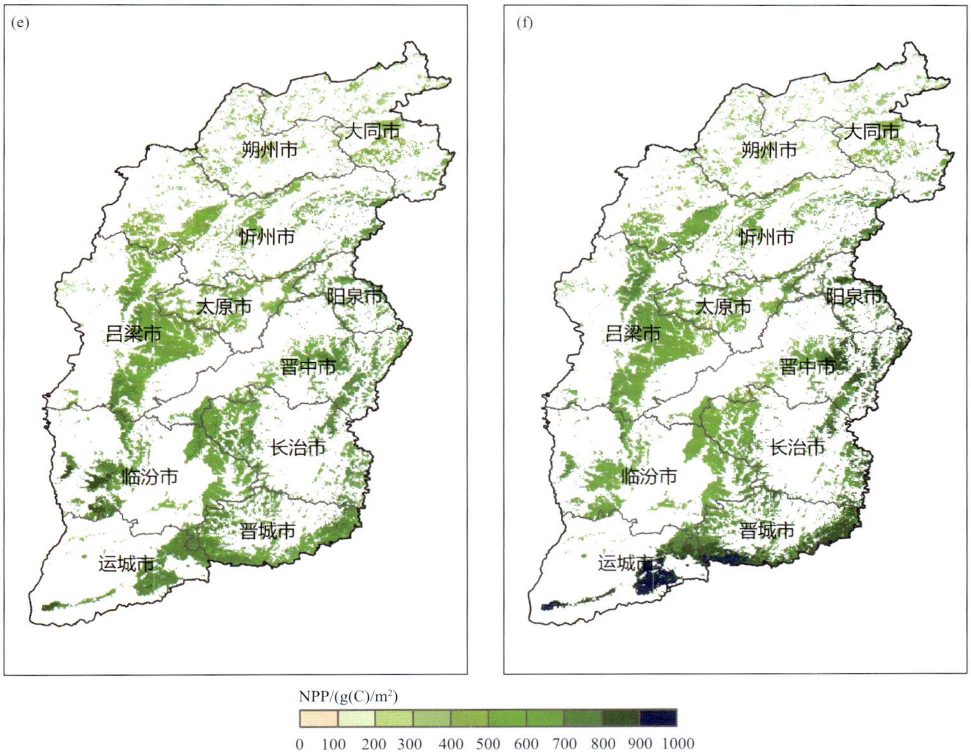

图 5.9 山西省森林植被净初级生产力分布
（a. 2000 年；b. 2005 年；c. 2010 年；d. 2015 年；e. 2020 年；f. 2023 年）

图 5.10 为 2000—2020 年山西省森林植被净初级生产力变化趋势率。从图中可以看出，山西省林地 99%以上的地区植被 NPP 总量呈增加趋势，大同、朔州、忻州、吕梁、太原、阳泉、晋中、临汾、长治西部、运城等地森林植被 NPP 增趋势较为明显，增幅达 5 g(C)/(m^2 · a)以上，其中吕梁山西部增幅超过 10 g(C)/(m^2 · a)，晋城大部、临汾东部森林植被 NPP 增幅相对较小，在0～2.5 g(C)/(m^2 · a)。

5.3.3 综合植被生态质量指数

图 5.11 为 2000—2023 年山西省森林植被生态质量指数(QI)的变化情况。可以看出，2000 年以来，山西省森林植被生态质量指数随年份均呈上升趋势，森林植被生态质量指数平均每年上升 0.5249。森林植被生态质量指数从 2000 年的 34.33 增加到 2023 年的 40.91，增幅约 50%，最低年份为 2001 年(32.53)，最高年份为 2016 年(47.80)。2000—2010 年，森林植被生态质量指数年平均值为 38.99，大部分年份在 41 以下；2011—2023 年，森林植被生态质量指数年平均值为 44.33，大部分年份在 43 以上。

山西省森林植被生态质量指数在空间分布上呈现中南部高、北部低的空间格局(图 5.12)，中南部吕梁山、太岳山、中条山、太行山森林植被生态质量指数大部分地区在 40～60，晋城西南部的局部地区森林植被生态质量指数超过 60。山西北部大同、朔州森林覆盖较少，植被长势较山西中南部偏差，大部分地区森林植被生态质量指数在 20～30。

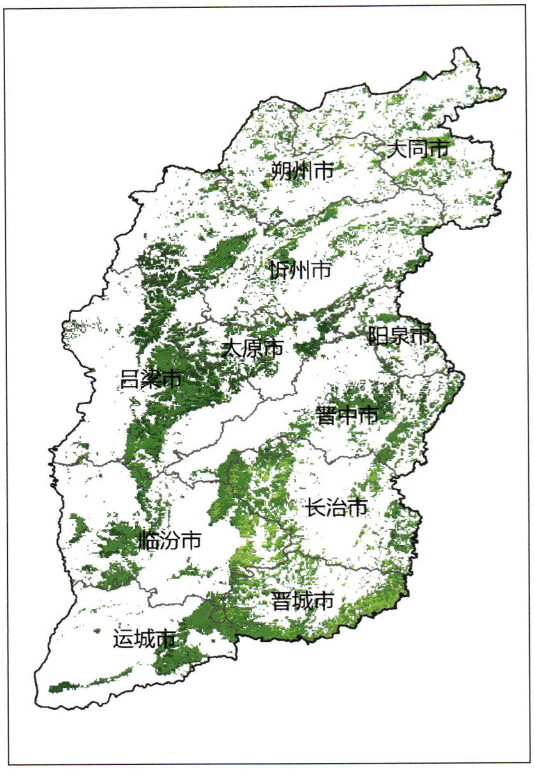

图 5.10　2000—2023 年山西省植被净初级生产力变化趋势率

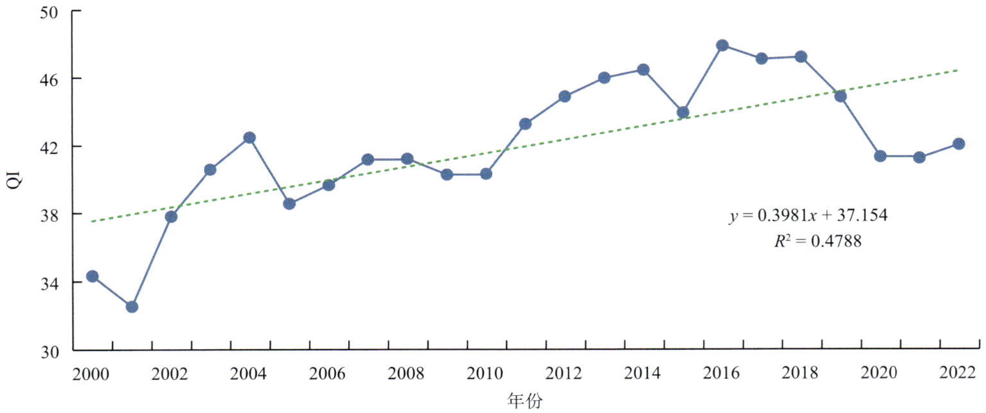

图 5.11　2000—2023 年山西省森林植被综合生态质量指数年际变化

从每 5 年植被生态质量指数变化(图 5.12)来看，2000 年和 2005 年，大同、朔州、忻州中西部、太原中西部、吕梁西部等地林地 QI 较小，大部分地区低于 30，吕梁山区、太岳山区、太行山区以及中条山区林地 QI 在 40～60；2000 年山西省林地平均 QI 为 34.33，2005 年增加到 38.54；

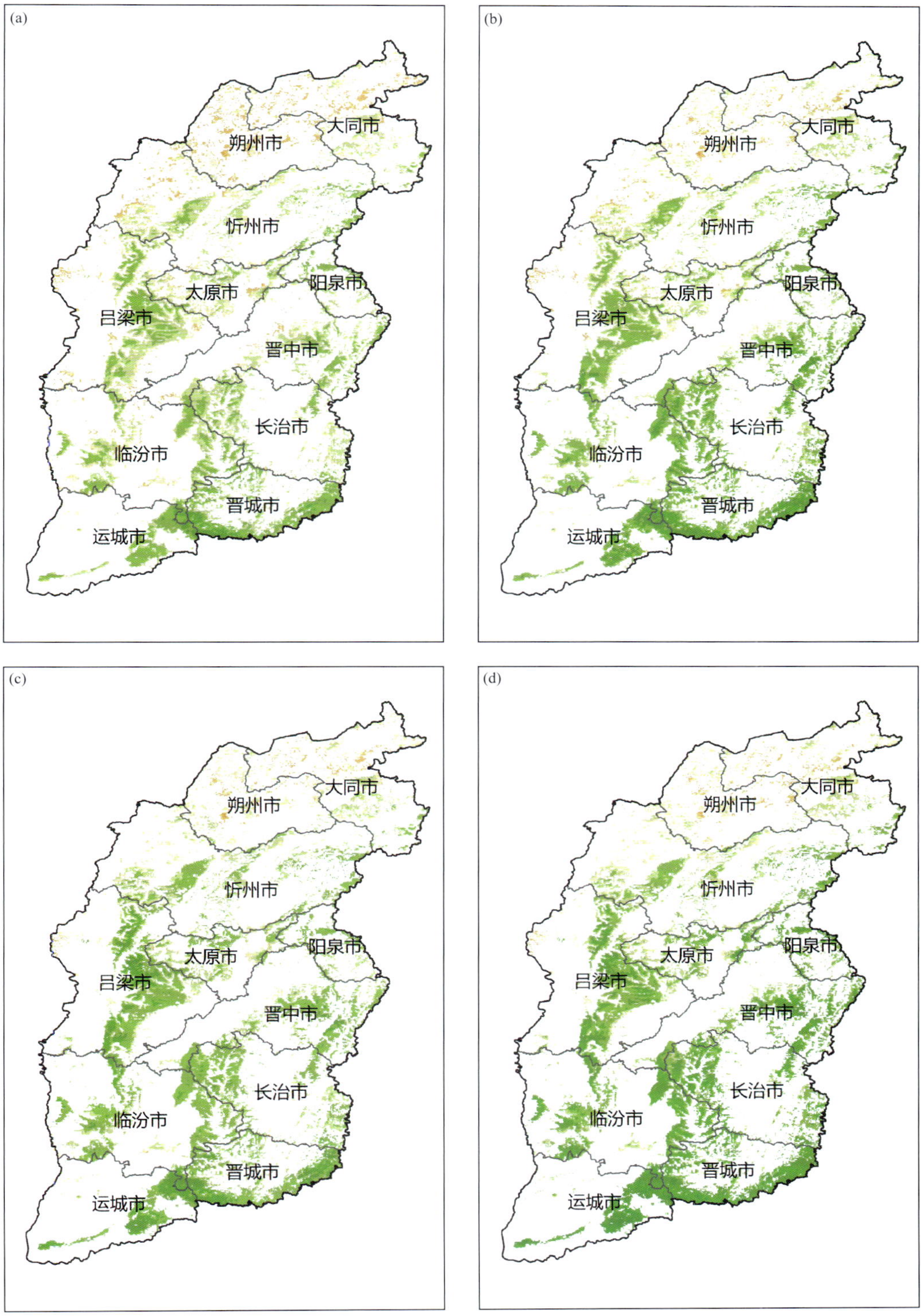
(a)
大同市
朔州市
忻州市
阳泉市
太原市
吕梁市
晋中市
长治市
临汾市
晋城市
运城市
(b)
大同市
朔州市
忻州市
阳泉市
太原市
吕梁市
晋中市
长治市
临汾市
晋城市
运城市
(c)
大同市
朔州市
忻州市
阳泉市
太原市
吕梁市
晋中市
长治市
临汾市
晋城市
运城市
(d)
大同市
朔州市
忻州市
阳泉市
太原市
吕梁市
晋中市
长治市
临汾市
晋城市
运城市

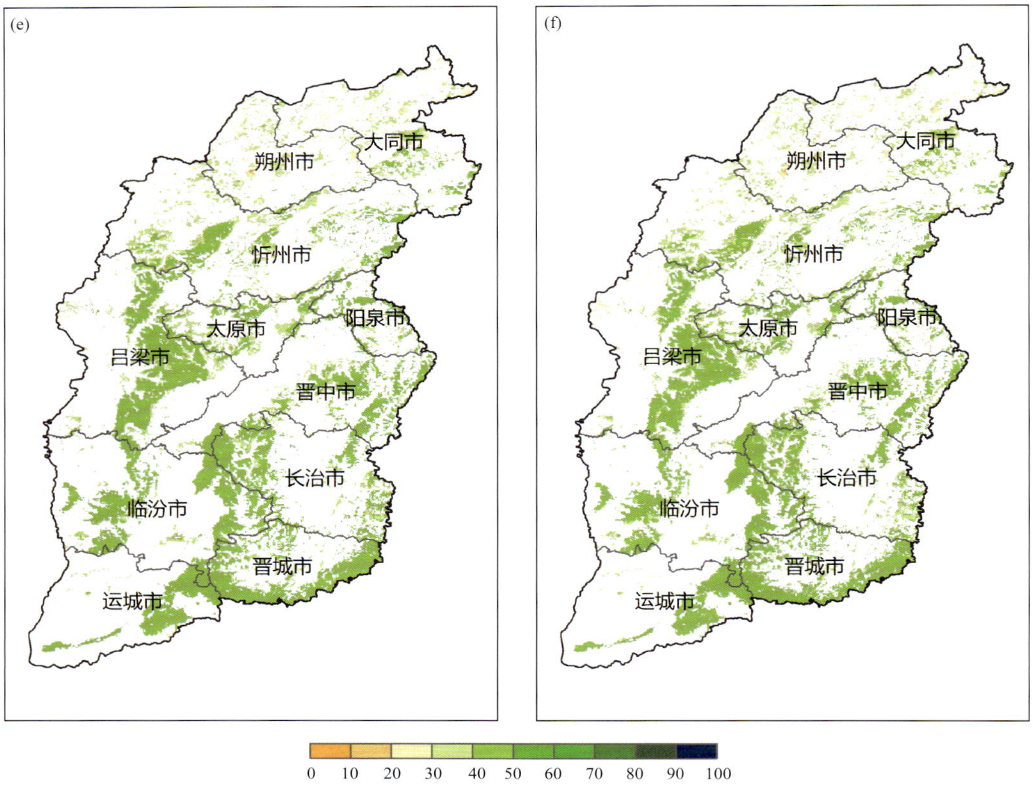

图 5.12　山西省森林 QI 分布

（a. 2000 年；b. 2005 年；c. 2010 年；d. 2015 年；e. 2020 年；f. 2023 年）

2005 年与 2000 年相比，全省 83%以上的林地 QI 呈增加趋势，增幅大部在 0～10，仅在吕梁北部和忻州西南部等地林地 QI 有所减小，减小幅度在 0～3。2010 年山西省林地平均 NDVI 为 40.3，与 2005 年相比增加了 4.6%，其中西北部林地 QI 呈增加趋势，增幅大部在 0～10，吕梁中北部局部林地增幅达 10～20；东南部林地 QI 呈减小趋势，减小幅度在 0～5。2015 年山西省林地平均 QI 为 43.9，与 2010 年相比增加了 8.9%，其中恒山和吕梁山北部的局部地区 QI 呈减小趋势，减小幅度在 0～4，其余 84.5%的林地 QI 呈增加趋势，太原东北部、太岳山东部、晋城中南部、中条山东部等地林地 QI 增幅达 10～30。2020 年以来，山西省林地 QI 维持在较高的水平，忻州及其以南的大部分林地 QI 达到 40 以上。

图 5.13 为 2000—2023 年山西省森林植被综合生态质量指数变化趋势率。从图中可以看出，山西省林地 99%以上的地区植被生态质量指数呈增加趋势，大同、朔州、忻州西部、吕梁北部、太原中西部森林 QI 增幅较为明显，增幅在 0.5/a 以上，吕梁山、太岳山、太行山等地森林 QI 增幅一般，增幅在 0～0.25/a，局部地区达 0.25/a～0.5/a。

5.3.4　森林植被生态与气象条件关系

从 2000—2023 年森林植被生态质量与降水、气温的相关性（图 5.14）来看，山西省大部林区植被生态质量与降水呈正相关关系，其中大同、朔州、忻州、吕梁、太原、晋中等地林区相关系

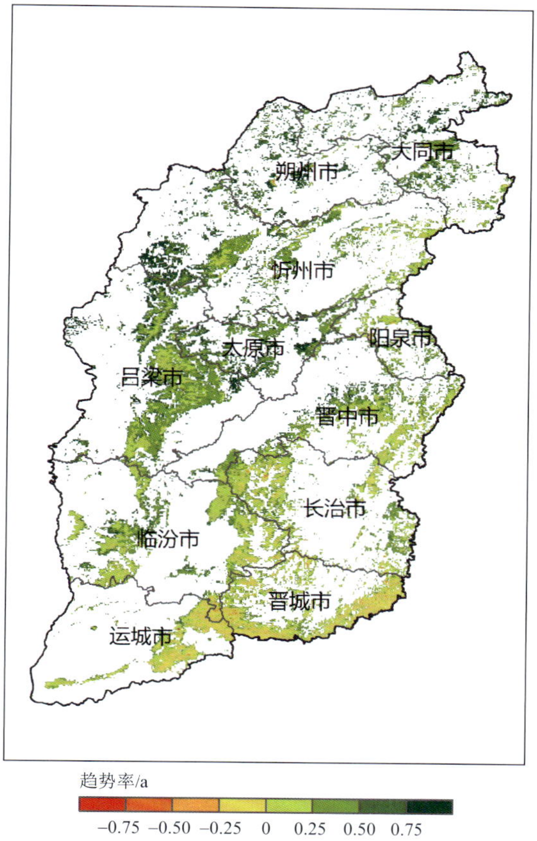

图 5.13　2000—2023 年山西省森林植被生态质量指数变化趋势率

数在 0.3 以上，特别是吕梁西北部、忻州中东部及西南部、朔州西部和南部、大同南部等地区林区相关系数超过 0.6，表明降水增多对森林植被生态质量有明显的改善作用。森林植被生态质量与气温的相关性低于降水，空间分布上，朔州以及吕梁山、太岳山和太行山的部分地区森林植被生态质量与气温呈明显的正相关关系，说明山区气温的增高有利于植被健康生长。

5.4　气象条件和气候变化对林业生态系统影响分析

5.4.1　典型植被物候变化特征

中国气象局自然物候观测网始建于 1980 年，是中国最大的物候观测网络系统，观测内容涉及多种类别的生物和自然现象，包括 49 种木本植物、10 种草本植物和 11 种动物的物候期，以及气象和水文现象等，能够全面地反映自然生态系统中不同生物和自然要素的变化情况，对于研究生物与环境的相互关系具有重要意义。其中，山西建设有 31 个站点，选取序列较长且完整的临汾站合欢作为研究对象，分析气象要素对其物候的影响(任玉欢 等，2023)。

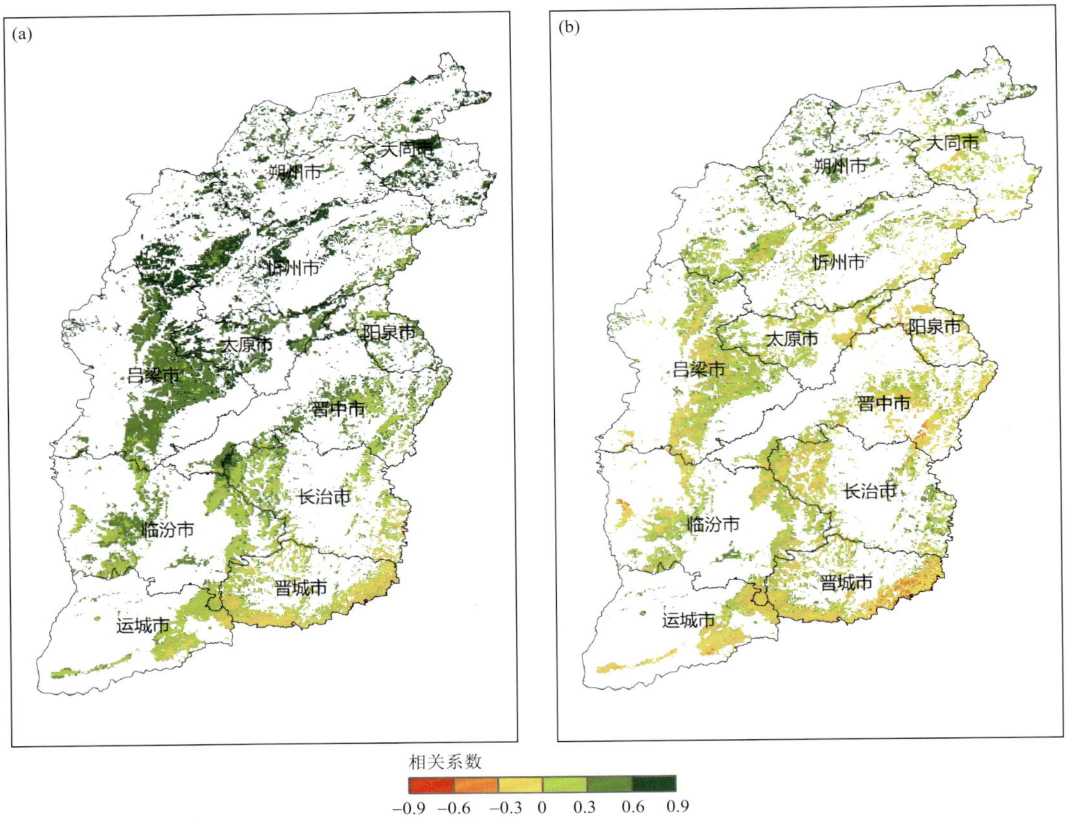

图 5.14　2000—2023 年山西省植被生态质量与降水(a)、气温(b)相关性分布

5.4.1.1　临汾合欢物候特征

1983—2021 年临汾合欢展叶始期一般出现在 4 月至 5 月上旬，平均出现日期为 4 月 23 日，最早和最晚分别出现在 4 月 8 日(2018 年)、5 月 3 日(1983 年)；开花始期一般出现在 5 月中旬至 6 月中旬，最大振幅为 35 d，平均出现日期为 6 月 2 日；果实成熟期出现在 8 月下旬至 10 月上旬，最大振幅为 42 d，平均出现日期为 9 月 18 日；叶变色始期出现在 9 月下旬至 10 月中旬，最大振幅为 28 d，平均出现在 10 月 6 日；落叶末期出现在 10 月中旬至 11 月中旬，最大振幅为 32 d，平均出现日期为 11 月 6 日。合欢是先叶后花植物，各物候期的出现具有顺序相关性，从临汾合欢各物候期来看，1983 年以来，各个物候期最大振幅相差 1 个月左右，其中相差最长的为果实成熟期，42 d，相差最少的为展叶始期，25 d。

1983 年以来，临汾合欢春季物候期呈波动提前趋势。其中，展叶始期较开花始期的波动幅度小，展叶始期和开花始期平均每 10 年分别提前 5.1 d 和 4.5 d；秋季物候期较春季波动幅度大，其中果实成熟期呈微弱推迟趋势，平均每 10 年推迟 1.3 d，叶变色始期和落叶末期变化趋势不明显。总体来看，临汾合欢的整个生长季长度相对延长。

1983 年以来，临汾合欢展叶始期至开花始期持续日数在 29～53 d，平均持续日数为 40 d；开花始期至果实成熟期持续日数在 69～134 d，平均持续日数 108 d；果实成熟期至叶变色始期持续日数集中在 2～39 d，平均持续日数 18 d；叶变色始期至落叶末期持续日数在 2～46 d，平均持续日数 31 d。临汾合欢生长季展叶始期至落叶末期持续日数在 176～221 d，平均生长季长度为 197 d。

1983—2021 年，临汾合欢不同物候期各年的持续日数不同（图 5.15）。其中，展叶始期至开花始期、果实成熟期至叶变色始期、叶变色始期至落叶末期的持续日数没有明显变化趋势，而开花始期至果实成熟期的持续日数呈显著加长趋势，平均每 10 年延长 7.2 d，故临汾合欢整个生长季长度表现为明显增加趋势的主要贡献来自开花始期至果实成熟期的延长。

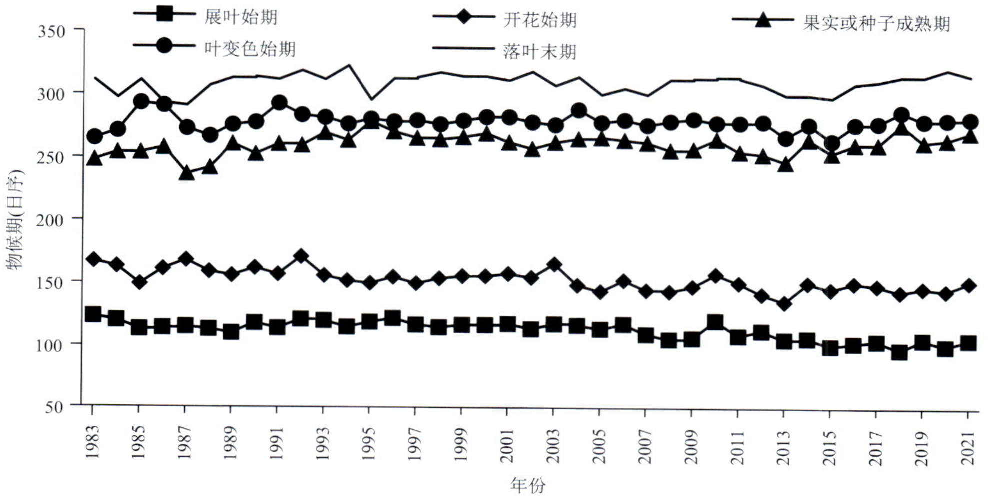

图 5.15　1983—2021 年临汾合欢物候期年际变化

5.4.1.2　临汾合欢物候期与气象条件相关分析

由表 5.4 可见，气温对春季展叶始期、开花始期的影响主要表现为负相关，即气温越高，相应物候期越早。当年 3—4 月的气温影响达到极显著水平，其他月份均达显著水平；而开花始期主要与当年 3 月至开花时的气温有关，当年 3—6 月的气温对开花始期均达到极显著水平。当年 3 月、6 月气温对果实成熟期表现出显著相关。气温对叶变色始期、落叶末期的影响总体不如对春季物候期影响大。生长季长度表现出与生长季开始前及生长季的气温高度相关，且自生长季开始与各月温度主要表现出极显著相关。

≥0 ℃、≥5 ℃、≥10 ℃、≥15 ℃的年积温与各物候期的相关性较气温更大，表现为对展叶始期、开花始期和生长季长度的极显著相关，对果实成熟期的显著相关。其中，≥10 ℃积温与展叶始期、果实成熟期、生长季长度的相关系数最大，≥5 ℃积温与开花始期相关系数最大。叶变色始期、落叶末期与各积温的相关性未达到显著性水平。

降水、日照与各物候期的相关性不如气温明显。展叶始期与当年 3 月日照显著负相关，日照时数越多，展叶越早；开花始期与当年 3 月降水及 1 月日照显著相关，降水越多，日照时数越多，开花越晚；果实成熟期与当年 3 月、6 月降水显著负相关，降水越多，果实成熟越早；叶变色始期与当年 6 月日照显著相关，6 月日照时数越长，叶变色始期越晚。降水及日照同合欢物候的相关性从侧面表明了合欢喜光，不耐水涝的特性。

总体而言，气象条件对叶变色始期和落叶末期的影响不如对春季物候期的影响明显。

表 5.4　临汾合欢主要物候期与气象因子相关系数

	展叶始期			开花始期			果实成熟期			叶变色始期			落叶末期			生长季长度		
	气温	降水	日照	气温	降水	日照	气温	降水	日照	气温	降水	日照	气温	降水	日照	气温	降水	日照
上年 9 月	−0.38*	−0.05	0.09	−0.16	−0.06	0.30	0.38*	−0.29	−0.06	0.05	−0.02	−0.18	0.31	−0.21	0.07	0.47**	−0.13	0.00
上年 10 月	−0.40*	0.06	0.27	−0.28	0.07	0.24	−0.05	0.21	−0.25	−0.38*	0.24	0.03	0.07	0.01	−0.04	0.30	−0.02	−0.20
上年 11 月	−0.64**	0.15	−0.05	−0.59**	−0.17	0.15	0.20	0.12	−0.07	0.11	−0.01	−0.03	0.01	0.04	−0.09	0.40*	−0.06	−0.04
上年 12 月	−0.39*	0.18	−0.28	−0.30	0.11	0.06	0.25	−0.08	−0.18	−0.07	0.18	−0.02	0.13	−0.12	0.06	0.35*	−0.21	0.22
当年 1 月	−0.39*	−0.31	0.12	−0.21	−0.17	0.40*	0.12	0.17	−0.04	−0.02	0.15	0.08	0.01	0.30	0.05	0.25	0.42**	−0.04
当年 2 月	−0.33*	−0.28	0.03	−0.27	−0.12	0.16	0.29	−0.03	0.26	0.06	0.02	0.27	0.27	0.12	0.26	0.41**	0.26	0.18
当年 3 月	−0.64**	0.19	−0.38*	−0.60**	0.38*	−0.31	0.40*	−0.32*	0.17	0.06	−0.06	0.09	0.16	0.02	0.14	0.52**	−0.11	0.35*
当年 4 月	−0.53**	−0.16	−0.20	−0.58**	−0.04	−0.26	0.18	0.22	−0.07	0.12	−0.08	0.15	0.15	0.23	0.05	0.45**	0.27	0.16
当年 5 月				−0.55**	0.07	−0.10	0.26	−0.39*	0.27	0.01	−0.24	0.17	0.03	−0.09	0.19	0.33*	−0.07	0.29
当年 6 月				−0.61**	0.14	−0.14	0.41*	0.03	0.11	0.22	0.01	0.33*	0.21	0.12	0.12	0.45**	0.07	0.17
当年 7 月							0.28	0.04	0.06	0.33*	−0.21	0.31	0.21	0.09	0.17	0.40*	0.04	0.25
当年 8 月							0.19	0.06	−0.22	0.12	0.01	0.01	0.19	−0.01	−0.10	0.50**	−0.11	0.08
当年 9 月							0.15	0.12	−0.19	−0.19	0.09	−0.01	0.13	0.01	0.02	0.34*	0.10	−0.01
当年 10 月										−0.26	0.03	0.14	−0.06	−0.02	0.01	0.21	0.00	0.00
当年 11 月													0.06	0.17	0.11	0.33*	0.20	0.01
≥0 ℃积温	−0.70**			−0.67**			0.35*			0.02			0.21			0.59**		
≥5 ℃积温	−0.73**			−0.76**			0.36*			0.02			0.20			0.60**		
≥10 ℃积温	−0.77**			−0.65**			0.37*			0.09			0.18			0.62**		
≥15 ℃积温	−0.56**			−0.48**			0.07			−0.02			0.03			0.37*		

注：* 为达到 0.05 显著性水平；** 为达到 0.01 极显著性水平。

5.4.2 山西植树造林适宜期

植树造林是改善生态环境和大气质量，促进水土保持，维护生物多样性，建设美丽山西的一项重要工作。为进一步提高春季植树造林效率，2021 年开始，山西省气候中心开展春季植树造林适宜期监测预测，结合当年春季气候预测，对山西春季植树造林适宜期气候条件进行分析。

将土壤解冻至林木发芽这一时期作为春季植树造林适宜期。本书以土壤解冻，土壤墒情良好，土壤 10 cm 地温≥5 ℃为指标，分析 2021—2024 年春季植树造林适宜期。

2021 年山西南部地区 14 个县 2 月上旬开始进入植树造林适宜期，其中永济最早，2 月 1 日开始，之后由南向北，由平川向山区推进，2 月中下旬有 35 个县，3 月有 55 个县，4 月进入的有 4 个县，右玉最晚，4 月 22 日进入植树造林适宜期，南北相差 80 d。2022 年山西南部进入植树造林适宜期较 2021 年晚约 1 旬，6 个县 2 月中旬开始进入植树造林适宜期，2 月 12 日临猗最早，之后逐步向北，22 个县 2 月下旬，68 个县 3 月，4 月进入的有 12 个县，右玉最晚，4 月 24 日，南北相差 71 d。2023 年 18 个县 2 月中旬开始进入植树造林适宜期，最早运城盐湖区，2 月 11 日，之后逐步北推，2 月下旬 21 个县，3 月 67 个县，4 月进入的有 2 个县，右玉最晚，4 月 20 日，南北相差 68 d。2024 年 25 个县 2 月中旬进入植树造林适宜期，垣曲、芮城、夏县最早，2 月 12 日开始进入，2 月下旬 1 个县，3 月 81 个县，4 月进入仅神池 1 个县，4 月 17 日，南北相差 65 d。

由图 5.16 可知，近 4 年中，2021 年植树造林适宜期开始最早，较其他 3 年提前 10 d 左右，南北进入的日期相差最大。2022—2024 年最早进入植树造林适宜期相差不超过 2 d，最晚进入的也不超过 4 d，由南向北进入的进度有所差别，2022 年和 2023 年分布格局较为接近，2024 年南北相差日期最短。

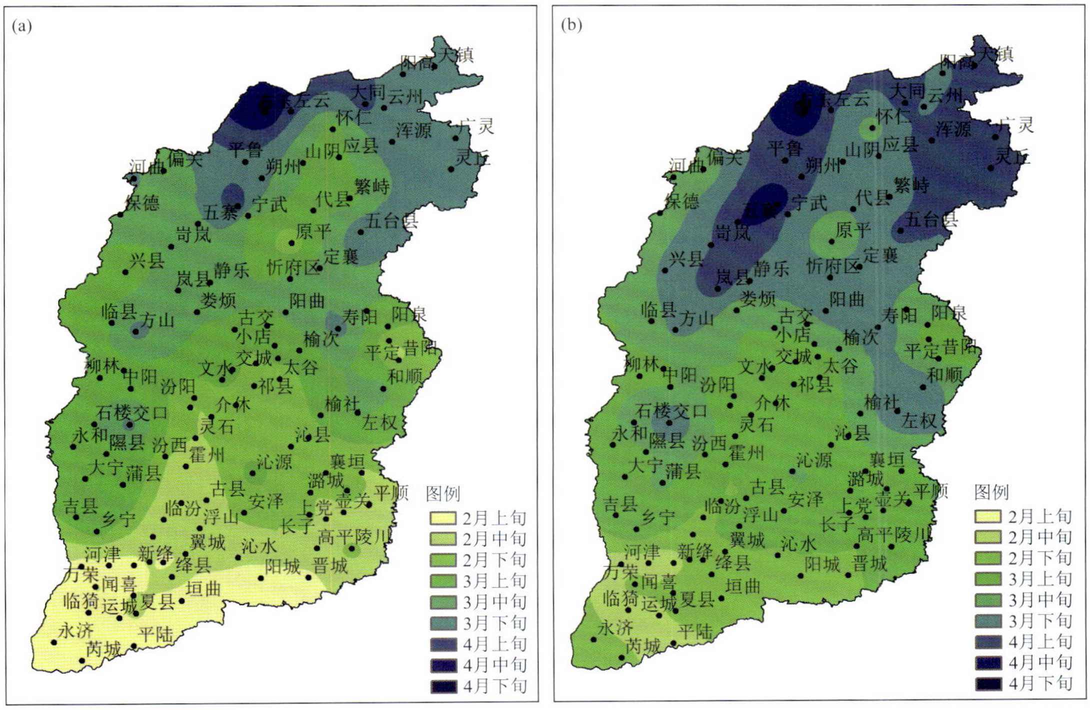

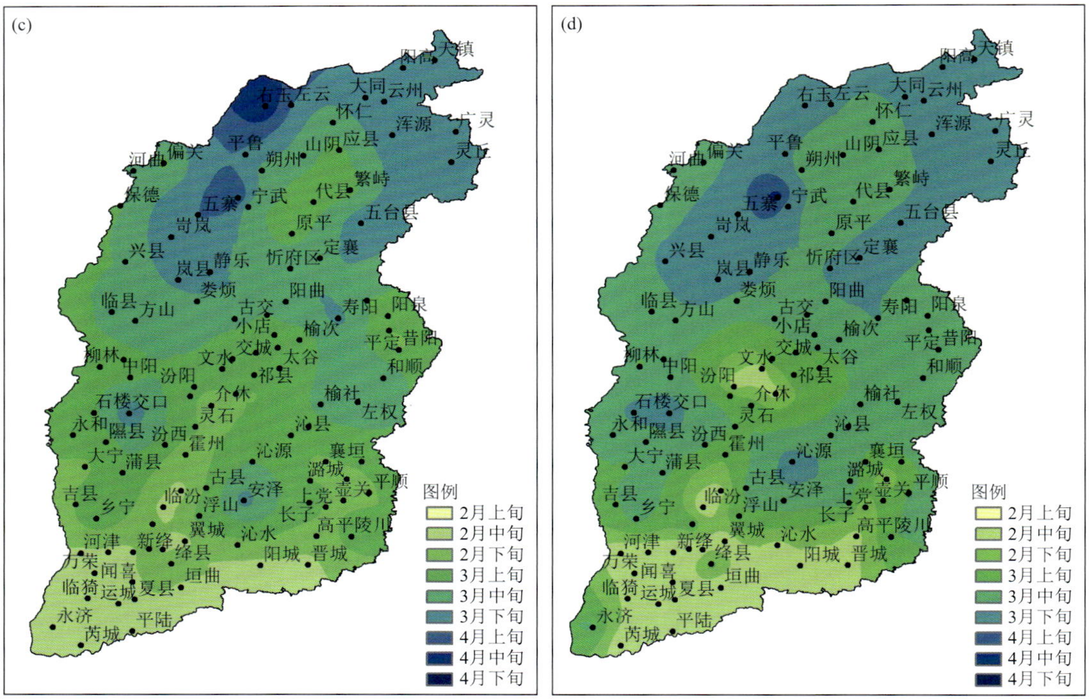

图 5.16　2021—2024 年山西省植树造林适宜期

（a. 2021 年；b. 2022 年；c. 2023 年；d. 2024 年）

5.4.3　山西杨柳飘絮期变化特征

杨柳作为山西的乡土树种，在防风固沙、城市绿化等方面发挥了重大作用，具有重要的生态价值和历史文化意义。在全省广泛分布的杨柳，为山西的生态环境建设和景观美化做出了贡献。然而，每年春季，进入成熟期的杨柳树开始繁殖，雌花序发育出果实，果实成熟后开裂，种子借助其附生绒毛随风迁飞传播，形成杨柳飞絮，易造成呼吸道疾病、皮肤过敏、生态环境危害、火灾等。

杨柳飘絮期与气象条件密不可分，气温升高、光照充足、空气干燥、4 级以下的微风都有利于杨柳飞絮的飘散。但每年的始发期都不固定，这与每年春季的气候差异有关，一般来说，日平均气温大于 0 ℃积温达到 480 ℃ · d，日平均气温达到 14 ℃，且相对湿度小于 75%时，杨树蒴果开裂，杨絮开始飘飞。之后两天若无明显降水、降温、大风等天气，杨树便进入飞絮高发期。一般在杨絮飘飞 10 余天后，柳絮进入始飞期。气象条件除了影响飘絮的开始时间，还会影响飘絮的持续时间和强度，在较为温暖的天气里，飞絮的飘散速度可能会加快，扩散范围也更广。

以春季杨柳种子成熟期（飘絮期）为典型物候期，分析 2001 年以来山西植被春季典型物候期对气象因素的响应。可以看出，全省平均杨柳飘絮期分为较明显的 2 个阶段，2010 年以前，全省进入杨柳飘絮期的时间呈推迟状态，2010 年后，飘絮期明显提前（图 5.17）。从空间上看（图 5.18），南部地区进入飘絮期最早，中部地区次之，北部最晚，且各个年份相差时间差别

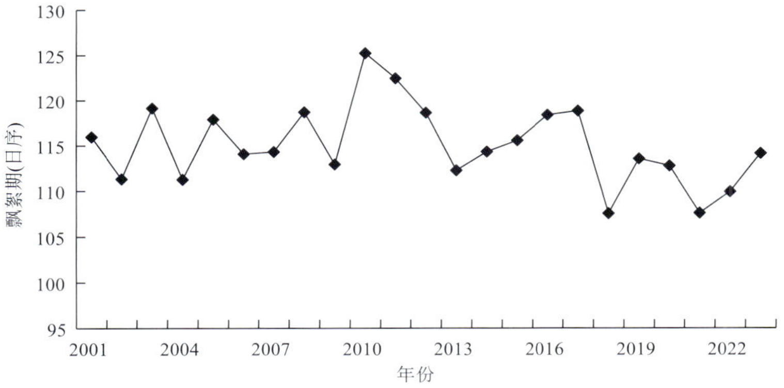

图 5.17　2001—2023 年山西杨柳飘絮期变化

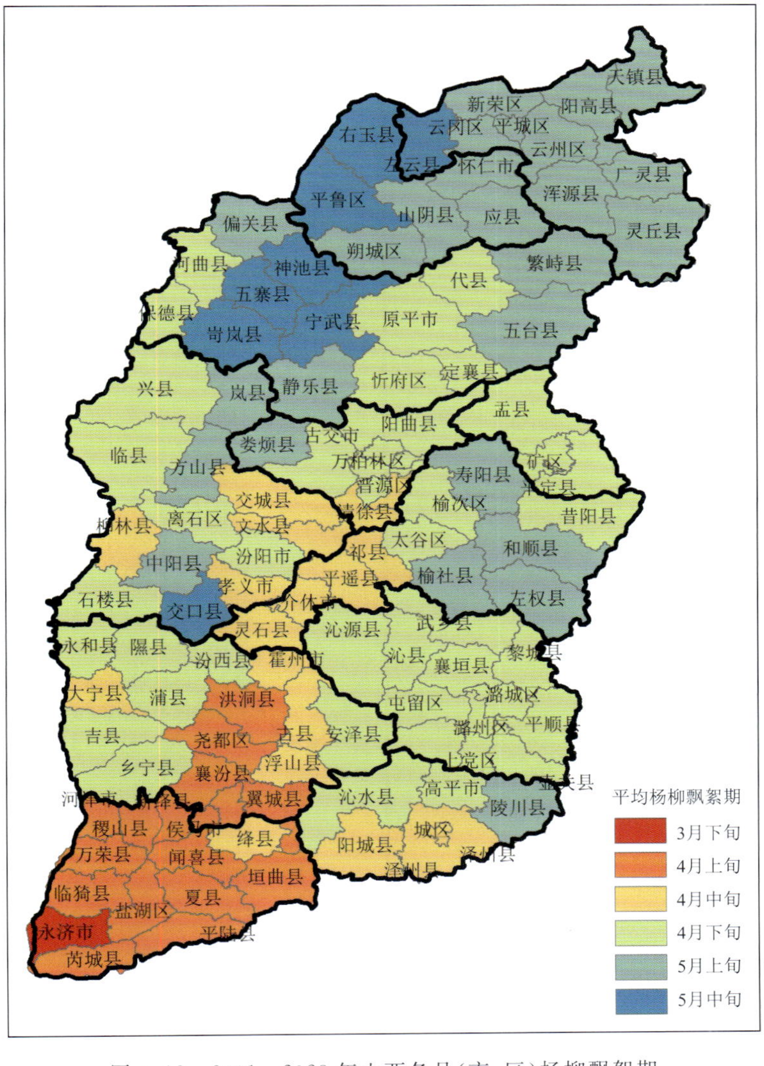

图 5.18　2001—2023 年山西各县(市、区)杨柳飘絮期

较大，2002 年南北差距最大，运城盐湖区 3 月 17 日进入飘絮期，为全省最早，宁武在 5 月 24 日进入飘絮期，为全省最晚，南北相差 68 d；2012 年南北差距最小，南北相差 33 d，最早永济 4 月 11 日，最晚右玉 5 月 14 日进入杨柳飘絮期。若春季升温较快，由南向北相对较早进入飘絮期；若春季冷空气活跃，影响全省时，可能导致南北进入飘絮期相差的日期变短，且整体较晚；若冷空气仅影响到北部地区，南部地区升温迅速，则有可能使得南北进入飘絮期的日期相差更大。

5.4.4 山西叶变色期变化特征

红叶是秋季重要的生态景观。山西省常见的红叶树种以漆树科为主，主要有黄栌、五角枫、火炬树、鸡爪槭、盐肤木、黄连木、茶条槭、元宝枫等。此外，八角枫科的八角枫，卫矛科的卫矛、南蛇藤，葡萄科爬山虎，柿科的柿树，小檗科的红叶小檗，杨柳科的红叶杨，蔷薇科的红叶李、山楂，山茱萸科的红瑞木等红叶树种也有分布。山西最佳赏红叶的目的地有太原崛围山、太原龙山景区、介休绵山、沁源灵空山、襄垣仙堂山、乡宁云丘山、晋城黄围山、晋城珏山、安泽红叶岭、晋中红崖峡谷、忻州芦芽山、吕梁北武当山、太行大峡谷等。

红叶出现的早晚与秋季气象条件密切相关，一般而言，温度高低会影响红叶的变色进程，而降水的多寡则会影响红叶的保持状态和观赏效果。通常山西省出现初霜冻后将迅速进入红叶最佳观赏期。运用气象要素对红叶生态景观的出现期和持续期进行监测和预测有助于山西发展秋季红叶观光旅游，促进山西省乡村振兴和转型发展。

以秋季红叶树种叶变色期（红叶适宜观赏期）为典型物候期，以日平均气温≤11 ℃且最低气温≤8 ℃作为红叶观赏指标，分析 2001 年以来山西植被秋季典型物候期对气象因素的响应（图 5.19）。可以看出，全省叶变色期呈波动提前的趋势，2017 年以前存在 7 a 左右的周期。从空间上（图 5.20）看，北部及中部高海拔地区进入叶变色期最早，2001—2023 年平均为 10 月上旬；中部大部分地区及沿黄部分县市平均为 10 月中旬进入叶变色期；运城及临汾盆地 10 月下旬进入叶变色期。其中，右玉最早，平均 10 月 2 日，河津最晚，平均 10 月 28 日，南北相差近 1 个月。

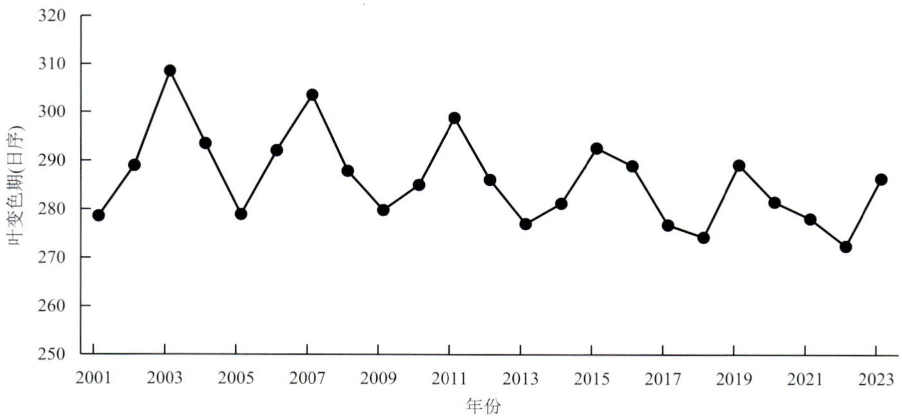

图 5.19　2001—2023 年山西叶变色期变化

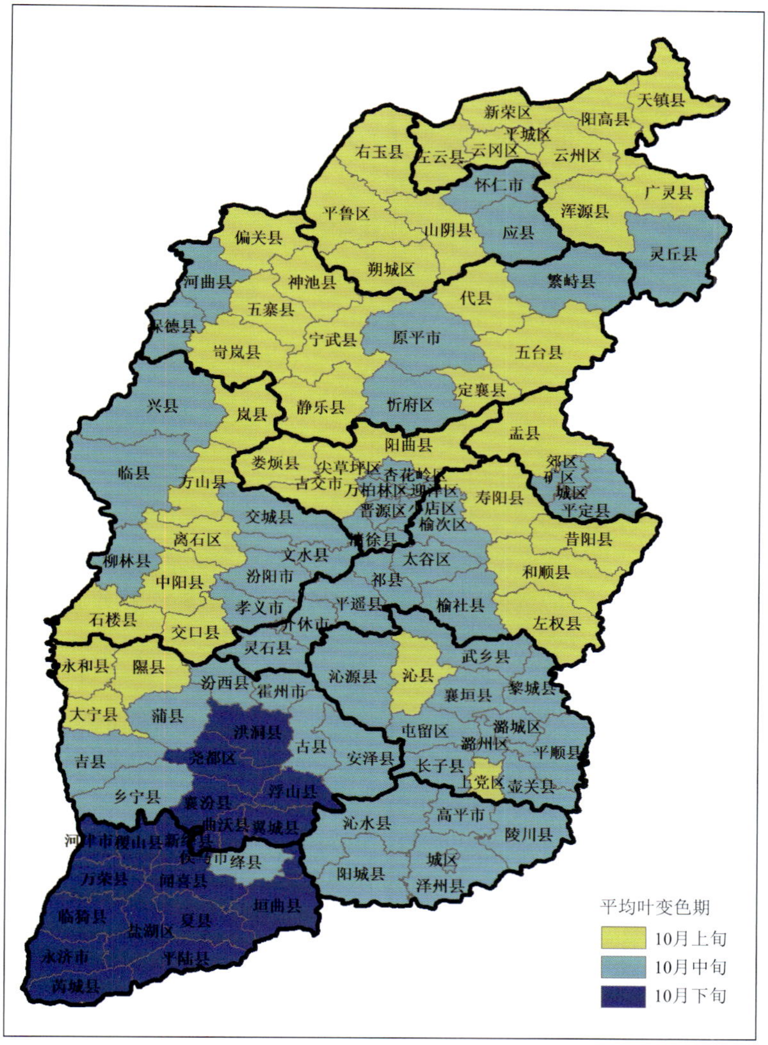

图 5.20　2001—2023 年山西各县(市、区)平均叶变色期

第6章 草地生态气象

6.1 草原的概念和特点

6.1.1 草原相关概念

(1)草原

草原是指陆地上以天然植被(自然的潜在植物群落)并以禾本科或者类似于禾本科的草本、灌木等为群种的土地。《中华人民共和国草原法》(以下简称《草原法》)规定,草原是指天然草原和人工草地。天然草原包括草地、草山和草坡,人工草地包括改良草地和退耕还草地,不包括城镇草地。自然资源部 2023 年 11 月发布的《国土空间调查、规划、用途管制用地用海分类指南》规定,草地是指生长草本植物为主的土地,包括乔木郁闭度<0.1 的疏林草地、灌木覆盖度<40%的灌丛草地,不包括生长草本植物的湿地。

草原是一个弹性较大的概念,主要表现在两个方面。

①草原是多个学科和部门广泛使用的名词术语,但不同领域的使用者对其内涵的界定有所差异。

一是草原的含义有广义与狭义之分。广义的草原包括在较干旱环境下形成的以草本植物为主的植被,主要包括热带草原(热带稀树草原)和温带草原两大类型。狭义的草原则只包括温带草原,因为热带草原上有相当多的树木。草原是一种植被类型,通常分布在年降水量 200~300 mm 的栗钙土、黑钙土地区,是由旱生或中旱生草本植物组成的草本植物群落,其优势植物是多年生丛生或根茎型禾草和一些或多或少具有耐旱能力的各种杂草。

二是在国际上的植被学和我国农学、法律的范畴中,草原和草地是同义词。主要指生长草本植物或兼有灌木和稀疏乔木,可以为家畜和野生动物提供食物和生产场所,并可为人类提供优良生活环境及许多生物产品,是多功能的土地,是生物资源和草业生产基地。具体划分依据为草本植物覆盖度大于 5%、乔木郁闭度小于 0.1、灌木覆盖度小于 40%,包括天然草原和人工草地。

三是在我国国土资源范畴,草地(草地地类)是指一种土地利用类型,是以生长草本植物为主的土地,包括天然牧草地、人工牧草地和其他草地。该定义主要用于国土(自然资源)部门对土地利用进行分类,具体使用时应称为“草地地类”。我国第三次全国国土调查就使用该定义,我国草地地类总面积近 40 亿亩,约占国土总面积的 27.5%。

四是在中国植被学范畴,草原(草原植被)是指半湿润半干旱区的地带性植被、由旱生多年生草本植物为主(有时为旱生的小半灌木)组成的植物群落,根据层片结构划分为草甸草原、典型草原和荒漠草原3个植被亚型。该定义主要用于植物地理学或植被学等学术领域,具体使用时应称其为“草原植被”。

②不同学科、领域和部门对草原与草地的内涵有所差别。

许多情况下草原与草地是统一概念。例如,《草原法》中的草原就是指天然草原和人工草地,《国土空间调查、规划、用途管制用地用海分类指南》规定生长草本植物为主的土地就是草地,在国际上的植被学和我国的农学等学科范畴内,人为草原和草地是同义词。

但有些研究认为草原和草地有一定的差异。草原是以旱生多年生草本植物占优势的天然群落类型,是植被分类系统中的一个高级分类单位,强调的是天然性。植物地理学中的草甸、荒漠和草丛等,均不属于草原。草地则是以草本植物占优势的群落,既包括天然的草原、草甸和草丛等,也包括人工栽培用于饲用的草本植物群落,但荒漠、灌丛等不在此列,更多强调其畜牧业生产性能。

(2)草原生态系统

草原生态系统是指在一定空间范围内,以多年生草本植物占优势的植物、动物、微生物群落与其非生物环境,通过能量流动和物质循环而形成的相互作用、相互依存的功能综合体和动态复合体。草原生物群落是指一定区域或环境内生活的以多年生草本植物为主(含半灌木、灌木)组成的各种植物及其以之为栖息地的动物、微生物的有机复合体。草原植物功能群是指一些具有相似特征,对特定环境因子有相似反应机理,并对草原生态系统主要过程有相似影响的不同植物种类的组合。

衡量草原生态系统平衡和生态功能的指标主要有适宜载畜率、载畜率、草畜平衡等。适宜载畜量是指在当前生产水平且不影响草原生产力及保证家畜正常发育下,单位面积草原一定时期内所承载的家畜数量,一般低于理论承载量。载畜率是指单位面积草原一定时期内实际放牧的家畜数量,生产上用实际载畜量表述。草畜平衡是指为保持草原生态系统良性循环,放牧场可利用饲草总量与饲养家畜营养需求量之间的动态平衡。草原草群的饲用品质优劣,用不同饲用价值的牧草占草群总产量的重量百分比确定。草原可食牧草产量高低,用单位面积可食牧草风干重确定。

草地生态系统退化是目前草地面临的最主要问题。①草原退化,是指草原在干旱、风沙、水蚀、盐碱化、地下水位变化等不利的自然因素,或过度放牧、过度打草、开垦、乱砍滥挖等不合理利用的人为因素影响下,草地生态环境恶化,生产力降低,优良牧草比例减少,毒害草增加,利用价值降低甚至丧失的过程。②草原沙化,是指具沙质地表环境的草原在不利的自然因素或不合理利用的人为因素影响下,出现以风沙活动为主要特征的土壤受侵蚀、土质变粗沙化、有机质含量降低、营养物质流失、生产力减退,致使原非沙漠地区的草地,出现以风沙活动为主要特征的类似沙漠景观的草地退化过程。③草原盐渍化,是指干旱、半干旱和半湿润半干旱区的河湖平原草地、内陆高原低地草地及沿海泥沙质海岸带草地,在受含盐(碱)地下水或海水浸渍,或受内涝,或受人为不合理的利用与灌溉影响,导致草原土壤次生盐渍化、植被退化的过程。④草地石漠化,是指岩溶地区的草地在自然与人类活动影响下,导致草地植被破坏、岩石裸露、生产力下降、水土流失的过程及其现象。

(3)影响草地形成和变化的主要因素

一是水热等气候条件的影响。其中一种情况是温带半干旱、半湿润区,冬季寒冷,夏季温热，降水较少，蒸发强烈，降水量不足以供养森林植被，但又能生长草本植物，因此形成了旱生或半旱生草本植物占优势的植被类型。这种草原一般介于森林和荒漠之间，森林、草原、荒漠三者之间会因降水量、干湿程度等气候条件的变化而互相转变。另一种情况是由于海拔高、气温低，在乔木无法生长的林线以上形成草原。

二是土壤影响。由于土壤淋溶作用微弱、钙化过程发达、土壤层薄、土壤贫瘠等原因，木本植物根系无法下扎到更深的土壤中吸收充足的水分和养分以供给正常生理过程需要，限制了高大乔木的生长；而草本植物由于根系密集分布在较浅的土层，群落结构简单，受影响较小，因此形成了草原植被。

三是人为原因或灾害的影响。如开垦土地变为种植畜牧作物，或毁林、过度放牧等，人为地清除木本植被，使林地逐渐逆向演化变为草地。火灾、干旱、病虫害、季节性洪水泛滥或浸水，原本的植被无法复原变为草地。

6.1.2 草原的分类

根据不同的研究目的、使用功能和利用方式等，草地有多种分类方法。①根据草地发生学，分为原生草地和次生草地两类。草原和冻原是典型的原生草地；灌草丛、草本沼泽和人工草地是典型的次生草地；而草甸既有原生也有次生类型。②依据人类的干预程度，分为天然草地、半天然草地（亦称半人工草地或改良草地）和人工草地 3 类。其中，天然草地又可划分为草原、草甸、（灌）草丛、草本沼泽和草本冻原。③按照草地群落的景观，分为典型草地、灌木草地、稀树草地和林间草地 4 类。其中，典型草地是指群落中几无或少有木本植物的草地；林间草地是指分布于林缘和林间空地的草地。④依照草地的利用方式，分为放牧地、割草地和牧刈兼用草地 3 类。⑤依据草地的利用年限，分为永久草地和短期草地两类。⑥依照牧草的生命周期，可区分为多年生、越年生和一年生草地 3 类。一年生牧草在一年内完成整个生命史；越年生牧草通常第一年为营养生长，第二年开花结实；多年生牧草的生命周期在 2 年以上，完成两个及以上生长周期。⑦根据草地的用途，分为饲用的牧草地、防风护沙的固土草地和绿化城镇的草坪 3 类。

根据水热条件以及与其相适应的天然草地类型，可将中国的草地划分为 8 个区域：①寒温、温带半湿润温性草甸草原和草甸区；②温带半干旱温性典型草原和荒漠草原区；③温带干旱温性荒漠和山地草原区；④暖温带半湿润、半干旱暖温性灌木草丛区；⑤中、北亚热带湿润暖热性灌木草丛区；⑥热带与南亚热带湿润热性灌木草丛区；⑦青藏高原东部半湿润、湿润高寒草甸区；⑧青藏高原西部半干旱、干旱高寒草原区。

根据水热生态因素，我国草地可分为 6 类（温性草原、温性荒漠、草甸、灌木草丛、沼泽草地、零星草地）。该方法是以成因一致，反映以水热条件为中心的气候和植被特性，具有一定的地带性或反映大范围内生态环境条件的隐喻性特征，各类之间在自然和经济特征上具有质的差异。

①温性草原。以多年生旱生草本植物为主，并以针茅属为代表的寒温型和中温型草本植物组成的草原。

根据优势原则和水分生态特征，可进一步分为 4 个类型，一是温性草地草原。主要分布在东北平原、内蒙古东部边缘森林向草原过渡的半湿润地区，大都是优质中产草地，适宜发展牛、马等大牲畜，特别是羊草草原，是最优良的割草场和放牧场。二是温性典型草原（干草原）。旱生丛生禾草占绝对优势，主要分布在半干旱地区，在内蒙古高原、鄂尔多斯高原大部、东北平原西部和黄土高原中西部均有大面积分布。此类草原多属优质低产草地，是主要放牧场和割草场。三是温性荒漠草原。由强旱生丛生禾草组成，伴生大量的强旱生小灌木、小半灌木，分布在半干旱向干旱过渡地带，位于草原带的最西侧，与荒漠带毗邻，是草原向荒漠过渡的地带性植被类型。荒漠草原具有优质低产的特点，是羊的良好放牧场。四是高寒草原。由寒旱生丛生禾草组成，尚伴有数量不等的垫状植物，草层低矮、稀疏，生产力很低，但适口性好，营养价值高，是良好的放牧场。

②温性荒漠。以超旱生小半灌木、灌木为建群种组成的草地，分布在年降水量少于 250 mm、干燥度大于 4 的气候干旱地区。

根据生境和种类组成差异可进一步分为 3 个类型，一是温带草原化荒漠。除超旱生、旱生灌木外，伴有多年生草本，主要分布在半干旱与干旱的过渡带，多为中等草地，虽生产力低，但春季返青早，秋季结实多，是骆驼和羊的良好牧场。二是温性荒漠(典型荒漠)。以典型灌木荒漠为主，很少草本植物，一年生草本植物仅在雨水多的年份出现，主要分布在西部气候极端干燥地区。以超旱生和真旱生为建群种的灌木和小灌木具有耐旱、耐高温、耐盐碱和抗风沙的生态生物学特性。这类草地因草质坚硬、具刺、有异味，富含灰分，适口性差，可食产草量低，生态系统脆弱，耐牧性差，多属低等草地，仅适于骆驼、羊放牧。三是高山草原。是在高寒、干旱的大陆性高原气候条件下形成的垫状小半灌木荒漠。草地质量中等，产量低，是藏羊的主要牧场。

③草甸。由多年生中生草本植物为建群种的草地类型，是在适中的水分条件下形成和发育起来的，一般不呈地带性分布。在高原、高山和山地分布的草甸与降水较多(400～700 mm)、大气比较湿润有关，在草原和荒漠区低地分布的草甸则与地表径流和地下水丰富相联系。主要分布在青藏高原东部、北部温带地区的高山和山地以及平原低地和海滨。

根据草甸的生境和地形条件，可进一步划分为 3 类，一是低平地草甸。主要分布在中温带地区的平原、河漫滩、水泛地，包括以根茎禾草为主的草甸，在暖温带和亚热带湖盆、河泛地的狗牙根草甸，在平原区和荒漠区的盐渍低地的盐生草甸。具有中质高产的特点，是主要的割草地和放牧地。二是山地草甸。主要分布于大兴安岭林缘，为优质草地，是主要的放牧场。三是高山草甸。由寒中生密丛型多年生草本为主的草地，适应高寒生境条件，草层具有致密低矮、结构简单、层次不明、生长季短、生物产量低的特点。高山草甸是具有优质地产的优良牧场，草质柔软、营养价值高、适口性好。

④灌木草丛。主要是散生灌木的草地类型，广泛分布于温带、亚热带和热带地区。大部分是由森林、灌丛遭反复破坏，导致水土流失、土壤瘠薄，生境趋于旱化形成的次生类型。

可进一步划分为 2 类，一是暖性灌草丛。由暖温带落叶阔叶林被破坏后形成的次生植被组成，多属中质中产草地。二是热性灌草丛。由亚热带常绿阔叶林、热带雨林和季雨林被破坏后形成的次生植被类型，植株较高大，牧草易老化，适口性差，属中低质高产草地。

⑤沼泽草地。多水和湿润条件下以沼生植物为建群种的草地类型，属中质高产草地，常因积水不便于放牧，但可作为打草场或冬季放牧场。

⑥零星草地。分布于农区的零星草地，是农区家畜放牧或割草舍饲的主要草地。

根据农业行业标准《草地分类》(NY/T 2997—2016)，草地可以分为 9 类(表 6.1)。

表 6.1　草地分类

编号	草地类	范围
A	温性草原类	主要分布在湿润度 0.13～1.0、年降水量 150～500 mm 的温带干旱、半干旱和半湿润地区，多年生旱生草本植物为主，有一定数量旱中生或强旱生植物的天然草地
B	高寒草原类	主要分布在湿润度 0.13～1.0、年降水量 100～400 mm 的高山（或高原）亚寒带与寒带半干旱地区，耐旱的多年生旱生、旱中生或强旱生禾草为优势种，有一定数量旱生半灌木或强旱生小半灌木的草地
C	温性荒漠类	主要分布在湿润度<0.13、年降水量<150 mm 的温带或强干旱地区，超旱生或强旱生灌木或半灌木为优势种，有一定数量旱生草本或半灌木的草地
D	高寒荒漠类	主要分布在湿润度<0.13、年降水量<100 mm 的高山（或高原）亚寒带与寒带极干旱地区，以极稀疏低矮的超旱生垫状半灌木、垫状或莲座状草本植物为主的草地
E	暖性灌草丛类	主要分布在湿润度>1.0、年降水量>550 mm 的暖温带地区，以喜暖的多年生中生或旱中生草本植物为优势种，有一定数量灌木、乔木的草地
F	热性灌草丛类	主要分布在雨季湿润度>1.0、旱季湿润度 0.7～1.0，年降水量>700 mm 的亚热带和热带地区，以热性多年生中生或旱生草本植物为主，有一定数量灌木、乔木的草地
G	低地草甸类	主要分布在河岸、河漫滩、海岸滩涂、湖盆边缘、丘间低地、谷地、冲积扇扇缘等地，受地表径流、地下水或季节性积水影响而形成，以多年生湿中生、中生或湿生草本为优势种的草地
H	山地草甸类	主要分布在湿润度>1.0、年降水量>500 mm 的温性山地，以多年生中生草本植物为优势种的草地
I	高寒草甸类	主要分布在湿润度>1.0、年降水量>400 mm 的高山（或高原）亚寒带与寒温湿润地区，以耐寒多年生中生草本植物为优势种，或有一定数量中生灌丛的草地

6.1.3　气象条件与草地生态的关系

影响草地分布和生长发育的气象条件主要包括降水、气温等（表 6.2）。

水分条件是草原分布和草原生态系统初级生产力的决定因素。主要表现在 2 个方面，一是对草原分布的影响，草原生态系统大多地处气候大陆性较强的地方，这些地方往往降水量较少、蒸发量超过降水量，导致湿润度小，气候干燥。不同类型草原分布与年降水量和湿润度密切相关。例如，温性草原主要分布在年降水量 250～450 mm、年湿润度 0.3～0.6，由于降水量不足、湿润度偏小，无法满足森林正常生长的需求的区域。一般认为年降水量 400 mm 是农牧分界线，在没有人为灌溉条件的情况下，这些区域较少的年降水量不能满足农作物正常生长发育的要求，生理活动受阻，难以发展种植业。年降水量小于 250 mm 的区域，草类也不能正常生长，呈现出荒漠化的景观。二是对草原生态系统初级生产力的影响，由于年内降水量分布不均匀，出现阶段性降水偏少，使草原遭受干旱灾害。

气温对草地的影响主要表现在以下两个方面。①对草地分布的影响。在一些降水量较充足的区域，气温成为草地分布的决定性因素。一是年平均气温较低的高海拔区域，如林线以上，虽然年降水量并不少，但气温较低不利于森林生长；同时由于无霜期短、积温不足，农作物虽然营养生长不受影响，但生殖生长会受影响，甚至无法完成，不适宜发展农业，因此，这些区域分布着山地草甸或高寒草甸。二是在温度条件适宜的山体，不同坡向植被分布往往有差异明显，阴坡森林密布，而阳坡则分布着草类、灌木或稀树。虽然同一山体的不同坡向，在相同的海拔高度降水量一般不会出现明显差异，但由于山体本身土层较薄，储水能力弱，而阳坡气温较高，土壤蒸发和植被蒸腾高于阴坡，阳坡土壤湿度低、植被蒸发量大，导致阳坡常常处于干燥状态，限制了森林的存活和生长发育。②对草类生长发育和产量形成的影响。一是牧草生长发育期主要取决于热量条件。早春，当日平均气温稳定通过 0 ℃时，土壤开始解冻，牧草开始萌动，≥0 ℃的天数为牧草生长季，≥5 ℃持续日数作为牧草的青草期。牧草从返青期到枯黄期的不同发育期均需要一定的积温值。二是牧草不同发育期均有最高温度、最适温度和最低温度的要求，只有在一定的温度条件下，牧草光合能力最强，才能获得更高的产量。

草原气象灾害主要包括干旱和雪害等。干旱一方面是由于降水量偏少，另一方面是气温偏高引起蒸发量增大，最终造成空气干燥、土壤水分缺乏。干旱影响天然牧草正常返青和人工栽培牧草的播种、出苗时间推迟，青草期缩短，生长受限，进而影响牧草产量和品质。在依靠天然草场放牧的畜牧区，冬半年由于降雪时间过长或降雪量过大，积雪长时间覆盖草场，并且在表面结有冰壳，使得积雪不能融化而成灾，影响家畜放牧采食，造成饿冻或因而染病，甚至发生大量死亡，形成雪灾。另外，气象条件变化可能引发或加重衍生灾害。例如，干旱少雨会提高草原森林火险等级；气候变化会使某些病虫害越冬能力增强，导致病虫害危害程度加剧。

表 6.2 主要草原类型的气候特征

类型	气候特征			植被特征
	湿润度	年降水量/mm	气候带	
温性草原	0.3～0.6	250～450	温带半干旱气候	以典型旱生多年生丛生禾草为优势种，并伴生有中旱生、旱生杂类草，或旱生半灌木、小灌木
高寒草原	0.3～0.6	100～300	高山（或高原）亚寒带与寒带寒冷干旱气候	以抗旱耐寒的多年生草本植物或小半灌木为优势种
高寒荒漠草原	0.2～0.3	100～200	高山（或高原）亚寒带与寒带寒冷干旱气候	以强旱生的多年生草本植物和小半灌木为优势种
温性草原化沙漠	0.13～0.2	100～200	温带干旱气候	以旱生、强旱生的小灌木、小半灌木或灌木为优势种，并伴生有一定数量的强旱生多年生草本植物和一年生草本植物
温性荒漠	＜0.13	＜100	高山（或高原）亚寒带与寒带极干旱气候	以极稀疏低矮的超旱生垫状半灌木、垫状或莲状草本植物为优势种
温性草甸草原	0.6～1.0	350～550	温带半湿润、半干旱气候	以中旱生多年生丛生禾草及根茎禾草和中旱生、中生杂类草为优势种，并伴生有中旱生小灌木

续表

类型	气候特征			植被特征
	湿润度	年降水量/mm	气候带	
高寒草甸草原	0.6～1.0	300～400	高山(或高原)亚寒带与寒带半湿润、半干旱气候	以耐寒的多年生旱中生或中旱生草本植物为优势种，伴生旱生半灌木或强旱生小半灌木
暖性草丛	>1.0	>550	暖温带湿润气候	以喜暖的多年生中生或旱生草本植物为优势种
暖性灌木丛	>1.0	>550	暖温带湿润气候	以喜暖的多年生中生或旱生草本植物为优势种，伴生有灌木、乔木
热性草丛	雨季>1.0，旱季0.7～1.0	>700	亚热带和热带气候	以热性多年生中生或旱中生草本植物为优势种
热性灌木丛	雨季>1.0，旱季0.7～1.0	>700	亚热带和热带气候	以热性多年生中生或旱中生草本植物为优势种，伴生有灌木、乔木
干热稀树灌木丛	—	—	热带地区和具有热带干热气候的亚热带河谷底部极端干、热的气候	以喜阳耐寒的多年生草本植物为优势种，并伴有灌木、乔木
低地草甸	—	—	—	河漫滩、河岸滩涂、湖盆边缘、丘间低地、谷底、冲积扇扇缘等地，受地表径流、地下水或季节性积水影响而形成。以多年生湿中生、中生或湿生草本为优势种
山地草甸	>1.0	>500	湿性山地	以多年生中生草本植物为优势种
高寒草甸	>1.0	>400	高山(或高原)亚寒带与寒带湿润气候	以耐寒多年生草本植物为优势种，或伴生有中生灌木、半灌木
沼泽	—	—	—	地表终年积水或季节性积水。以多年生湿生草本植物为优势种

6.2 山西省草地分布及特征

6.2.1 山西省草地面积

根据《山西省第三次国土调查主要数据公报》，截至2019年12月31日，山西省草地面积为310.51万 hm^2，其中，天然牧草地0.67万 hm^2，人工牧草地0.48万 hm^2，其他草地309.36万 hm^2。草地主要分布在忻州、大同、吕梁、晋中、临汾等5个市，占全省草地的73%(图6.1)。

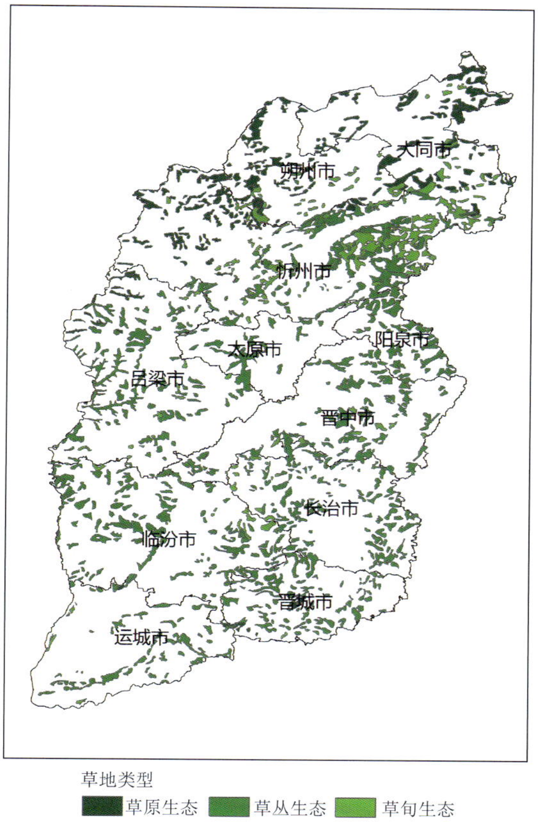

图 6.1　山西省草地类型分布

山西草地资源的特点，一是草地是山西土地利用的主要类型之一，占比达到面积 20.39%；二是草地结构与全国比较存在明显不同，山西的其他草地是山西草地最主要的类型，占比达到 99.63%，天然牧草地和人工牧草地占比极少，分别仅为 0.21% 和 0.15%。而在全国草地中，天然牧草地占绝大多数，为 80.59%；其次为其他草地，占比为 19.20%；人工牧草地占比很小，为 0.22%。山西的其他草地在全国占比较高，为 6.09%；天然牧草地面积和人工牧草地在全国占比均较小，分别仅为 0.003% 和 0.83%。三是草地面积在全国占比较小，但却是中东部占比面积最大的省份。据《中国统计年鉴(2023 年)》资料，山西草地面积在全国占比为 1.16%，排在西藏、内蒙古、新疆、青海、甘肃、四川等 6 个省(自治区)后，为全国第七，虽不是全国主要的草地分布区域，但明显高于排名紧随其后的相邻省份陕西和河北的 0.83% 和 0.73%。同时，山西也是我国中东部草地面积唯一超过 300 万 hm^2 的省份。

6.2.2　山西省草地类型

根据林草部门的草地资源普查，山西草地主要包括暖性灌丛类草地、山地灌丛类草地、山地草原类草地、山地草甸类草地、疏林草地类草地、低湿草甸类草地，以及零星草地(即四边草地)。

山西草原(草地)常见优势草种见表 6.3，草原生态修复分区常见主要草种见表 6.4。

表 6.3　山西草原(草地)常见优势草种

草原(草地)类型	主要草种
山地草原类草地	大针茅、克氏针茅、本氏针茅、糙隐子草、冰草、达乌里胡枝子、百里香、羊茅、冷蒿、委陵菜、花苜蓿、直立黄芩等
山地草甸类草地	披针叶苔草、堇色早熟禾、西伯利亚早熟禾、短颖鹅观草、无芒雀麦、野青茅、狼针草、蓝花棘豆、歪头菜、直立黄芩、花苜蓿苔草、蒿草、马先蒿、龙胆、糙苏、地榆、紫苞风毛菊、山马蔺、珠芽蓼、委陵菜等
山地灌丛类草地	胡枝子、醋柳、虎榛子、绣线菊、荆条、黄刺玫、灌木化栎、柠条、披碱草、苔草、蒿类等
低地草甸类草地	小糠草、拂子茅、狼尾草、芦苇、隐花草、三芒草、莎草、红蓼、蒲草、野大豆、碱蓬、柽柳等
喜暖灌草丛类草地	荆条、柠条、酸枣、醋柳、铁扫帚、达乌里胡枝子、三裂绣线菊、白羊草、黄背草、野古草等
疏林草地类草地	达乌里胡枝子、虎榛子、二色胡枝子、荆条、铁扫帚、黄刺玫、绣线菊、野青茅、鹅观草、苔草、蓝花棘豆等

表 6.4　山西草原生态修复分区常见主要草种

区域	主要草种
北部防风固沙区	沙生冰草、扁穗冰草、披碱草、紫花苜蓿、草木樨状黄芪、贝加尔针矛、羊草、沙打旺、黄花苜蓿、紫菀、狼尾草、新麦草等
西南部黄土丘陵区	白羊草、扁穗冰草、红豆草、沙打旺、披碱草、隐子草、草木樨状黄芪、紫花苜蓿、早熟禾、老芒麦、无芒雀麦、胡枝子、紫羊茅、狼尾草等
东部土石质山地区	白羊草、草木樨状黄芪、披碱草、紫花苜蓿、沙打旺、百脉根、小冠花、苇状羊茅、野牛草、胡枝子、紫菀、黄背草、野古草、狼尾草、尖叶铁扫帚、扁蓿豆、隐子草、新麦草等
亚高山草甸区	老芒麦、羊茅、早熟禾、洽草、无芒雀麦、披针苔草、青绿薹草、异穗薹草、鹅观草等

6.3　气象条件对草地生长发育和产量形成的影响

山西草地主要分布在干旱、半干旱地区，且大部分地区降水分布不均匀。气象条件是影响山西草地生长发育和产量形成的主要因素。气温与降水往往耦合在一起对山西草地生长发育和产量形成造成影响。气象干旱是指某时段由于蒸发量和降水量的收支不平衡，水分支出大于收入而造成的水分短缺现象，是北方草原最严重的自然灾害。

根据山西省 108 个国家级气象站点温度可知，全省≥12 ℃有效积温为 2140.6～4510.7 ℃・d (图 6.2)，其中有 12 站≥12 ℃有效积温小于 2700 ℃・d，主要分布在晋西北以及其他高海拔地区。山西省西北部雁门关农牧交错带受有效积温限制，此处多为草地。

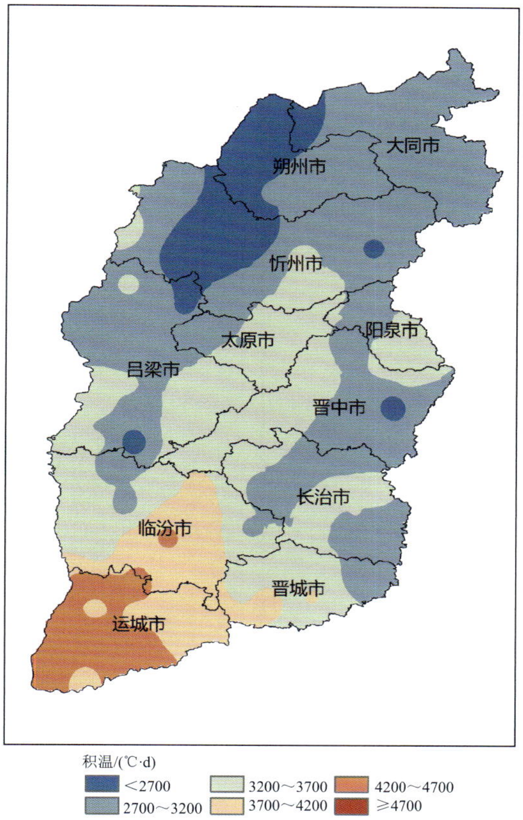

图 6.2　1991—2020 年山西省年≥12 ℃平均积温分布

6.3.1　降水的影响

降水对山西草地生产力的影响很大。不同时间的降水量对植被生长的影响存在差异，在全球变暖的背景下，降水格局发生着显著变化，进而导致草地生产力显著变化。关于降雨量对草地生产力影响的研究主要集中在全年降雨量的影响。韩芳等(2010)根据内蒙古荒漠草原1961—2007 年年降水量数据，分析了不同气候背景下内蒙古荒漠草原的牧草生产力，结果发现，年降水量与牧草生产力具有极显著的相关性。多数研究运用模型模拟分析了中国北方草地典型区域的降水与草地生产力的关系，研究表明降水量的升高能显著提高草地生产力。杨泽龙等(2008)运用模型模拟分析了内蒙古东部地区 48 个气象站 45 年的气象数据，发现在大兴安岭中部地区，气温与降水有不断增加的潜势，草地生产力增长趋势明显；而在大兴安岭南麓与西侧的草地区域，气候呈暖干化趋势，草地生产力增长趋势不明显。亦有研究发现，松嫩西部草原的净初级生产力随着降水量增加而增加。通过模型模拟的方式不仅可以对近几十年降水与中国北方草地生产力变化进行分析，还可以进行预测评估。杨凯等(2010)通过模型模拟评估未来 2071—2100 年藏北地区草地生产力的变化，发现降水量减少的区域中高蒿草型草地地上生物量呈减少的趋势。

非生长季的降水，只有部分能够储存在土壤中供植物生长季需要，即使在生长季，植物在生长的不同阶段对水分的需求也是不同的，因此，不同时间的降水对草地生产力影响的差异是显著的。李霞等(2006)分析了中国北方温带草原降水年际季节变化，发现夏季降水量对植被的生长影响最为显著。通过对典型草原生态系统增雨的研究，发现7—8月增加降雨30%会促进草地生产力。

植物在生长的不同阶段对水分的敏感度不同，相同的降雨量，随着降水格局的变化对草地生产力产生不同的影响。张统(2017)通过研究前半个生长季(4—6月)和后半个生长季(7—9月)各增加和减少60%平均降雨量对草地生产力的影响发现，前期减雨处理降低总生态系统生产力12%，在后期减雨处理中总生态系统生产力降低32%。增雨对净初级生产力的促进程度大于减雨对净生态系统生产力的抑制程度。

茹靖益(2017)通过人工控制的方法改变生长季降水分配，将6月降水与7月降水互换以及8月降水与9月降水互换，分别模拟提前和推迟生长季降雨峰值，研究降雨季节分配对半干旱草地总生态系统生产力的影响。通过连续4个生长季(2013—2016年)的实验观测发现，提前降雨峰值对总生态系统生产力的影响不显著。在内蒙古草地，通过模型模拟表明，重新分配其他季节的降雨到春季及增加较大降雨事件的频率均增加了净生态系统生产力，而重新分配其他季节的降雨到秋季则降低了净生态系统生产力。

6.3.2 气温的影响

近年来由于温室效应加剧，使得全球平均气温升高，对中国北方草地植物的生长也造成了影响。有研究表明，增温能够显著提高草地生产力。史瑞琴(2006)利用植被气候分类模型和草地气候生产力模型分析得到，随着CO_2含量升高，绝大部分草地生产力都有不同程度的增加。但有些学者提出了气温升高导致生产力下降的观点。李镇清等(2003)发现，随着冬季气温的升高，使得典型草原区春季干旱加剧，导致草地生产力减少。气温升高有助于一些害虫安全越冬，这可能对植被的生长造成不利影响，亦可能造成草地生产力的降低。赵东升等(2011)利用模型预测未来几十年NPP总量呈波动下降的趋势，且下降速度逐步加快。一年当中不同时期的增温对草地生产力的影响是不同的，夏季降雨量较高，增温能够增加植被的光合作用，从而提高草地生产力；而冬春季节增温，会导致土壤水分降低，加剧干旱，害虫安全越冬进而导致草地生产力降低。

在全球变化的背景之下，近年来我国气温不仅呈现显著上升趋势，且呈现出不对称增温的特点。不对称增温会导致昼夜温差降低，导致植物发生补偿生长，从而增加草地生产力。归一化植被指数(NDVI)是国际上公认的能够反映植被变化的参数，可用来指示北方草地生产力的变化，神祥金等(2015)利用1982—2006年25年的NDVI以及气象数据分析发现，这一时期中国草原区植被覆盖度大体呈上升趋势，但是不同的地区存在季节差异，春季最低气温的升高是限制植被生产的主要因素；夏季升温不利于温带荒漠草原植被的生长，且夏季增温对植被生长产生不对称影响，即夏季最高温度升高抑制植被生长，夏季最低温度升高促进植被生长。草的生物量对CO_2倍增的响应分析研究发现，在CO_2倍增条件下，两种羊草的株高、地上以及地下生物量明显增加。这与国外关于CO_2对草地群落生物量起到促进作用的研究结果相类似。温室气体的吸收以及释放关乎草地植物生物量的变化。也有研究发现，温度会造成草地CO_2日排放发生变化，进而影响草地生产力。董自红等(2007)通过对新疆高山草甸草原植物群落夏季CO_2排放日变化分析发现，随着气温以及土壤温度的升高，CO_2的排放通量也随之增加；

随着气温以及地温的降低，CO_2的排放通量也随之降低。温度升高导致土壤呼吸速率加快，进而导致大气CO_2排放通量增加，短期来看，由于大气中CO_2含量上升，增强了植物光合所需固定的CO_2浓度，增强了植物光合作用，导致草地生产力上升；但是从长期的角度来看，由于温度升高会导致土壤中有机质大量分解，降低土壤呼吸对温度的敏感性，同时加快土壤氮矿化速率，土壤养分被大量消耗，抑制草地植被的生长。

6.4 草地生产力时空变化

植被地上净初级生产力也被称为植被净第一性生产力，是绿色植物单位时间、单位面积由光合作用所产生的有机物质总量中扣除自养呼吸后的剩余部分。草原植被地上净初级生产力也是维持草原生态系统的物质基础，是草原上各种动物赖以生存的基本条件。草地生产力不仅是草地生态系统过程和草地生态系统功能中重要的组成部分，也是控制养分循环、能量流动和碳循环过程的基本环节。在全球尺度和区域尺度上，草地生产力具有较高的时空变异性。

6.4.1 计算方法

通过光合作用合成有机物，同时通过酶的作用把太阳能转变为化学能，储存在有机化合物中。这个过程就是牧草的第一性生产力，本书的生产潜力就是指天然草地的第一性生产力。它直接决定草地的牧草生产，是草场载畜量的基础。天然草场牧草的产量，人为干预的比较少，其生产力主要决定于气候、土壤和牧草本身，其中土壤性质、牧草种类在短期内相对比较稳定。因此，天然牧草的产量主要受气候因子的影响，通常也称为天然草地的气候生产潜力。

在模式估算方面，采用目前较为成熟且应用最为广泛的 Miami 模型作为计算模型。计算公式如下：

$$Y_t = 30000/[1+e^{(1.315-0.119t)}] \tag{6.1}$$

$$Y_r = 30000(1-e^{-0.000664r}) \tag{6.2}$$

式中：Y_t、Y_r分别表示草地气温生产潜力和水分生产潜力，单位为 kg/(hm^2 · a)；t 为年平均气温(℃)；r 为年降水量(mm)。

该模型通过计算区域年降水量和年平均气温等主要气候要素决定生物生产潜力。为了较好地拟合山西省草地的生产潜力，计算中根据《山西省雁门关生态畜牧经济区生态环境遥感监测草地资源评价及卫星遥感图集》中运用的 Lielig 定律选择一个较低的参数订正该区草地气候生产潜力。

6.4.2 分布特征

根据历年气温和降水资料计算得到雁门关农牧交错带各县区气候生产潜力，计算结果详见表6.4。

表 6.4　雁门关农牧交错带各县(市、区)气候生产潜力

县(市、区)	年平均气温/℃	年降水量/mm	生产潜力/(kg/(hm^2·a))		
			气温生产潜力	水分生产潜力	气候生产潜力
右玉	4.7	428.5	9561.6	7429.0	7429.0
阳高	7.7	385.3	12088.8	6771.4	6771.4
平城	7.5	387.8	11874.7	6810.9	6810.9
云州	7.1	387.5	11577.2	6806.5	6806.5
天镇	7.4	394.4	11815.0	6912.4	6912.4
河曲	8.7	405.2	12927.5	7076.6	7076.6
偏关	8.3	428.9	12549.6	7435.5	7435.5
左云	6.3	419.2	10853.2	7289.6	7289.6
平鲁	6.5	432.4	10993.7	7486.6	7486.6
神池	5.9	485.5	10539.2	8266.5	8266.5
山阴	8.5	372.7	12717.8	6577.5	6577.5
宁武	7.2	458.7	11645.0	7877.3	7877.3
朔城	7.9	424.9	12243.7	7375.1	7375.1
代县	9.2	432.1	13355.1	7482.0	7482.0
怀仁	8.9	382.6	13114.6	6729.7	6729.7
浑源	7.2	407.3	11639.3	7108.4	7108.4
应县	8.7	371.9	12939.2	6564.8	6564.8
繁峙	8.8	409.7	13015.1	7144.8	7144.8
广灵	7.4	377.2	11803.6	6647.3	6647.3
灵丘	8.2	410.6	12454.1	7158.9	7158.9
临县	9.6	531.7	13711.7	8924.0	8924.0
保德	10.2	426.1	14268.4	7392.3	7392.3
岢岚	6.8	470.9	11260.2	8055.2	8055.2
五寨	5.9	484.8	10525.7	8256.7	8256.7
兴县	9.7	494.7	13773.7	8399.1	8399.1
岚县	7.4	482.4	11772.4	8222.4	8222.4
静乐	7.8	462.5	12120.3	7932.1	7932.1
娄烦	8.4	430.3	12651.0	7456.0	7456.0
原平	10.2	425.6	14197.1	7384.9	7384.9
忻府	9.2	454.5	13387.5	7814.6	7814.6
定襄	9.2	407.5	13349.3	7112.5	7112.5
五台	7.2	528.4	11591.3	8878.0	8878.0
方山	8.1	544.6	12379.0	9103.4	9103.4
离石	10.2	488.3	14238.7	8306.9	8306.9
交城	11.0	416.7	14990.7	7250.5	7250.5

由表 6.4 可以看出，草地水分生产潜力低于气温生产潜力，这表明在雁门关农牧交错带限制草地气候生产潜力的主要因素是降水，因此选择较低的水分生产潜力作为该地区的气候生产潜力。气候生产潜力分布不均匀，区域差异较大。最高方山县为 9103.4 kg/(hm^2 · a)，最低应县为 6564.8 kg/(hm^2 · a)，每公顷相差近 3000 kg，地域性较为明显，平均为 7526.8 kg/(hm^2 · a)。

根据雁门关农牧交错带草地气候生产潜力空间分布图（图 6.3）可知，雁门关农牧交错带草地气候生产潜力超过 9000 kg/(hm^2 · a)的区域仅分布在方山县；草地气候生产潜力为 8000～9000 kg/(hm^2 · a)的区域主要位于吕梁山区和五台山区；草地气候生产潜力小于 7000 kg/(hm^2 · a)的区域主要位于大同市以及朔州东北部；其他地区草地气候生产潜力为 7000～8000 kg/(hm^2 · a)。

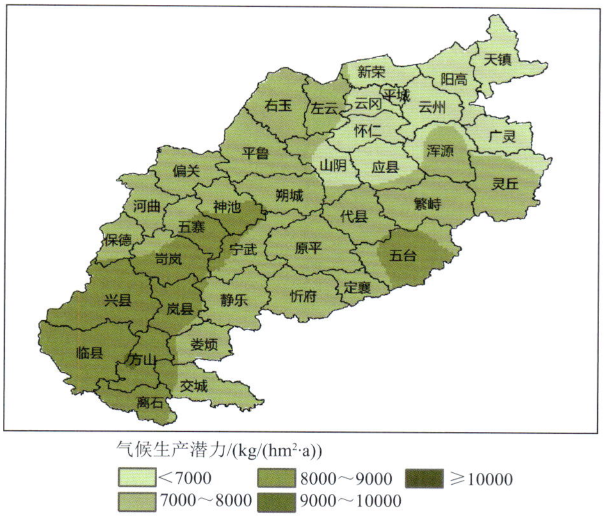

图 6.3　雁门关农牧交错带草地气候生产潜力空间分布

6.4.3　变化趋势

根据雁门关农牧交错带草地气候生产潜力时间分布图（图 6.4）可知，1961—2023 年区域草地气候生产潜力为 4197.1～10714.3 kg/(hm^2 · a)，年际间波动较大。

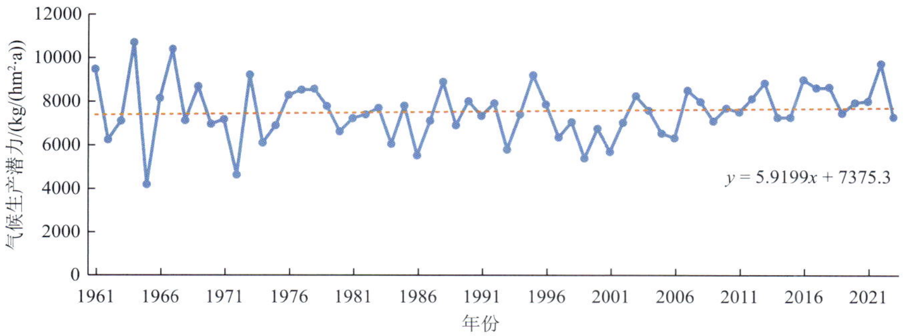

图 6.4　1961—2023 年雁门关农牧交错带草地气候生产潜力变化

6.5 草地资源生态系统服务价值评估

6.5.1 生态系统服务功能价值内涵

草地资源生态系统服务价值是衡量草地对人类社会贡献的重要指标，根据国际通用的生态系统服务分类体系（Common International Classification of Ecosystem Services，CICES）分类方法，生态系统服务价值主要包括供给服务（提供产品价值）、调节服务（提供调节服务价值）、文化服务（提供文化服务价值）等多种功能（表 6.5）。供给服务提供直接产品价值，主要指生态系统产品所产生的价值，可以直接测算，比如草地供给畜禽食物、生长牧草等；调节服务价值不能直接用于生产过程或消费，属于间接利用价值，不易于测算，包括水资源供给、气体调节、气候调节、水源涵养、土壤保持、净化环境等，对维持生态平衡和环境健康至关重要。文化服务价值是指提供旅游、休闲、教育、科学研究、景观设计等文化价值。

表 6.5 草地生态系统服务价值分类

一级指标	二级指标	服务价值
供给服务 （产品价值）	食物生产 原材料生产 水资源供给	利用放牧、圈养或者两者结合的方式，饲养畜禽获得的产品，如牛、马、羊、猪、家禽、奶类、禽蛋等；供放牧牲畜食用和在市场上流通的牧草
调节服务 （调节服务价值）	气体调节 固碳释氧	吸收 CO_2 合成有机物质，将碳固定在植物和土壤中，降低大气中 CO_2 浓度；通过光合作用释放出氧气，维持大气氧气浓度稳定的功能
	水文调节 水源涵养	拦截滞蓄降水，将雨水下渗到土壤，为土壤补充水分的功能
	气候调节	植被通过改变地表水分和能量平衡状况影响气候
	土壤保持	草原生态系统通过其结构与过程保育土壤、降低雨水的侵蚀能力，减少土壤流失的功能
	净化环境	生态系统吸收、阻滤大气中的污染物，降低空气污染浓度，改善空气环境的功能
	维持生物多样性	生态系统为牲畜、野生动物及珍稀濒危物种提供生存与繁衍场所的作用和价值
	维持养分循环 牲畜粪便降解	牲畜粪便降解通过降解粪便为草原提供养分
文化服务 （文化服务价值）	休憩旅游 美学景观价值	草原为人类提供休闲娱乐场所，通过旅游感受当地文化，获取知识，获得非物质惠益

注：参考王蕾等（2006）。

6.5.2 生态系统服务功能价值评估方法

生态系统服务功能价值评价方法可分为 3 类：直接市场法、替代市场法、模拟市场价值法。目前参考钱拴等（2023b）研究成果，采用 ESV 评估方法，基于直接市场价值法，以谢高地等（2008，2015）制定的生态系统服务价值当量表为计算基准量（表 6.6），结合山西省草地实际分布特征，利用中国土地利用现状遥感监测数据建立山西省单位面积生态系统服务价值当量。

表 6.6　单位面积草地生态系统服务价值当量

生态服务功能		草原	灌草丛	草甸
供给服务	食物生产	0.10	0.38	0.22
	原料生产	0.14	0.56	0.33
	水资源供给	0.08	0.31	0.18
调节服务	气体调节	0.51	1.97	1.14
	气候调节	1.34	5.21	3.02
	净化环境	0.44	1.72	1.00
	水文调节	0.98	3.82	2.21
	土壤保持	0.62	2.4	1.39
	维持养分循环	0.05	0.18	0.11
	生物多样性	0.56	2.18	1.27
文化服务	美学景观	0.25	0.96	0.56

注：参考谢高地等(2015)。

参考 Costanza 等(1997)、钱拴等(2023a)生态系统服务价值计算方法，公式表达如下：

$$ESV = \sum (A_k \times VC_k) \tag{6.3}$$

式中：ESV 为生态系统服务价值(10^6元)；A_k为 k 种土地利用类型面积(km^2)；VC_k为 k 种土地利用类型生态服务价值系数。中国土地利用现状遥感监测数据中草地分为中覆盖度草地、低覆盖度草地和高覆盖度草地 3 种类型。

6.5.3　山西草地生态系统服务功能价值评估

基于山西省 landsat-5/TM、landsat-8/OLl 土地分类遥感影像数据，计算 2000—2020 年山西省不同土地利用类型生态系统服务价值。由图 6.5 可知，2000—2020 年山西省草地生态系统服务价值(ESV)呈现波动下降趋势，ESV 最高值出现在 2005 年，最低值出现在 2020 年，11

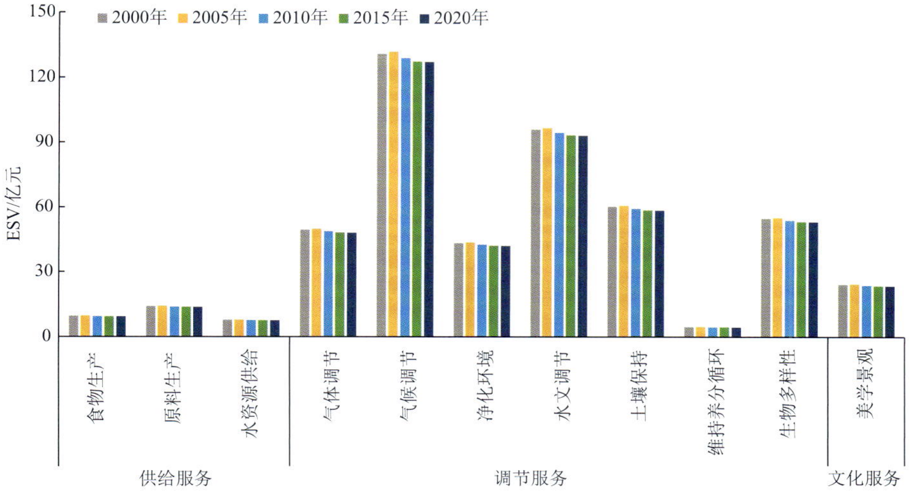

图 6.5　2000—2020 年山西省草地生态系统服务价值变化

种生态服务功能的 ESV 在 2000—2005 年呈现上升趋势，2005—2015 年略有回落，2015—2020 年维持不变。11 种单项生态服务功能价值中，气候调节和水文调节价值贡献率较大，贡献率在 20%～30%，其次是土壤保持、气体调节、生物多样性、净化环境。上述生态服务功能价值构成了山西省 ESV 主体。

2000—2020 年山西省草地生态系统服务价值（ESV）平均值为 489.15 亿元。其中，高覆盖度草地、中覆盖度草地、低覆盖度草地分别占草地总价值量的 37%、29%和 34%（表 6.7）。

表 6.7　2000—2020 年山西省不同土地利用类型草地生态系统服务价值

生态服务功能		高覆盖度草地 ESV/亿元	中覆盖度草地 ESV/亿元	低覆盖度草地 ESV/亿元
供给服务	食物生产	3.50	2.70	3.27
	原料生产	5.15	3.97	4.80
	水资源供给	2.85	2.20	2.66
调节服务	气体调节	18.08	13.96	16.88
	气候调节	47.81	36.91	44.64
	净化环境	15.79	12.19	14.74
	水文调节	35.02	27.03	32.70
	土壤保持	22.03	17.01	20.57
	维持养分循环	1.70	1.31	1.59
	生物多样性	20.03	15.46	18.70
文化服务	美学景观	8.84	6.83	8.26
总计		180.78	139.57	168.80

6.6　雁门关农牧交错带

6.6.1　雁门关农牧交错带概况

北方农牧交错带是半湿润地区与半干旱地区的气候交汇带，是草地农业和耕地农业的契合发展带，是中东部地区重要的生态安全屏障和京津冀地区重要的水源涵养带，具有不同于农区和牧区的独特经济形态，是一类重要的农业空间。北方农牧交错带北起大兴安岭西麓的呼伦贝尔，向西南延伸，经内蒙古东南、冀北、晋北直到鄂尔多斯，再向西直到西北区域，重点区域范围横跨河北、山西、内蒙古、辽宁、陕西、甘肃、宁夏等 7 省（自治区）的 146 个县（市、区），分为长城沿线沙化退化地区、黄土丘陵沟壑地区、京津冀水源涵养地区等 3 个地貌类型。

雁门关农牧交错带是指山西北部、西北部半湿润半干旱气候交汇地区草地农业和耕地农业契合发展带，最初为山西省委、省政府于 2001 年提出的雁门关生态畜牧经济区，包括 4 市 28 县（区）。2016 年 11 月，原农业部《关于北方农牧交错带农业结构调整的指导意见》中，将山西省雁门关地区整体纳入北方农牧交错带。2017 年，山西省委、省政府紧紧抓住这一战略机遇，将雁门关农牧交错带与山西农谷、运城农产品出口平台建设列为三大省级农业战略，并根据原农业部指导意见划定的北方农牧交错带重点区域范围，将雁门关农牧交错带区域范围确定为山西省北中部5市37个县(市、区)(图6.6)。

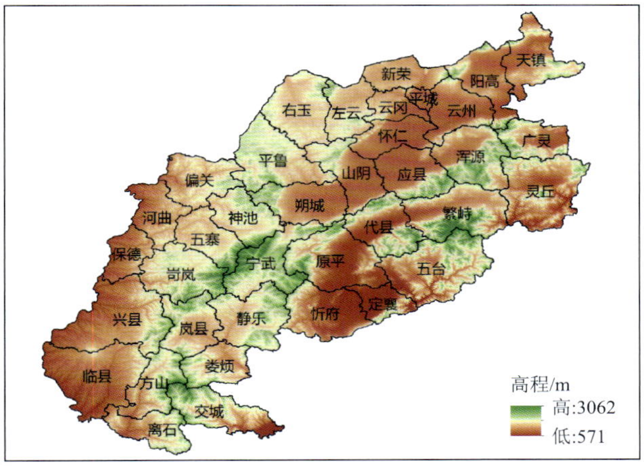

图6.6 雁门关农牧交错带地形图

区域范围包括山西省北部大同、朔州、忻州等3个市的全域和中西部太原、吕梁的部分区域。具体为大同市的平城区、云冈区、新荣区、云州区、阳高县、天镇县、灵丘县、广灵县、浑源县、左云县等全部10县(区);朔州市的朔城区、平鲁区、山阴县、右玉县、应县、怀仁市等全部6县(市、区);忻州市的忻府区、原平市、定襄县、五台县、代县、繁峙县、宁武县、神池县、偏关县、五寨县、岢岚县、静乐县、河曲县、保德县等全部14县(市、区);太原市的娄烦县1个县;吕梁市的离石区、岚县、方山县、交城县、兴县、临县等6县(区)。

6.6.2 雁门关农牧交错带气候特征

雁门关农牧交错带平均年降水量为435.8 mm(图6.7),各地降水量分布不均,为371.9～544.6 mm,年降水量最小值在应县,最大值在方山。雁门关农牧交错带年平均气温8.1 ℃(图6.8),为4.7～11.0 ℃,年平均气温最小值在右玉,最大值在交城。雁门关农牧交错带年平均日照时数2598.6 h,各地为2291.2～2862.1 h,年平均日照时数最小值在原平,最大值在云州。雁门关农牧交错带年平均气压893.7 hPa,各地为847.0～929.4 hPa,年平均气压最小值在神池,最大值在交城。

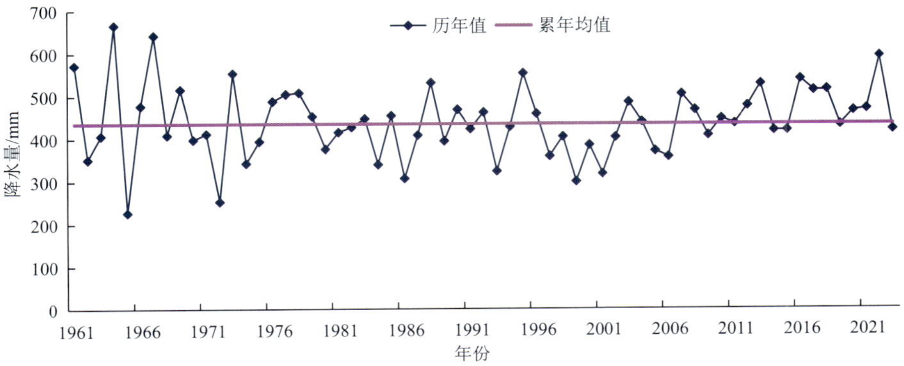

图6.7 1961—2023年雁门关农牧交错带历年降水量变化

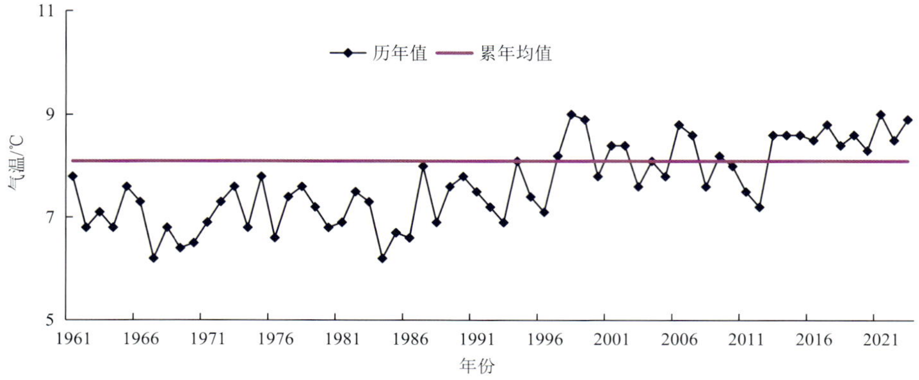

图 6.8　1961—2023 年雁门关农牧交错带历年平均气温变化

6.6.3　气象条件和气候变化对雁门关农牧交错带草地生态系统影响分析

6.6.3.1　雁门关农牧交错带牧草返青期变化特征

雁门关农牧交错带草地类型以温性草原类、暖性草丛类、暖性灌草丛类和山地草甸类草地为主。其中，温性干旱草原类草地（山地草原类草地和零星草地）占该区草地面积的三分之一左右，主要分布在忻州市的静乐、神池、五寨、岢岚、河曲、保德、偏关和朔州市的平鲁、右玉以及大同市的阳高、天镇、左云等县区。最常见的是以零星镶嵌分布的小半灌木、百里香与长芒草组成的旱生温性草原草地。

雁门关农牧交错带在降水正常的年份，牧草返青受温度影响较大。比如，羊草返青需大于 0 ℃积温为 25～160 ℃・d，且 40 cm 地温需稳定通过 5 ℃；荒漠草原的短花针茅返青所需大于 0 ℃积温为 30～180 ℃・d，且 40 cm 地温需稳定通过 5 ℃；葱类植物返青所需大于 0 ℃积温为 10～80 ℃・d，且 40 cm 地温需稳定通过 0 ℃。

2022 年 3—4 月雁门关农牧交错带平均降水量 35.3 mm，比历年同期值偏多 18.9%（5.6 mm），有利于牧草返青。2022 年 3 月雁门关农牧交错带大于 0 ℃积温为 52～244 ℃・d，已经达到牧草返青积温条件，但是仅在吕梁的兴县和离石、忻州西部以及朔州的部分地区 40 cm 地温稳定通过 5 ℃，牧草开始返青；4 月上旬，吕梁、忻州中部及偏西地区，朔州南部 40 cm 地温稳定通过 5 ℃，牧草开始返青；4 月中旬，除了右玉、神池部分地区外，雁门关农牧交错带 40 cm 地温稳定通过 5 ℃，牧草均进入返青期；右玉、神池的部分地区在 4 月下旬牧草进入返青期（图 6.9）。

2023 年 3—4 月雁门关农牧交错带平均降水量 65.1 mm，比历年同期值偏多 119.2%（35.4 mm），有利于牧草返青。2023 年 3 月雁门关农牧交错带大于 0 ℃积温为 17.3～330.2 ℃・d，大部分地区已经达到牧草返青积温条件，其中吕梁东部、忻州中东部的局部地区 40 cm 地温稳定通过 5 ℃，牧草达到返青条件，开始返青；4 月上旬，吕梁、忻州中部及偏西地区，朔州东部、大同地区 40 cm 地温稳定通过 5 ℃，牧草开始返青；4 月中旬，除了右玉部分地区外，雁门关农牧交错带的 40 cm 地温稳定通过 5 ℃，牧草均进入返青期；右玉部分地区在 4 月下旬牧草进入返青期（图 6.10）。

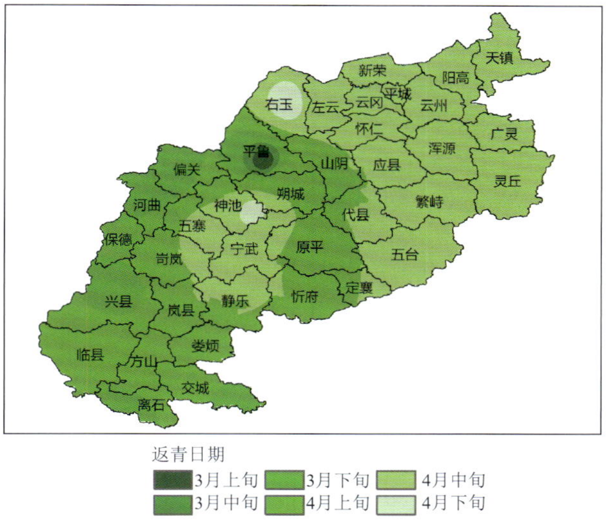

图 6.9 2022 年雁门关农牧交错带牧草返青期

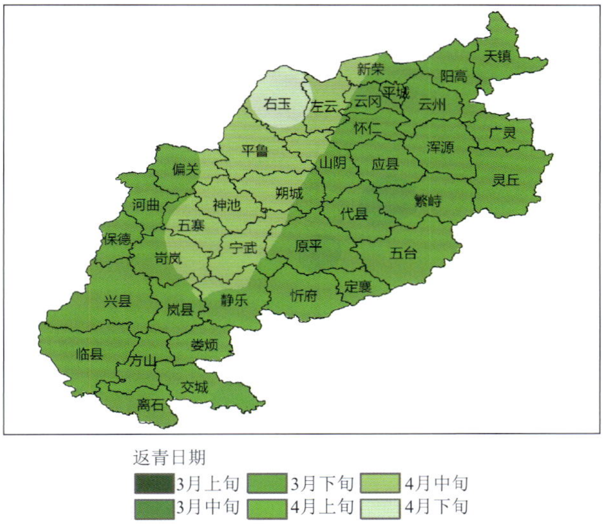

图 6.10 2023 年雁门关农牧交错带牧草返青期

6.6.3.2 雁门关农牧交错带牧草黄枯期变化特征

牧草黄枯期与前期牧草长势和当地平均气温≥5 ℃的终日相关。当气象条件正常，牧草长势一般时，黄枯期一般出现在气温稳定通过 5 ℃终日左右，当气象条件较好，牧草产量偏丰时，在气温稳定通过 5 ℃终日后的 1～10 d 黄枯。

2022 年雁门关农牧交错带牧草主要生长期 5—9 月平均气温 19.5 ℃，较历年同期值偏高 0.3 ℃，降水量 508.1 mm，比历年同期值偏多 41.3%(148.4 mm)，有利于延长牧草生长期。10 月中旬，太原娄烦、忻州西部高海拔地区、朔州西部、大同西部的局部地区气温稳定通过 5 ℃终日，牧草开始进入黄枯期；10 月下旬，忻州西部、朔州西部、大同中西部牧草均开始黄枯;11 月上旬,除了吕梁西部、忻州中部以及偏西地区、朔州东部、大同东部地区,其余地区牧草均进入黄枯期;11 月中下旬,雁门关农牧交错带牧草全部进入黄枯期(图 6.11)。

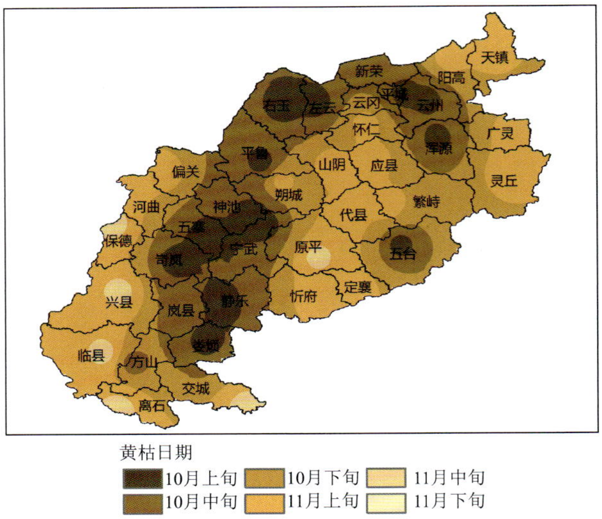

图 6.11　2022 年雁门关农牧交错带牧草黄枯期

2023 年 5—9 月雁门关农牧交错带平均气温 20.1 ℃,较历年同期值偏高0.9 ℃,降水量 311.8 mm,比历年同期值偏少 13.3%(偏少 47.9 mm),有利于延长牧草生长期。10 月中旬,仅在岢岚、五寨、神池、右玉、云州以及浑源的部分地区牧草开始进入黄枯期;10 月下旬,忻州西部、朔州西部、大同中西部地区气温稳定通过 5 ℃终日,牧草开始进入黄枯期;11 月,由于冷空气作用,雁门关农牧交错带气温降低,稳定通过 5 ℃终日,牧草全部进入黄枯期(图 6.12)。

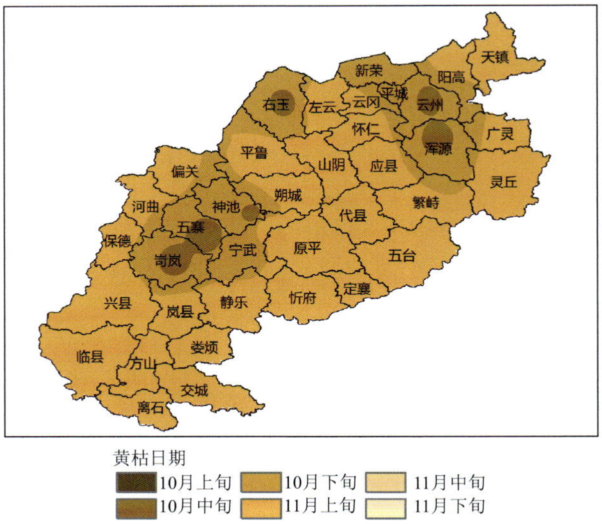

图 6.12　2023 年雁门关农牧交错带牧草黄枯期

第 7 章
河湖湿地生态气象

7.1 河湖湿地的概念和特点

7.1.1 河流

河流是指陆地表面宣泄水流的通道，是降水或由地下涌出地表的水汇集在地面低洼处，在重力作用下经常地或周期地沿流水本身造成的洼地流动。河流是溪、川、江、河的总称。

（1）河流系统结构

河流水系是指干流、支流和流域内的湖泊、沼泽和地下暗河相互连接组成的系统。河流分段一般根据其地理、地质等自然特征进行，分为河源、上游、中游、下游和河口等 5 段。

（2）河流分类和等级

河流分类原则多种多样。按注入地可分为内流河和外流河；按河流在区位的重要性分为干流和支流等，按河流全年是否有水情况分为常年河和间歇河。

（3）河流水情主要参数

河流水情是指河流的水位、流量等随时间的变化情势，主要包括河流水位、流速、流量、含沙量、输沙率和泥沙输移。

（4）河川径流形成过程和变化特征

径流是指在水文循环过程中，沿流域的不同路径向河流、湖泊、沼泽和海洋汇集的水流。包括地表径流、地下径流、壤中流。河水补给形式有多种，降水、冰川积雪融水、地下水、湖泊和沼泽都可以构成河流的水源。降水是河流径流形成的一种主要方式。

（5）河流的地质功能

通过冲刷作用不断地改变着地表形态，形成不同河流的流水地貌，如冲沟、深切的峡谷、冲积扇、冲积平原及河口三角洲等。东北平原、华北平原、长江中下游平原以及四川盆地内部的成都平原，都是由河流的冲积作用形成的冲积平原。黄土高原上很多地方受流水侵蚀，使地形具有独有的特征。

（6）河流的水循环功能

河流是地球水分循环的一个重要的、不可或缺的环节，内陆河流把水分从高山输送到内陆盆地底部或湖泊中，实现水分小循环；外流河把大量水分由陆地带入海洋，弥补海水的蒸发损耗，实现水分大循环。

(7)河流的生态功能

河流的生态功能主要体现在4个方面：一是气候调节、调蓄洪水和生物控制调节功能；二是初级生产、生物多样性维持、提供栖息地、土壤形成与保持等支持功能；三是提供人类观赏景观、水上娱乐活动、河流的发源与发展、河流科学研究等信息功能；四是为人类提供居住地，能量，工业、农业、生活用水等人类活动的承载功能。

(8)河流的其他功能

荒漠地区绝大多数绿洲的形成与河流有密切的联系。流入干旱区的河流，不仅给那里带来水与细粒土，而且使荒漠河岸林和灌溉农业得以发展，从而形成了生机勃勃的绿洲景观。河流在交通运输、灌溉、发电和水产事业等方面都给人类带来了重要财富。

7.1.2 水库

水库是指在河道、山谷、低洼地有水源或可从另一河道引入水源的地方修建挡水坝或堤堰，形成的蓄水区域；或在有隔水条件的地下透水层修建截水墙，形成的地下蓄水区域。

(1)水库的分类和等级

水库的分类按照水库所在位置和形成条件，通常分为山谷水库、平原水库和地下水库3种类型。按库容规模大小分为小型水库、中型水库、大型水库等3类5个等级。蓄水容量大于10亿 m^3 为大(I)型水库，1亿～10亿 m^3 为大(Ⅱ)型水库；1000万～1亿 m^3 为中型水库；100万～1000万 m^3 为小(I)型水库，10万～100万 m^3 为小(Ⅱ)型水库。蓄水容量小于10万 m^3 时，通常不再称水库，而改称为塘坝。

(2)水库的特征水位指标

水库特征水位是指水库在不同时期为完成不同任务，需控制达到或允许消落的各种库水位，如正常蓄水位、死水位、防洪限制水位、防洪高水位、设计洪水位、校核洪水位等。

(3)水库的生态功能及对生态环境的影响

水库的生态功能主要包括防洪、蓄水、调节水流、发电、渔业、旅游、航运、拦蓄泥沙和改善气候等。水库在发挥生态服务功能的同时，也会产生库区泥沙淤积和土壤盐碱化等不利的生态环境影响。

7.1.3 湖泊

湖泊是指陆地表面洼地积水形成的比较宽广的水域，是由湖盆、湖水及其中所含物质组成的水域宽阔、换流缓慢的综合自然体。湖泊可以进一步细分为2类，湖是指水面有芦苇等水草的水域，泊是指水面无芦苇等水草的水域。

按湖泊成因可分为构造湖、火山口湖、堰塞湖、岩溶湖、冰川湖、风成湖、河成湖、海成湖、潟湖和人工湖10类。按湖水的最终去向可分为外流湖和内流湖。外流湖是指湖水与河流相通，最终汇入海洋的湖泊。内流湖广义是指从湖泊流出的水流不汇入海洋的湖泊；狭义是指非河流发源地的湖泊，湖水仅耗损于蒸发和土壤渗漏。按湖水含盐量分为淡水湖、咸水湖和盐湖。淡水湖是指湖水含盐量小于1000 mg/L的湖泊，咸水湖是指湖水含盐量为1000～35000 mg/L的湖泊，盐湖是指含盐量大于35000 mg/L的湖泊。

7.1.4 湿地

根据《关于特别是作为水禽栖息地的国际重要湿地公约》定义，湿地指天然或人工、暂时性或长久性的沼泽地、泥炭地或水域地带，静止或流动的淡水、半咸水、咸水水体，包括低潮时水深不超过 6 m 的水域，同时还包括临界湿地的河湖沿岸、沿海区域以及湿地范围的岛屿或低潮时不超过 6 m 的海水水体。

7.2 山西省主要河流水库分布及水资源特征

7.2.1 河流

山西位于黄河流域中游和海河流域上游，河流基本属于自产外流型水系，除北部有汇水面积不大的少数支流自内蒙古流入山西省外，绝大部分河流呈辐射状自省内向省外发散流出。其中，黄河流经山西省 965 km，省内黄河流域面积 97138 km^2，占全省面积的 62.2%；海河流域面积 59133 km^2，占全省面积的 37.8%(李英明 等，2004)。

受地理环境和气候条件制约，山西河流兼具山地型和夏雨型的双重特征。山西河流大体上向西、向南流的属黄河水系，汇入黄河干流中游河段。向东流的属海河水系，是海河流域永定河、大清河、子牙河、漳河、卫河等主要河流的发源地。

山西省境内流域面积大于 10000 km^2 的二级河道有 5 条，分别是黄河流域的汾河、沁河，海河流域的桑干河、漳河、滹沱河。流域面积在 1000～10000 km^2 的三级河道有 48 条，其中黄河流域和海河流域各有 24 条(表 7.1)。流域面积在 100～1000 km^2 的四级河道 397 条。

表 7.1 按面积分类的山西河流

面积分类	所属流域	河流数量/条	河流名称
>10000 km^2	黄河流域	2	汾河、沁河
	海河流域	3	桑干河、漳河、滹沱河
1000～10000 km^2	黄河流域	24	苍头河、偏关河、县川河、朱家川河、岚漪河、蔚汾河、湫水河、三川河、北川河、屈产河、昕水河、蒲县昕水、潇河、白马河、乌马河、磁窑河、文峪河、段纯河、洪安涧河、浍河、涑水河、姚暹渠、亳清河、丹河
	海河流域	24	南洋河、白登河、恢河、源子河、黄水河、浑河、御河、十里河、壶流河、唐河、沙河、牧马河、清水河、乌河、棉河、桃河、温河、松溪河、清漳河、清漳河东源、清漳河西源、浊漳河北源、浊漳河南源、浊漳河西源

在《山西省“十四五”“两山七河一流域”生态保护和生态文明建设、生态经济发展规划》中，“七河”包含汾河、桑干河、滹沱河、漳河、沁河、涑水河和大清河 7 条河流(表 7.2 和图 7.1)，面积占全省总面积的 72%；“一流域”指黄河流域。

7.2.1.1 黄河干流山西段

黄河干流从晋西北的偏关县老牛湾进入晋陕峡谷，自北向南流经山西省的忻州、吕梁、临汾、运城等 4 个市的 19 个县(市、区)，在垣曲县马蹄窝离开山西流入河南境内。黄河山西段总长 965 km。2011—2021 年，山西黄河流域地表水资源量平均为 48.64 亿 m^3，变化范围在 32.15 亿～95.98 亿 m^3。其中，汾河流域地表水资源量最多，平均为 20.30 亿 m^3，占山西黄河流域地表水资源总量的 41.7%；沁丹河段次之，为 12.78 亿 m^3，占比为 26.3%；河口—龙门段位于第三位，为 9.21 亿 m^3，占比为 18.9%。

表 7.2　山西省“七河”基本情况和生态特征

名称	基本情况					生态特征			
	流经地区	上级河流	流域面积/km^2	长度/km	支流	泉水	水资源量	河流特征	大型水库/湖泊	水土流失
汾河	忻州、太原、晋中、吕梁、临汾、运城等6市29个县（市、区）	黄河	39471	716	岚河、杨兴河、潇河、昌源河、文峪河、磁窑河、双池河、洪安涧河、浍河等	流域内泉水众多，有雷鸣寺泉、兰村泉、晋祠泉、洪山泉等	2011—2021年，年水资源总量平均值为35.10亿 m^3，变化范围在26.56亿～51.88亿 m^3	黄河的第二大支流，山西省境内流域面积最大、流程最长的河流。汾河干流没有发生过全河断流现象，但局部河段不同程度地出现了断流	汾河水库、汾河二库，晋阳湖	年输沙量较大，历史最大年平均含沙量在50.0 kg/m^3以上；呈现“大水大沙”的特点
沁河	沁源、安泽、沁水、阳城、泽州	黄河	12304	363	丹河、获泽河（南大河）、端氏河、龙渠河、沁水河、赤石桥河、紫红河、兰河等	晋城市阳城县沁河西岸的延河泉，面积2840 km^2；晋城市泽州县的三姑泉，面积2571 km^2	2011—2021年，年水资源总量平均值为11.53亿 m^3，变化范围在5.52亿～31.08亿 m^3	—	张峰水库	年平均输沙量377万t，年平均含沙量为6.6 kg/m^3
涑水河	绛县、闻喜、夏县、盐湖、临猗、永济等6县（市、区）	黄河	5774	200.55	紫家峪、冷口峪、沙渠河、姚暹渠、湾湾河等	—	1956—1980年和1981—2000年平均水资源总量分别为5.89亿 m^3和5.62亿 m^3，2001—2024年水资源总量为5.4亿 m^3	北方间歇性季节河流，非汛期成为沿途排水河道	盐湖、伍姓湖	1955—1990年平均含沙量为7.66 kg/m^3，年输沙量为21万 m^3
滹沱河	繁峙、代县、原平、忻府、定襄、五台、盂县等7县（市、区）	海河	18856	319	阳武河、北云中河、南云中河、牧马河、清水河、乌河等	娘子关泉、马圈泉和坪上泉等	1956—1984年和1980—2000年水资源总量分别为18.03亿 m^3和14.2亿 m^3	1999—2008年，界河铺站年平均断流天数为26 d，最多的年份断流35 d；济胜桥站年平均断流176 d，最多的年份断流302 d	—	水土流失总面积10686.96 km^2，占流域国土总面积的66.08%

续表

名称	基本情况						生态特征			
	分布县市	上级河流	流域面积/km^2	长度/km	支流	泉水	水资源量	河流特征	大型水库/湖泊	水土流失
桑干河	宁武、朔城、山阴、应县、怀仁、云州区、阳高等7县(市、区)	海河	16767	260.6	恢河、木瓜河、黄水河、大峪河、小峪河、鹅毛口河、浑河、口泉河、御河等	朔州市朔城区神头镇的神头泉，分布面积约5 km^2，泉眼100余处，是我国北方著名的岩溶大泉	2011—2021年，桑干河流域年水资源总量平均值为9.75亿 m^3，变化范围在7.16亿～12.22亿 m^3	泉水补给是桑干河径流的一个重要特征。径流的年内分配表现为夏雨型和泉水径流型	册田水库	京津风沙源，是全国水土流失最严重的地区之一。流域土壤侵蚀面积10395 km^2，占流域总面积的61%
漳河	和顺、榆社、左权、潞州、武乡、沁县、襄垣、黎城、潞城、屯留、平顺、长子、壶关、上党等14县(市、区)	海河	15847	460	清漳东源、清漳西源、浊漳北源、浊漳西源、浊漳南源	辛安泉，辛安泉是山西省第二岩溶大泉，出露于平顺、潞城、黎城等3县(区)交界处的浊漳河河谷内，泉域面积10950 km^2	2011—2021年，漳河流域年水资源总量平均值为14.39亿 m^3，变化范围在8.52亿～28.44亿 m^3	径流的年内分配比较集中，但地区差异较大。发源于迎风山区的中小河流，源短流急，平原地区多为间歇性河流，以泉水补给为主的河流，径流的年内分配比较均匀	漳河水库、关河水库、后湾水库，漳泽湖、云竹湖	2001—2015年，清漳河流域的蔡家庄站和浊漳河流域的石栈道站、石梁站年输沙量分别为0.78万t、20.9万t、24.6万t
大清河	灵丘、浑源、广灵、繁峙等4县	海河	3406	96	赵北河、华山河、大东河、上寨河、干峪河等	—	2011—2021年，年水资源总量平均值为2.20亿 m^3，变化范围在1.31亿～3.42亿 m^3	—	—	—

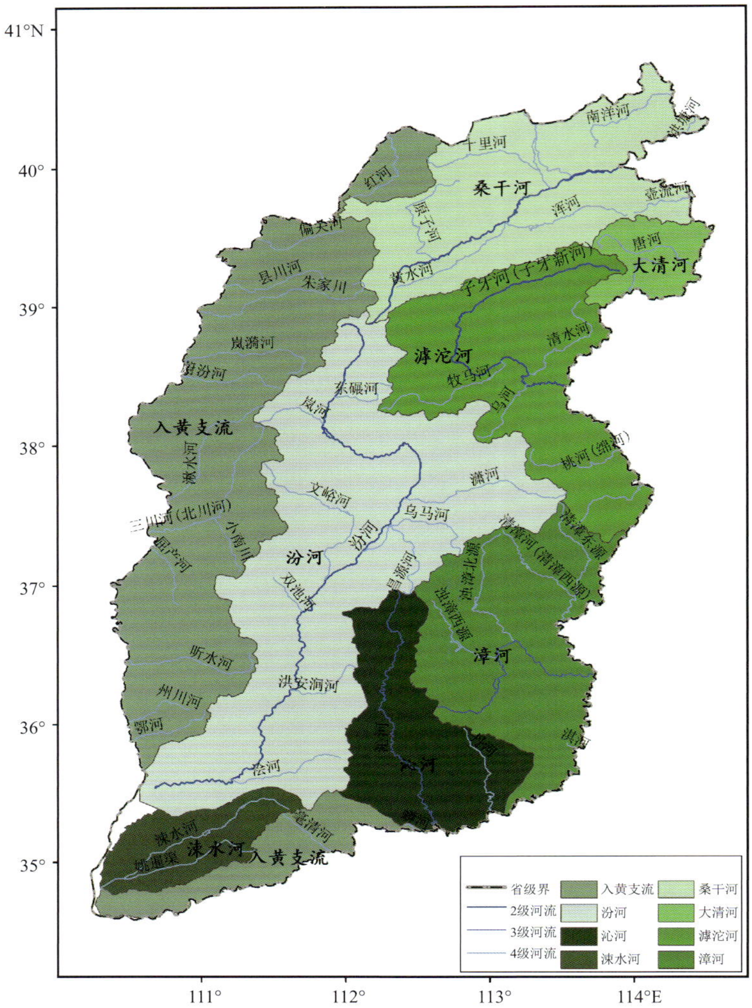

图 7.1　山西省水系分布

7.2.1.2　汾河水系

汾河是黄河的第二大支流，也是山西省境内流域面积最大、流程最长的河流。汾河流域南北长 413 km，东西宽 188 km，干流全长 716 km，流域面积 39471 km^2。汾河发源于山西神池县太平庄乡西岭毛家皂，干流自北向南穿越忻州、太原、晋中、吕梁、临汾、运城等 6 市 29 县（市、区），在万荣县庙前村附近汇入黄河。依据河道自然特征，汾河划分为上游区、中游太原盆地区、灵霍山峡区、临汾盆地区以及下游谷地区等 5 段。山西省最大的水库——汾河水库，位于上游区中部娄烦县。2011—2021 年，汾河流域年水资源总量平均值为 35.10 亿 m^3，汾河干流没有发生过全河断流现象，但局部河段不同程度地出现了断流。

7.2.1.3　桑干河水系

桑干河属海河流域永定河水系，位于山西省北部忻州、朔州、大同等 3 市的黄土高原与内蒙古高原交界地带。桑干河在山西境内干流总长 260.6 km，流域总面积 16767 km^2，其中干流流域面积 15464 km^2，壶流河流域面积 1303 km^2。桑干河在山西境内沿途接纳的较大支流有恢河、木瓜河、黄水河等。主要的岩溶大泉有神头泉及水神堂泉域。2011—2021 年，桑干河流域年水资源总量平均值为 9.75 亿 m^3，桑干河径流量主要集中在汛期，同时受泉水补给的影响，径流的年内分配表现为夏雨型和泉水径流型。

7.2.1.4 滹沱河水系

滹沱河属海河流域子牙河水系，位于山西省忻州市东部和阳泉市。滹沱河干流全长 605 km，流域总面积 25168 km^2，其中山西省境内河长 319 km，流域面积 18856 km^2，占流域总面积的 74.9%。支流流域面积较大的有阳武河、北云中河、南云中河等。沿途补给的岩溶大泉有娘子关泉、坪上泉和马圈泉。1956—2000 年，滹沱河流域水资源总量为 17.21 亿 m^3。

7.2.1.5 漳河水系

漳河位于山西东南部的太行山区，属海河流域漳卫南运河水系。漳河发源于山西省，在山西省境内分清漳河和浊漳河 2 条河流，分别于长治市的黎城县和平顺县流出省境，在河北省涉县合漳村汇合后始称漳河。漳河自浊漳河南源至漳、卫河汇流处徐万仓，全长 460 km，流域面积 1.82 万 km^2，流域长度 285 km，平均宽度 73.3 km，河道平均比降 1.43‰。山西省境内漳河流域面积 15847 km^2，流域内包括 14 个县(市、区)。2011—2021 年，漳河流域年水资源总量平均值为 14.39 亿 m^3。

7.2.1.6 沁河水系

沁河是黄河一级支流。沁河发源于长治市沁源县霍山南麓的二郎神沟，自北向南流经长治市的沁源，临汾市的安泽，晋城市的沁水、泽州、阳城等 3 市 5 县，在泽州县进入河南省后，于武陟县方陵村汇入黄河。沁河干流全长 485 km，流域总面积 13532 km^2，山西省境内干流河长 363 km，占总长的 74.8%，流域面积 12304 km^2，占总流域面积的 90.9%。沁河流域较大泉水有延河泉、三姑泉等。2011—2021 年，沁河流域年水资源总量平均值为 11.53 亿 m^3，变化范围在 5.52 亿～31.08 亿 m^3。

7.2.1.7 涑水河水系

涑水河是黄河的一级支流，位于山西省南部的运城盆地，发源于运城市绛县陈村峪，向西南流经闻喜、夏县、盐湖、临猗、永济 5 县(市、区)，入伍姓湖后于永济市独头村附近注入黄河，全长 200.55 km，流域总面积 5774 km^2。支流主要有紫家峪、冷口峪、沙渠河等。非汛期上游河道干涸无水。2001—2014 年水资源总量为 5.4 亿 m^3。

7.2.1.8 大清河水系

大清河属海河水系，位于永定河以南，子牙河以北，由恒山南麓和太行山东麓的诸多河流汇集而成，流域总面积 43060 km^2，跨山西、河北、北京、天津 4 个省(市)，是华北地区一条重要河流。山西省境内分布着大清河上游的部分支流。大清河在山西省内流域面积 3406 km^2，主要为唐河水系，流域面积 2193 km^2，其余属大沙河水系，流域面积 1213 km^2；大清河流域的行政区划主要包括大同市灵丘县大部分、浑源县、广灵县小部分，以及忻州市繁峙县一部分。支流有赵北河、华山河、大东河、上寨河、干峪河等。2011—2021 年，大清河流域年水资源总量平均值为 2.20 亿 m^3。

7.2.2 水库和湖泊

山西现有大中型水库 68 座(表 7.3)。其中,大型水库 8 座,分别为位于太原市的汾河水库、汾河二库,位于大同市的册田水库,位于吕梁市的文峪河水库,位于长治市的漳泽水库、关河水库、后湾水库,位于晋城市的张峰水库(表 7.4)(《山西河湖》编纂委员会,2004)。

表 7.3 山西省主要水库情况

	大(Ⅱ)型水库	中型水库
太原市	汾河水库、汾河二库	
大同市	册田水库	赵家窑水库、文瀛湖水库、恒山水库、十里河水库、孤峰山水库
朔州市		东榆林水库、镇子梁水库、薛家营水库、常门铺水库
忻州市		天桥水库、米家寨水库、观上水库、神山水库、唐家湾水库、下茹越水库
吕梁市	文峪河水库	柏叶口水库、横泉水库、张家庄水库、陈家湾水库、吴城水库、阳坡水库、阎老湾水库、天古崖水库
晋中市		松塔水电站、郭堡水库、庞庄水库、子洪水库、尹回水库、云竹水库、双峰水库、石匣水库、郭庄水库、水峪水库、蔡庄水库、恋思水库
阳泉市		龙华口水库
长治市	漳泽水库、关河水库、后湾水库	陶清河水库、申村水库、圪芦河水库、西堡水库、屯绛水库
晋城市	张峰水库	任庄水库、杜河水库、东焦河水库、董封水库、上郊水库、申庄水库、湾则水库
临汾市		七一水库、曲亭水库、浍河水库、涝河水库、沺河水库、小河口水库
运城市		西塬湖水库、后河水库、中留水库、上马水库、吕庄水库

表 7.4 山西省大型水库基本情况

序号	名称	河名	地点	控制面积/km^2	总库容/亿 m^3	建成时间
1	汾河水库	汾河	太原市娄烦县	5268	7.21	1961 年 6 月
2	册田水库	桑干河	大同市云州区	16700	5.80	1976 年 12 月
3	漳泽水库	浊漳河南源	长治市潞州区	3176	4.27	1960 年 4 月
4	张峰水库	沁河	晋城市沁水县	4990	3.94	2007 年 10 月
5	关河水库	浊漳河	长治市武乡县	1745	1.40	1960 年 9 月
6	汾河二库	汾河	太原市尖草坪区	2348	1.33	1999 年 12 月
7	后湾水库	浊漳河西源	长治市襄垣县	1296	1.30	1960 年 3 月
8	文峪河水库	文峪河	吕梁市文水县	1876	1.08	1965 年 8 月

山西“五湖”指盐湖、漳泽湖、伍姓湖、云竹湖和晋阳湖,分别位于山西省的运城市、长治市、运城市、晋中市和太原市。盐湖位于山西省运城市盐湖区,是世界三大硫酸钠型内陆盐湖之一;漳泽湖和云竹湖是由漳泽水库和云竹水库形成的水库型湖泊;伍姓湖是由长期的地质运动形成的天然湖泊,也是山西省最大的淡水湖泊;晋阳湖为人工开挖的内陆水体,河湖水系未连通,无径流(表 7.5)。

表 7.5 山西“五湖”基本情况

序号	名称	湖泊性质	地点	面积/km^2
1	盐湖	咸水湖	运城市盐湖区	130.0
2	漳泽湖	淡水湖	长治市潞州区	45.0
3	伍姓湖	淡水湖	运城市永济市	20.0
4	云竹湖	淡水湖	晋中市榆社县	12.6
5	晋阳湖	淡水湖	太原市晋源区	5.1

7.2.3 湿地

山西省第二次湿地资源调查结果显示，截至2012年年底，山西省各类湿地总面积151936.76 hm^2，占全省国土总面积的0.97%，其中天然湿地有108206.04 hm^2，占全省湿地面积71.22%，人工湿地有43730.72 hm^2，占全省湿地面积的28.78%。按湿地类型划分，河流湿地面积最大，占湿地总面积的63.79%；其次是人工湿地，占湿地总面积的28.78%；沼泽湿地和湖泊湿地面积较小，分别占湿地总面积的5.37%和2.06%。

7.2.4 水资源特征

7.2.4.1 水资源总量

世界气象组织(WMO)和联合国教科文组织(UNESCO)定义的水资源，是指可以利用或有可能被利用的水源，这个水源应具有足够的数量和合适的质量，并满足某一地方在一段时间内的具体利用的需求。

山西省水资源量极度匮乏，人均水资源量约为466 m^3，仅占全国人均水资源量的17%。1956—2010年山西省水资源量、山西黄河和海河流域水资源量的MK统计检验结果显示，山西省水资源量序列在1978年发生突变，1956—1978年平均水资源量为144.53亿m^3，1979—2010年平均水资源量为99.52亿m^3，减少了45.01亿m^3。山西省黄河流域水资源量序列在1974年发生突变，1956—1974年平均水资源量为86.38亿m^3，1975—2010年平均水资源量为61.83亿m^3，减少了24.55亿m^3。山西省海河流域水资源量序列在1979年发生突变，1956—1979年平均水资源量为59.66亿m^3，1980—2010年平均水资源量为39.02亿m^3，减少了20.64亿m^3。在山西省兴水治水战略工程的实施下，山西省水资源量有所增加。《山西省水资源公报》的数据显示，2011—2021年山西省平均水资源量为116.11亿m^3，较1978—2010年增加16.59亿m^3；2011—2021年山西省黄河流域平均水资源量为77.63亿m^3，较1975—2010年增加15.80亿m^3；2011—2021年山西省海河流域平均水资源量为46.83亿m^3，较1980—2010年增加7.81亿m^3。

山西省水资源年际变化仍很大(图7.2)。2011—2021年山西省水资源总量为93.95亿～207.91亿m^3，水资源最小年份总量仅为最多年份的45.19%。2011—2021年黄河流域水资源总量为58.4亿～132.3亿m^3，海河流域水资源总量为35.5亿～75.6亿m^3，黄河流域水资源总量是海河流域的1.44～2.14倍。

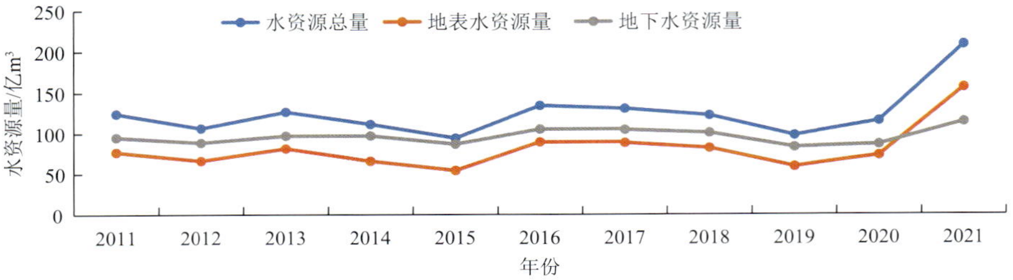

图 7.2 2011—2021 年山西省水资源总量、地表水资源量和地下水资源量变化

山西省水资源地域分布不均(表 7.6)。山西省 11 个地级市 2011—2021 年平均水资源总量为 3.80 亿～17.85 亿 m^3,阳泉市的水资源总量最少,是水资源最多的忻州市水资源总量的 21.29%;产水模数为 5.5 万～15.0 万 m^3/km^2,朔州市的产水模数最小,是产水模数最多的晋城市产水模数的 36.69%。

表 7.6 2011—2021 年山西省 11 个地级市的水资源量

地级市	水资源量/亿 m^3			产水模数/(万 m^3/km^2)
	地表水资源量	地下水资源量	水资源总量	
大同市	4.46	6.45	8.09	5.74
晋城市	11.30	9.52	14.02	15.00
晋中市	10.07	9.50	14.56	8.91
临汾市	8.67	9.73	12.07	5.97
吕梁市	10.69	11.14	14.65	6.98
朔州市	2.07	5.52	5.86	5.50
太原市	2.68	4.60	5.83	8.48
忻州市	10.29	15.26	17.85	7.10
阳泉市	4.39	3.31	3.80	8.41
运城市	6.28	11.32	14.35	10.08
长治市	9.66	9.56	13.38	9.65

7.2.4.2 地表水资源量

地表水资源量又称河川径流量。地表水是指河流、湖泊,或淡水湿地。地表水由自然降水和降雪累积形成,并自然流失到海洋、蒸发消逝或渗流至地下。山西省 2011—2021 年地表水资源量为 53.82 亿～155.87 亿 m^3,平均地表水资源量为 80.68 亿 m^3,年均地表水资源量最多的地级市为晋城市(11.30 亿 m^3),晋中市和忻州市的地表水资源也超过 10 亿 m^3;最少的地级市为朔州市(2.07 亿 m^3)。

山西省 2011—2021 年年均地表水资源量较 1980—2000 年平均值(72.89 亿 m^3)增加 7.79 亿 m^3,但较 1956—2000 年平均值(86.77 亿 m^3)减少 6.09 亿 m^3。地表水资源量变化受气候变化影响,同时通过改变水文下垫面条件影响流域的产流机制。1956—2000 年全省地表水资源减少量的 60%可以归因为人类活动。

7.2.4.3 地下水资源量

山西省地下水资源量年际变化大，2011—2021年为72.21亿～113.70亿m^3。地表水与地下水转换强烈，是山西水资源的一大特征。2021年全省地下水资源量为113.70亿m^3，其中，山丘区地下水资源量为83.50亿m^3，平原区地下水资源量为44.04亿m^3，全省地表水与地下水之间的重复量为61.67亿m^3，重复量占地表水资源量54.24%。滹沱河、漳河等河流有很长河段完全嵌入地下。山西石灰岩地貌分布广泛，面积达到5万km^2以上，岩溶水资源量占全省地下水资源总量40%，兰村、晋祠、洪山、郭庄、龙子祠、神头、坪上、马圈、柳林、娘子关、辛安、延河、三姑、城头会等著名泉水在汾河、桑干河、滹沱河、三川河、沁河、丹河、大清河等大中河流的基流中占很大比重。

7.2.4.4 水资源利用

山西省水资源分布不均匀，人均水资源占有量偏低，水资源承载力处于超载状态，其中汾河流域的水资源供需矛盾突出，是导致其生态环境恶化的主要原因之一。2007年和2008年山西水资源公报显示，汾河流域地表水开发利用率在62%～85%，国际上公认的地表水合理开发利用率为30%～40%，汾河流域地表水资源仍超载达1～3倍。

长期不合理的地下水超采导致了汾河流域地下水位的持续下降，形成了太原盆地、临汾盆地内部多个城区地下水漏斗区，如太原市区于1965年出现了深层水位地下漏斗，闭合面积11.2 km^2，水位埋深16 m，到1987年漏斗面积扩展到298 km^2，埋深下降55 m。虽然从2003年起，太原、临汾、吕梁、晋城开始逐渐实施关井压采行动，降低了地下水超采面积，一些地区地下水位已停降转升，但因前期地下水超采量巨大，这个回升过程非常缓慢，并有反复。据统计，与1986年相比，2010年太原盆地和临汾盆地平原区地下水位仍分别累计下降了8.15 m和3.81 m。

7.3 河湖湿地气象特征分析

为了分析河湖湿地的气象条件特征，以观测数据比较齐全的气温为代表，选取漳泽水库周边不同距离的长治气象科技园站、长治体育中心气象站和长治博物馆气象站3个自动气象站2023年的数据进行对比分析(图7.3)。长治气象科技园站距离漳泽水库最近，且附近有与漳泽水库连通的湿地，其地理位置可代表湿地，因此把长治气象科技园站设定为湿地气象站(简称“湿地站”)。通过其他2个气象站(简称“对比站”)与湿地站不同时间尺度气温值的差值结果，分析漳泽水库气候调节作用。

7.3.1 年尺度气候调节作用

本节用气温差表示湿地的气候调节作用。气温差指对比站气温减去湿地站气温，气温差为正值表示对比站气温高于湿地站气温，气温差为负值表示对比站气温低于湿地站气温。

漳泽水库对年尺度气温具有比较明显的调节作用(表7.7)。湿地站的平均气温年均值为10.7 ℃，对比站的平均气温年均值高于湿地站，其气温差为1.4～2.1 ℃，距离漳泽水库越近平均气温年均值越小。湿地站的平均气温的年最高值和年最低值，分别为26.9 ℃和−15.0 ℃，对比站的气温差分别为2.0～2.1 ℃和1.3～2.8 ℃。

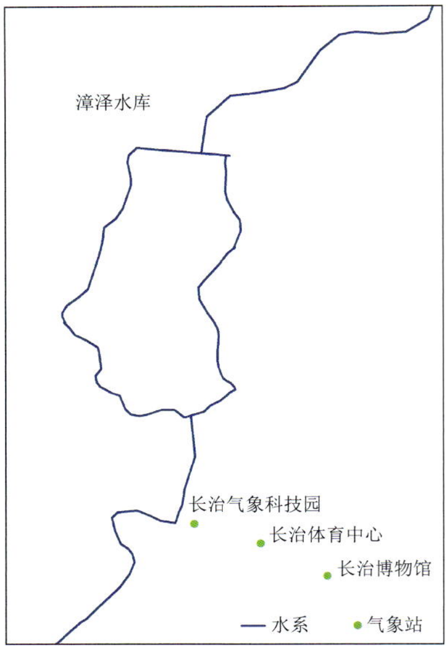

图 7.3　漳泽水库湿地站和对比站示意

表 7.7　漳泽水库湿地站年均气温及与不同距离气象站年均气温差

站点	距离/km	平均气温/℃			最低气温/℃			最高气温/℃		
		年均值	年最高值	年最低值	年均值	年最高值	年最低值	年均值	年最高值	年最低值
湿地站年均气温	—	10.7	26.9	−15.0	4.5	22.8	−21.8	18.8	36.3	−7.5
长治体育中心年均气温差	4.0	1.4	2.0	1.3	2.0	1.0	2.1	0.9	2.0	0.4
长治博物馆年均气温差	5.5	2.1	2.1	2.8	3.3	1.2	4.4	0.8	1.4	0.5

湿地站的最低气温年均值为 4.5 ℃，对比站的气温差为 2.0～3.3 ℃；最低气温年最高值为 22.8 ℃，对比站气温差为 1.0～1.2 ℃；最低气温年最低值（年极端最低气温）为−21.8 ℃，对比站气温差为 2.1～4.4 ℃。漳泽水库对年极端最低气温的调节作用在冬季更明显。

湿地站的最高气温年均值为 18.8 ℃，对比站的气温差为 0.8～0.9 ℃；最高气温年最高值（年极端最高气温）为 36.3 ℃，对比站气温差为 1.4～2.0 ℃；最高气温年最低值为−7.5 ℃，对比站气温差为 0.4～0.5 ℃。漳泽水库对年极端最高气温的调节作用较明显。

年尺度气温的对比分析结果表明，漳泽水库的局地气候调节作用明显，尤其是对极端最高气温和极端最低气温，并且距离漳泽水库越近，其气候调节作用越明显。

7.3.2　月尺度气候调节作用

湿地站的逐月平均气温为−5.1～24.2 ℃，对比站普遍高于湿地站，且距离漳泽水库越远，气温越高（图 7.4）。对比站的气温差在 1 月、6—7 月和 10 月等月份较大，最大值达到 3.2 ℃。

湿地站的月最高气温为 3.7～31.8 ℃，月最高气温最高值（月极端最高气温）为 15.1～

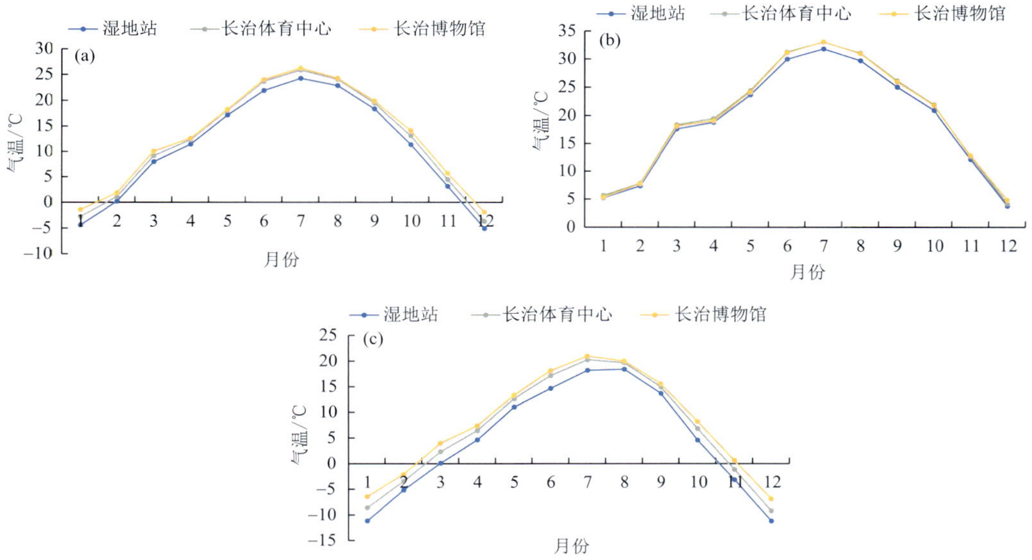

图 7.4 湿地站和对比站月平均气温(a)、最高气温(b)和最低气温(c)平均值变化

36.3 ℃,对比站月最高气温和月极端最高气温的气温差在 6—8 月等月份较大,最大值分别达到 1.3 ℃和 2.0 ℃。

湿地站的月最低气温为−11.3～18.4 ℃,对比站气温差在 1 月和 12 月等月份较大,最大值达到 4.7 ℃;湿地站的月最低气温最低值(月极端最低气温)为−21.2～13.4 ℃,对比站气温差在 3 月和 7 月等月份较大,最大值达到 5.3 ℃。

月尺度气温的对比分析结果表明(图 7.5),漳泽水库的气候调节作用主要表现在降温效应,距离越近其降温效应越明显,并且在夏、冬两季较强。

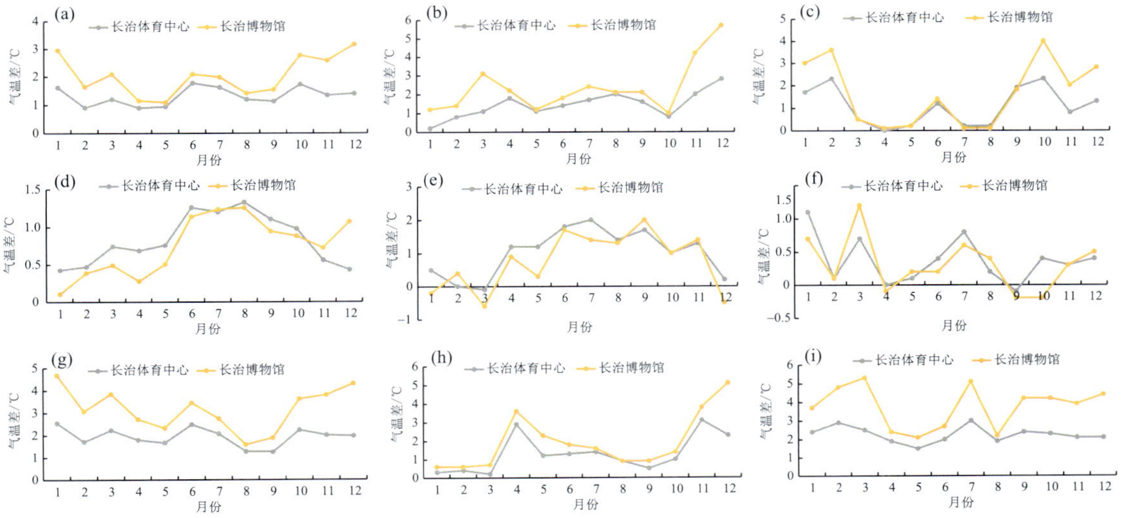

图 7.5 对比站逐月平均气温、最高气温和最低气温的气温差

(a. 月平均气温;b. 月平均最高气温;c. 月平均最低气温;d. 月最高气温;e. 月最高气温最高值/月极端最高气温;f. 月最高气温最低值;g. 月最低气温;h. 月最低气温最高值;i. 月最低气温最低值/月极端最低气温)

7.3.3 日尺度气候调节作用

湿地站2023年共出现4 d≥35 ℃的高温天气，对比站出现12～15 d高温天气，漳泽水库的湿地效应有效减少了湿地站的高温日数。选取2023年7月1—31日逐时平均气温，分析湿地站24小时气温变化以及漳泽水库对气温变化的调节作用(图7.6)。7月湿地站和对比站的24小时气温均呈单峰特征，最高值出现在15时。湿地站的逐时气温低于对比站，对比站的气温差总体呈变大趋势，其中在19时—次日06时较大，距离湿地较远的长治博物馆站的气温差最大值为3.0 ℃，大于距离较近的长治体育中心站的气温差最大值2.7 ℃，且长治博物馆站的气温差最大值持续4 h，长治体育中心站的最大值仅出现在00时。漳泽水库的气候调节作用主要表现为降温效应，并且在夜晚的降温效应较强。

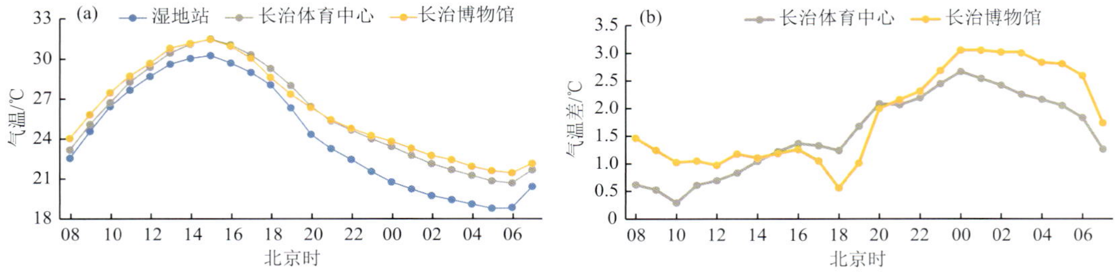

图7.6 湿地站气温和对比站气温差24 h变化
(a. 气温；b. 气温差)

综合年尺度、月尺度、日尺度湿地站和对比站的气温、气温差变化对比分析结果表明，漳泽水库的局地气候调节作用明显，主要表现在降温效应，距离越近其降温效应越明显；气候调节作用在夏、冬两季较强，对极端最高气温和极端最低气温的调节作用更为明显；漳泽水库在夜晚的降温效应强于白天。

7.4 气象条件对水生态系统影响分析

河流是所在流域内自然地理背景下的产物。降水是山西河水的主要补给来源，同时也影响了水系河网分布，湿润地区河网密集，径流充沛，而干旱地区河网稀疏、径流贫乏。实际上，河流的水文特征包括水源的补给形式及其比例，水位、流量及其季节变化，结冰与否及结冰期长短等，无一不受气候条件制约。流域内的降水分布、强度、降水中心移动路线及支流排列方式，对洪水性质有直接影响。

7.4.1 气象条件对水资源的影响

7.4.1.1 水资源变化趋势

气候变化对水资源的影响主要通过气温升高或降水增减引起径流量的变化实现的。一般情况下，径流量的变化幅度大于降水的变化幅度，但两者的变化趋势是一致的。

水危机是21世纪影响人类社会生存和发展的严重问题之一。当前，全球有1/3的人口存在饮水困难。我国是严重干旱缺水的国家，淡水资源占全球水资源的6%，但人均水资源量仅占世界平均水平的1/4。在气候变化背景下，部分流域极端天气气候事件突发频发。我国华北、东北和西北东部的干旱化趋势在发展。北方的黄河、淮河、海河和辽河4个流域降水量平均减少6%，水资源总量减少25%，其中，海河流域地表水资源量减少了41%。我国北少南多的水资源格局进一步加剧。

山西水资源极其贫乏，是我国缺水最严重的省份之一。水资源总量仅为142亿 m^3，全省多年平均水资源总量占全国水资源量的0.4%，全省人均占有水资源量远低于人均500 m^3 的国际极度缺水标准。在气候变暖背景下，山西河川径流正以每年1.60%的速度减少，如山西第一大河——汾河，根据1956—2013年资料统计，流域多年平均水资源总量为31.9亿 m^3。1956—1979年多年平均水资源总量为36.1亿 m^3，1980—2000年多年平均水资源总量为30.1亿 m^3，2001—2013年多年平均水资源总量为26.1亿 m^3；1956—2013年，多年平均水资源总量总体上呈不断减少趋势，2001—2013年较1956—1979年减少10亿 m^3（牛世军，2015）。滹沱河1980—2000年的平均水资源与1956—1979年相比，以每年2.59%的速度减少，其中，由于气候变化和人类活动造成的径流量减少速度为1.01%/a和1.58%/a（崔炳玉等，2007）。自有观测记录以来，娘子关泉、辛安泉、郭庄泉、神头泉、晋祠泉、兰村泉、洪山泉等7个岩溶泉的流量均有不同程度的下降，其中晋祠泉与兰村泉已断流（《山西河湖》编纂委员会，2013）。

7.4.1.2 降水对水资源的影响

受地形地势和自然气候影响，山西境内河流众多，降水是山西省地表水和地下水的主要来源。2011—2021年山西年降水量为439.2～721.9 mm，降水量最多的2021年，山西水资源总量、地表水量和地下水量均达到最大值，分别是207.9亿 m^3，155.9亿 m^3 和113.7亿 m^3；降水量最少的2019年，山西水资源总量和地表水量为次小值，分别是97.3亿 m^3 和58.5亿 m^3，地下水量为最小值，为82.5亿 m^3。

2011—2021年山西省年降水量与山西省年水资源总量为显著相关（$P<0.05$），相关系数为0.9349，线性方程的斜率表示每增加1 mm降水量可增加水资源总量0.36亿 m^3。山西省年降水量与山西省年地表水资源量为显著相关（$P<0.05$），相关系数为0.9085，线性方程的斜率表示每增加1 mm降水量可增加地表水资源量0.31亿 m^3。山西省年降水量与山西省年地下水资源量也为显著相关（$P<0.05$），相关系数为0.8111，线性方程的斜率表示每增加1 mm降水量可增加地下水资源量0.10亿 m^3（图7.7）。

7.4.2 降水对河流水量的影响

7.4.2.1 降水量与径流量

在研究某时段内河流水量变化和比较各河流的径流量时，都必须采用适当的量值进行计算。常用的量有流量、径流量、径流模数，径流深度、径流变率（模比系数）、径流系数。单位时间内通过某水断面的水量，叫作流量（m^3/s）。在特定时段内流过河流测流断面的总水量，称为径流量（m^3），如年径流量。单位时间、单位面积上产出的水量，称为径流模数（$m^3/(a\cdot km^2)$）。在研究河流径流时，需要把径流量与降水量进行比较。降水量是用毫米（mm）为单位的，径流量也须用毫米（mm）为单位。流域径流总量除以流域面积，即得到径流深度。任何时段的径流

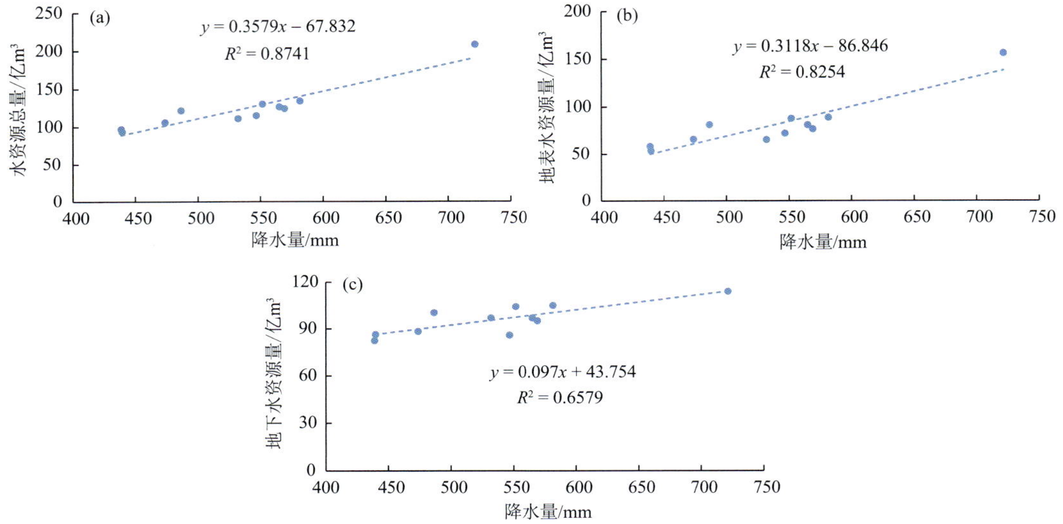

图 7.7　降水量与水资源总量(a)、地表水资源量(b)和地下水资源量(c)的散点图

值与同时段多年平均值之比，称之为径流变率或模比系数。一定时期的径流深度与同期降水量之比，称为径流系数，常用百分数表示。

7.4.2.2　降水与洪峰过程

影响流量的主要因素有自然因素和人为因素，自然因素包括降水、地形地貌、植被和土壤等。降水是影响河流流量的主要因素之一，雨量的大小直接影响流量的多少，但流域上游洪水会向下游传播，因此下游河道流量除了与区间雨量有关外，还与上游流量有很强的相关性，且洪水向下传播过程导致下游洪峰有一定滞后性。植被具有涵养水源、调节水量的作用，植被通过增加截留和延缓下渗减弱洪峰，有助于减轻洪涝灾害。山脉和河流的走向会影响水流的方向和速度，山地丘陵地区的水流速度较快，易形成急流和瀑布，平原地区水流速度较慢。土壤性质和前期土壤湿度也会影响河流流量，前期土壤湿度大时发生降水，土壤更容易达到饱和含水量形成径流。除此之外，水利工程建设和农业灌溉等人为因素对流量也有较大影响。

基于水文站流量监测数据和气象数据开展的气象条件对山西主要河道径流的影响评估显示，2022 年，山西“七河”面雨量较常年偏多 3.2%(沁河)～32.2%(桑干河)(图 7.8)。7 月中旬黄河流域山西主要支流汾河、沁河和涑水河流域出现年度最大流量。2022 年汛期海河流域桑干河降水偏多、涨水明显。

(1)汾河

2022 年汾河流域河津水文站主要有 3 次较大涨水过程，最大流量分别为 199 m^3/s(7 月 16 日)、187 m^3/s(8 月 26 日)和 167 m^3/s(10 月 5 日)。7 月 10—13 日，累积面雨量达到 74.3 mm，河津水文站流量由 4 m^3/s 增加至 62 m^3/s；7 月 14—15 日，仅出现 0.1 mm 和 4.8 mm 面雨量，但流量持续上升，达到 196 m^3/s；7 月 16 日出现 32.7 mm 的面雨量，流量达到过程最大值 199 m^3/s，也是全年最大流量。8 月 24 日面雨量为 10.9 mm，最大过程流量滞后 2 d，出现在 8 月 26 日。10 月 1—3 日面雨量为 58 mm，10 月 5 日出现最大过程流量 167 m^3/s。汾河流域河津水文站最大过程流量滞后主要降雨时段 2～4 d(图 7.8a)。

（2）沁河

2022 年沁河流域较大涨水过程出现在 7 月 12—15 日，润城水文站流量由 7 m^3/s 增加至 71 m^3/s。7 月 10—15 日沁河流域累积面雨量为 78.7 mm，最大面雨量出现在 7 月 13 日（35.6 mm），润城水文站最大流量出现在 7 月 15 日，滞后最大面雨量 2 d（图 7.8b）。

（3）涑水河

2022 年涑水河流域降水过程出现在 7 月 13—16 日，累积面雨量为 77.4 mm，其中 7 月 17 日出现最大面雨量为 38.3 mm，当日流量达到 10 m^3/s，为全年最大流量。涑水河流域张留庄水文站的最大过程流量与主要降雨时段一致（图 7.8c）。

（4）桑干河

2022 年 8 月，桑干河流域累积面雨量为 274.1 mm，较常年偏多 220%。8 月出现多次较强降水过程，其中 14 日、18 日、21—22 日面雨量分别为 35.1 mm、59.6 mm 和 59.8 mm，使得固定桥水文站流量在 15 日、19 日和 22 日分别增加到 37 m^3/s、59 m^3/s 和 70 m^3/s，涨水一般滞后降水 1 d（图 7.8d）。

（5）滹沱河

2022 年 8 月，滹沱河流域累积面雨量 219 mm，较常年偏多 99%。多次较强降水导致河道明显涨水，滹沱河流域南庄水文站 8 月 24 日出现最大流量，达 146 m^3/s（图 7.8e）。

（6）漳河

2022 年 10 月，漳河累积面雨量 137.7 mm，较常年偏多 326%。10 月 1—4 日出现强降水

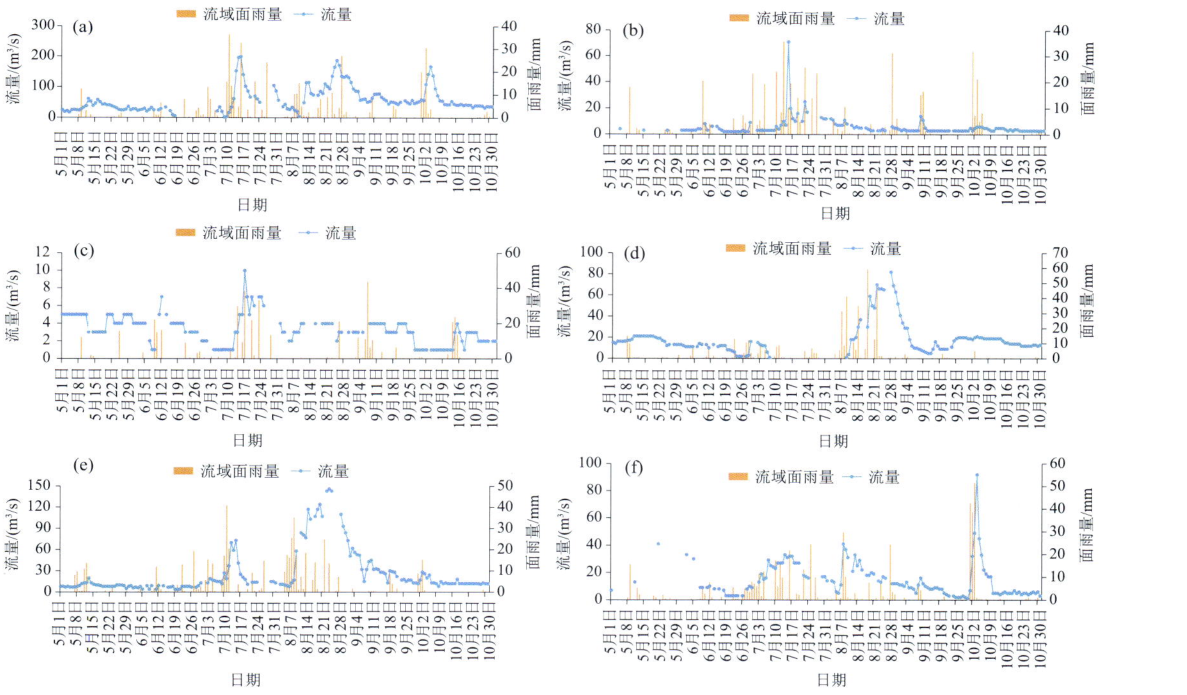

图 7.8　2022 年 5—10 月山西省主要河流逐日面雨量与水文站逐日流量

（a. 汾河河津；b. 沁河润城；c. 涑水河张留庄；d. 桑干河固定桥；

e. 滹沱河南庄；f. 漳河石梁）

过程，累积面雨量 134 mm，其中最大面雨量出现在 10 月 3 日(51.6 mm)；漳河流域石梁水文站出现明显涨水过程，10 月 4 日出现最大流量 92 m^3/s，滞后最大面雨量 1 d(图 7.8f)。

7.4.3 气温对黄河凌汛的影响

7.4.3.1 山西黄河凌汛概况

黄河发源于巴颜喀拉山北麓，上游流经崇山峻岭，中游流经黄土高原，下游流经华北平原，黄河经过 3 个阶梯流入渤海。凌汛是封河期和开河期河道中冰凌对水流的阻力作用而使得水位升高的一种涨水现象。黄河凌汛影响航运交通、水力发电、旅游观光等领域，如果形成冰塞冰坝，极易发生工程漫溢险情，危及沿河群众安全。山西位于黄河中游，黄河山西段全长 965 km，涉及忻州、吕梁、临汾、运城 4 市 19 县。山西省黄河凌汛期一般从 12 月上旬至 3 月上旬，持续 100 d 左右。整个凌汛期间，忻州、临汾段存在封冻现象，吕梁、运城段一般只流凌，无封冻。黄河山西段凌汛灾害主要集中在天桥库区、临汾壶口景区、运城小北干流滩区、三门峡库区一带。2021 年"1·12"壶口景区凌灾，造成了较大的损失，引起了社会层面广泛关注。

7.4.3.2 凌汛监测

黄河北干流指内蒙古自治区托克托县河口镇头道拐水文站至陕西省潼关水文站河段，其中，大北干流指从河口镇头道拐水文站到龙门水文站河段，小北干流指龙门水文站至潼关水文站河段。万家寨、龙口至天桥水库下泄流量波动大，易引发大北干流冰凌急剧释放，造成突发冰凌堆积灾害；若遇极端天气，大北干流河段将形成"造冰厂"，源源不断输送冰凌，给小北干流河段防凌安全带来较大压力。小北干流主槽淤积严重，河道宽、浅、散、乱，沙洲密布，排凌不畅；部分工程基础浅、断面单薄，漫滩、塌岸等时有发生，一旦发生卡冰壅水漫滩，可能危及沿河群众生命财产安全(图 7.9)。基于黄河水利委员会逐日凌情监测数据和气象数据开展的山西黄河干流凌情监测显示，2021—2022 年冬季黄河山西河段封冻长度最大值偏小，2022 年 2 月前期气温偏低不利于流凌消融。

2021—2022 年冬季黄河山西河段封冻长度最大值偏小，开河期消融速度慢。2021 年 12 月至 2022 年 1 月山西省内黄河流域气温偏高 1～3 ℃，黄河山西河段封冻长度偏小，流凌密度偏低。2022 年 2 月 1 日监测显示，黄河山西河段的龙口库区、天桥库区和壶口河段封冻总长度为 73.0 km，在 2019—2022 年期间仅高于 2020 年。2022 年 2 月 1—22 日由于受多次冷空气影响，气温持续偏低，黄河山西河段的龙口库区、天桥库区和壶口河段的平均气温为 −5.3 ℃，较常年同期偏低 1.6 ℃，较上年同期偏低 6.2 ℃，导致黄河封冻消融速度慢。2022 年 2 月 28 日监测显示，黄河山西河段的龙口库区、天桥库区和壶口河段封冻总长度为 50.0 km，是 2019—2022 年最大值。2022 年 3 月 18 日，黄河山西河段全部开河。

2021—2022 年小北干流和大北干流河段流凌密度较 2020—2021 年凌汛期偏低。2022 年 1 月，黄河小北干流平均气温 0.8 ℃，较常年同期偏高 2.0 ℃，不利于流凌的形成，导致小北干流在 2022 年 1—2 月最大流凌密度仅为 30%，比 2020—2021 年凌汛期同期最大流凌密度低 30 个百分点，为 2019—2022 年内最小值；大北干流 2022 年 1 月平均气温 −3.5 ℃，较常年同期偏高 2.9 ℃，2022 年 1—2 月大北干流河段的吴堡断面最大流凌密度为 70%，比 2020—2021 年凌汛期同期最大流凌密度高 10 个百分点，但是吴堡断面流凌密度达 50%及以上的天数仅 5 d，较 2021 年同期偏少 6 d(图 7.10)。

图7.9 黄河干流山西段水文站和断面分布示意图

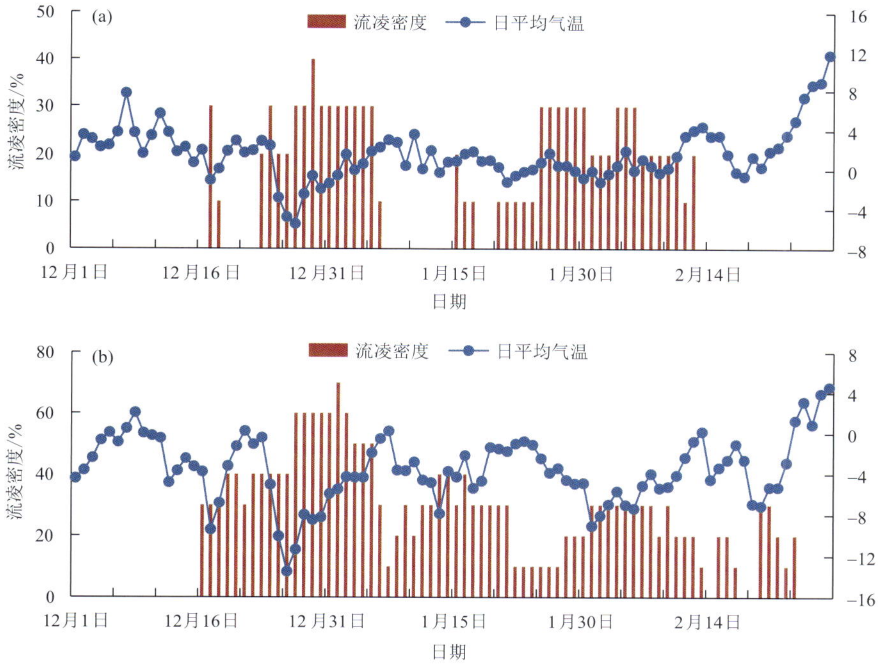

图7.10 2021年12月—2022年2月逐日最大流凌密度和逐日平均气温
(a. 小北干流；b. 大北干流吴堡断面)

2022年2月前期气温偏低不利于流凌消融。2022年2月，大北干流经历多次冷空气过程，2月1—22日大北干流平均气温－4.6 ℃，较常年同期值偏低2.1 ℃，较上年同期偏低6.2 ℃。气温偏低导致大北干流吴堡断面流凌密度消融缓慢，流凌密度最大值达到30%，持续10 d。对比2019—2022年同期值，2021年2月吴堡断面流凌密度最大30%，持续4 d；2020年2月吴堡断面流凌密度最大20%，仅1 d，2019年进入2月吴堡断面流凌密度已经为0；2月下旬气温逐渐回升，大北干流吴堡断面流凌密度逐渐减少。总体而言，2月前期气温偏低不利于流凌密度减小，导致大北干流流凌密度高于往年同期。

7.4.3.3 凌汛预测

黄河凌汛的影响因素很多，既与黄河河堤堤坝状况、大型水库的调节蓄水能力、地形等因素有关，又与前期降水量多少、开封河时气温变化幅度大小等气候因素相关。如果河流的上游先开河，尤其遇到开河流量大于下游河道封冻期流量时，上游来水挟带的流冰会潜入下游封冻断面冰盖之下，鼓开冰盖，强迫下游开河。这种强烈的水力作用下开河的形式称为“武开河”。如果冰盖主要在热力作用下解冻，则称为“文开河”，河流的上下游一般同时开河或是下游先开。介于两者之间的开河情况，称为“半武开河”。武开河易形成冰坝洪水灾害。随着经济的发展，堤坝加固以及水库调控能力不断加强，气候因素成为影响黄河凌汛的主要因子。黄河河道冰量、封河长度和天数与负气温显著相关。这是因为持续而高强度负气温的累积，可以反映同期水体热量的耗散过程，其结果必然是在同等边界条件下增加冰量，伸展封冻河段，并延长封河时间；反之亦然。对于封、开河时间与负气温的关系来说，远不及以上3个特征量密切，其中封河时间主要与12月气温相关密切，并且反映水力作用的流量对封河时间具有较明显的影响，即在相同负气温条件下，流量越大，封河日期推迟，甚至不封，反之封河日期提前。至于对开河时间的影响，情况则更为复杂。它不仅主要取决于初春气温高低及回暖的快慢，而且还受到反映水力条件的上中游来水量大小，以及反映冰质、冰量状况的隆冬气温等因素的影响（潘进军 等，2008）。在全球气候变暖的背景下，黄河开河日期逐年提前，封河日期逐年推后，而流凌期的不断延长以及气温冷暖异常波动，增加了黄河凌汛的自然风险。2022年以来，山西省气候中心开始开展黄河凌汛气象业务服务。

（1）方法

基于气温和凌汛期封冻资料，建立黄河山西主要封河河段首封日期和开河期指标模型，结合气象预报和气候趋势预测开展黄河凌汛气象业务服务。

（2）凌汛期预测指标

基于11月上旬—12月上旬累积气温、11月气温转负日至12月上旬累积气温和12月上旬累积气温等指标对山西主要封河河段凌汛期首封日期进行预报。基于1—2月>0 ℃积温、负积温等指标对黄河山西主要封河河段开河期进行趋势预报。

（3）预测结果分析

2018—2021年万家寨库区的首封日期为第338天至351天。运用万家寨库区首封日期观测值和11月上旬—12月上旬累积气温、11月气温转负日至12月上旬累积气温和12月上旬累积气温的观测数据建立首封日期气温预测模型，并用2022年气温指标和首封日期观测数据进行验证后，综合2023年11月观测气温数据和12月预报预测气温数据开展2023年万家寨库区首封日期预测，预测结果与观测日期较为一致，预测结果理想（图7.11）。

2018—2021年黄河壶口乡宁段开河日期为第48天至62天。运用黄河壶口乡宁段开河

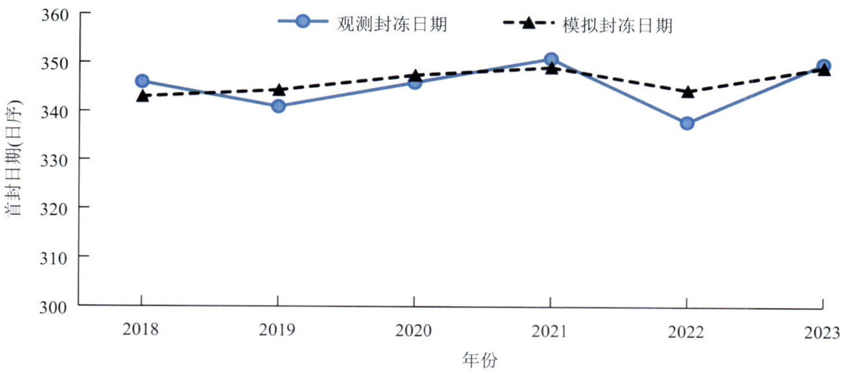

图 7.11　万家寨库区首封日期观测值和模拟值对比

日期观测值和 1—2 月>0 ℃积温、负积温观测数据建立开河日期气温预测模型，并用 2022 年气温指标和开河日期进行验证后，综合 2023 年 1 月观测气温数据和 2 月预报预测气温数据开展 2023 年黄河壶口乡宁段开河日期预测，预测结果与观测日期较为一致，预测结果理想（图 7.12）。

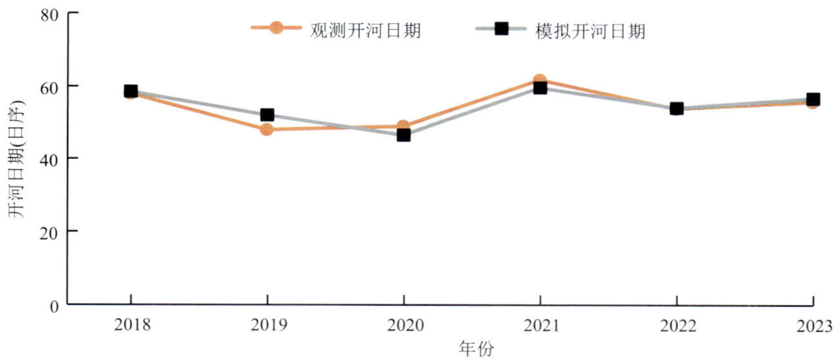

图 7.12　黄河壶口乡宁段开河日期观测值和模拟值对比

7.4.4　气象条件对湖库湿地的影响

7.4.4.1　水体遥感监测

地表较纯净的自然水体对 0.4～2.5 μm 波段电磁波的吸收明显高于绝大多数其他地物。在光谱的可见光波段内，水体中的能量-物质相互作用比较复杂，光谱反射特性包括来自 3 方面的贡献，即水的表面反射、水体底部物质的反射和水中悬浮物质的反射，而光谱吸收和透射特性不仅与水体本身的性质有关，而且还明显地受到水中各种类型和大小的物质——有机物和无机物的影响。在光谱的近红外和中红外波段，水几乎吸收了其全部的能量，即纯净的自然水体在近红外波段近似于一个"黑体"，因此，在 1.1～2.5 μm 波段，较纯净的自然水体的反射率很低，几乎趋近于零。

常见的水体遥感提取方法主要有单波段阈值法和水体指数方法。单波段阈值法适用于波段较少的高分辨率卫星，如高分一号、高分二号等，仅在可见光—近红外有 4 个波段。选择近红外波段运用单波段阈值法提取分析，结合实验数据多次对比后确定提取水体信息的最佳阈值。

水体指数法多采用归一化差分水体指数 NDWI（Normalized Difference Water Index）提取水体信息，其表达式为

$$\mathrm{NDWI}=\frac{\rho_{\mathrm{Green}}-\rho_{\mathrm{NIR}}}{\rho_{\mathrm{Green}}+\rho_{\mathrm{NIR}}} \tag{7.1}$$

式中：ρ_{Green} 为绿光波段反射率；ρ_{NIR} 为近红外波段反射率。

归一化差分水体指数 NDWI 用来提取影像中的水体信息，效果较好，但利用 NDWI 提取有较多建筑物背景的水体，如城市中的水体，其效果会较差。

徐涵秋（2005）在对 Mcfeeters 提出的归一化差异水体指数（NDWI）分析的基础上，对构成该指数的波长组合进行了修改，提出了改进的归一化差异水体指数 MNDWI（Modified NDWI），并分别将该指数在含不同水体类型的遥感影像上进行了实验，大部分获得了比 NDWI 好的效果，特别是提取城镇范围内的水体。实验还发现 MNDWI 比 NDWI 更能够揭示水体微细特征，如悬浮沉积物的分布、水质的变化。另外，MNDWI 可以很容易地区分阴影和水体，解决了水体提取中难于消除阴影的难题。其表达式为

$$\mathrm{MNDWI}=\frac{\rho_{\mathrm{Green}}-\rho_{\mathrm{MIR}}}{\rho_{\mathrm{Green}}+\rho_{\mathrm{MIR}}} \tag{7.2}$$

式中：ρ_{Green} 为绿光波段反射率；ρ_{MIR} 为中红外波段反射率。

7.4.4.2 水体面积变化

利用高分卫星数据，对山西“五湖”（晋阳湖、云竹湖、漳泽湖、盐湖和伍姓湖）进行遥感监测分析。2023 年，山西“五湖”水体面积分别为 4.80 km^2、7.71 km^2、23.87 km^2、74.72 km^2 和 9.43 km^2。与 2022 年同期相比，2023 年晋阳湖和云竹湖的水体面积略有减小，漳泽湖、盐湖和伍姓湖的水体面积均略有增加（图 7.13）。

湖泊面积变化有降水、蒸发等自然原因，也有水资源利用、生态环境变化等人为原因。随着山西五湖生态治理的开展，山西“五湖”面积有逐年增加趋势，气象条件也影响湖泊面积变化（图 7.14）。2023 年晋阳湖和云竹湖的年降水量分别为 457.0 mm 和 445.8 mm，较上年偏少 16.5%和 7.8%，降水量的减少是水体面积减小的一个因素。

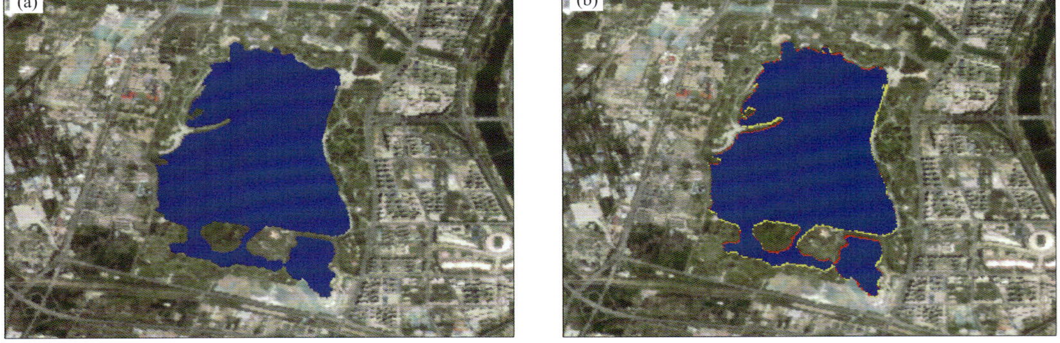

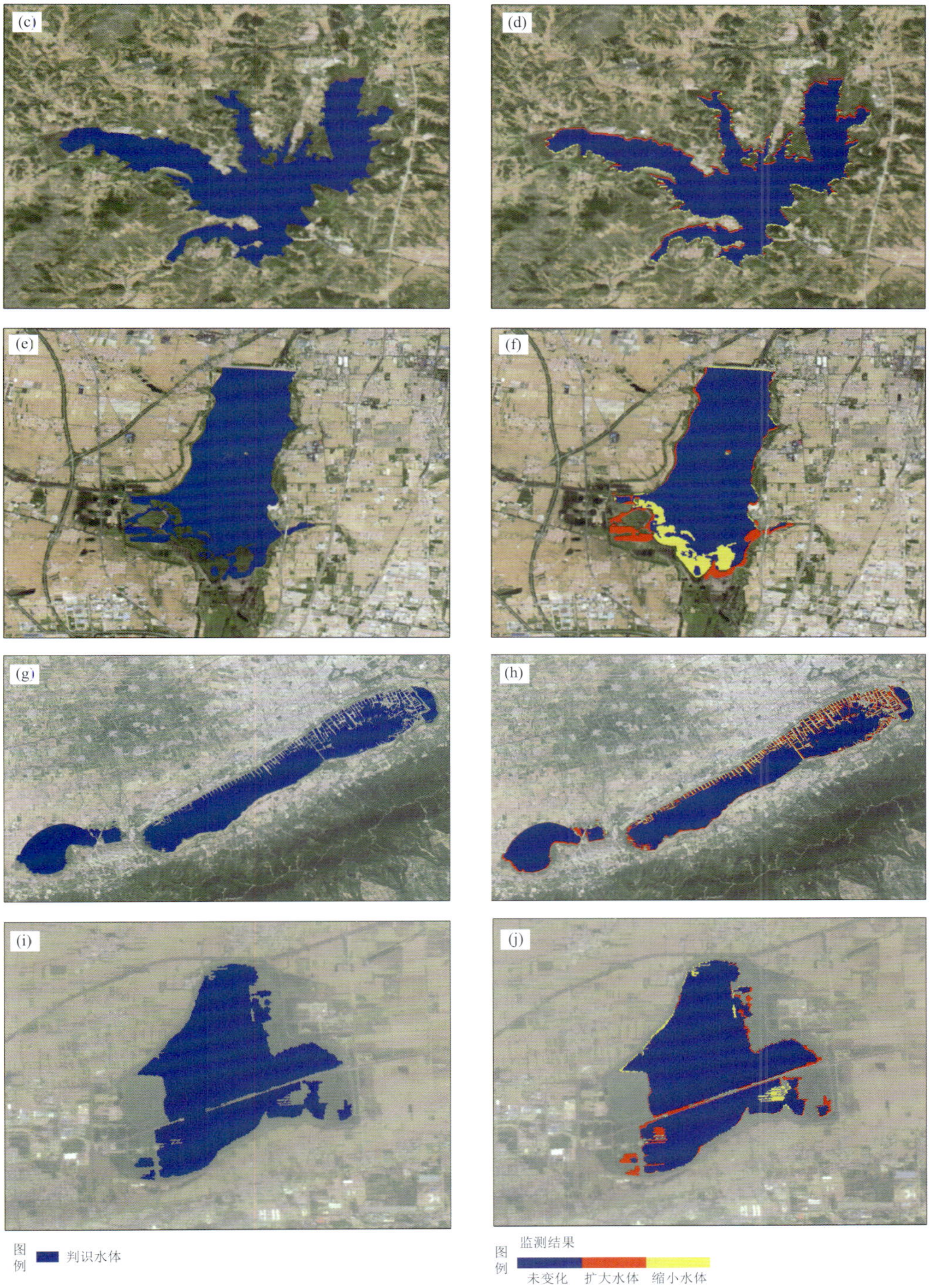

图 7.13　2023 年和 2022 年山西“五湖”水体面积遥感监测
（a. 晋阳湖 2023 年；b. 晋阳湖 2023 年—2022 年；c. 云竹湖 2023 年；d. 云竹湖 2023 年—2022 年；e. 漳泽湖 2023 年；f. 漳泽湖 2023 年—2022 年；g. 盐湖 2023 年；h. 盐湖 2023 年—2022 年；i. 伍姓湖 2023 年；j. 伍姓湖 2023 年—2022 年）

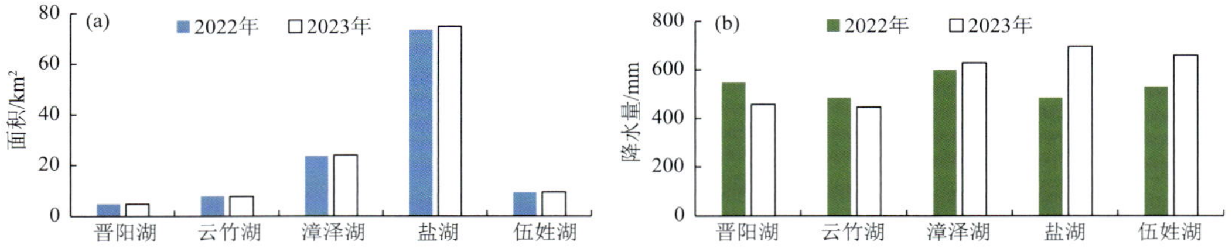

图 7.14　山西“五湖”水体面积(a)及降水量(b)

2023 年漳泽湖、盐湖和伍姓湖的年降水量分别为 628.0 mm、685.0 mm 和 659.0 mm，较上年偏多 5.0%、46.9%和 24.7%，降水量的增加是水体面积变大的一个因素。

7.4.4.3　降水量对水库径流量的影响

为了研究气象条件对水库天然径流量的影响，收集了漳泽水库和云竹水库的相关资料，并在此基础上进行分析。

(1)水库天然径流量年际变化特征

漳泽水库 1980—2016 年平均天然径流量 15987.1 万 m^3，其多年变化特征主要表现在以下两个方面(图 7.15)，一是年天然径流量总体呈增加趋势，2002 年以前大多数年份的天然径流量一般不超过 20000 万 m^3，最小的 1986 年为 7516 万 m^3，仅为多年平均值的 47.01%；2003 年达到 40888 万 m^3，高达多年平均值的 2.56 倍；以后年份的年天然径流量均维持在 10000 万 m^3 以上。二是年际间波动明显。例如，2002—2004 年是漳泽水库天然径流量年际间波动最大的时段，2003 年天然径流量比 2002 年增加了约 2.8 亿 m^3，为上年的 3.2 倍；2004 年则比 2003 年减少了约 1.7 亿 m^3，仅为上年的 57.7%。在年天然径流量次多的 2013 年前后，也表现出较大的波动，2013 年天然径流量比 2012 年增加了约 1.4 亿 m^3，为上年的 1.8 倍；2014 年则比 2013 年减少了约 0.7 亿 m^3，为上年的 80.3%。

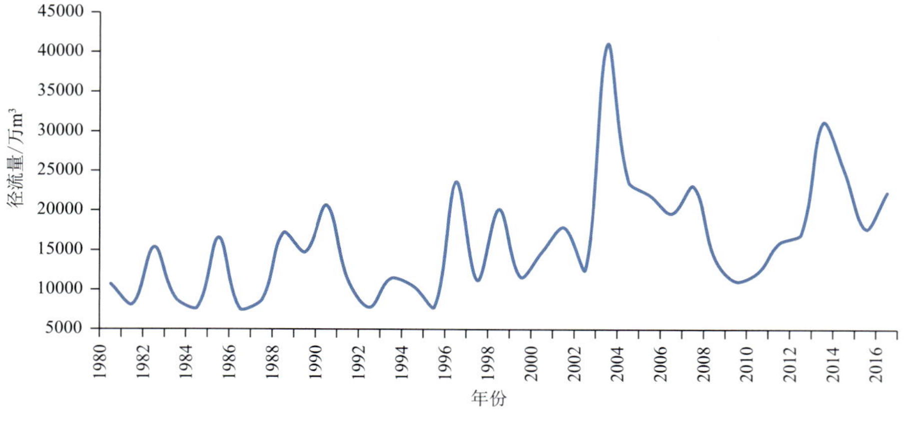

图 7.15　漳泽水库天然径流量年际变化

云竹水库多年平均天然径流量为 2090.2 万 m^3，其多年变化特征表现在以下两个方面(图 7.16)，一是年天然径流量有一定的阶段性变化，20 世纪 80 年代以前总体呈增加趋势，年天然径流量最小的 1972 年仅为 255 万 m^3，为多年平均天然径流量的 12.20%；年天然径流量最大的 1977 年高达 9662 万 m^3，为多年平均天然径流量的 4.62 倍。20 世纪 80 年代前期和中期，天然径流量较为稳定。20 世纪 80 年代末期,天然径流量增加,1988 年为 6851 万 m^3,为第二高值年。20 世纪 90 年代以后,天然径流量呈减少趋势,1997—2002 年天然径流量均在 1000 万 m^3 以下,1999—2002 年是连续稳定的低值期,均不足 500 万 m^3,最少的 2001 年仅为 306 万 m^3。二是年际间波动更为剧烈,年变异系数高达 69.11。例如,1973 年天然径流量 5069 万 m^3,是 1972 年天然径流量 255 万 m^3 的 19.9 倍,1974 年又锐减到 501 万 m^3,仅为 1973 年的 9.9%;1977 年的天然净流量比 1976 年增加了约 0.77 亿 m^3,是上年的 4.9 倍,1978 年比 1977 年减少了约 0.48 亿 m^3,仅为上年的 49.9%。

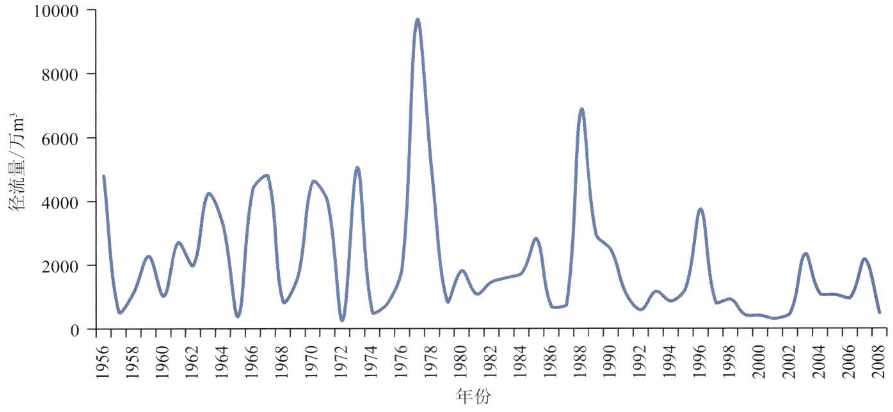

图 7.16　云竹水库天然径流量年际变化

(2)水库天然径流量月际变化特征

漳泽水库和云竹水库天然径流量年内变化均表现为单峰型(图 7.17 和图 7.18)。漳泽水库 1 月天然径流量最小,仅占全年的 4.57%;1—4 月基本保持稳定,在全年占比基本保持在 5%左右;5—8 月天然径流量在全年占比持续增加,8 月是全年天然径流量占比最大的月份,达 16.23%;9—12 月,各月天然径流量在全年中所占比例持续下降。从各月天然径流量在全年中的占比情况看,冬季(12 月—次年 2 月)是天然径流量最少的时段,其间各月的占比均不超过 5.5%;6—10 月是天然径流量较多的时段,其间各月占比均在 9.0%以上,合计占比达到约

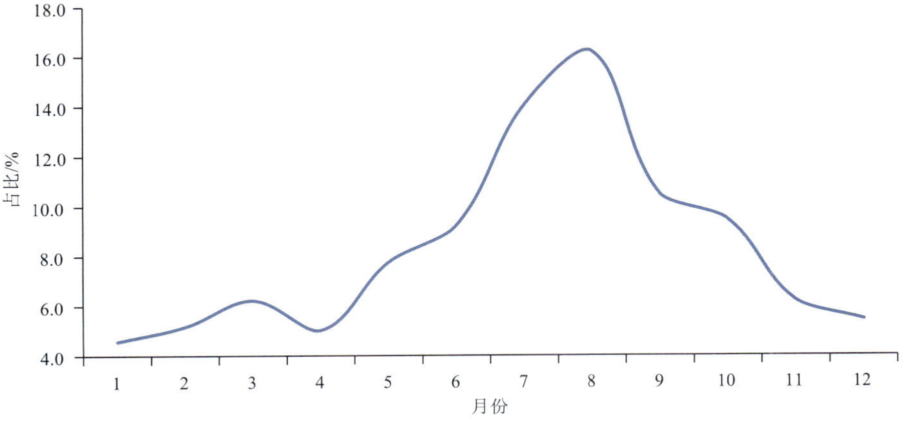

图 7.17　漳泽水库天然径流量占比月际

60.0%，其中，7 月、8 月、9 月 3 个月是天然径流量最为集中的时段，各月占比分别为 14.07%、16.23%和 10.52%，合计达到 40.82%。

云竹水库天然径流量的年变化与漳泽水库类似，但全年天然径流量更为集中，不同月份之间的差异更大。12 月—次年 5 月，各月天然径流量在全年占比均不超过 4.5%，这 6 个月的天然径流量合计在全年的占比只有 17.22%，其中，最小的 1 月占比仅 1.27%，次小的 2 月也仅为 1.47%。全年天然径流量高度集中在 7—9 月，这 3 个月的天然径流量占比均超过 15.0%，合计达到 63.37%，其中占比最大的 8 月份高达 30.16%。

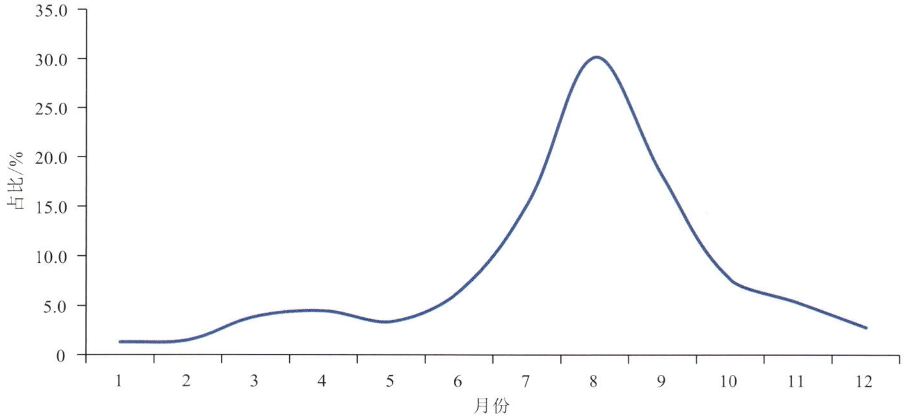

图 7.18　云竹水库天然径流量占比月际变化

历年各月天然径流量的稳定程度不一，天然径流量少的月份变化幅度较小，天然径流量较大的月份变化幅度较大。漳泽水库 12 月—次年 3 月，历年各月天然径流量的变异系数均在 40.0%以下，最低的 12 月份仅 27.64%；而天然径流量较大的 7—10 月，变异系数均在 60.0%以上，最大的 10 月达 70.81%。云竹水库历年各月天然径流量的稳定性更差，变异系数明显大于漳泽水库，变异系数最小的 3 月为 75.63%，变异系数最大的 8 月达到 105.94%。

(3)降水量与水库天然流量关系分析

降水是云竹水库天然径流量的主要补给源，年天然径流量随流域年面雨量变化，年降水量大，天然径流量多，降水量小，天然径流量少(图 7.19)。20 世纪 60 年代中期至 70 年代，年面雨量变化与年天然径流量变化的吻合程度较高，1977 年为流域面雨量最大的年份，达 872.4 mm，当年天然径流量也达到最大，为 9662 万 m^3；1972 年流域面雨量仅 381.1 mm，当年天然径流量达到历年最低的 255 万 m^3。同时，年天然径流量也与上年的流域面雨量有一定关系，例如，1986 年流域面雨量为 284.4 mm，当年天然径流量为 684 万 m^3；1987 年流域面雨量虽然达到 508.6 mm，但该年天然径流量并没有明显增大，也仅 737 万 m^3，出现这种情况可能是由于上年降水量偏少，土壤储水量少，降水更多地渗入土壤，径流系数偏低，使得入库水量减少。20 世纪 80 年代前期和 90 年代中期，虽然逐年流域面雨量有一定起伏，但年天然径流量均基本稳定，可能也与此有关。

利用二次函数抛物线方程能较好地拟合流域面雨量与天然径流量关系(图 7.20)。由于云竹水库流域面积加大，入库河流较多，入库流量受自然和人为因素众多，拟合结果仍有一定的误差。但根据拟合结果，可以利用降水量预报预测初步估计天然径流量，为水利调度、防洪

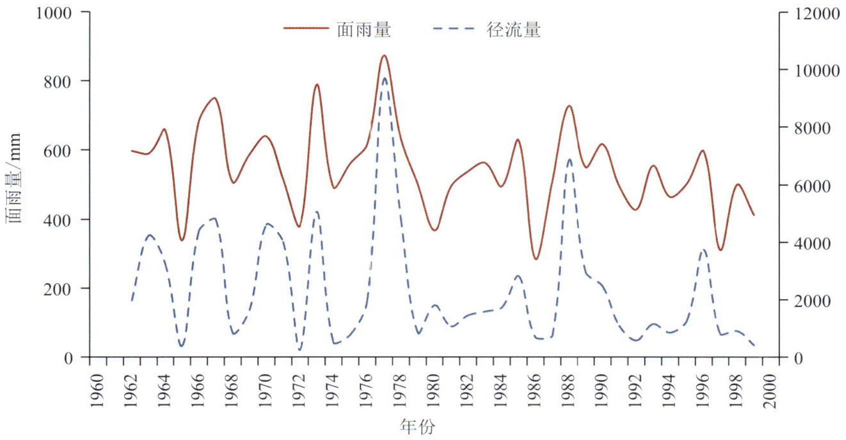

图 7.19　云竹水库逐年流域面雨量与天然径流量

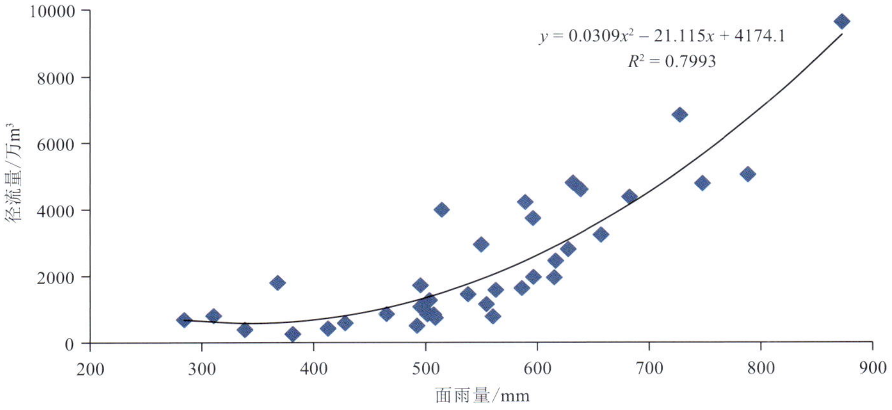

图 7.20　云竹水库年面雨量与年天然径流量关系

等提供参考。

7.4.5　气象条件与生态环境需水量

7.4.5.1　生态环境需水量

基本生态环境需水量指提供一定质量和数量的水给天然生境，以求最大限度地改变天然生态系统的过程，并保护物种多样性和生态整合性。生态需水量不但与生态系统中生物群体结构有关，而且与气候、土壤、地质和其他环境条件有关。20 世纪 90 年代以前对生态需水量的研究主要侧重于河道生态系统。最初是根据水文历史资料进行河流流量分析，主要有 Tennant 法和 7Q10 法，水利学家还根据河道断面参数判断河流所需流量，主要有 R_2CROSS 法和湿周法，但这两种河道生态需水研究方法缺乏生态学依据。

生态环境需水量包括生态需水量和环境需水量。生态需水量包括维持河流生态系统的生态基流、河流水面蒸发生态需水量、河流入渗生态需水量；环境需水量包括维持河流水沙平衡需水量、污染物自净需水量等。山西河道径流基本靠降水补给，由于蒸发强烈，且区域性差异比较显著，致使大部分降水被蒸发，只有小部分形成径流。因此，水面蒸发是流域水循环中最基本的因素之一，是水量平衡的重要组成部分，同时也是河流、水库等自然水体水量消耗的主要部分。在生态环境需水量的分量中，与气象条件有直接关系的是河流水面蒸发生态需水量。河流的水面蒸发是河流水量消耗的重要方式之一，这需要一定的水量用于维持河流系统正常的环境功能。水面蒸发需水量的计算需要确定水面面积和净蒸发量两个要素。当水面蒸发高于降水时，通过水面蒸发量与降水量差值所计算的消耗于蒸发的净水量，称之为水面蒸发用水量。当降水量大于蒸发量时，认为蒸发生态用水量为零。

7.4.5.2 山西河道生态需水量

汾河中下游流域地处我国黄土高原干旱、半干旱地区。汾河径流量的年际变化和年内变化均较大，一般洪水发生在 7—9 月，并有洪峰流量大和历时短的特点。近年来，随着经济的迅速发展和城市化进程的加快，加之人类活动的影响，导致汾河河流的自净能力降低，河流水质不达标，水体发黑发臭、污染严重，河道断流等河流生态环境遭到严重破坏的事件频繁发生。1954—2005 年，汾河干流局部河段出现了不同程度的断流。从兰村水文站到义棠水文站的河道在非灌溉引水期基本处于断流状态，河道内往往只有少量污水。2001 年以来，兰村水文站断流天数一直在 250 d 以上，最多一年断流达 278 d，义棠水文站断流天数亦超过了 140 d。为了维系汾河河流的最基本生态功能，要求年内各时段的河川径流量均须维持在一定的水平上，不能出现诸如断流等明显现象，必须在河道内保留的最小水量，称为河流最小生态需水量。20%、50%、70%和 95%水文频率年的汾河中下游河道生态需水总量分别为 6.17 亿 m^3、3.78 亿 m^3、2.37 亿 m^3、1.59 亿 m^3，占代表年径流量的百分比分别是 55.43%、61.97%、61.27%和 88.15%，其中，20%水文频率年水面蒸发所需的生态需水量为 962 万 m^3。生态需水总量占年径流量的百分比数据说明地表水资源的利用率分别应该是 44.57%、38.03%、38.73%和 11.85%。在汾河流域，1994—2002 年多年平均地表水综合开发程度高达 86.3%，远远超过河道水体的提供能力。

桑干河河流系统生态环境需水量概算结果表明，桑干河河流基本生态环境需水量超过 8 亿 m^3，其中水面蒸发所需的生态需水量为 0.392 亿 m^3。由于水资源的掠夺式开发，桑干河出现了严重的河道断流现象。此外，由于排污量大，再加上河道内没有足够的稀释净化水量，就桑干河流域而言，河流系统的生态环境需水量在一段时间内将很难得到满足。

滹沱河流域山西段存在水资源短缺，降水情况与作物生长需水要求不相适应，存在水土流失严重，河流水质污染严重，河流生态环境恶化，水环境容量小等问题。河流山区地段水质尚好，但山区径流被水库拦蓄后，大量被引用作为灌溉水源，为土壤和农作物的蒸散发所消耗。另一部分山区来水被作为工业和城市的水源，使用后成为污废水又重新排入河道，还有煤矿及洗煤厂等污废水排入河道，造成河流水质污染，河流生态失去平衡。滹沱河山西段流域内选择济胜桥、上永兴、王家会水文测站作为 3 个断面进行生态基流量计算得出，维持河流生态系统的生态基流为 0.686 亿 m^3，河流水面蒸发生态需水量 1.23 亿 m^3，河流入渗生态需水量 0.103 亿 m^3，维持河流水沙平衡需水量 1.607 亿 m^3。

7.4.6 暴雨洪涝监测和评估

7.4.6.1 暴雨洪涝灾害卫星遥感监测

2021 年 10 月 2—6 日，山西省出现了大范围强降雨天气。此次大范围降雨，具有范围广、持续时间长、强度大、极端性强的特点。10 月 2 日 20 时—7 日 08 时，全省各地均出现降雨，平均降水量达 119.5 mm，为山西 10 月常年平均降水量(31.1 mm)的近 4 倍。最强降水时段出现在 4—5 日，其间，山西中部连续 2 d 出现区域性暴雨。

(1)汾河支流淹没面积监测

受连续降雨和上游来水影响，汾河流域干支流涨水明显，多处河段出现决口。10 月 5 日，汾河支流乌马河行洪流量最高达 140 m^3/s，远超其 20 m^3/s 流量的承受能力，导致多处决口。利用 2021 年 10 月 10 日和 10 月 3 日高分三号雷达卫星数据对比分析显示(图 7.21)，乌马河洪水淹没区主要集中在祁县和清徐县交界处，祁县境内洪水淹没面积约为 4.52 km^2，主要分布在贾令镇东北部和东观镇西部，清徐县洪水淹没面积约 6.27 km^2，主要分布在孟封镇南部。

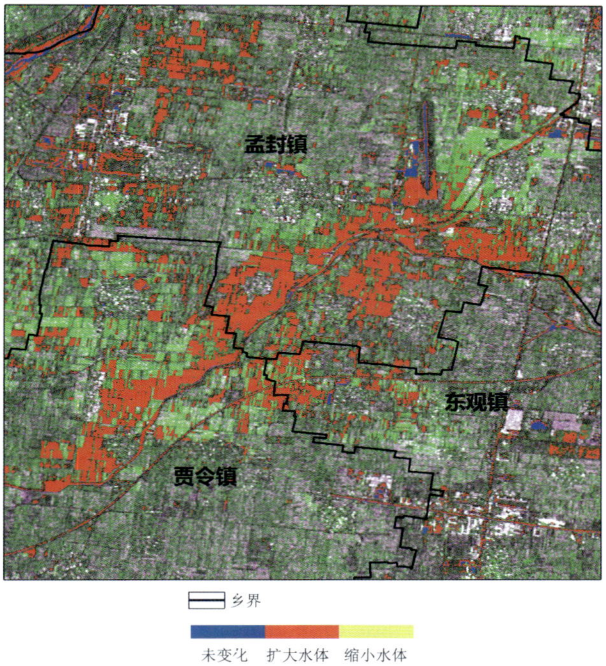

图 7.21　2021 年 10 月 10 日较 3 日 GF-3 卫星乌马河(祁县、清徐段)遥感水体变化监测

(2)汾河下游淹没面积监测

10 月 7—9 日，汾河下游运城段遭遇近 40 年来最大洪峰，行洪流量高达 1100 m^3/s 以上，多处河流溃堤，导致新绛县、稷山县、河津市和万荣县等多地出现洪涝灾害，险情不断。利用 2021 年 10 月 10 日和 8 月 13 日高分三号雷达卫星数据对比分析显示，10 月 10 日汾河运城段出现较大范围的新增水体(红色)，主要分布在新绛县、稷山县和河津市，汾河流经这些地区河流水量明显增大。汾河新绛段水体变化监测图显示，新绛县境内洪水淹没面积约为 20.84 km^2，主要分布在县城南部、横桥乡北部、古交镇南部和万安镇北部地区，受灾区域以耕地为主，且部分城区被淹。汾河稷山段水体变化监测图显示，稷山县境内洪水淹没面积约为 26.36 km^2，主要分布在稷峰镇南部、清河镇北部和蔡村乡北部地区，受灾区域以耕地为主。汾河河津段水体变化监测图显示，河津市境内洪水淹没面积约为 58.57 km^2，主要分布在河津

城区西南部、阳村乡东南部、柴家乡西部、小梁乡西部地区，受灾区域以耕地为主；该监测图还显示，万荣县裴庄乡北部部分农田也被洪水淹没(图 7.22)。

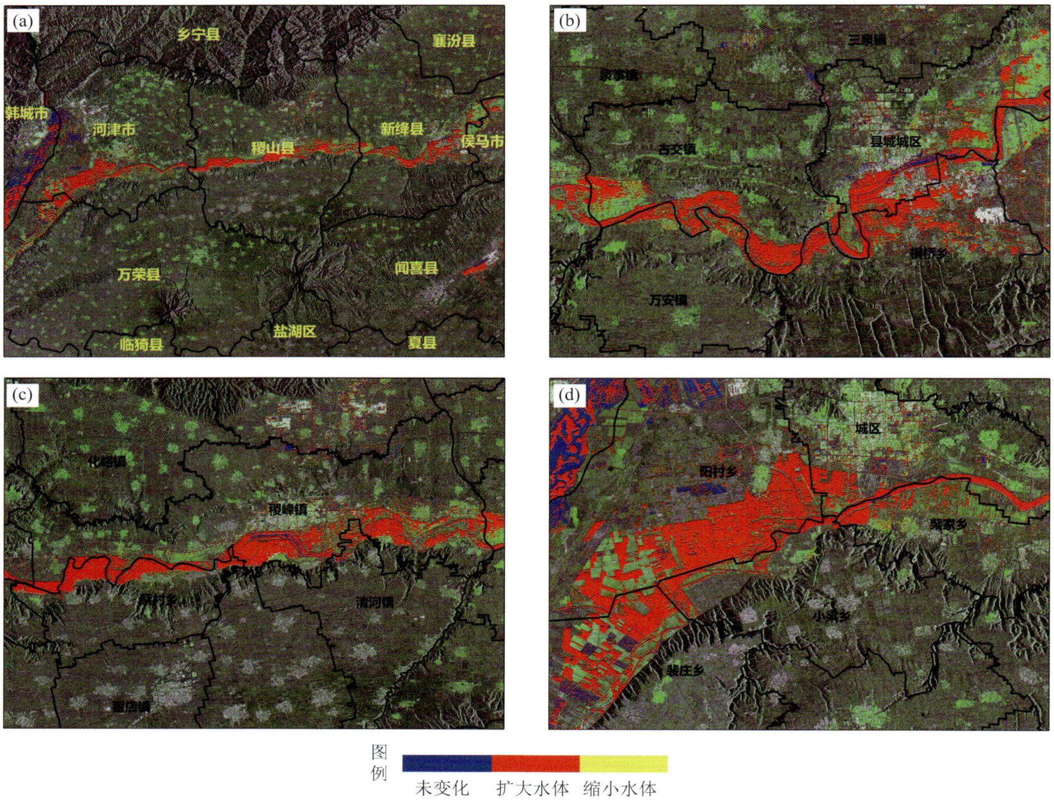

图 7.22　2021 年 10 月 10 日 GF－3 卫星汾河(运城段)遥感水体变化监测
(a. 运城段；b. 新绛段；c. 稷山段；d. 河津段)

7.4.6.2　暴雨洪涝事件评估

2023 年 7 月，台风“杜苏芮”北上，受其外围云系影响，华北地区罕见连续暴雨过程引发大范围的暴雨洪涝灾害。采用 FloodArea 模型对山西省内滹沱河流域典型强降水过程引发的洪涝灾害进行淹没模拟，为灾后救灾和汛期防洪物资准备提供科学参考。

(1)基于 FloodArea 模型的评估方法

采用基于 GIS 的二维水动力 FloodArea 模型模拟洪水淹没的演进过程，得到 90 m 分辨率的淹没范围和淹没水深。参考《中小河流洪水和山洪致灾阈值雨量等级》(QX/T 542—2020)中的“山洪致灾阈值雨量等级”：低危险为淹没深度 0.1～0.6 m，中危险为淹没深度 0.6～1.2 m，中高危险为淹没深度 1.2～1.8 m，高危险为淹没深度 1.8 m 以上。提取不同危险等级的淹没面积，结合 GDP、人口、耕地和居民地分布，对滹沱河流域的暴雨洪涝风险进行评估。结合降水数据及动态淹没水深模拟、承灾体暴露度和脆弱性，开展风险评估，为防灾减灾提供支撑。

(2)洪水淹没模拟

2023 年 7 月 27 日 08:00—8 月 1 日 08:00，山西省出现大范围连续降水天气过程，太行山沿线一带过程降水量超过 100 mm，部分地区超过 250 mm(图 7.23)。其中，滹沱河流域降水主要集中在 29 日 08:00—31 日 08:00，过程降水量为 82.9～302.3 mm，流域平均累计降水量为 178.0 mm，最大降水量出现在阳泉站，为 302.3 mm，30 日 11:00—14:00、31 日 02:00—05:00 两个时间段的 3 h 累计降水量超过 40 mm。此次强降水过程造成滹沱河流域洪涝。

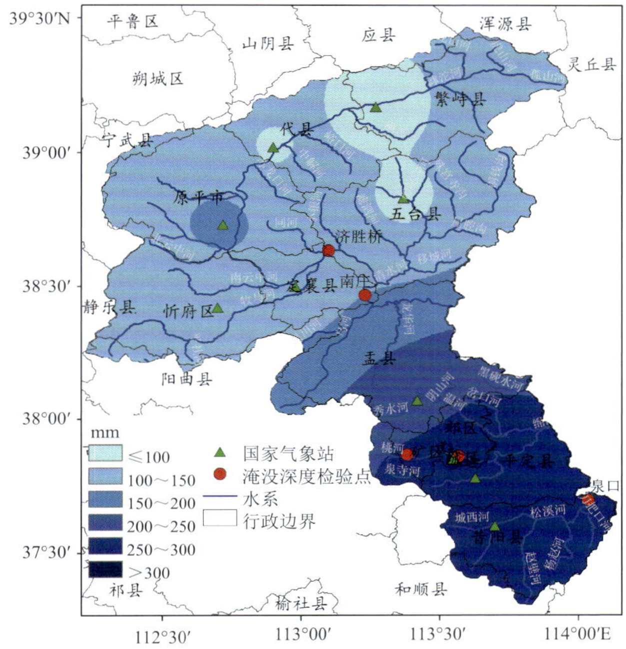

图 7.23　2023 年 7 月 29 日 08 时—31 日 08 时滹沱河流域累计降水量分布

对 2023 年 7 月 29 日 08:00—31 日 08:00 的山洪淹没范围进行模拟，发现滹沱河流域中度危险及以上等级的洪涝危险性(淹没水深>0.6 m)主要集中在沿河和地势低洼地区，滹沱河上游繁峙县、代县、原平市、五台县和滹沱河下游支流棉河、松溪河流域的平定县、昔阳县等地的淹没范围较大，危险性等级较高。29 日白天，降水较小，20 时滹沱河流域面雨量开始增大，山洪灾害开始出现(图 7.24 和图 7.25)，低危险(淹没深度 0.1～0.6 m)的面积迅速增加，但中高等级及以上(淹没深度>1.2 m)危险的面积很小(7.6 km^2)。29 日夜间，降水持续增大，12 h 累计降水量 98.3 mm，不同危险等级的面积均持续增加，30 日 08 时中高等级及以上(淹没深度>1.2 m)危险的面积已经达到 235.3 km^2。30 日白天 12 h 累计降水量 115.7 mm，随着降雨的持续和地面积水的汇流，低危险(淹没深度 0.6～1.2 m)面积有所波动，但是中高等级及以上(淹没深度>1.2 m)危险的面积依然在持续增加(图 7.24)。30 日夜间，随着降水逐渐结束，高危险(淹没深度>1.8 m)范围达到最大(465.4 km^2)，出现时间滞后最大累积面雨量时间约 3 h。

图 7.25 给出了 29 日 08:00—31 日 08:00 洪水淹没滹沱河流域的淹没深度最大值分布。滹沱河流域内中高危险范围(淹没深度 1.2～1.8 m)和高危险范围(淹没深度>1.8 m)分别为

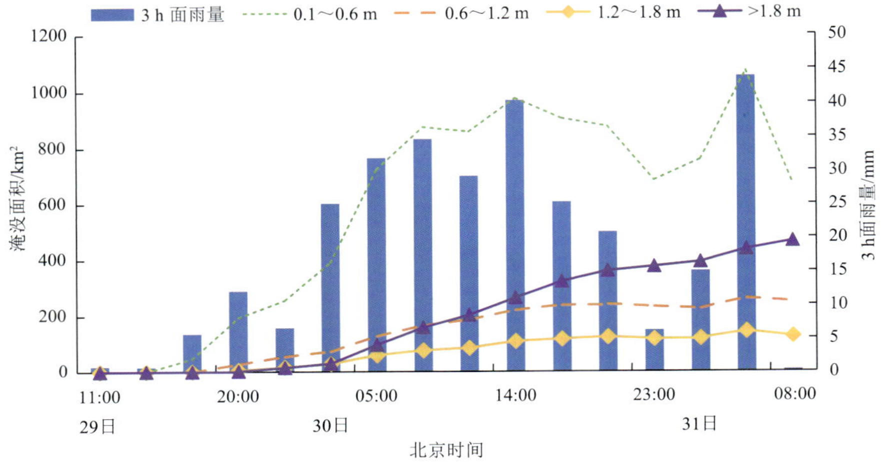

图 7.24　2023 年 7 月 29—31 日滹沱河流域 3 h 面雨量(柱形)及 FloodArea 模型模拟的滹沱河流域淹没面积(彩色线)

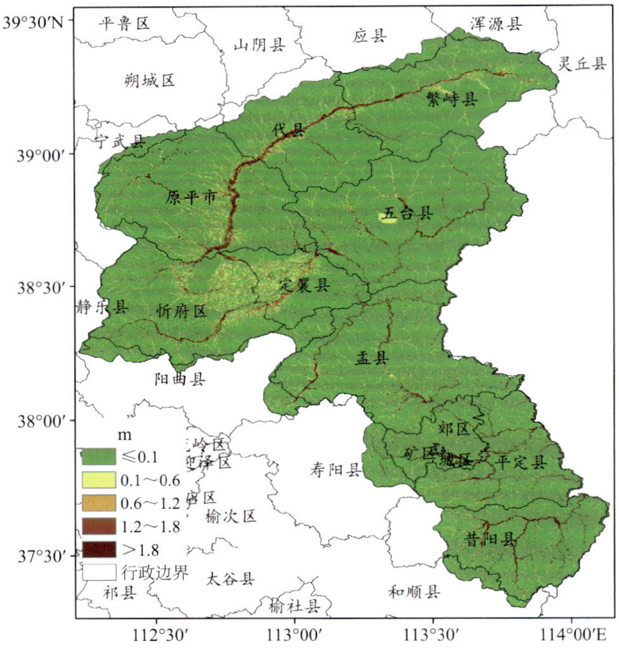

图 7.25　2023 年 7 月 29—31 日滹沱河流域淹没深度最大值分布

164.5 km^2 和 520.6 km^2(图中浅棕色和深棕色所包括面积)。

(3)暴雨洪涝评估结果

此次洪水过程受影响 GDP 范围比较大,各危险性等级共 733257 万元,其中高危险等级为 327158 万元,低危险等级 242129 万元;受影响人口 511813 人,其中高危险影响人口为 234880 人;受影响耕地和居民地面积分别为 909.8 km^2 和 86.6 km^2,其中高危险影响耕地和居民地面积分别为 277.2 km^2 和 26.6 km^2(表 7.8)。

表7.8 2023年7月29—31日滹沱河流域不同淹没水深危险等级损失估算

危险等级	淹没水深/m	GDP/万元	人口/人	耕地面积/km^2	居民地面积/km^2
低	0.1～0.6	242129	167030	397.3	40.4
中	0.6～1.2	102201	68210	141.4	13.0
中高	1.2～1.8	61769	41693	93.9	6.6
高	＞1.8	327158	234880	277.2	26.6
合计		733257	511813	909.8	86.6

第8章 城市生态气象

8.1 城市生态系统概念及特征

8.1.1 城市生态系统的概念

城市生态系统是按人类的意愿创建的一种典型的人工生态系统，是城市人类与周围生物和非生物环境相互作用而形成的具有一定功能的统一整体，也是人类对自然环境的适应、加工、改造而建设起来的特殊人工生态系统。

广义的城市生态系统由自然系统、经济系统和社会系统 3 部分内容组成。自然系统包括城市居民赖以生存的基本物质环境，如阳光、空气、淡水、土地、动物、植物、微生物等；经济系统包括生产、分配、流通和消费的各个环节；社会系统涉及城市居民社会、经济及文化活动的各个方面，主要表现为人与人之间、个人与集体之间以及集体与集体之间的各种关系。

城市生态学是以城市生态系统为研究对象的学科，它以生态学理论为基础，应用生态学的研究方法研究以人为核心的城市生态系统的结构、功能、动态，以及系统与周围环境之间相互作用的规律，并利用这些规律提高物质转化和能量利用效率，改善环境质量，实现可持续的发展。由于人是城市中生命成分的主体，因此，城市生态学也可以说是研究城市居民与城市环境之间相互关系，为将城市建设成为有益于人类生活的生态系统寻求良策的科学。

8.1.2 城市生态系统的结构和功能

8.1.2.1 城市生态系统结构

城市生态系统特征主要是以人为核心，具有对外部的强烈依赖性和密集的人流、物流、能流、信息流、资金流等特点。科学的城市生态规划与设计能使城市生态系统保持良性循环，呈现城市建设、经济建设和环境建设协调发展的格局。

城市的物质流包括自然物质流、农产品流、工业产品流 3 种，物质流高度密集、周转迅速，使城市成为物资生产、流通、消费的中心。高密度的城市人口和高强度的人口流动是城市的一个重要特点。城市的能量流包括自然能以及辅助能的循环流动。城市的信息流通过文字、语言、音像、思维及感觉传播，包括经营信息、生活信息、科技信息和社会信息等。

城市生态系统不仅有生物组成要素（植物、动物和细菌、真菌、病毒）和非生物组成要素（光、热、水、大气等），还包括人类和社会经济要素。这些要素通过能量流动、生物地球化学循环以及物资供应与废物处理系统，形成具有内在联系的统一整体。

8.1.2.2　城市生态系统的特点

城市生态系统是以人类为核心的典型人工生态系统。城市是人类对陆地自然生态系统影响最强烈、改造最彻底的地方，除了所处的大气候环境和地形地貌可能受影响较小外，几乎与自然生态系统的主要特征完全不同。城市生态系统是物质和能量流通量大、运转快、高度开放的生态系统，但营养结构简单，对环境污染的自动净化能力远远不如自然生态系统，容易出现环境污染等问题。城市生态系统的食物链简单，营养关系出现倒置，对外部依赖性强，这些决定了它是一个不稳定的系统。

8.2　城市气候特征

山西省地理环境多样，有山地、高原、丘陵、盆地，包括山地、高原、丘陵在内的整个山区面积很大，占到全省土地总面积的72%以上。全省大部分地区海拔在1000 m以上，与其东侧海拔不到100 m的华北大平原和西侧海拔1000 m左右的黄河峡谷两岸的高原相对比，呈现强烈的整体隆起态势，称为山西高原。全省地势大致为东北高、西南低。按照地貌类型，山西全省可分为东部山地区、中部断陷盆地区、西部高原山地区和晋西黄土丘陵区。

山西省城市化进程最快的区域为省会太原市。太原位于山西省中部，辖6区3县1市。主城区为杏花岭区、迎泽区、小店区、尖草坪区、万柏林区和晋源区。杏花岭区、迎泽区两个区是传统上的内城区，随着城市的扩张，万柏林区、小店区、尖草坪区和晋源区也被划入城内地区，形成了“城六区”的概念。太原市北、东、西三面环山，北靠系舟山、云中山，东据太行，西依吕梁，整个地形北高南低呈簸箕形。市区坐落于海拔800 m的汾河河谷平原上，黄河的第二大支流——汾河，自北向南横贯太原市全境。

太原市由于其地形复杂多样，海拔高度差异较大，形成了北温带大陆性气候，呈现冬无严寒、夏无酷暑，四季分明，日照充足，昼夜温差较大，夏秋降雨集中，冬春旱且多风的气候特点。

在城市化建设背景下，基于2018—2022年太原市国家级气象站和省级自动气象站观测资料，对太原市市区与其他地区的气温、降水和风的分布特征进行分析。

8.2.1　气温

8.2.1.1　时间分布

2018—2022年，太原市年平均气温为10.1 ℃，主城区平均气温为11.3 ℃，其他区县平均气温为9.1 ℃。太原市主城区平均气温高于太原市整体以及其他区县的平均气温。主城区平均气温较太原市整体高1.2 ℃，较其他区县高2.2 ℃(图8.1)。

2018—2022年，太原市平均气温呈单峰型月分布，太原市整体月平均气温为−4.8(1月)～23.2 ℃(7月)。主城区1—12月各月平均气温，均高于太原市整体以及其他区县的平均气温。其中，7月平均气温最高，太原市整体、主城区、其他区县分别为23.2 ℃、24.1 ℃、22.4 ℃；1月平均气温最低，太原市整体、主城区、其他区县分别为−4.8 ℃、−3.4 ℃、−6.0 ℃(图8.2)。

2018—2022年，太原市平均气温呈单峰型的日变化特征，太原市整体平均气温为6.6(06时)～16.5 ℃(15时)。主城区逐时平均气温均高于太原市整体和其他区县平均气温，其他区

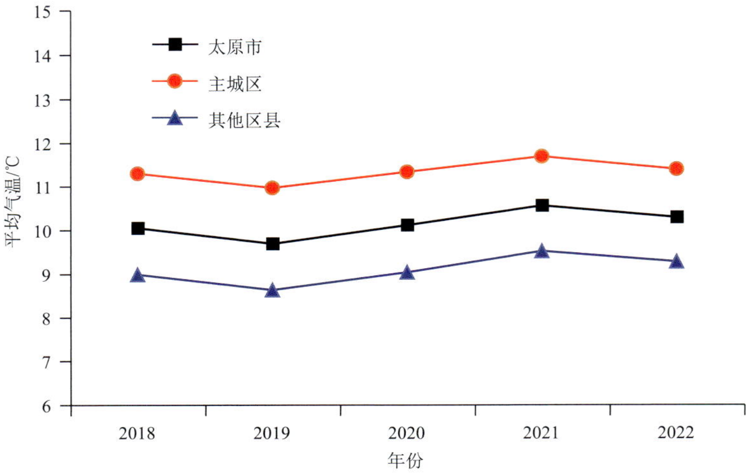

图 8.1　2018—2022 年太原市不同区域平均气温逐年变化

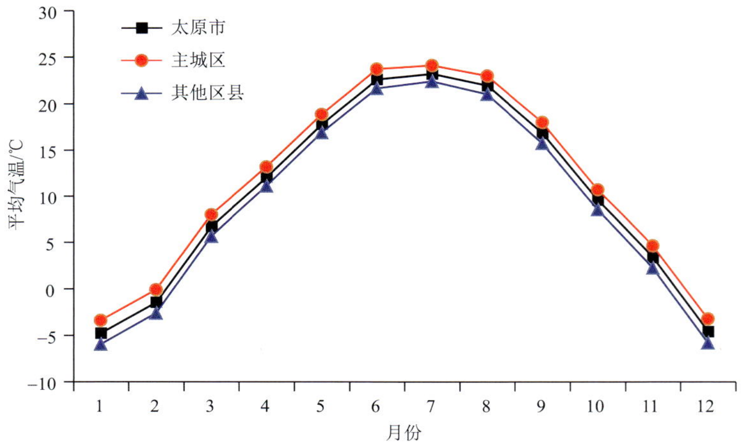

图 8.2　2018—2022 年太原市不同区域平均气温逐月变化

县平均气温低于主城区和太原市整体平均气温。不同区域平均气温在 12—17 时较高，太原市整体和其他区县超过 12.0 ℃，主城区超过 14.0 ℃；01—08 时较低，主城区在 9.0 ℃以下，太原市整体和其他区县在 7.0 ℃以下(图 8.3)。

8.2.1.2　空间分布

2018—2022 年，太原市平均气温总体呈现中南部盆地高于周边山区的空间分布特征。中南部盆地主要为太原市主城区和清徐县所在区域(图 8.4)。

8.2.2　降水

8.2.2.1　时间分布

2018—2022 年夏半年(4—9 月)，太原市降水量为 377.8 mm，主城区降水量为382.6 mm，其他区县降水量为 374.4 mm。主城区降水量比太原市整体和其他区县降水量略偏高(图 8.5)。

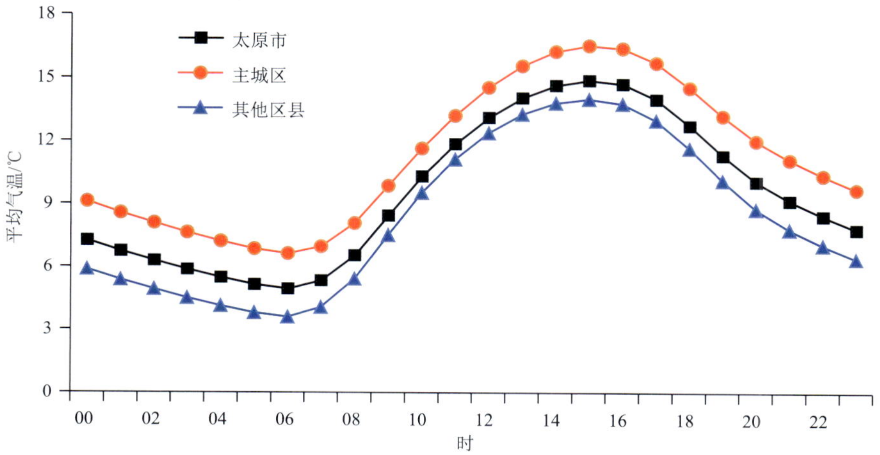

图 8.3　2018—2022 年太原市不同区域平均气温日变化

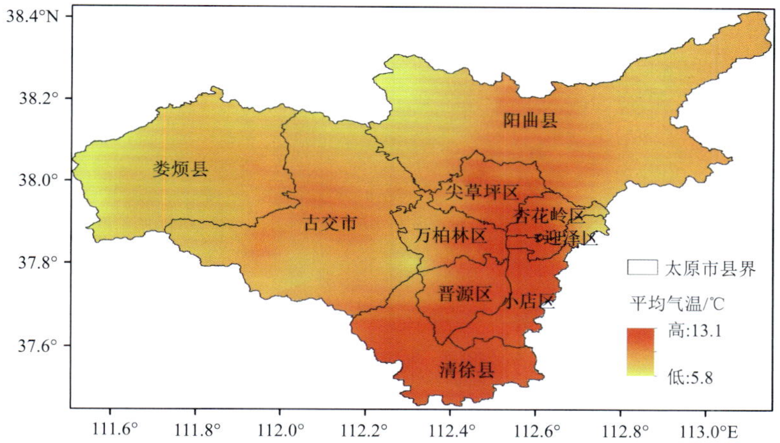

图 8.4　2018—2022 年太原市平均气温空间分布

2018—2022 年夏半年，太原市降水主要集中在 7—8 月；7 月降水最多，太原市整体、主城区、其他区县降水量分别为 136.6 mm、143.7 mm、128.4 mm；8 月次之，太原市整体、主城区、其他区县降水量分别为 111.0 mm、110.5 mm、109.9 mm。4 月，太原市整体、主城区、其他区县降水量均少于 10 mm（图 8.6）。

根据日降水量，可将降水分为小雨（0.1～9.9 mm）、中雨（10.0～24.9 mm）、大雨（25.0～49.9 mm）、暴雨（≥50.0 mm）等多个等级。从年均小雨日数来看，太原市整体、主城区、其他区县分别为 37.7 d、36.5 d、38.5 d，主城区小雨日数明显少于其他区县和太原市整体；从年均暴雨日数来看，太原市整体、主城区、其他区县分别为 0.9 d、0.9 d、0.8 d，主城区暴雨日数多于其他区县。可见，主城区的小量级降水偏少、大量级降水偏多，降水极端性较其他区域突出（图 8.7）。

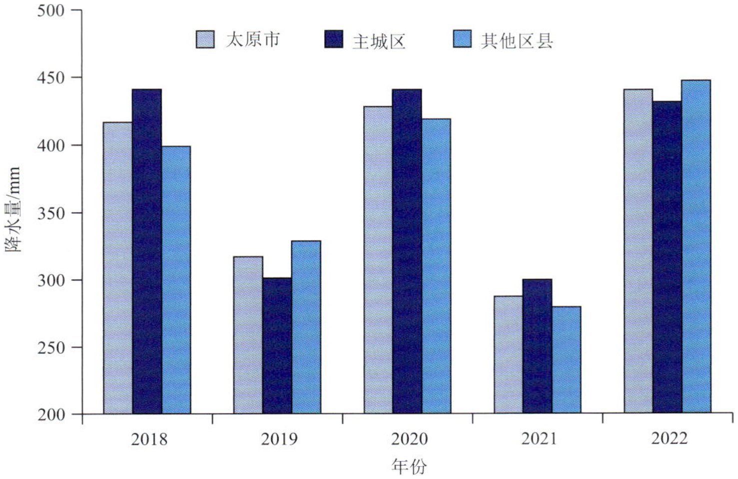

图 8.5　2018—2022 年夏半年(4—9 月)太原市不同区域降水量逐年变化

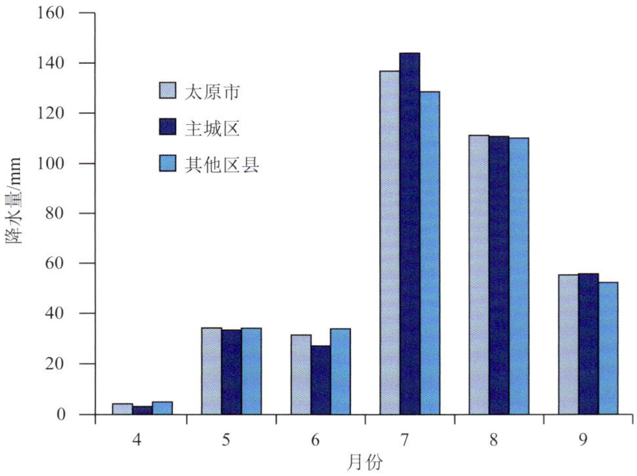

图 8.6　2018—2022 年夏半年(4—9 月)太原市不同区域降水量逐月变化

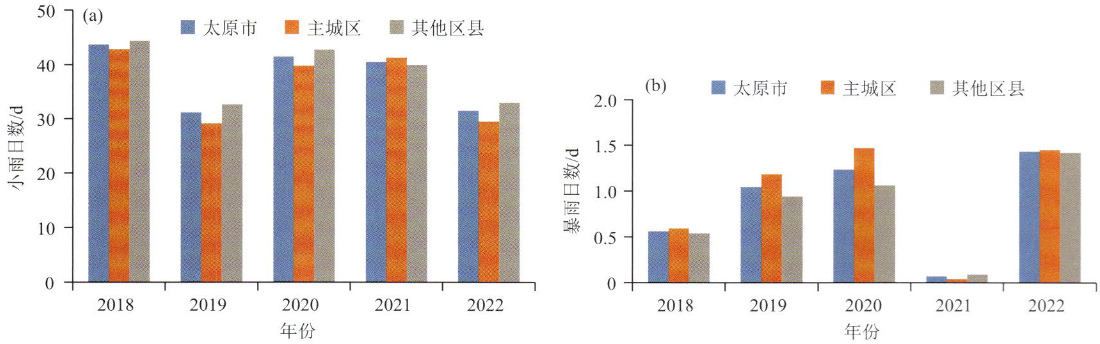

图 8.7　2018—2022 年夏半年(4—9 月)太原市不同区域小雨日数(a)和暴雨日数(b)逐年变化

8.2.2.2　空间分布

2018—2022 年夏半年(4—9 月),太原市平均降水量除在北、东、西三面的山地区分布较多外,在太原市主城区西部也有较多分布;西北部低海拔区和南部盆地区降水量较少(图 8.8)。

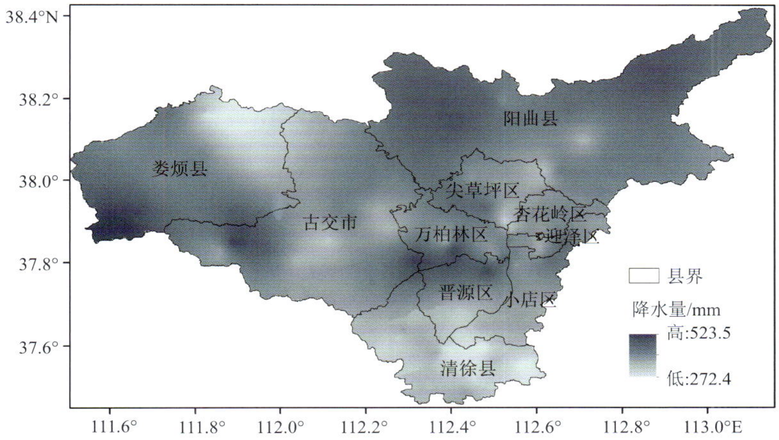

图 8.8　2018—2022 年夏半年(4—9 月)太原市降水量空间分布

8.2.3　风速

8.2.3.1　时间分布

2018—2022 年,太原市年平均风速为 2.0 m/s,主城区平均风速为 1.8 m/s,其他区县平均风速为 2.1 m/s。主城区平均风速较太原市整体低 0.2 m/s,较其他区县低 0.3 m/s(图 8.9)。

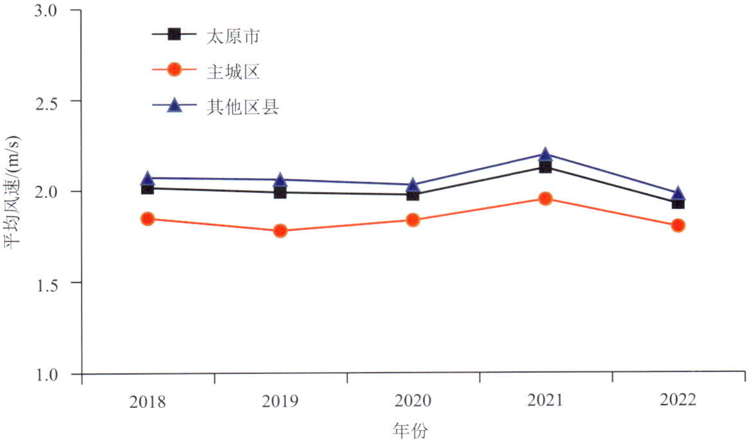

图 8.9　2018—2022 年太原市不同区域平均风速逐年变化

2018—2022 年,太原市平均风速呈单峰型月分布,太原市整体月平均风速为 1.7(9 月)~2.4 m/s(4 月)。主城区各月平均风速均小于太原市整体平均风速与其他区县平均风速,其他区县平均风速大于主城区和太原市整体平均风速。太原市整体、主城区和其他区县,四季平均风速见表 8.1。四季中，主城区平均风速偏小，其他区县平均风速偏高，且夏秋季平均风速普遍小于冬春季(图 8.10、表 8.1)。

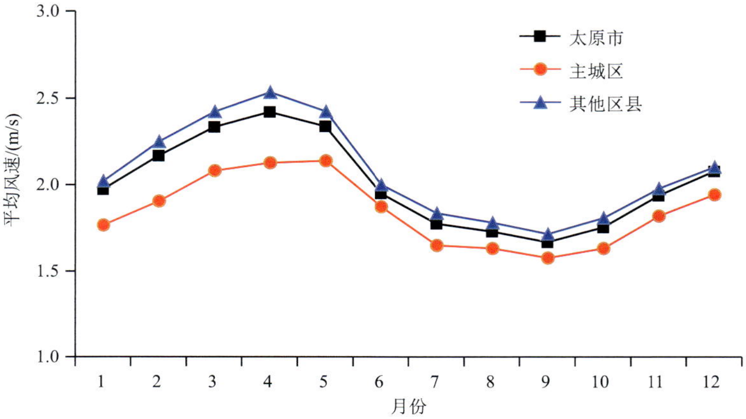

图 8.10　2018—2022 年太原市不同区域平均风速逐月变化

表 8.1　2018—2022 年太原市不同区域四季平均风速　单位：m/s

季节	太原市	主城区	其他区县
春季	2.4	2.1	2.5
夏季	1.8	1.7	1.9
秋季	1.8	1.7	1.8
冬季	2.1	1.9	2.1

2018—2022 年，太原市平均风速呈单峰型的日变化特征，太原市整体平均风速为 1.5(05—07 时)～2.8 m/s(14—15 时)。主城区逐时平均风速均小于太原市整体和其他区县平均风速，其他区县平均风速大于主城区和太原市整体平均风速。不同区域平均风速在 12—17 时较大，主城区超过 2.2 m/s，太原市整体和其他区县超过 2.5 m/s；01—08 时较小，在 1.6 m/s 以下(图 8.11)。

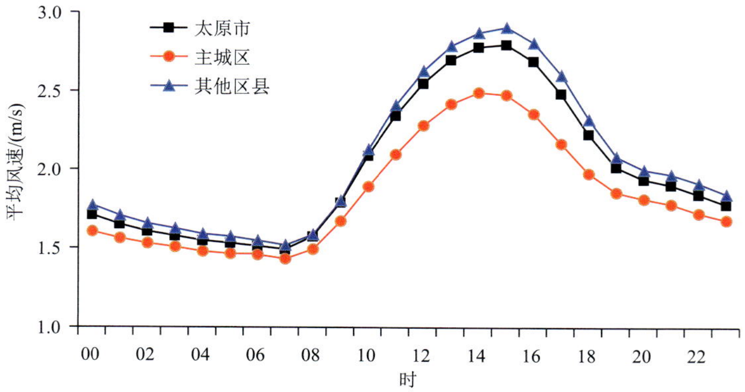

图 8.11　2018—2022 年太原市不同区域平均风速日变化

8.2.3.2 空间分布

2018—2022 年，太原市平均风速受大地形影响，山地风速高于盆地(图 8.12)。

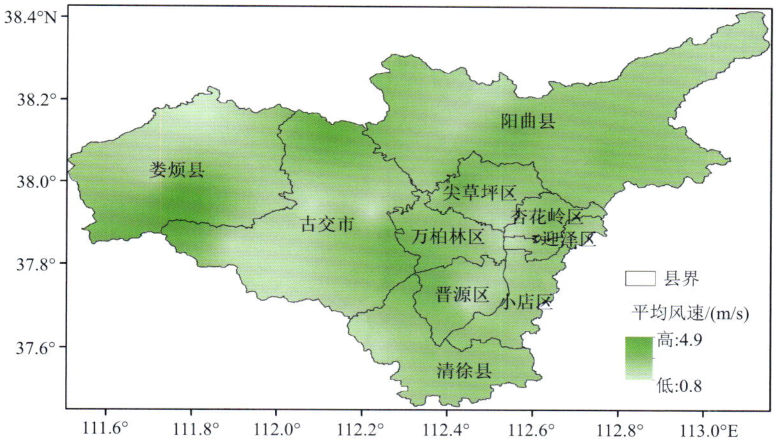

图 8.12 2018—2022 年太原市平均地面风速空间分布

8.3 城市生态特征

8.3.1 城市人体舒适度

人体舒适度是从气象角度评价单个人体或一定人群对外界气象环境感受舒适与否及其程度的指标，反映了气温、湿度、风等气象因子对人体的综合作用。舒适感直接影响人体的日常生活和健康。气象条件对人体健康的利弊影响，可以采用不同舒适度程度下的日数进行评定。

表征人体舒适度的要素，主要有实感温度、不舒适指数、炎热指数、风冷力指数、皮肤相对湿度等。根据以上舒适度指数的特点，不同季节使用不同的评价指数，即春、秋季采用实感温度，夏季采用炎热指数，冬季采用风冷力指数，见式(8.1)—(8.3)。

实感温度 ET：

$$ET = 37 - 0.29(1-w)t - (37-t)/[0.68 - 0.14w + 1/(1.76 + 1.4v^{0.75})] \quad (8.1)$$

炎热指数 H：

$$H = 1.8t - 0.55(1.8t - 26)(1-w) - 3.2\sqrt{v} + 32 \quad (8.2)$$

风冷力指数 F：

$$F = (10\sqrt{v} + 10.45 - v)(33 - t) \quad (8.3)$$

式中：w 为日平均相对湿度(%)；t 为日平均气温(℃)；v 为日平均风速(m/s)。

根据人体通常对不同舒适度指数范围的感受程度将其分为 8 个评价等级(表 8.2)。

表 8.2　不同人体感觉程度及舒适度指数范围

人体感觉	指数范围
酷热极不适	$H\geqslant85$
极热不适	$\mathrm{ET}\geqslant27$
热不舒适	$24\leqslant\mathrm{ET}<27$、$70\leqslant H<85$
舒适	$10\leqslant\mathrm{ET}<24$、$55\leqslant H<70$、$F<600$
凉不舒适	$0\leqslant\mathrm{ET}<10$、$40\leqslant H<55$、$600\leqslant F<800$
冷不舒适	$\mathrm{ET}<0$、$H<40$、$800\leqslant F<1000$
很冷不舒适	$1000\leqslant F<1200$
极冷不舒适	$F\geqslant1200$

8.3.1.1　时间分布

根据舒适度评价方法，基于太原市全部国家级气象站逐日气象数据，得到太原市 2013—2022 年不同等级人体舒适度的日数分布。极冷不舒适、很冷不舒适、冷不舒适、凉不舒适、舒适、热不舒适的年均日数分别为 0.5 d、4.0 d、76.9 d、134.0 d、136.0 d、13.9 d，其中凉不舒适日数和舒适日数最多，超过 130 d，冷不舒适日数较少，极冷不舒适、很冷不舒适和热不舒适日数很少，极热不舒适和酷热不舒适日数没有出现。趋势变化来看，凉不舒适至极冷不舒适、热不舒适的分布日数历年呈增加趋势，说明极端天气的出现频率较以往有所增加，而舒适日数有所减少(图 8.13)。

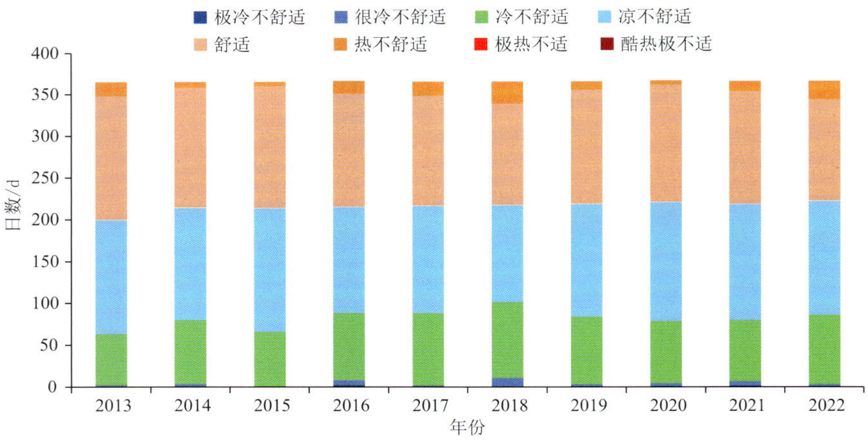

图 8.13　2013—2022 年太原市不同等级人体舒适度日数年际变化

2013—2022 年，太原市不同人体舒适度等级逐月分布日数有明显差异，1—3 月和 11—12 月，人体舒适度以冷不舒适和凉不舒适为主；4 月和 10 月，人体舒适度以凉不舒适为主；5—9 月，人体舒适度以舒适为主；7—8 月，热不舒适日数占比次于舒适日数。极冷不舒适和很冷不舒适仅出现在冬季(12 月—次年 2 月)，热不舒适出现在 6—8 月，5—9 月无冷不舒适，7 月无凉不舒适，极热不舒适和酷热不舒适日数各月没有出现(图 8.14)。

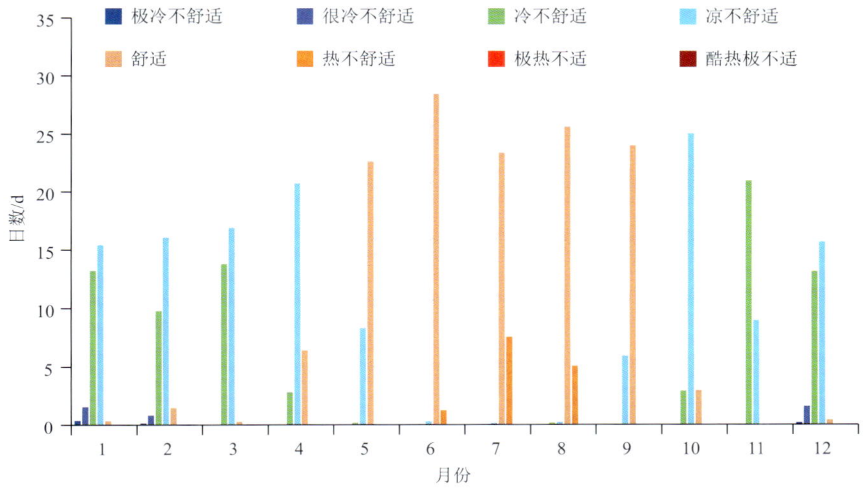

图 8.14　2013—2022 年太原市不同等级人体舒适度日数逐月变化

8.3.1.2　空间分布

从 2013—2022 年太原市不同等级人体舒适度日数空间分布看到，极冷不舒适、很冷不舒适、冷不舒适等偏冷感受的舒适度日数，在太原市北部和东、西部山地区分布较多，凉不舒适、舒适和热不舒适等级的舒适度日数，在太原市主城区及其以南地区所处的盆地区分布较多(图 8.15)。

就舒适日数而言，2013—2022 年，太原市年均日数总体呈现中部高于周边的空间分布特征，表现为在太原市城区西北部、古交市东南部、清徐县西部和阳曲县部分地区分布较多，平均分布日数在 137 d 以上；而娄烦县西部和北部、阳曲县东南部舒适日数较少，少于 133 d(图 8.15)。

8.3.2　城市热岛效应监测评估

城市热岛效应是指城市中心的温度明显高于郊区的现象。城市热岛效应与许多因素有关，一方面，人类活动消耗的各种形式的能量释放到大气中，这部分热量作为显热直接导致城市温度上升；另一方面，城市化带来的土地覆盖从自然景观(如自然植被和农业用地)向不透水表面(如人工材料，主要是混凝土、沥青、瓷砖、金属)的转变，导致城市表面的辐射率、热量、湿度、粗糙度和发射率的变化，所有这些变化都会影响城市热岛效应的表现。以远离城市的农田地区 2 m 高处气温作为城市热岛的背景值，将城市区域内 2 m 高处气温与郊区背景气温的差值定义为热岛效应强度。利用太原市国家级气象站与省级自动站气温数据对城市热岛进行监测，结果显示，2022 年太原市主城区热岛强度呈现“夏弱冬强”的特征，年均强度为 1.59 ℃。

参考中国气象局下发的《城市热岛效应评估技术指南》及《城市热岛卫星遥感监测评估技术导则》，将城市热岛强度划分为 9 个等级(表 8.3)。监测数据显示，2022 年太原市主城区热岛中心强度等级为强热岛，主要分布在迎泽区西部、小店区西北部、万柏林区东部和杏花岭区西南部。2022 年太原市共有 16 个省级自动站达强热岛等级，强度最高为 3.69 ℃(图 8.16)。

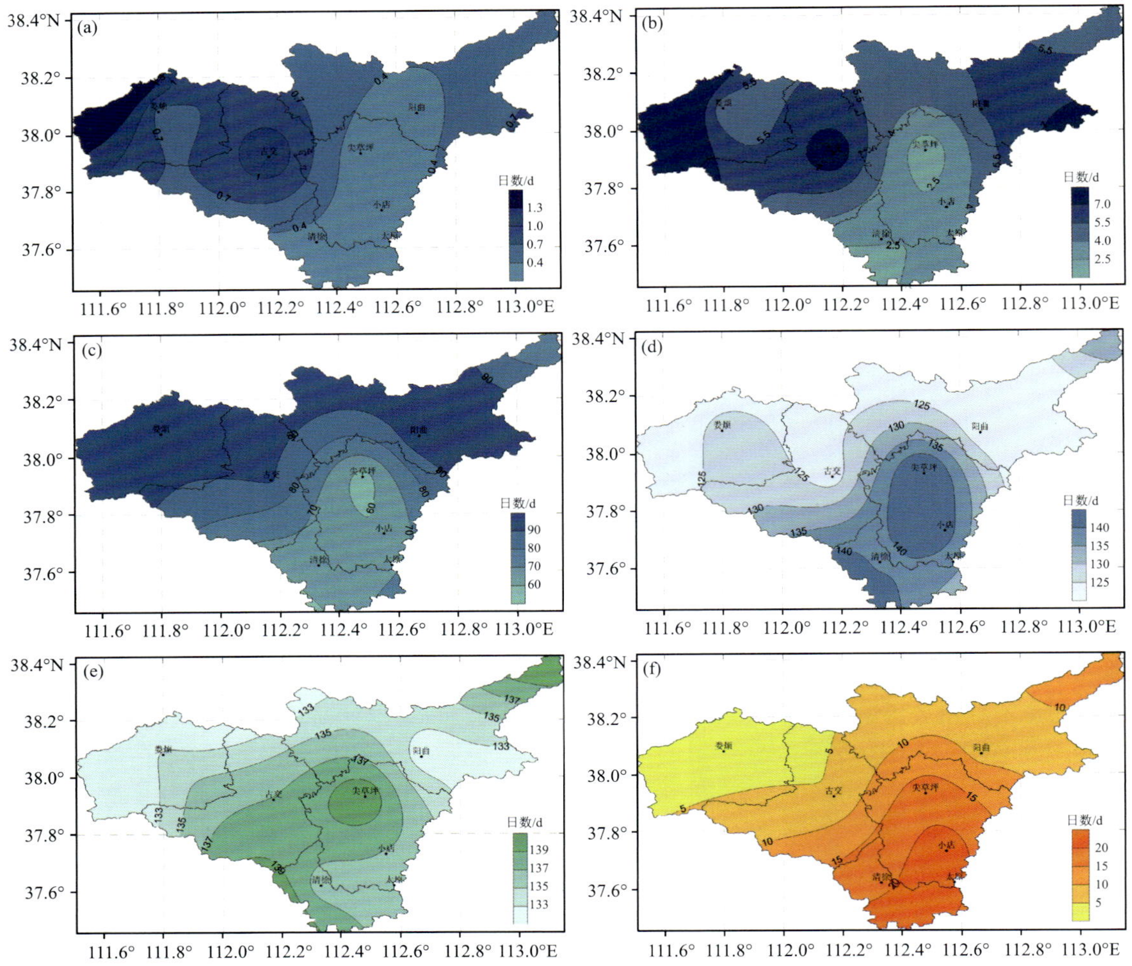

图 8.15　2013—2022 年太原市不同等级人体舒适度日数空间分布
（a. 极冷不舒适；b. 很冷不舒适；c. 冷不舒适；d. 凉不舒适；e. 舒适；f. 热不舒适）

表 8.3　热岛强度分级

热岛强度/℃	≤−3.5	(−3.5, −2.5]	(−2.5, −1.5]	(−1.5, −0.5]	(−0.5, 0.5]	(0.5, 1.5]	(1.5, 2.5]	(2.5, 3.5]	>3.5
等级	极强冷岛	强冷岛	中等冷岛	弱冷岛	无	弱热岛	中等热岛	强热岛	极强热岛

从四季来看，2022 年太原市主城区冬季热岛中心强度等级强于春、夏、秋三季。冬季城市热岛中心等级为极强热岛，其余三季热岛中心等级为强热岛。四季热岛中心分布范围主要在小店区西北部、迎泽区西部、杏花岭区西南部、万柏林区东部区域。春、夏、秋、冬四季热岛强度均值分别为 1.46 ℃、1.39 ℃、1.46 ℃、2.05 ℃，冬季热岛最强，夏季最弱，整体为夏弱冬强型（图 8.17、表 8.4）。

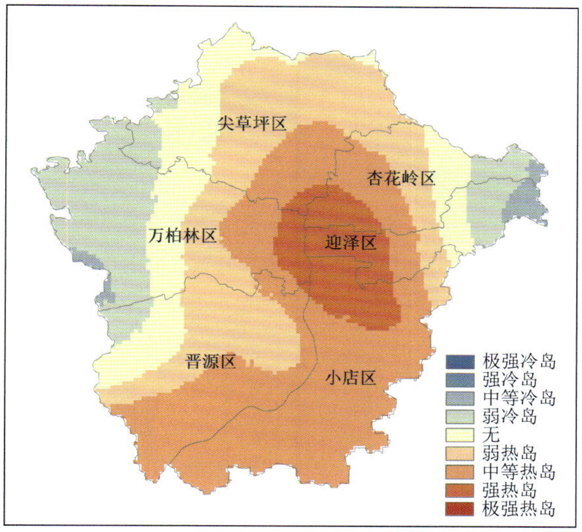

图 8.16　2022 年太原市主城区热岛强度空间分布

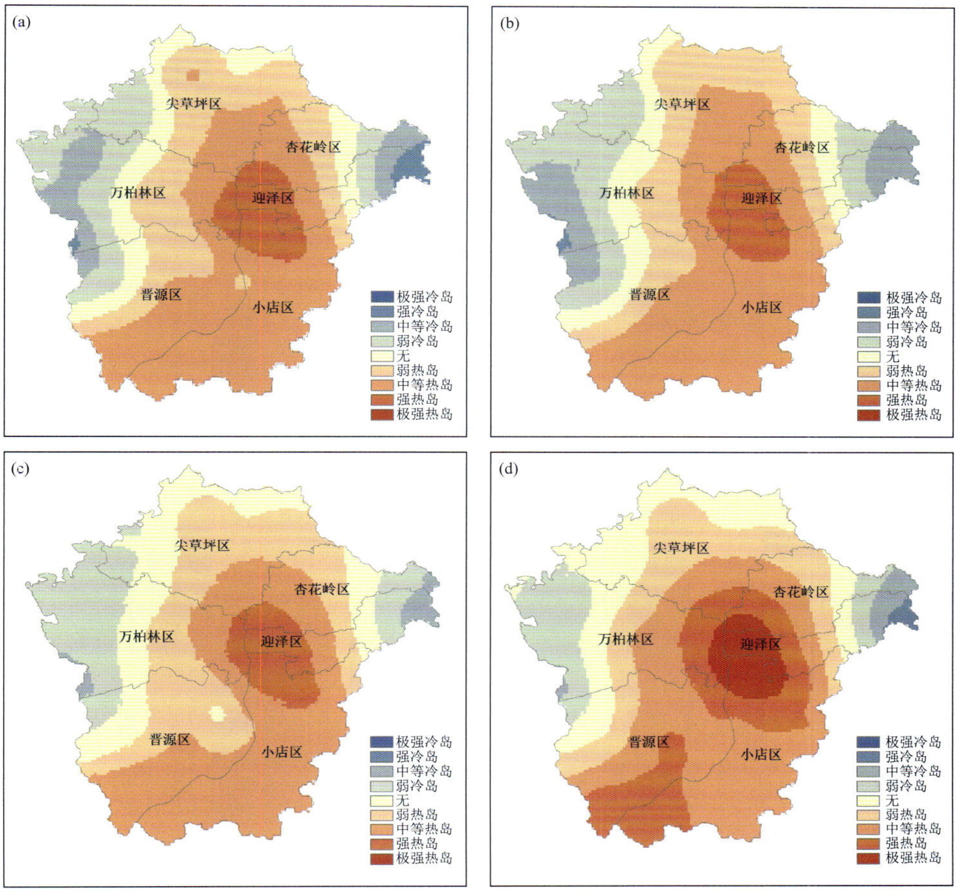

图 8.17　2022 年太原市主城区四季热岛强度空间分布
（a. 春季；b. 夏季；c. 秋季；d. 冬季）

表 8.4 2022 年太原市主城区各季节热岛强度值 单位:℃

	春	夏	秋	冬	年
热岛强度	1.46	1.39	1.46	2.05	1.59

从逐月来看,2022 年太原市主城区热岛强度为 1.30~2.10 ℃,最高值出现在 2 月,最低值出现在 7 月。4—5 月、7—8 月、10 月热岛强度为弱热岛等级,其余月份热岛强度均值为中等热岛等级。年内整体呈现"U"形变化特征,3 月开始热岛强度逐渐减小,7 月减小至最低值,8 月开始上升,直到次年 2 月达到最高值。热岛强度月最大变幅为 0.8 ℃(图 8.18)。

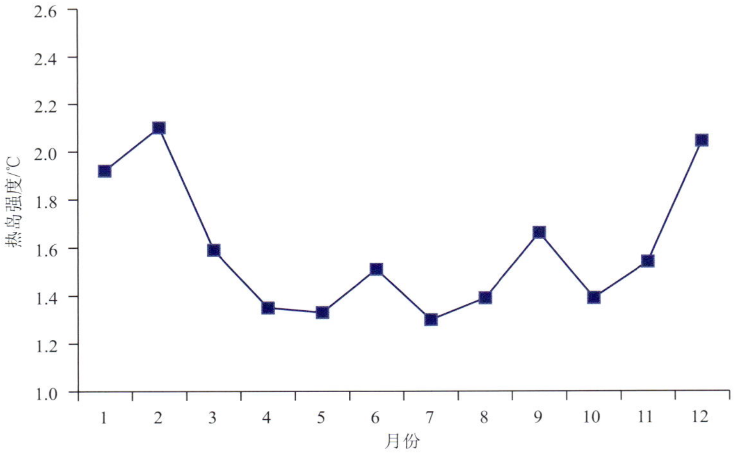

图 8.18 2022 年太原市主城区逐月热岛强度

8.3.3 城市污染物扩散条件

8.3.3.1 风与污染

平均风速与小风日数是大气污染气象条件的参考指标。在小风条件下,大气流动性差,湍流较弱,大气对污染物的扩散输送能力大大降低,容易产生地面污染物的高浓度累积。风速较大的条件下,大气对污染物扩散能力较强。

对 2014—2022 年太原市逐月日平均风速<1.0 m/s 和<1.5 m/s 的小风日数进行统计,对比环境空气质量监测数据 $PM_{2.5}$ 浓度和 PM_{10} 浓度。可以看到,小风日数与 $PM_{2.5}$、PM_{10} 浓度具有显著的正相关关系,当风速减小、小风日数增加时,大气扩散条件差,污染物浓度相应抬升(图 8.19)。

相反,对 2014—2022 年太原市逐月日平均风速≥2.5 m/s 的较大风日数进行统计,对比 $PM_{2.5}$ 浓度和 PM_{10} 浓度数据。可以看到,当风速增大、较大风日数增加时,大气扩散条件向好,污染物浓度相应减小(图 8.20)。

8.3.3.2 大气环境容量

大气环境容量是指在给定的空间和时间范围内,大气污染物平均浓度不超过大气质量标准的条件下,可以向该空间内排放的污染物的总量(徐大海 等,1989),可以体现城市气候资源对环境空气质量的影响。大气环境容量越小,表明当前气象条件下大气对污染物的清除能力越差。

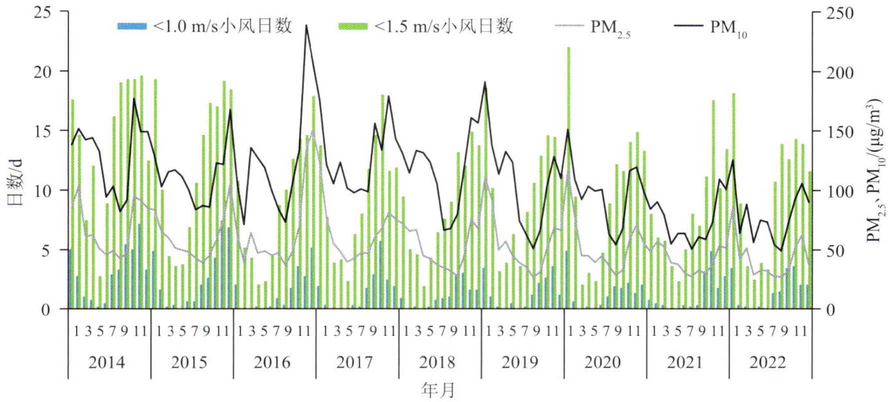

图 8.19　2014—2022 年太原市小风日数与 $PM_{2.5}$、PM_{10} 浓度关系

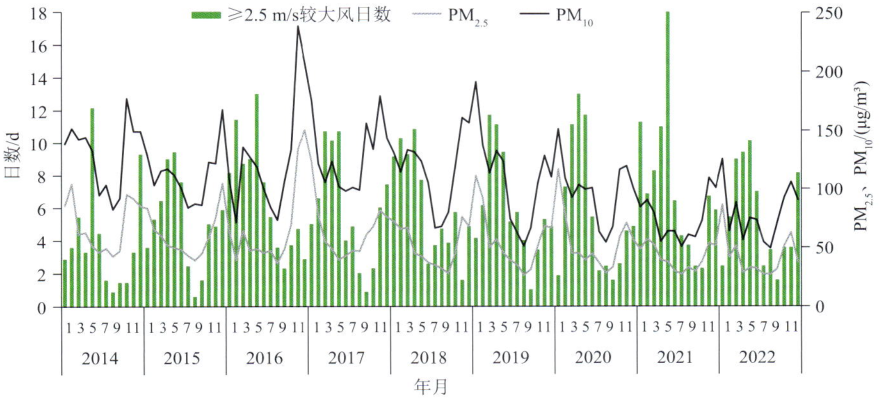

图 8.20　2014—2022 年太原市≥2.5 m/s 较大风日数与 $PM_{2.5}$、PM_{10} 浓度关系

大气环境容量系数算法(徐大海 等,1989,2013)采用长时间平衡条件下的简单箱模式,仅考虑通风稀释和雨洗作用,并假定大气本底浓度相对于污染物浓度很小。对气块体积内的平衡方程简化,得到式(8.4):

$$A = 3.1536 \times 10^{-3} \times \sqrt{\pi}/2 \times V_E + W_r \times R \times \sqrt{S} \tag{8.4}$$

式中:A 为大气环境容量系数($10^4\,km^2/a$),也称 A 值;V_E 为通风量(m^2/s),是体现大气通风作用的重要参数,算法参照《大气自净能力等级》(GB/T 34299—2017);W_r 为清洗比,取值 2.19×10^{-2}(高媛 等,2020);R 为降水率(mm/d);S 为单位面积,取 100 km^2。

采用太原市全部国家级气象站数据,结合 ERA5 总云量和低云量数据,对太原市 2013—2022 年平均大气环境容量系数时间分布(月、季、年)进行分析。太原市年均大气环境容量系数为 5.6 万 km^2/a,逐月呈单峰型分布,各月为 3.8 万～8.5 万 km^2/a,1 月为年内最低值,随着春季对流性天气增多,大气环境容量系数逐月攀升,至 5 月达到年内最高,后半年逐月下降。春季大气环境容量系数处于一年峰值,平均为 7.8 万 km^2/a;秋冬季湍流减弱,大气渐稳定,大气环境容量系数低至 4.5 万 km^2/a 及以下,反映了秋、冬季太原市大气环境条件不利于大气污染物清除(图 8.21)。

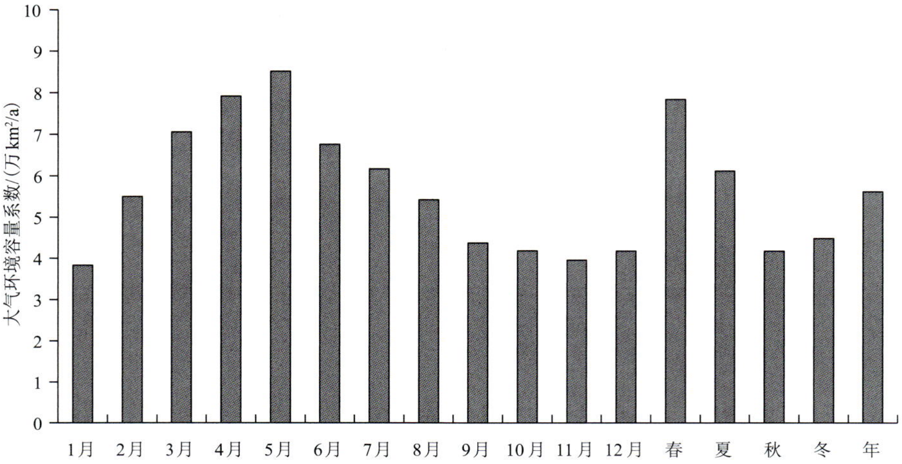

图 8.21　2013—2022 年太原市平均大气环境容量系数月、季、年分布

从 2013—2022 年太原市四季和年均大气环境容量系数空间分布(图 8.22)看到,太原市四季和年均大气环境容量系数分布规律一致;古交市和清徐县等地大气环境容量系数较大,春季东北部地区也有超过 8.0 万 km^2/a 的区域分布;娄烦县、太原市主城区及其北部部分地区较小。太原市北、西、东三面环山,中南部为盆地,原始地形不同,以及受城市建设进程所致的下垫面条件不同,使得局地云覆盖和风雨条件各异,影响大气环境容量分布。

8.3.4　城市生态环境质量变化

良好的生态环境质量是城市实现社会经济可持续发展的根本条件。对城市生态环境质量进行精确评估,掌握生态环境质量状况及其变化规律,不仅有利于促进区域经济健康可持续发展,而且对于城市生态文明建设具有重要的参考价值。

基于遥感信息技术的新型遥感生态指数(Remote Sensing Ecological Index,RSEI)(徐涵秋,2013),是基于绿度、湿度、干度和热度 4 个指标构建的区域生态环境质量快速监测和定量评价指标。具体见式(8.5)—(8.9)。

遥感生态指数：
$$\mathrm{RSEI} = f(\mathrm{NDVI},\mathrm{Wet},\mathrm{NDBSI},\mathrm{LST}) \tag{8.5}$$

绿度指标：
$$\mathrm{NDVI} = (\rho_{\mathrm{NIR}} - \rho_{\mathrm{R}})/(\rho_{\mathrm{NIR}} + \rho_{\mathrm{R}}) \tag{8.6}$$

湿度指标：
$$\mathrm{Wet} = C_1\rho_{\mathrm{B}} + C_2\rho_{\mathrm{G}} + C_3\rho_{\mathrm{R}} + C_4\rho_{\mathrm{NIR}} + C_5\rho_{\mathrm{SWIR_1}} + C_6\rho_{\mathrm{SWIR_2}} \tag{8.7}$$

干度指标：
$$\mathrm{NDBSI} = (\mathrm{IBI} + \mathrm{SI})/2$$
$$\mathrm{IBI} = \frac{\left[\dfrac{2\rho_{\mathrm{SWIR_1}}}{\rho_{\mathrm{SWIR_1}} + \rho_{\mathrm{NIR}}} - \rho_{\mathrm{NIR}}/(\rho_{\mathrm{NIR}} + \rho_R) - \dfrac{\rho_G}{\rho_{\mathrm{SWIR_1}} + \rho_G}\right]/}{\left[\dfrac{2\rho_{\mathrm{SWIR_1}}}{\rho_{\mathrm{SWIR_1}} + \rho_{\mathrm{NIR}}} + \rho_{\mathrm{NIR}}/(\rho_{\mathrm{NIR}} + \rho_R) + \dfrac{\rho_G}{\rho_{\mathrm{SWIR_1}} + \rho_G}\right]} \tag{8.8}$$
$$\mathrm{SI} = [(\rho_{\mathrm{SWIR_1}} + \rho_R) - (\rho_{\mathrm{NIR}} + \rho_B)]/[(\rho_{\mathrm{SWIR_1}} + \rho_R) + (\rho_{\mathrm{NIR}} + \rho_B)]$$

热度指标：
$$L_{6/10} = \mathrm{gain} \times \mathrm{DN} + \mathrm{bias}$$

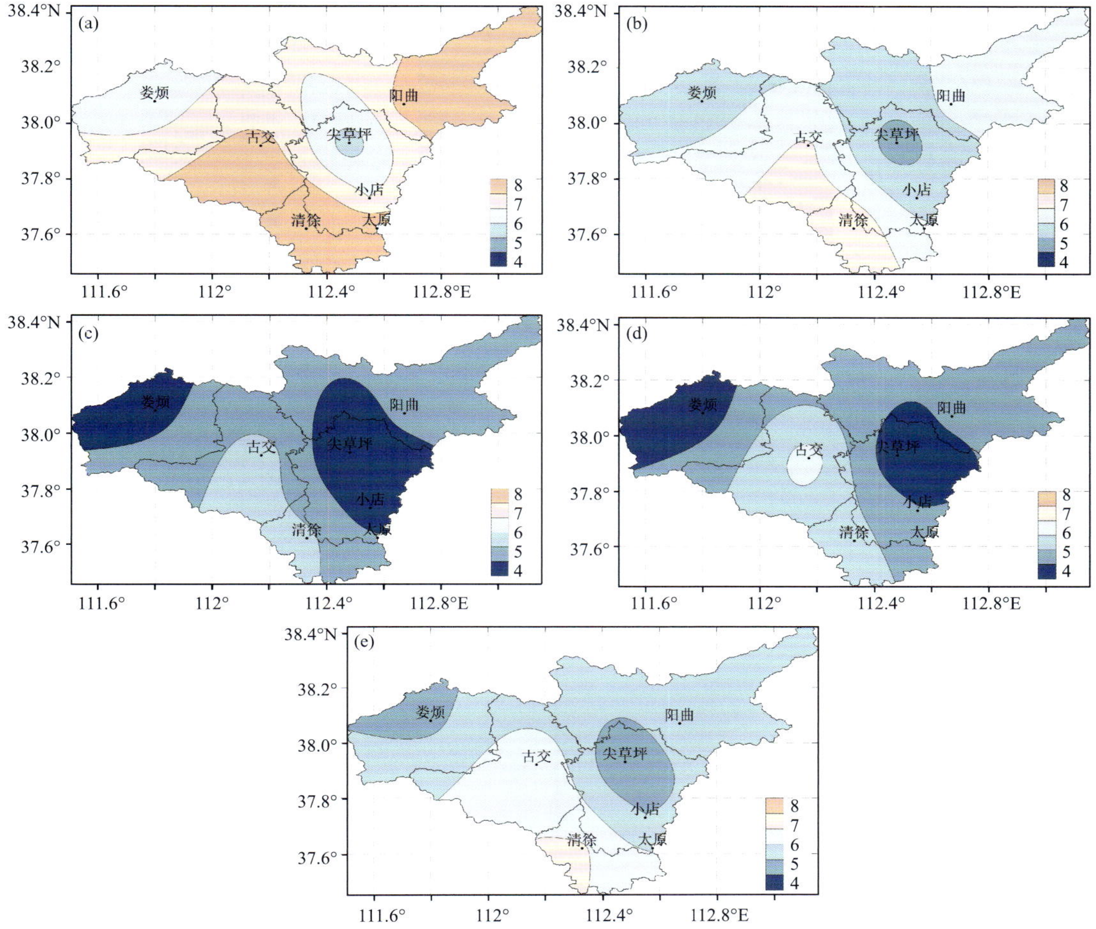

图 8.22　2013—2022 年太原市平均大气环境容量系数分布(单位:万 km^2/a)
(a. 春;b. 夏;c. 秋;d. 冬;e. 全年)

$$P_v = (NDVI - NDVI_{soil})/(NDVI_{veg} - NDVI_{soil})$$

$$\varepsilon = \begin{cases} \text{水体表面}:0.995 \\ \text{自然表面}:0.9625 + 0.0614P_v - 0.0461P_v^2 \\ \text{城镇表面}:0.9589 + 0.086P_v - 0.0671P_v^2 \end{cases} \tag{8.9}$$

$$T = [L_{6/10} - L_{up} - \tau \times (1-\varepsilon) \times L_{down}]/(\tau \times \varepsilon)$$

$$LST = K_2/\ln(K_1/T + 1) - 273$$

式中:ρ_B、ρ_G、ρ_R、ρ_{NIR}、ρ_{SWIR1}、ρ_{SWIR2}分别为 TM 第 1、2、3、4、5、7 波段或 OLI 的 Blue、Green、Red、NIR、SWIR1、SWIR2 波段的反射率;L_6 为 TM 热红外波段像元在传感器处的辐射值;L_{10} 为 TIRS 热红外波段像元在传感器处的辐射值;DN 为像元灰度值;gain 和 bias 分别为波段增益值和偏置值;P_v为植被覆盖度;ε 为地表比辐射率;T 为黑体辐射亮度值;L_{up}、L_{down}与 τ 分别为大气向上、向下辐射亮度和在热红外波段的透过率;K_1 和 K_2 分别为定标参数;LST 为地表温度。

通过 RSEI 指数和主分量分析法,对太原市主城区生态环境质量进行评价。

从主分量分析结果(表 8.5)看到,2004 年、2010 年、2020 年 RSEI 均值分别为 0.267、

0.324、0.345，呈上升趋势，上升速率为 0.046/(10 a)，表明太原市主城区 2004—2020 年生态环境质量逐渐变好。太原市主城区近 20 年生态环境质量逐渐改善，先后开展了汾河城区段生态保护工程、东山和西山大规模水土流失治理工程、城区道路绿化工程、城市公园建设工程等，有效提升了太原市整体生态环境质量(武亦可，2021)。截至 2020 年 6 月，太原市主城区持续推进生态环境质量治理的 9 项生态环境质量约束性指标全部完成，这些治理成果使得 RSEI 指数持续增长。

表 8.5　主分量分析结果

年份	指标	第一主分量 PC1	第二主分量 PC2	第三主分量 PC3	第四主分量 PC4
2004	NDVI	0.408	−0.713	0.328	0.467
	Wet	0.419	0.670	0.068	0.609
	NDBSI	−0.584	−0.152	−0.494	0.626
	LST	−0.563	0.141	0.802	0.142
	特征值	0.113	0.027	0.020	0.005
	贡献率/%	68.60	16.27	12.13	2.98
	RSEI 均值	0.267	—	—	—
2010	NDVI	0.677	−0.510	0.187	0.496
	Wet	0.301	0.828	−0.073	0.468
	NDBSI	−0.562	−0.221	−0.401	0.689
	LST	−0.368	0.075	0.894	0.244
	特征值	0.139	0.023	0.019	0.004
	贡献率/%	75.01	12.65	10.20	2.13
	RSEI 均值	0.324	—	—	—
2020	NDVI	0.707	0.553	0.260	0.357
	Wet	0.471	−0.819	0.009	0.328
	NDBSI	−0.453	0.088	−0.153	0.874
	LST	−0.269	−0.129	0.954	0.040
	特征值	0.136	0.041	0.008	0.002
	贡献率/%	72.73	21.92	4.26	1.07
	RSEI 均值	0.345	—	—	—

叶有华等(2009)将 RSEI 划分为 5 个级别：差(0.00～0.19)、较差(0.20～0.39)、中等(0.40～0.59)、良(0.60～0.79)、优良(0.80～1.00)，表征生态环境质量水平。2020 年太原市主城区生态环境质量分布图显示(图 8.23)，主城区东部与西部生态环境质量较好，中部大部与南部生态环境质量较差，呈“川”字形格局。

分析 2020 年太原市主城区生态环境质量评价分级的分区数据(表 8.6)表明，小店区占比最高的等级为较差，达 32.18%，所占面积为 92.60 km^2，占比最低的等级为优良，所占比例为 6.16%，面积为 17.71 km^2；万柏林区占比最高的等级为良，所占比例为 42.12%，占比最低的等级为差，所占比例为 2.21%。小店区中等以上等级的面积占比为 27.53%，为主城区最少；万柏林中等以上等级的面积占比为 58.34%，为主城区最多。由此表明，小店区生态环境质量在城六区中相对最差，万柏林区生态环境质量最好。

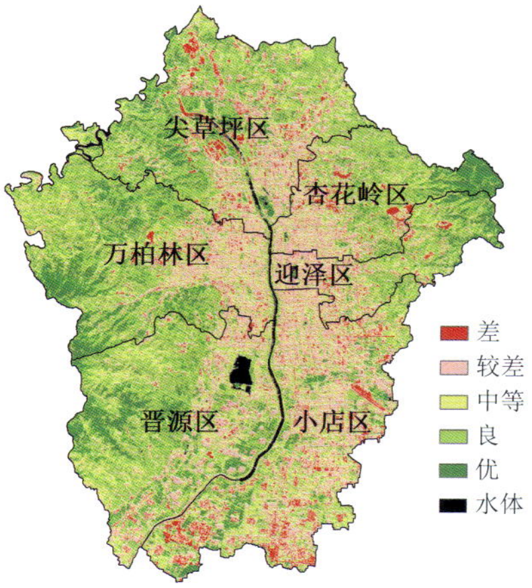

图 8.23　2020 年太原市主城区生态环境质量分布

表 8.6　2020 年太原市主城区生态环境质量评价分级统计

区域	指标	差	较差	中等	良	优良	中等以下	中等以上
小店区	面积/km^2	25.63	92.60	90.30	61.48	17.71	118.23	79.19
	占比/%	8.91	32.18	31.38	21.37	6.16	41.09	27.53
迎泽区	面积/km^2	4.36	23.67	28.14	35.90	12.66	28.03	48.56
	占比/%	4.16	22.58	26.85	34.31	12.10	26.74	46.41
杏花岭区	面积/km^2	6.92	29.70	36.75	54.78	19.44	36.62	74.22
	占比/%	4.69	20.12	24.90	37.12	13.17	24.81	50.29
尖草坪区	面积/km^2	15.87	54.05	70.37	118.87	32.15	69.92	151.02
	占比/%	5.45	18.56	24.16	40.80	11.03	24.01	51.83
万柏林区	面积/km^2	6.33	40.79	72.45	120.91	46.54	47.12	167.45
	占比/%	2.21	14.21	25.24	42.12	16.22	16.42	58.34
晋源区	面积/km^2	5.32	41.36	76.25	117.88	42.37	46.68	160.25
	占比/%	1.88	14.60	26.93	41.63	14.96	16.48	56.59
合计	面积/km^2	64.43	282.17	374.26	509.82	170.87	346.60	680.69
	占比/%	4.60	20.13	26.70	36.38	12.19	24.73	48.57

对太原市主城区 2004 年、2010 年和 2020 年生态环境质量等级变化值进行对比分析。2004—2010 年，主城区中心区域生态恶化，其余大部分区域生态环境质量均为好转，生态环境质量显著提升；2010—2020 年，南部区域出现恶化现象，中部好转（图 8.24）。

对 2004—2020 年太原市主城区不同等级生态环境质量的面积变化情况进行统计（表 8.7）。可以看到，2004—2010 年等级变好的面积占比最多，为 52.50%，等级未发生变化的占比次之，为 37.81%，表明多数区域生态环境质量得到改善。2010—2020 年，等级未发生变化的占大多数，占比为 51.45%，等级变好占比次之，为 24.89%，表明 2010—2020 年多数区域生态环境质量较为稳定，部分区域生态环境质量继续向好的方向发展，变好的面积占比较 2004—2010 年低 27.61%。

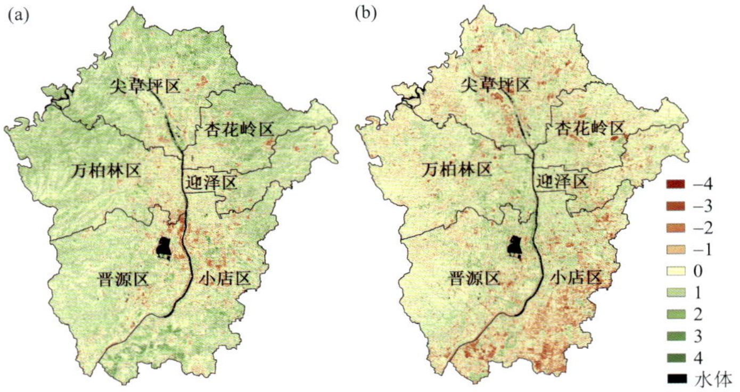

图 8.24 太原市主城区生态环境质量等级变化
（a. 2004—2010 年；b. 2010—2020 年）

在等级变差方面，等级变差 1 级的占多数，2004—2010 年为 7.76％，2010—2020 年为 17.33％；等级变差 2 级的次之，2004—2010 年为 1.69％，2010—2020 年为 4.92％（表 8.7）。山西转型综合改革示范区 2017 年 2 月正式挂牌成立，重点推进太原市向南发展，建筑物等不透水面积快速增加，植被覆盖面积减少，改变了土地利用类型，导致生态环境质量下降，是 2010—2020 年这两项等级变差指标均高于 2004—2010 年的原因之一。

表 8.7 2004—2020 年太原市主城区生态环境质量等级变化

类别	等级差	2004—2010 年		2010—2020 年	
		面积/km²	比例/％	面积/km²	比例/％
变差	−4	0.08	0.01	0.52	0.04
	−3	3.19	0.23	19.27	1.37
	−2	23.63	1.69	68.98	4.92
	−1	108.70	7.76	242.93	17.33
	合计	135.60	9.69	331.70	23.66
不变	0	530.21	37.81	720.93	51.45
变好	1	608.43	43.41	297.94	21.26
	2	119.43	8.52	45.42	3.24
	3	7.65	0.55	5.25	0.37
	4	0.24	0.02	0.32	0.02
	合计	735.75	52.50	348.93	24.89

8.4 城市通风潜力

8.4.1 城市通风潜力的概念

随着城镇化的快速发展，城市、建筑、气候和环境间的矛盾日益凸显，城市化进程使建筑密度、高度提升，加之不合理的规划布局，造就多元化的城市地表形态，自然风进入城市后流通受到制约，风速急剧降低，建筑物等要素之间的空气流量相较于郊区开敞空间大幅减少，引发如“热岛效应”、大气污染等城市微气候问题。

习近平总书记提出要“深入开展健康城市和健康村镇建设”“持续实施大气污染防治行动计划，打赢蓝天保卫战”。2016 年 2 月，国家发展和改革委员会、住房和城乡建设部编制《城市适应气候变化行动方案》提出：“依托现有城市绿地、道路、河流及其他公共空间，打通城市通风廊道，增加城市的空气流动性、缓解城市‘热岛效应’和雾/霾等问题。”

城市通风廊道是指利用江河、湖泊、山谷，以及城市绿地、水体、主干道等空间载体形成的引导城市空气流动，促进大气良性循环，改善城市空气品质，提升体感舒适度的风场流动通道。构建城市通风廊道，是改善局地气候环境、保障居民身心健康的重要抓手，而对城市通风潜力的评价正是其中一项重要环节。

城市自然通风潜力是指城市人工建成环境所具备的通风能力（尹杰 等，2019）。提升城市通风潜力，在缓解城市热岛、大气污染、促进城区内外热交换、降低建筑物能耗以及提高城市宜居性方面有着不可忽视的作用，是城市规划和建筑设计工作中需考虑的重要元素。评价城市通风潜力的指标有很多，如建筑迎风截面积密度、天空开阔度、地表粗糙度、通风潜力分级等，能从不同侧面反映城市的风场流动能力。

8.4.2 迎风截面积密度

建筑迎风截面积密度（frontal area density，FAD）是一个反映城市建筑风渗透性能的重要指标。迎风截面积密度数值大小表示风通过该研究区时所受阻力的强弱情况，其含义是某区域的建筑迎风面面积越大，那么该区域建筑对流动风的阻碍越大，则该建成区的通风能力越低；相反，若该区域的建筑迎风面面积越小，那么该区域建筑对流动风的阻碍越小，则该建成区的通风能力越大，通风状况良好（刘勇洪 等，2019）。

建筑迎风截面积密度 λ_F 可以根据式(8.10)和式(8.11)求算，计算原理如图 8.25 所示。

$$\lambda_{F(\theta,z)} = \frac{A(\theta)_{\mathrm{proj}(\Delta z)}}{A_{\mathrm{T}}} \tag{8.10}$$

$$\lambda_{F(z)} = \sum_{i=1}^{n} \lambda_{F(\theta,z)} \times P_{(\theta,i)} \tag{8.11}$$

式中：$A(\theta)_{\mathrm{proj}(\Delta z)}$ 为建筑迎风投影面积；θ 为风的不同方位的方向角度；A_{T} 为计算的地块面积；Δz 为投影面积高度方向的计算范围；$P_{(\theta,i)}$ 为第 i 个方位的风向年均出现频率；n 为气象站统计的风向方位数，一般为 16。

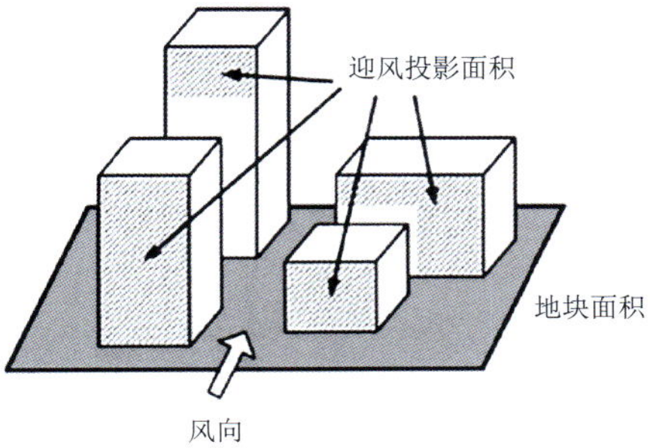

图 8.25　建筑迎风面积密度各参数意义示意图（刘勇洪 等，2019）

基于2018年太原市主城区部分建筑矢量数据和国家级气象站累年风向频率数据，以200 m×200 m地块尺度为基本单元，分析太原市部分城区建筑迎风截面积密度分布。不同风向平均迎风截面积密度为0.12(ESE、WNW)～0.18(NNE、ENE、SSE、SSW、WSW、NNW)，迎风截面积密度最大值为0.91(NE、SW)～1.20(N)，其中，ESE、WNW两个风向下的迎风截面积密度值最小(表8.8)。

表8.8　太原市200 m×200 m尺度下16个风向迎风截面积密度

	N	NNE	NE	ENE	E	ESE	SE	SSE	S	SSW	SW	WSW	W	WNW	NW	NNW
平均	0.17	0.18	0.16	0.18	0.17	0.12	0.16	0.18	0.16	0.18	0.16	0.18	0.17	0.12	0.16	0.18
最大	1.20	1.06	0.91	0.95	1.02	1.16	1.19	1.11	0.92	1.06	0.91	0.95	1.02	1.16	1.19	1.11

太原市主城区商圈或工业建设密集区，低矮建筑占比较多且建筑密度大，受建筑对流动风的阻碍作用，迎风截面积密度较大，通风能力较差；主城区北部、西南部和东南部建筑密度稀疏的空旷区域，公园、绿地、水体(汾河等)等生态冷源区域，迎风截面积密度较小，通风能力较强(图8.26)。

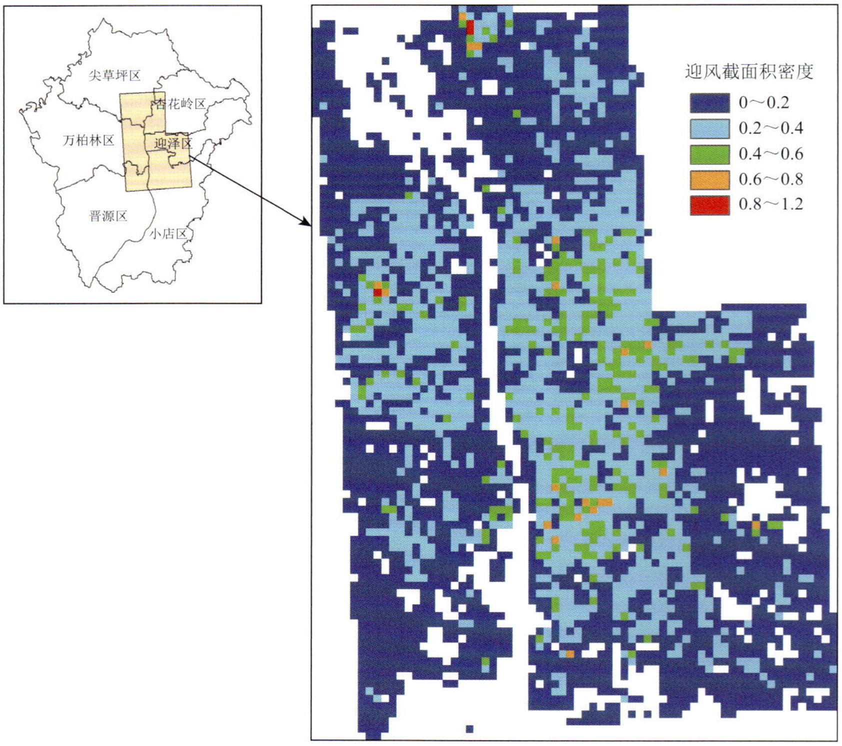

图8.26　太原市城区部分建筑迎风截面积密度空间分布

8.4.3　天空开阔度

天空开阔度(sky view factor，SVF)也称天穹(空)可见度、天空可视(视域)因子、天空可视域、地形开阔度等，是对地表形态开阔程度的定量描述，反映了周围地形与地物对物理辐射在半球范围内的遮蔽影响及视线在半球范围内被遮挡的程度(李梦溪 等,2017)。

天空开阔度 SVF 用式(8.12)和式(8.13)进行表达,计算原理如图 8.27 所示。

$$\Omega = \sum_{i=1}^{n} \int_{\gamma_i}^{\pi/2} \cos\phi \times \mathrm{d}\phi = 2\pi \times \left(1 - \frac{\sum_{i=1}^{n} \sin\gamma_i}{n}\right) \tag{8.12}$$

$$\mathrm{SVF} = 1 - \frac{\sum_{i=1}^{n} \sin\gamma_i}{n} \tag{8.13}$$

式中:Ω 为天空可视立体角,单位为弧度;ϕ 为方位角度,单位为弧度;γ_i 为第 i 个方位角时的地形影响高度角,单位为弧度;n 为计算的方位角数目;SVF 为天空开阔度,值为 0～1,无量纲。

天空开阔度数值越大,表明天空可见程度越高,即未被遮挡的程度越高。值为 0 表示相对于地面,天空完全被障碍物阻挡,值为 1 表示天空完全没有被遮挡。遮蔽度定义为地表某一点发射的辐射中被遮挡物拦截的部分与总辐射的比值,其数值与该点的 SVF 相加等于 1。

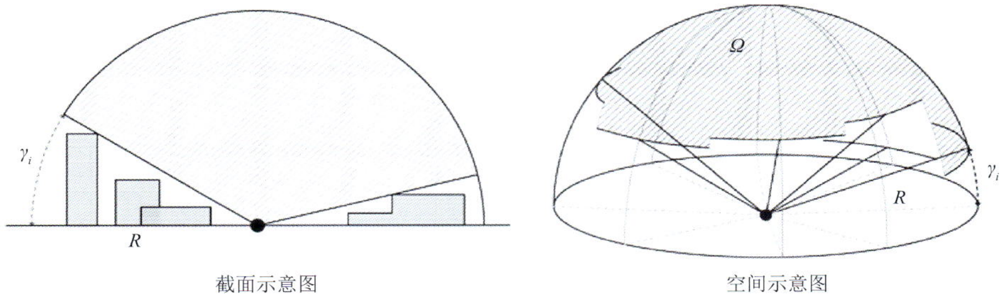

图 8.27　受地形影响的天空开阔度计算示意图(刘勇洪 等,2019)
(R 为地形影响半径,单位为 m)

基于 2018 年太原市主城区部分建筑矢量数据,以 20 m×20 m 地块尺度为基本单元,分析太原市部分城区的天空开阔度。在太原城区西北部、西南部和东南部、汾河河道周边、公园、大型商务区等建筑稀少区域,天空开阔度大于 0.8,天空开阔度较好;中部市中心的商住区建筑物密集,高大建筑分布较多,遮蔽程度高,天空开阔度较差(图 8.28)。

8.4.4　地表粗糙度

在城市环境中,不同区域地表特征的粗糙度、建筑密度及植物分布等因素会直接影响到城市的风环境状况(詹庆明 等,2015)。由于地表上粗糙元素和地形起伏对气流运动的阻碍,风速廓线上风速为零的位置并不在地表,而位于离地表一定的高度位置,这一高度被定义为空气动力粗糙度长度(roughness length,RL),用于代表地表粗糙度。RL 对地区的空气流通和气流交换造成影响,常被作为城市通风廊道选择的重要指标。城市下垫面中粗糙元的分布非常复杂,空间分布上有很大的非均匀性(刘勇洪 等,2019)。可通过 Grimmond 等(1999)建立的形态学模型,即根据粗糙元的几何形状、分布密度等,对城市 RL 进行估算,见式(8.14)—(8.16):

$$\frac{Z_\mathrm{d}}{Z_\mathrm{h}} = 1.0 - \frac{1.0 - \mathrm{e}^{-\sqrt{15 \times \lambda_\mathrm{F}}}}{\sqrt{15 \times \lambda_\mathrm{F}}} \tag{8.14}$$

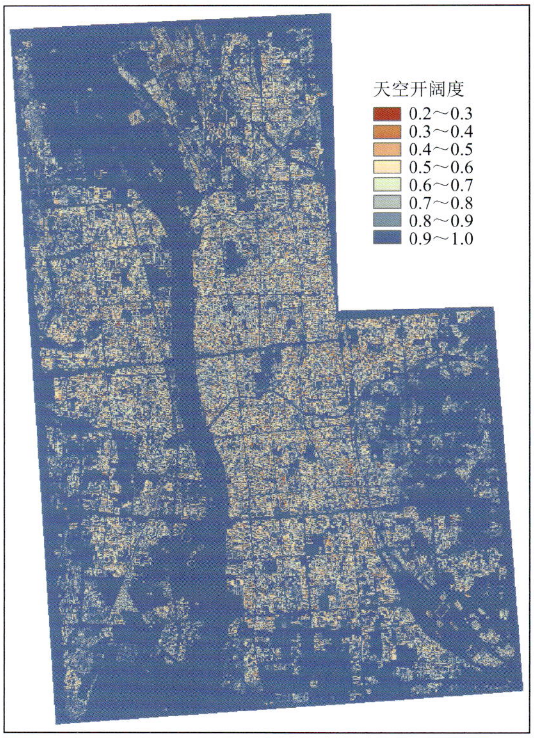

图 8.28　太原市城区部分区域天空开阔度空间分布

$$\frac{u_*}{U_h} = \min\left(\sqrt{0.003+0.3\times\lambda_F}, 0.3\right) \quad (8.15)$$

$$\frac{Z_0}{Z_h} = \left(1.0-\frac{Z_d}{Z_h}\right) e^{-0.4\times\frac{U_h}{u_*}+0.193} \quad (8.16)$$

式中：Z_0 为粗糙度长度(m)；Z_d 为零平面位移高度(m)；Z_h 为粗糙元高度(m)；$\frac{Z_d}{Z_h}$ 和 $\frac{Z_0}{Z_h}$ 分别为归一化的零平面位移高度和归一化的粗糙度长度；U_h 为风速(m/s)；u_* 为摩阻速度或剪切速度；λ_F 为建筑迎风面积密度。

基于太原市主城区部分建筑迎风截面积密度数据，分析太原市部分城区地表粗糙度分布。城区周边、汾河河道和公园等区域，存在较大范围的低值区，通风较为顺畅；当 RL≥1.0 m 时，城市通风条件不良，通风障碍区域主要分布在太原城区大面积建筑密集区域，尤其在重工业区有大范围集中(图 8.29)。

8.4.5　通风潜力

城市通风潜力可以根据建筑物的地面覆盖率、自然植被确定的地表粗糙度以及接近周边开敞区域的程度而定，其中建筑覆盖率是减少空气流通的主要负面因素，而自然植被和接近周边开敞区域则是增加空气流动的主要正面因素。综合考虑利用空气动力粗糙度长度和天空开阔度估算城市通风潜力系数(VPC)(刘勇洪 等，2019)，见式(8.17)：

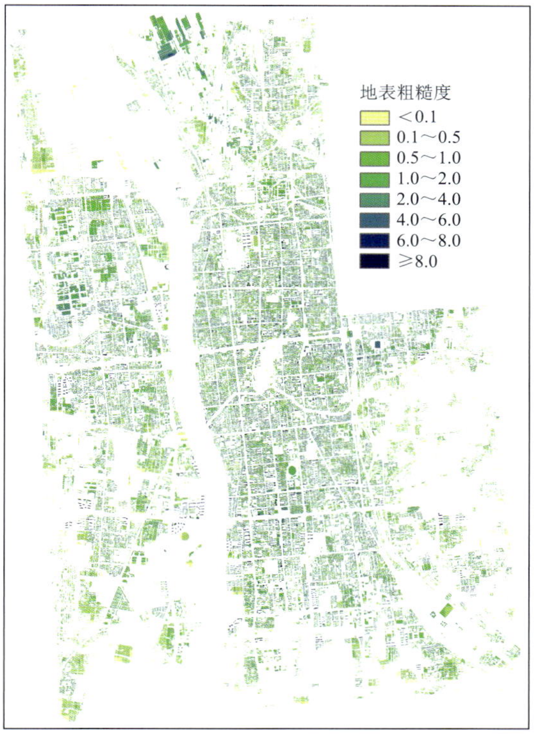

图 8.29　太原市部分城区地表粗糙度空间分布

$$\mathrm{VPC}=\frac{Z_0}{\mathrm{SVF}} \tag{8.17}$$

式中：VPC 为通风潜力系数，值越大，反映城市地表通风潜力越低；Z_0 为粗糙度长度；SVF 为天空开阔度。

根据城市通风潜力系数大小，地表通风潜力等级由低到高被分为 5 级，等级越高，通风能力越好（表 8.9）。

表 8.9　地表通风潜力等级划分及含义

等级	VPC	含义
1	VPC≥1.5	无或低
2	1.0≤VPC<1.5	较低
3	0.5≤VPC<1.0	一般
4	0.1≤VPC<0.5	较高
5	VPC<0.1	高

基于太原市主城区部分地区粗糙度长度和天空开阔度，分析太原市部分城区的城市通风潜力分级分布。太原市主城区商圈或工业建设密集区等区域，城市通风潜力系数较大，地表通风潜力等级较低，通风能力偏差；主城区北部、西南部和东南部，公园、绿地、水体（汾河等）、城市主干道等区域，地表通风潜力等级较高，通风能力较强（图 8.30）。

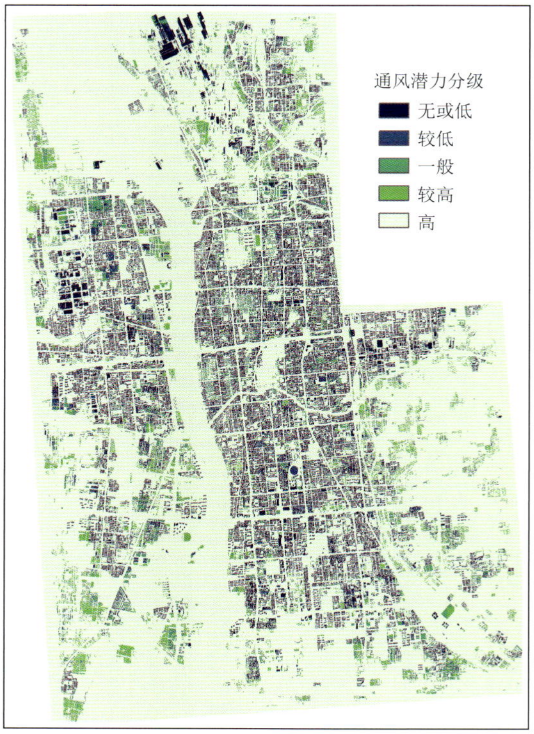

图 8.30　太原市部分城区通风潜力等级空间分布

第9章
山西省水土保持研究

9.1 概述

9.1.1 水土流失的定义

水土流失是一种危害严重、分布范围广的生态环境问题。我国每年流失到江河的泥沙量逾 50 亿 t,由此引发了河流淤积,河床抬高,水库淤积,库容减少,严重危及到了我国的水利建设和防洪能力。水土流失,也会造成土壤退化,粮食减产。据估计,我国每年由于水土流失造成的经济损失可达 100 亿元以上。因此,防止水土流失,是我国生态建设的一项重要内容。

水土流失是指在水力、风力、重力及冻融等自然营力和人类活动作用下,水土资源和土地生产力的破坏和损失,包括土地表层侵蚀及水的损失。水土流失主要包括 4 种类型。

①水力侵蚀,由降雨及径流引起的土壤侵蚀。表现形式包括面蚀、沟蚀、山洪侵蚀等。面蚀是指分散的地表径流冲走坡面表层土粒的一种侵蚀现象;沟蚀是指由汇集在一起的地表径流冲刷破坏土壤及母质,形成切入地表及以下的沟壑的侵蚀形式;山洪侵蚀是指山区河流洪水对沟道堤岸的冲淘、对河床的冲刷或淤积过程。

②风力侵蚀,是指在风力作用下,土壤及细小颗粒被吹走的过程。表现形式包括吹蚀、磨蚀。吹蚀是指风力将地表的松散土粒或沙粒吹离地表的过程;磨蚀是指风沙流中的沙粒对地表物质的冲击、摩擦作用。

③重力侵蚀,指在重力作用下,岩土体向下移动的过程。包括崩塌、滑坡、泻溜等。崩塌是指陡坡上的岩土体在重力作用下突然脱离母体崩落、滚动、堆积在坡脚的地质现象;滑坡是指斜坡上的土体或者岩体,受河流冲刷、地下水活动、雨水浸泡、地震及人工切坡等因素影响,在重力作用下,沿着一定的软弱面或者软弱带,整体地或者分散地顺坡向下滑动的自然现象;泻溜是指崖壁和陡坡上的土石经风化形成的碎屑,在重力作用下,沿着坡面下泻的现象。

④冻融侵蚀,是指在温度变化和冻融交替作用下,土壤和岩石发生破碎、位移的过程。包括冻胀、融沉。冻胀是指由于土中水结冰体积膨胀而使地面隆起的现象;融沉是指冻土融化后,土体在重力作用下发生沉降的现象。

9.1.2 水土流失的强度

我国水土流失强度分类分级标准实际上是用土壤侵蚀强度分类分级标准代替的,即依照《土壤侵蚀分类分级标准》(SL 190—2007)对我国土壤侵蚀强度分级做了规定。

按土壤侵蚀外营力的不同种类将全国土壤侵蚀区划分为水力、风力、冻融3个一级区，根据地质、地貌、土壤等形态又在3个一级区基础上划分为9个二级区。

水力侵蚀为主类型区。包括5个二级区，分别为西北黄土高原区，主要在黄河上中游；东北黑土区(低山丘陵区和漫岗丘陵区)，主要在松花江流域；北方土石山区，主要在淮河流域以北、黄河中下游；南方红壤丘陵区，主要在长江中游及汉水流域、洞庭湖水系、鄱阳湖水系、珠江中下游，包括江苏、浙江等沿海侵蚀区；西南土石山区，主要在长江上中游及珠江上游。

风力侵蚀为主类型区。包括2个二级区，分别为“三北”戈壁沙漠及沙地风沙区，包括青海、新疆、甘肃、宁夏、内蒙古、陕西、黑龙江等省(自治区)的沙漠戈壁和沙地；沿海环湖滨海平原风沙区，主要在山东黄泛平原、鄱阳湖滨湖沙地及福建、海南滨海区。

冻融侵蚀为主类型区。包括2个二级区，分别为北方冻融土壤侵蚀区，主要在东北大兴安岭山地及新疆天山山地；青藏高原冰川侵蚀区，分布在青藏高原高山雪线以上。

(1)土壤侵蚀容许量标准

土壤侵蚀容许量是指在长时期内能保持土壤肥力和维持土地生产力基本稳定的最大的土壤流失量。我国地域辽阔，自然条件千差万别，各地区的成土速度也不相同，该标准规定了我国主要侵蚀类型区的土壤容许流失量(表9.1)。

表9.1 各侵蚀类型区允许土壤流失量

侵蚀类型区	允许土壤流失量/(t/(km^2·a))
西北黄土高原区	1000
东北黑土区	100
北方土石山区	200
南方红壤丘陵区	500
西南土石山区	500

(2)不同侵蚀类型强度分级

各侵蚀类型强度分级见表9.2、表9.3。

表9.2 水力侵蚀、重力侵蚀的强度分级

强度分级	侵蚀模数/(t/(km^2·a))
微度侵蚀	＜200；500；1000(分别指东北黑土区和北方土石山区、南方红壤丘陵区和西南土石山区、西北黄土高原区)
轻度侵蚀	200；500；1000～2500(分别指东北黑土区和北方土石山区、南方红壤丘陵区和西南土石山区、西北黄土高原区)
中度侵蚀	2500～5000
强烈侵蚀	5000～8000
极强烈侵蚀	8000～15000
剧烈侵蚀	≥15000

表 9.3 风蚀强度分级

强度分级	植被覆盖度/%	风蚀厚度/(mm/a)	侵蚀模数/((t/(km^2·a))
微度侵蚀	≥70	<2	<200
轻度侵蚀	70～50	2～10	200～2500
中度侵蚀	50～30	10～25	2500～5000
强烈侵蚀	30～10	25～50	5000～8000
极强烈侵蚀	<10	50～100	8000～15000
剧烈侵蚀	<10	≥100	≥15000

9.1.3 影响水土流失的气象因素

气象条件与土壤侵蚀的关系极为密切，所有的气候因子都从不同方面和不同程度上影响土壤侵蚀，这种影响有直接的和间接的。一般来说，降水和风是造成土壤侵蚀的直接动力，而温度、湿度、日照等，通过对植物生长、植被类型、岩石风化、成土过程和土壤性质等的影响，进而间接地影响土壤侵蚀的发生和发展。

9.1.3.1 降水

降水是气候因素中与土壤关系最为密切的一个因子。降水是地表径流和下渗水分的主要来源，在土壤侵蚀的发生发展过程中，降水是水力侵蚀的物质基础。

①降水量。降水量与土壤侵蚀的关系比较复杂。一方面，降水量多的地区，发生土壤侵蚀的潜在危险大；另一方面，降水量大的地区，其热量及其他环境因素也较好，良好的水热环境可为植被生长创造条件，而植被覆盖在一定程度上减缓降水对土壤的冲刷。因此，我国南方地区降水量虽比黄土地区大，但侵蚀量却比黄土地区小。因为降水量不同，将导致其他因素相应改变，从而改变了土壤侵蚀发生的条件，也影响到土壤侵蚀的严重程度。同一数量的降水，在不同时期和不同地区，侵蚀量也都不相同。

②降雨强度。暴雨是造成严重土壤侵蚀的主要因子。因为暴雨量往往超过土壤渗透量，容易产生地表径流；同时，暴雨雨滴较大，所具有的动能也较大，侵蚀作用强，所以暴雨强度越大，土壤侵蚀越严重。

③降雨历时。降雨历时是指一场降雨所延续的时间长度。雨量与雨强相同，降雨历时不同，土壤侵蚀的结果也不相同。长历时的一次降雨产生的土壤侵蚀量明显大于其总雨量和雨强都与之相同，但中间间隔几次历时较短的降雨。因为充分的前期降雨，使土壤含水量增大，再遇暴雨将会产生强大的地表径流，易发生滑坡、泥石流等侵蚀。

我国各地降水量的年内分配都很不均匀，一般集中分布在7—9月，这3个月的降水量约占全年总降水量的40%，有的甚至高达70%。降水量的高度集中，形成明显的干、湿季节。雨季土壤经常处于湿润状态，这为强大暴雨的剧烈侵蚀活动打下了基础，也使得雨季土壤侵蚀量往往占到全年土壤侵蚀量的2/3以上。

④前期降雨与降雨季节分布。这是影响土壤侵蚀的重要因子。充分的前期降雨，使土壤含水量达到饱和状态，再遇暴雨将产生强大的地表径流，则可能发生最严重的泥石流，或者山洪暴发。

降雨的季节性分布，影响降雨量且控制着该地区植被生长状况和土壤水分消耗。山西省年内降雨分布不均，存在集中降雨季节，6—9 月的降水量约占全年总降水量的 70.9%。降雨量集中的季节，土壤侵蚀量最多。

9.1.3.2 降雪

降雪过程本身并不直接引起土壤侵蚀的发生。在北方和高山冬季积雪较多的地方，降雪后常不能全部融化而形成积雪。积雪受到风力和地形的影响发生再分配，常堆积在背风的斜坡和凹地。融雪时不同的融雪速度和不等量的地表径流，尤其是当表层已融化而底层仍在冻结的情况下，融雪水不能下渗，形成大量的地表径流，常引起严重的土壤侵蚀。

9.1.3.3 风

风是形成土壤风蚀和风沙流动的动力，风对风蚀的影响主要表现在 3 个方面，一是风速。当风速达到一定值后，就可能引起风蚀，风速越大，风蚀程度越强。形成风沙流的风速标准可以通过实测取得，各沙区的具体数据并不一致，如陕北毛乌素沙地的起沙风为 5 m/s。二是风的持续时间。如果风的持续时间短就不能造成大规模的风沙流。三是起沙风次数、季节和空气湿度、气温等的影响。湿度越小，温度越高，将促成植物的蒸腾增加和表土层的干燥，甚至形成干土层，有利于土壤风蚀及风沙流的形成和发展。例如，气温≥25 ℃、相对湿度≤40%、风速≥4 m/s 时，形成的旱风使风蚀程度增强。

9.1.3.4 其他气候因子

温度变化可以影响岩石风化。当土体和基岩中含有一定的水分时，在春季回暖、温度反复在 0 ℃附近变化的情况下，由于冻融交替，常形成泻溜、滑塌、崩塌等重力侵蚀。高山雪线附近也常是由于温度的激烈变化引起重力侵蚀活跃的地段。

湿度对土壤侵蚀也有影响，包括土壤湿度和空气湿度。湿度对土壤发育、土壤结构、岩石风化、植物生长等有直接或间接的影响，从而影响到土壤侵蚀。

9.1.4 山西水土流失特点

山西地处黄土高原东部的黄河中游、海河上游，是全国水土保持重点防治区域之一。其主要的水土流失特点表现在以下 5 个方面。

一是山地丘陵为主体，地形极为破碎。从地貌上看，山西境内具有平原、台地、丘陵、低山、中山、亚高山等各种地貌类型。全省土地总面积 15.67 万 km^2，山地丘陵面积占到全省土地总面积的 80.1%，平川河谷占 19.9%。从地形起伏度来看，全省大部分地区海拔在 1500 m 以上，最高点为五台山主峰叶斗峰，海拔 3061.1 m，为华北最高峰，最低处垣曲县黄河滩，海拔仅 180 m，相对高差达 2881.1 m。从地面坡度看，全省大于 10°以上的土地面积占到 54%，大于 20°以上的土地面积占到 19%。破碎的地形条件，为严重水土流失奠定了地理基础。

二是黄土覆盖面积大，植被覆盖度低。山西黄土分布极为广泛，覆盖厚度一般为 8～13 m，部分地区为 70～80 m，除五台山、关帝山、芦芽山等亚高山外，大部分区域可见到残留的黄土存在。黄土的特点是土质疏松，节理发育，崩解性与湿陷性强，加之质地细腻，肥力低下，结构性差，极易侵蚀，从而为严重水土流失提供了物质基础。新中国成立初期，山西森林覆盖率仅有 2.4%，后虽然大力植树种草，然而由于土壤贫瘠、气候干旱，覆盖率增长缓慢，每遇暴雨，冲刷土地，河岸崩塌，幸存的一点植被常被泥石流卷走。

三是降水高度集中，短时强降水多。全省大部分地区年降水量为 400～600 mm，60%～

80%集中于 5—9 月。从雨型上看，多属短历时高强度暴雨，历时短、强度大，雨点冲击加剧了土壤结构的破坏，从而为严重的水土流失提供了基础动力。

四是水土流失面积大，分布广泛。全省 117 个县级行政区中，几乎都存在水土流失问题。新中国成立初期，全省水土流失面积 10.84 万 km^2，占总面积的 69.2%。经过多年治理，水土流失面积有所下降。据 2023 年水土流失公报，全省水力侵蚀面积 55495 km^2，占土地总面积的 35.42%。

五是水土流失强度大，向黄河、海河输沙多。据测算，全省多年平均悬移质输沙量达 4.56 亿 t，黄河流域为 3.66 亿 t，占 80.3%；海河流域为 0.9 亿 t，占 19.7%。土壤侵蚀模数平均为 5000 t/km^2。

9.2 山西省黄河流域水土流失分析

9.2.1 土壤侵蚀计算方法

土壤流失方程是用来计算土壤流失量的数学公式，最为广泛使用的一个土壤流失方程是由美国农业部提出的通用土壤流失方程：

$$A = R \cdot K \cdot L \cdot S \cdot C \cdot P \tag{9.1}$$

式中：A 为土壤流失量，单位为 $t/(hm^2/a)$；R 为降雨侵蚀力因子，即单位时间内的降雨能够冲刷掉的土壤量，其大小与降雨强度、降雨量、地形等因素有关；K 为土壤可蚀性因子，即土壤的抗冲蚀能力，其大小与土壤类型、植被覆盖度、土地利用方式等因素有关；L 和 S 分别为坡长和坡度因子，即坡长和坡度对土壤流失的影响因子；C 为覆盖和管理因子，即土地利用方式、耕作方式、植被覆盖度等因素对土壤流失的影响因子；P 为支持措施因子，即采取的水土保持措施对土壤流失的影响因子。

9.2.1.1 降雨侵蚀力因子 R

精确估算降雨侵蚀力的方法是根据拟定的降雨侵蚀力指标，计算一定时期内全部侵蚀性次降雨的侵蚀力，但由于很难获得所必需的次降雨过程资料，因此一般建立降雨侵蚀力简易算法，即利用气象站常规降雨统计资料如日雨量、月雨量、年雨量或其他雨量参数估算侵蚀力。

本书采用章文波等(2003)的日雨量简易模型：

$$M = \alpha \sum_{i=1}^{K} (D_i)^{\beta} \tag{9.2}$$

式中：M 为统计时段的降雨侵蚀力值，单位为 $MJ \cdot mm/(hm^2 \cdot h)$；$K$ 为统计时段内的天数；D_i 为统计时段内第 i 天的侵蚀性日雨量，要求日雨量≥12 mm，否则以 0 计算；α 和 β 为模型待定参数。

利用日雨量参数估计模型参数 α 和 β：

$$\beta = 0.8363 + 18.144 \cdot P_{d12}^{-1} + 24.455 \cdot P_{y12}^{-1} \tag{9.3}$$

$$\alpha = 21.586\beta^{-7.1891} \tag{9.4}$$

式中：P_{d12}^{-1} 为日雨量≥12 mm 的日平均雨量，单位为 mm；P_{y12}^{-1} 为日雨量≥12 mm 的年平均雨量，单位为 mm。

9.2.1.2 土壤可蚀性因子 K

土壤可蚀性因子是用来反映土壤对侵蚀的敏感程度，可以用土壤质地数据确定土壤可蚀性因子。本书采用饶良懿等(2020)EPIC 模型中估算土壤可蚀性因子的算法进行计算，EPIC 模型是专门评估土壤侵蚀的模型。具体公式为

$$K = 0.1317 \times \left\{0.2 + 0.3\exp\left[-0.0265\text{SAN}\left(1-\frac{\text{SIL}}{100}\right)\right]\right\} \times \left(\frac{\text{SIL}}{\text{CLA}+\text{SIL}}\right)^{0.3} \times \left[1-\frac{0.25C}{C+\exp(3.72-2.95C)}\right] \times \left\{1-\frac{0.7\left(1-\frac{\text{SAN}}{100}\right)}{\left(1-\frac{\text{SAN}}{100}\right)+\exp\left[22.9\left(1-\frac{\text{SAN}}{100}\right)-5.51\right]}\right\} \tag{9.5}$$

式中：SAN 为砂粒(%)；SIL 为粉粒(%)；CLA 为黏粒(%)；C 为土壤中的有机碳(%)。

9.2.1.3 坡长(L)和坡度(S)因子

L 表示坡长因子，S 表示坡度因子，是反映地形对土壤侵蚀影响的 2 个因子。本书根据 2017 年环境保护部、国家发展和改革委员会颁布的《生态保护红线划定指南》(环办生态〔2017〕48 号)，应用地形起伏度，即地面一定距离范围内最大高差，作为区域土壤侵蚀评估的地形指标。

$$H = H_{max} - H_{min} \tag{9.6}$$

式中：H 为地形起伏度；H_{max} 为高程最高值；H_{min} 为高程最低值。

9.2.1.4 覆盖和管理因子 C

植被覆盖因子为 0～1。当 C 为 1 时，表示地面完全裸露，没有植被；当 C 接近 0 时，表示地面植被良好。本书采用蔡崇法等(2000)通过人工降雨和天然降雨试验提出的算法估算植被覆盖因子。

$$C = \begin{cases} 1 & c = 0 \\ 0.6508 - 0.3436\ln c & 0 < c \leqslant 78.3\% \\ 0 & c > 78.3\% \end{cases} \tag{9.7}$$

式中：C 为植被覆盖因子；c 为植被覆盖度，由 NDVI 估算得出。

9.2.1.5 支持措施因子 P

支持措施因子的值在 0～1，当 P 为 0 时表示没有发生侵蚀，当 P 为 1 时表示没有采取水土保持措施。本书水土保持措施因子由土地利用数据确定(表 9.4)。

表 9.4 土地利用类型赋值

林地	水域	湿地	灌木	积雪冰川	耕地	草地	裸地
0.9	0	0	0.9	0	0.5	0.9	1

9.2.2 山西黄河流域降雨侵蚀力变化情况

降雨侵蚀力反映了降雨强度对土壤侵蚀的影响，通常利用降雨动能和最大时段雨强的乘积作为度量降雨侵蚀力的指标。然而，由于很难获得区域降雨动能数据，因此一般建立降雨侵蚀力简易算法，本书采用章文波等(2003)提出的降水量算法估算降雨侵蚀力因子。

从年际间变化来看，降雨侵蚀力波动较大，长期变化趋势不明显。从空间分布来看，年降雨侵蚀力和年侵蚀性降雨量的空间分布大体一致，总体呈现南大北小的分布格局（图 9.1）。

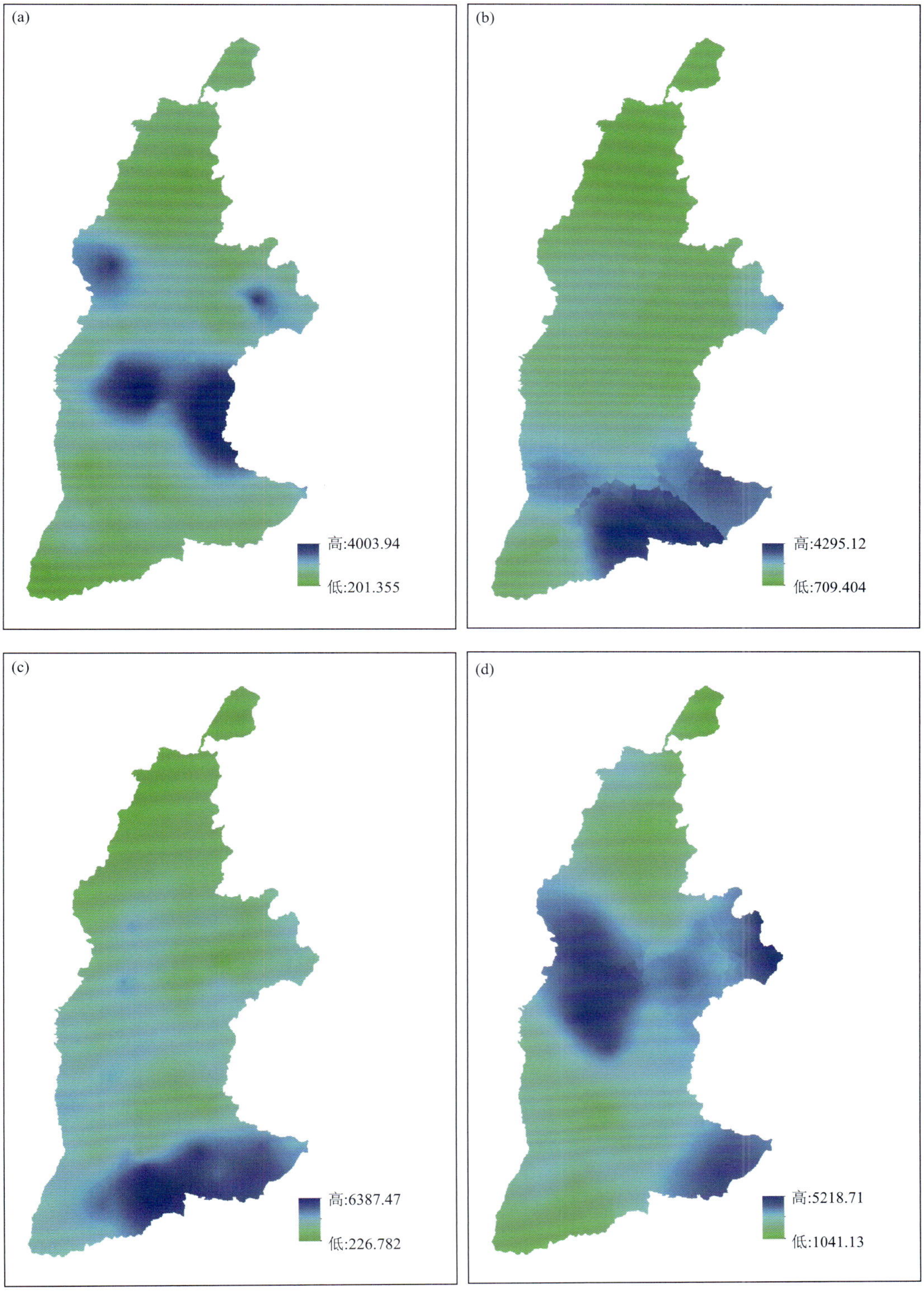

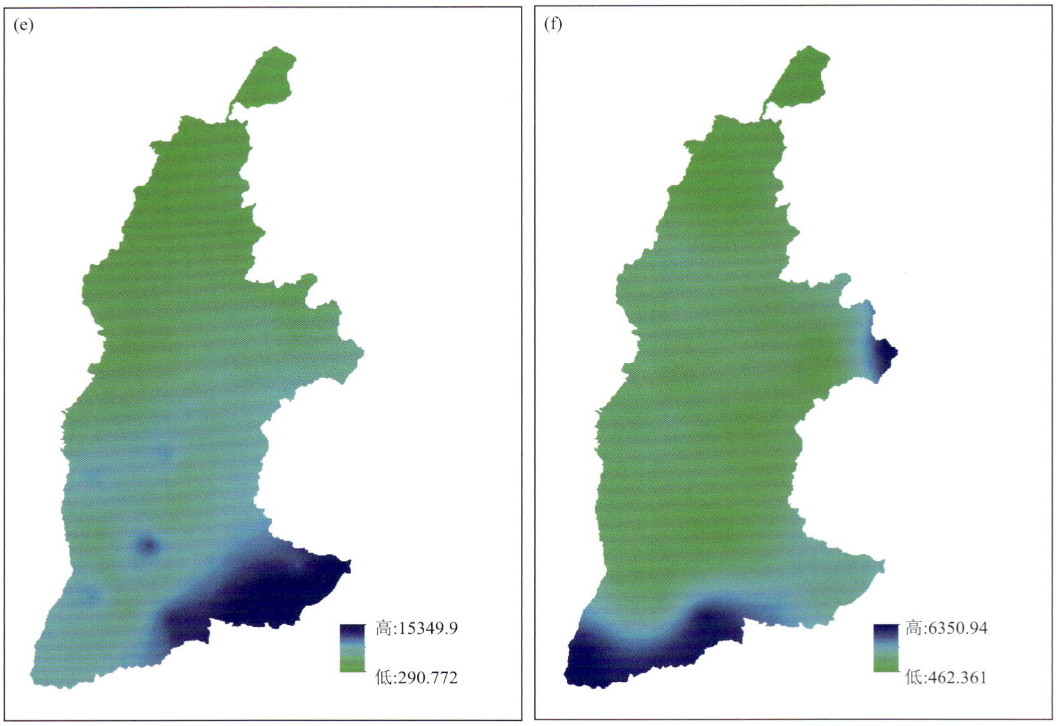

图 9.1　山西黄河流域 2001 年(a)、2006 年(b)、2011 年(c)、2016 年(d)、2021 年(e)、2023 年(f)降雨侵蚀力分布

9.2.2.1　山西黄河流域土壤侵蚀时间变化情况

以 2001—2023 年山西黄河流域的土壤侵蚀模数分布栅格数据为基础数据，根据水利部颁布的 SL190—2007 土壤侵蚀分类分级标准，求出山西黄河流域不同土壤侵蚀强度所占的面积和百分比，结果如图 9.2 及表 9.5 所示。从统计数据可知，2001—2023 年山西黄河流域未侵蚀土壤面积总体呈上升趋势（微度侵蚀不计入水土流失面积），增长了 81.3%。土壤侵蚀面积呈波动下降趋势，占山西黄河流域的面积百分比由 60.38%下降至 28.16%，下降了 32 个百分

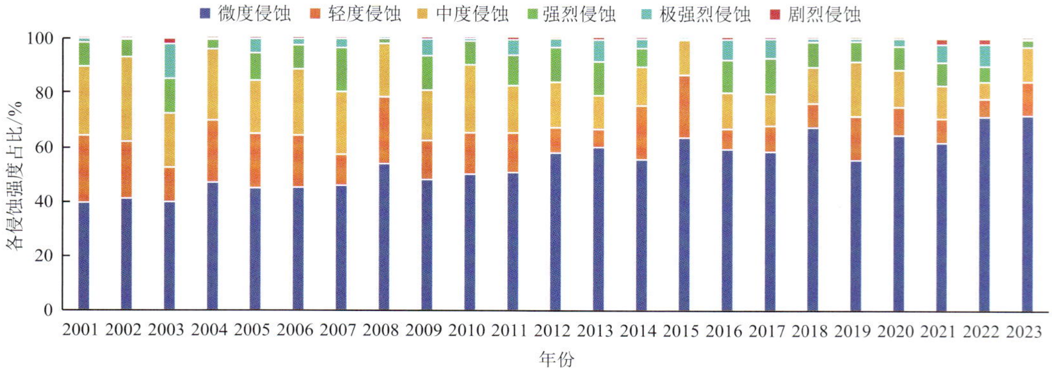

图 9.2　2001—2023 年山西黄河流域各侵蚀强度等级面积占比

表 9.5　研究区不同土壤侵蚀强度

年份	微度		轻度		中度		强烈		极强烈		剧烈	
	面积/km²	占比/%	面积/km²	占比/%	面积/km²	占比/%	面积/km²	占比/%	面积/km²	占比/%	面积/km²	占比/%
2001	38718.88	39.62	24259.00	24.82	24694.75	25.27	8554.50	8.75	1476.56	1.51	28.00	0.03
2002	40223.56	41.16	20538.63	21.02	30216.00	30.92	6316.19	6.46	430.69	0.44	6.63	0.01
2003	38979.94	39.88	12399.00	12.69	19480.06	19.93	12478.81	12.77	12373.38	12.66	2020.50	2.07
2004	45987.69	47.06	22428.81	22.95	25393.56	25.98	3418.94	3.50	485.63	0.50	17.06	0.02
2005	43967.06	44.99	19656.69	20.11	19052.44	19.49	9700.81	9.93	5183.13	5.30	171.56	0.18
2006	44221.31	45.25	18800.63	19.24	23684.38	24.23	8556.06	8.75	2283.75	2.34	185.56	0.19
2007	44930.44	45.97	11167.31	11.43	22543.31	23.07	15645.69	16.01	3343.81	3.42	101.13	0.10
2008	52723.88	53.95	24062.00	24.62	19032.13	19.47	1791.06	1.83	121.44	0.12	1.19	0.00
2009	47031.31	48.12	14078.31	14.41	18092.75	18.51	12201.69	12.48	6038.31	6.18	289.31	0.30
2010	49001.56	50.14	14941.13	15.29	24296.94	24.86	8477.56	8.67	990.00	1.01	24.50	0.03
2011	49611.19	50.76	14319.75	14.65	16954.88	17.35	10746.13	11.00	5602.00	5.73	497.75	0.51
2012	56705.44	58.02	9186.63	9.40	16268.19	16.65	12299.25	12.58	3236.81	3.31	35.38	0.04
2013	58741.81	60.11	6550.19	6.70	12071.63	12.35	11999.19	12.28	7895.50	8.08	473.38	0.48
2014	54341.69	55.60	19391.56	19.84	13803.75	14.12	6591.00	6.74	3393.75	3.47	209.94	0.21
2015	62237.31	63.68	22456.75	22.98	12438.75	12.73	541.38	0.55	55.19	0.06	2.31	0.00
2016	58003.19	59.35	7382.50	7.55	12955.13	13.26	11616.63	11.89	7374.50	7.55	399.75	0.41
2017	57117.25	58.44	9405.38	9.62	11467.00	11.73	12611.50	12.90	6951.19	7.11	179.38	0.18
2018	65878.13	67.41	8611.38	8.81	12924.38	13.22	8957.31	9.17	1342.81	1.37	17.69	0.02
2019	54096.31	55.35	15772.75	16.14	19481.38	19.93	7204.81	7.37	1111.81	1.14	64.63	0.07
2020	63066.19	64.53	10121.31	10.36	13261.75	13.57	8358.56	8.55	2845.44	2.91	78.44	0.08
2021	60344.44	61.75	8723.44	8.93	11828.19	12.10	8188.19	8.38	6490.88	6.64	2156.56	2.21
2022	69698.19	71.32	6483.44	6.63	6071.25	6.21	5527.50	5.66	7893.25	8.08	2058.06	2.11
2023	70210.63	71.84	12168.63	12.45	12275.31	12.56	2651.75	2.71	336.75	0.34	88.69	0.09

点；等级以轻度和中度侵蚀为主，面积占比大于2/3，强烈及以上侵蚀面积小于1/3，其中强烈侵蚀面积占山西黄河流域总面积的8.6%左右，极强烈等级占比3.9%左右，剧烈侵蚀占比较小，最大为2.21%（2021年），与当年极端降水较多有关。

9.2.2.2　山西黄河流域土壤侵蚀空间分布特征

将山西黄河流域2001—2023年平均土壤侵蚀模数分布图按土壤侵蚀分类分级标准进行重分类（图9.3）。山西黄河流域侵蚀等级以轻度和中度侵蚀为主，强烈及以上等级侵蚀与当年降雨特征关系较大。空间分布上看，黄河沿岸及较大河流的中上游沿岸的侵蚀等级高，平川及盆地侵蚀等级相对较低。虽然2001—2023年山西黄河流域土壤侵蚀面积呈减少趋势，但由于2021年、2022年极端降雨事件较多，面积较大，强烈及以上等级侵蚀面积占比有所升高。

9.2.2.3　山西黄河流域土壤侵蚀影响因素分析

山西地处黄河中游、黄土高原东部，山西黄河流域是全国水土流失强度最大、危害最严重的地区之一。该地区植被分布地带性规律明显，区域内土壤侵蚀以水力侵蚀为主。

影响土壤侵蚀的众多自然因素中，土壤质地和土壤结构在土壤侵蚀中起着重要作用，山西黄河流域黄土分布广泛，其质地疏松，遇水易蚀，抗侵蚀能力弱，是土壤侵蚀的物质基础。山西黄河流域地形复杂，坡度大且坡度长的区域较多，坡度越大，地表径流的速度越快，对土壤的冲刷力就越强，而坡长越长，径流在坡面上的流动时间越长，积累的能量也就越大，对土壤的侵蚀作用越强。总体而言，土壤类型及坡度坡长对土壤侵蚀的影响相对稳定，相比之下，降雨和植被的影响具有明显的年际变化。

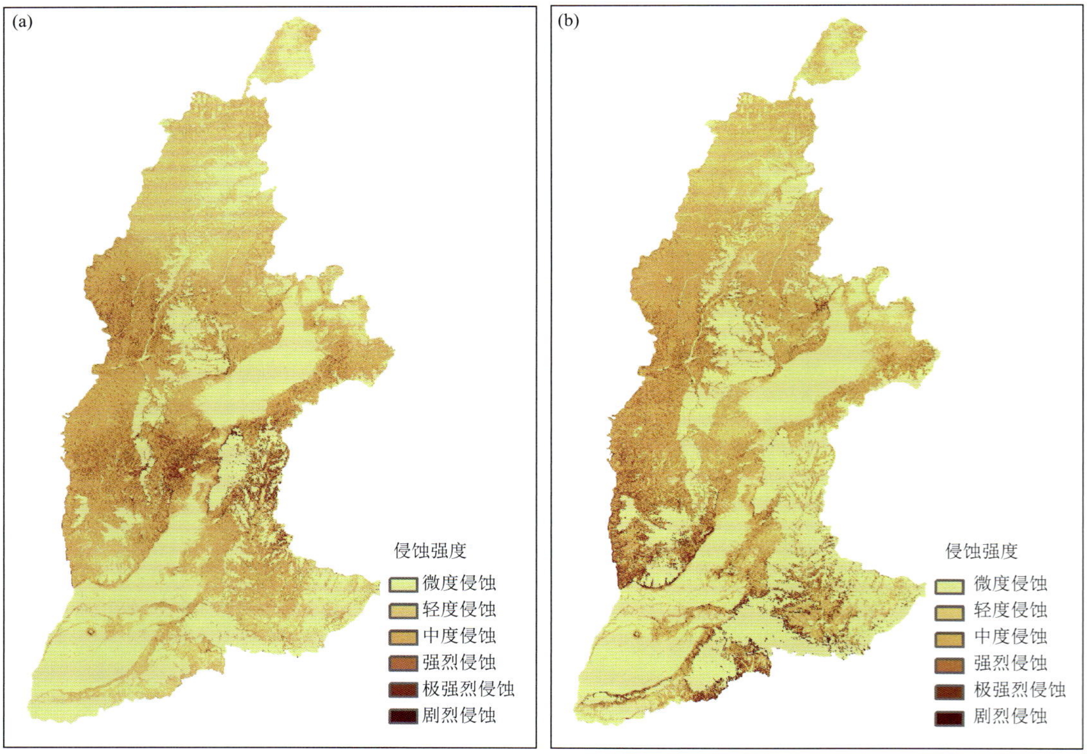

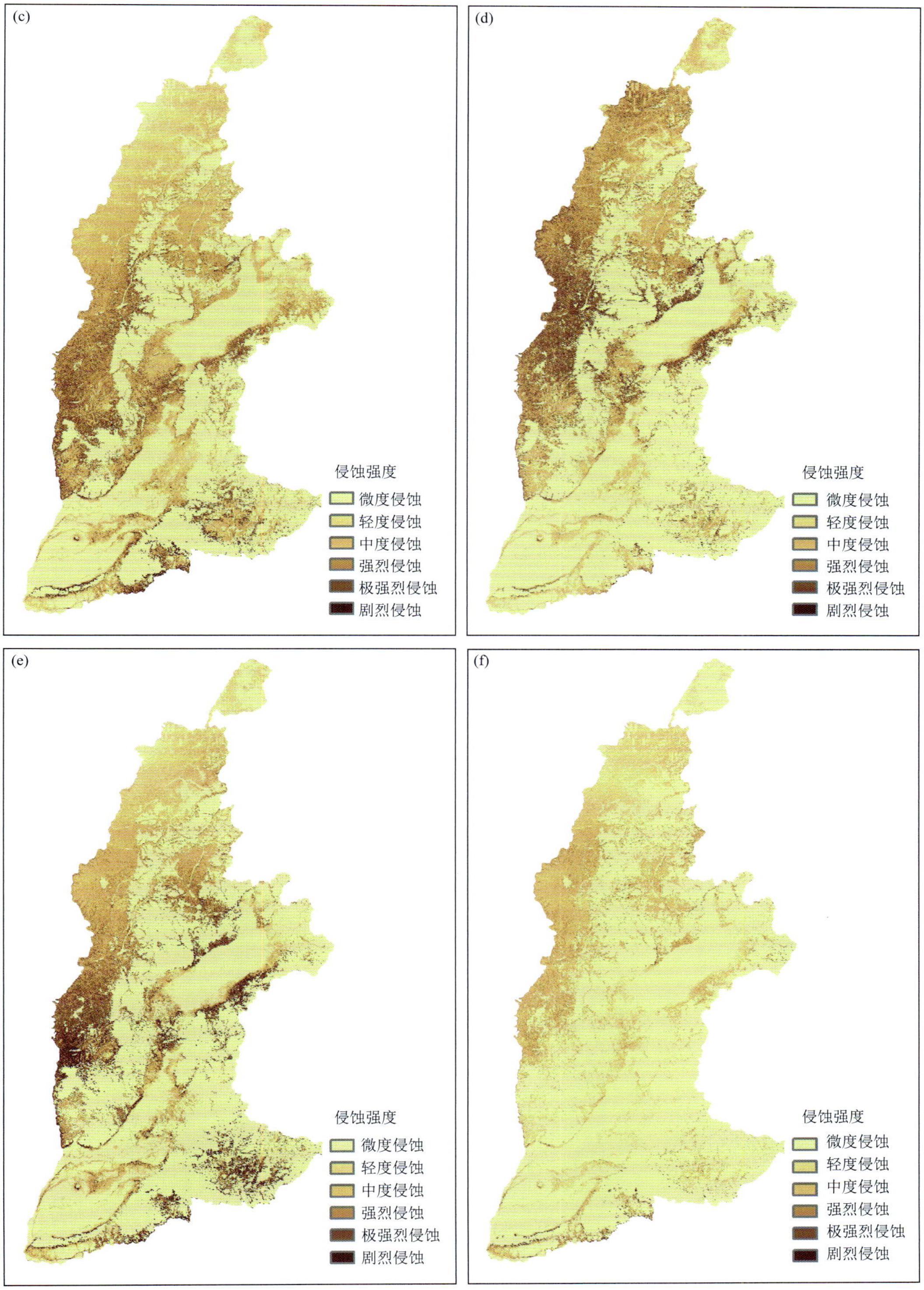

图 9.3　山西黄河流域 2001 年(a)、2006 年(b)、2011 年(c)、2016 年(d)、2021 年(e)、2023 年(f)各等级土壤侵蚀强度分布

降雨是土壤侵蚀的主要驱动力之一，降雨强度和降雨历时共同影响着降雨侵蚀力的大小。高强度的降雨能够迅速形成地表径流，对土壤的冲击力增大，暴雨等强降雨事件可能导致大量的土壤被冲刷，土壤颗粒来不及被植被或其他因素固定，直接被径流带走。较长时间的降雨会使土壤持续处于湿润状态，增加土壤的可蚀性，此外，降雨历时长还意味着有更多的时间形成地表径流，加剧土壤侵蚀。山西黄河流域降水年际变化大，四季分配不均，全年降水主要集中在夏秋季，雨季降水量较多，强度大，易形成大雨和暴雨，甚至大暴雨，对该区域土壤侵蚀贡献较大。

与降雨不同，植被覆盖对土壤侵蚀起着抑制作用。植被具有丰富的根系，能够牢固地抓住土壤，减少土壤的移动，植被覆盖越好，地表受到的保护越好，雨滴打击土壤的机会减少，径流速度也会减慢。在山西黄河流域，森林主要分布在山区，少而不均，镶嵌性很大，植被覆盖良好的地区土壤侵蚀程度明显较轻，相反，植被覆盖度低的地区，土壤直接暴露在降雨和径流的作用下，容易发生侵蚀。

综上所述，山西黄河流域土壤侵蚀是多种因素共同作用的结果，其中土壤及坡度坡长因子稳定且短期内不易改变，降雨和植被变化与土壤侵蚀变化具有较高的一致性，应多加关注。

第 10 章
生态系统评价及效益评估

10.1 山西省植被生态质量评估

利用植被指数 NDVI 对 2000—2023 年山西省范围内植被变化进行监测。结果发现，2000—2023 年山西省植被指数总体呈上升趋势，植被生长状况总体向好。其中，2022 年平均植被指数达 2000 年以来最高值，为 0.434，较 2000 年升高了 30%。山西省大部地区植被长势呈向好趋势，植被长势显著变好的地区主要分布在大同北部、朔州中西部、太原西部、晋中中部、长治东南部以及西部沿黄地区等地，但各市主城区及周边受城市化发展影响，植被长势略有下降趋势（图 10.1 和图 10.2）。

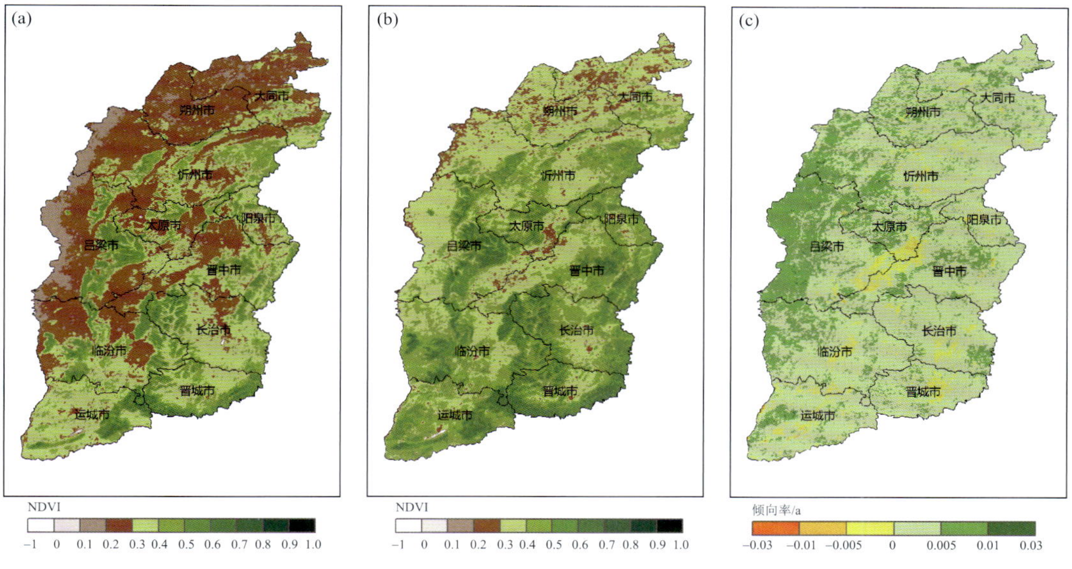

图 10.1 2000 年(a)、2023 年(b)山西省植被指数分布及变化趋势(c)

对 2000—2023 年山西省范围内植被覆盖度进行监测。结果发现，2000—2023 年山西省植被覆盖度总体呈增加趋势，平均每年上升 0.56%。其中，2022 年平均植被覆盖度达 2000 年以来最高值，为 42.76%，较 2000 年增加了 48.64%。山西 98.49% 面积植被覆盖度呈增加趋势（变化趋势率>0），20.47% 面积显著增加（变化趋势率>0.75），主要分布在忻州西南部、吕

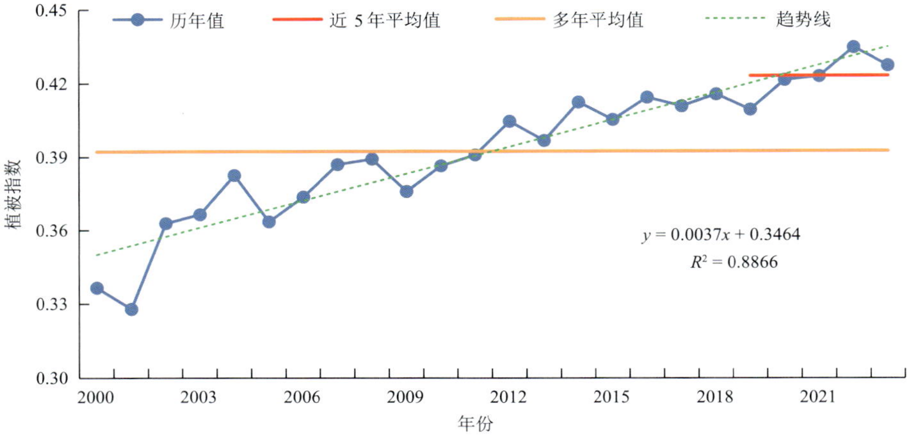

图 10.2　2000—2023 年山西省逐年平均植被指数变化

梁西部、太原西部、晋中中部、临汾西北部、运城西部等地；各市主城区及周边受城市化发展影响，植被覆盖度呈下降趋势（图 10.3 和图 10.4）。

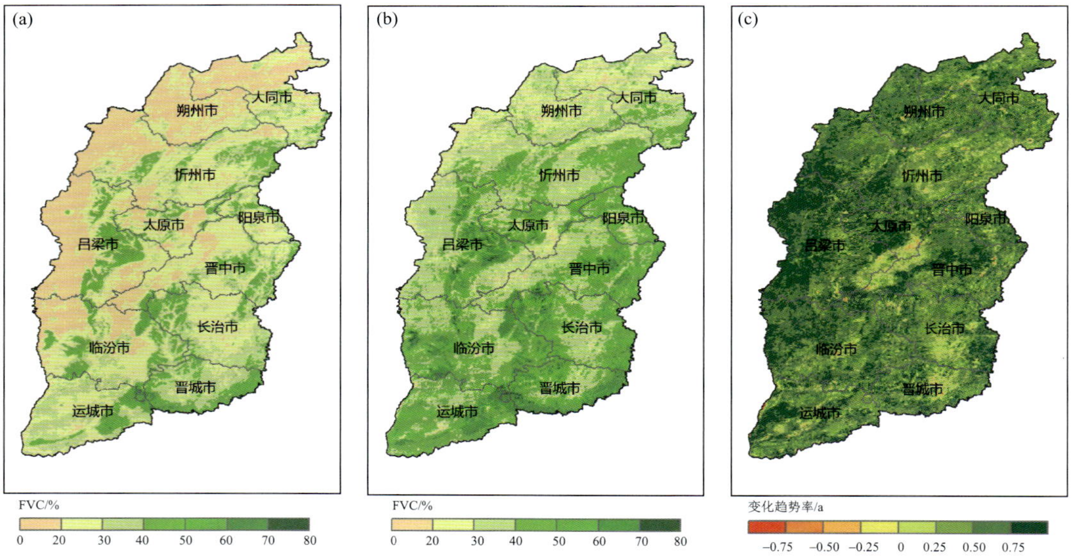

图 10.3　2000 年(a)、2023 年(b)山西省植被覆盖度分布及变化趋势(c)

2000—2023 年山西省植被净初级生产力监测结果显示，2000—2023 年山西省植被净初级生产力不断提升，年净初级生产力总量增加速率为 133.98 万 t/a。98.92％面积植被净初级生产力呈增加趋势（变化趋势率＞0）；29.13％面积显著增加（变化趋势率＞10 g(C)/(m^2·a)），主要分布在运城西部、临汾西部、吕梁大部、太原西部和北部、晋中中北部、阳泉北部、忻州中西部和朔州西南部等地区；各市主城区及周边由于城镇化发展、植被覆盖度下降，植被净初级生产力呈下降趋势（图 10.5 和图 10.6）。

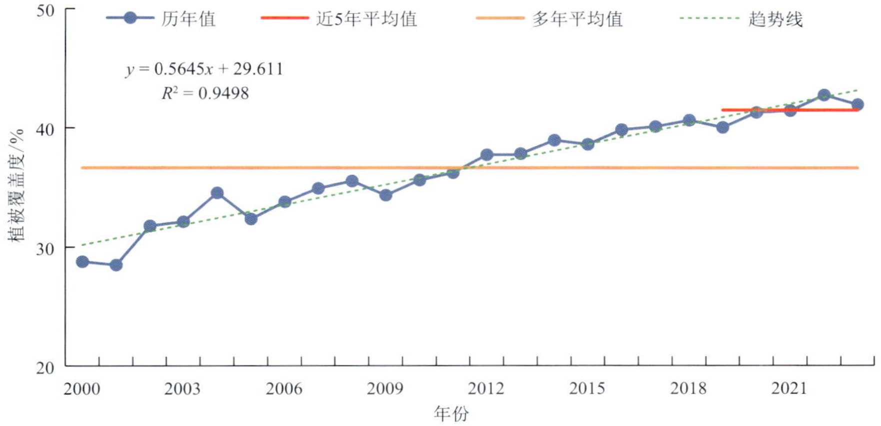

图 10.4　2000—2023 年山西省逐年平均植被覆盖度变化

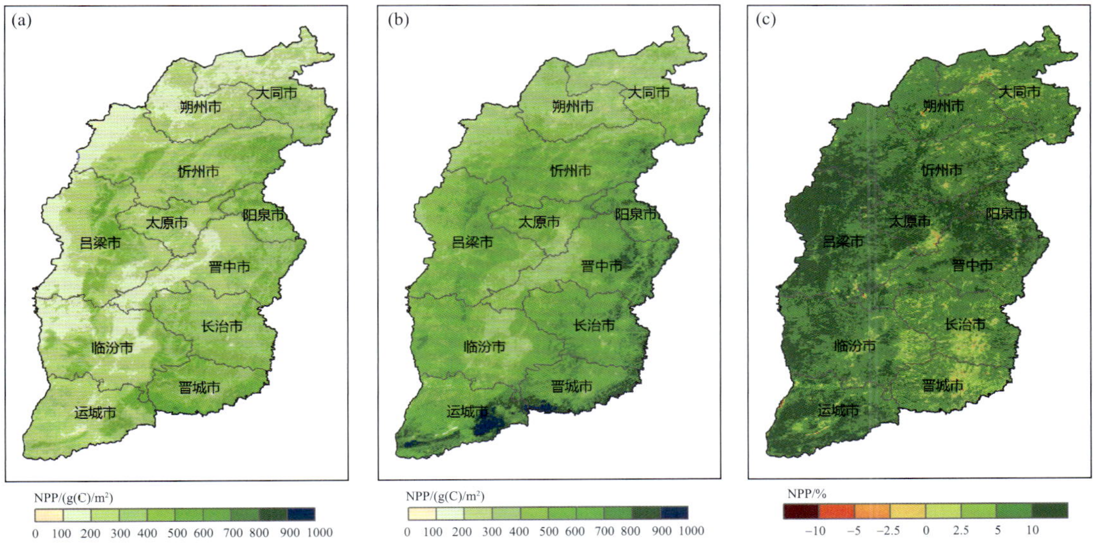

图 10.5　2000 年(a)、2023 年(b)山西省植被净初级生产力及变化趋势(c)

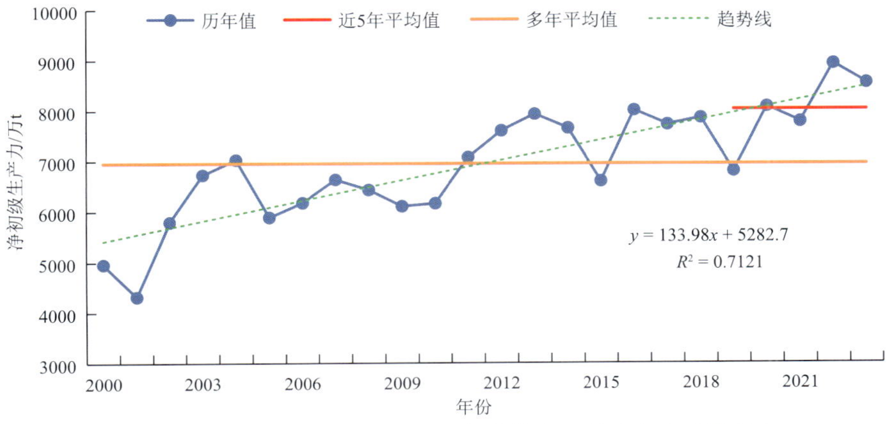

图 10.6　2000—2023 年山西省逐年植被净初级生产力总量变化

2000—2023年山西植被综合生态质量指数监测结果显示，2000—2023年山西省植被综合生态质量指数整体呈增加趋势，增加速率为0.49/a，96.2%的地区植被生态质量得到改善（变化趋势率>0），17.8%的地区植被生态质量显著改善（变化趋势率>0.75），主要分布在晋中和晋北部分地区（图10.7和图10.8）。

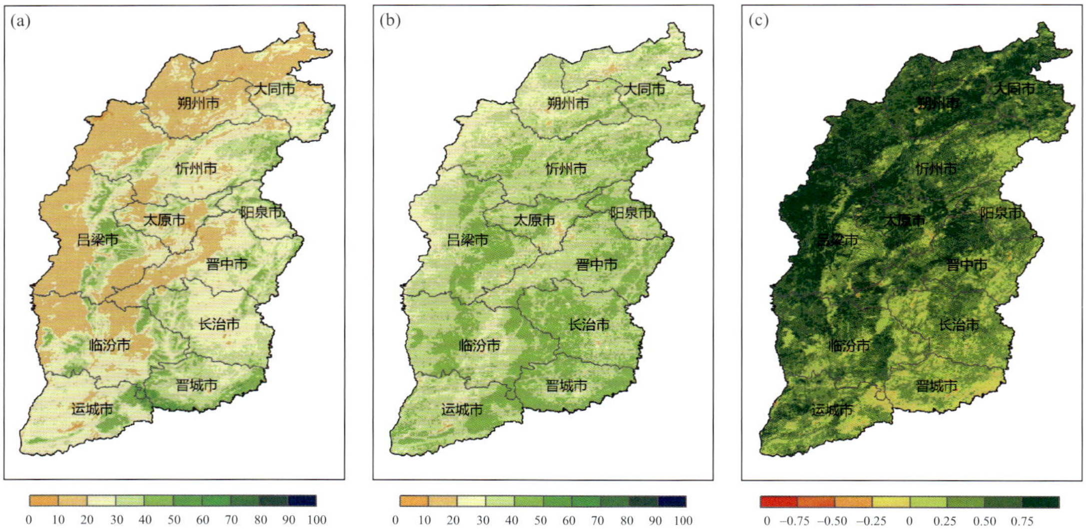

图10.7　2000年(a)、2023年(b)山西省植被综合生态质量及变化趋势(c)

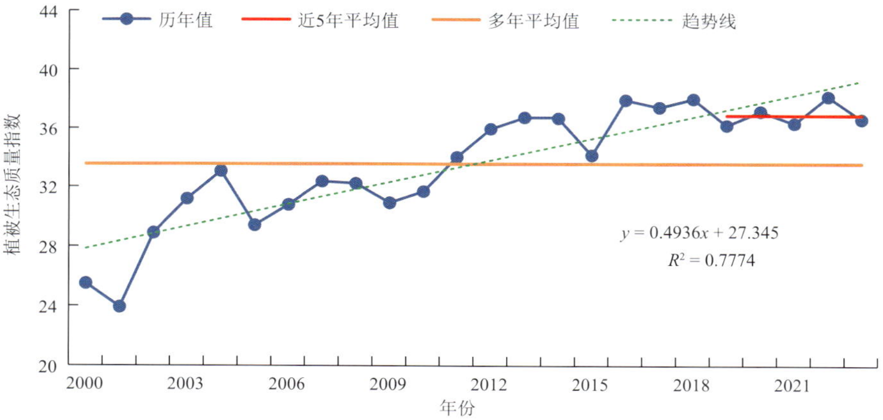

图10.8　2000—2023年山西省逐年植被综合生态质量指数变化

从2000—2023年植被生态质量与降水、气温的相关性来看（图10.9），除晋东南局部地区外，山西省大部植被生态质量与降水呈正相关，特别是在中北部部分地区相关系数超过0.6，表明降水增多对植被生态质量有明显的改善作用。植被生态质量与气温的相关性低于降水，在空间分布上，盆地大部地区与气温呈正相关，特别是在大同东北和西北、朔州大部、忻定盆地、忻州西部、太原盆地局部、吕梁西北部、临汾盆地、运城盆地、长治盆地等地区，二者相关系数高于0.3，表明气温升高有利于农作物的生长。

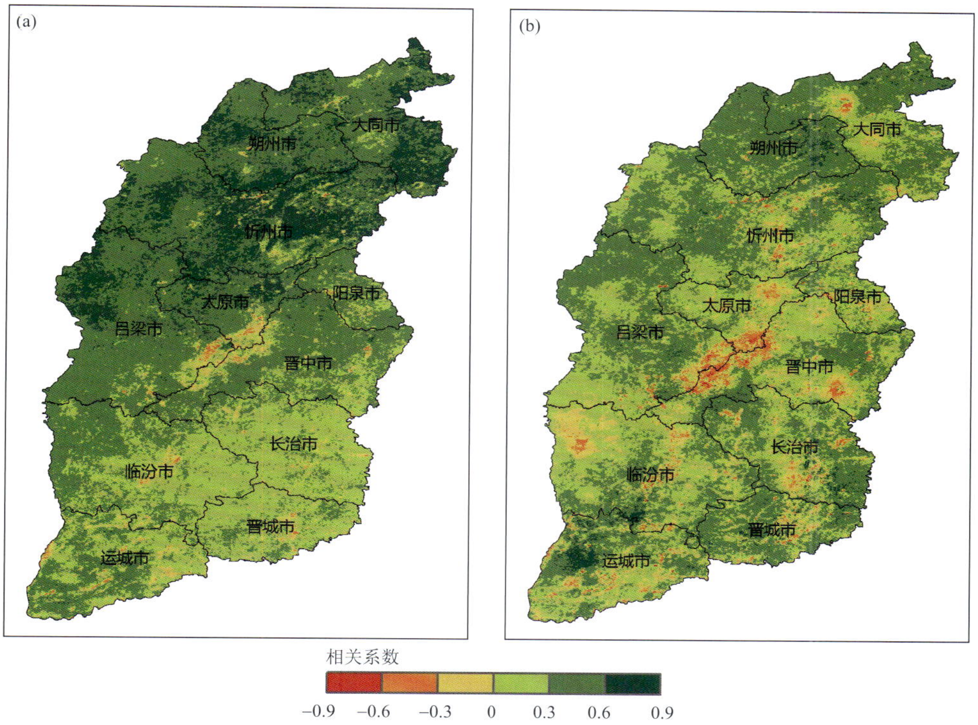

图 10.9　2000—2023 年山西省植被生态质量与降水(a)、气温(b)相关性分布

10.2　山西省“三北”防护林建设及生态效益评估

10.2.1　工程概况

“三北”防护林工程是指在我国“三北”地区(西北、华北和东北地区)建设的大型生态工程，工程规划期限为 73 年，分 8 期进行。1978 年 11 月，党中央、国务院站在中华民族生存和发展的战略高度，作出了在我国风沙危害和水土流失严重的西北、华北、东北地区建设“三北”防护林工程的重大战略决策。“三北”防护林工程建设范围西起新疆维吾尔自治区乌兹别里山口，东至黑龙江省宾县，东西长 4480 km，南北宽 560～1460 km。囊括北京、天津、河北、山西、内蒙古、辽宁、吉林、黑龙江、陕西、甘肃、青海、宁夏、新疆 13 个省(区、市)的 551 个县，占我国陆地总面积的 45%，在国内外享有“绿色长城”之美誉。按照总体规划，“三北”防护林工程从 1978 年开始到 2050 年结束，分 3 个阶段(1978—2000 年、2001—2020 年、2021—2050 年)8 期(1978—1985 年、1986—1995 年、1996—2000 年，以后每 10 年为一期)工程进行建设，规划总造林面积 $3.51\times10^7\ hm^2$。工程目标是将“三北”地区森林覆盖率由 5.05%提高到 14.95%，并有效控制风沙危害和水土流失，从根本上改善生态环境和人民群众的生活条件。

山西省“三北”工程是全国“两屏三带”生态安全格局中“黄土高原—川滇生态屏障”的重要组成部分，山西省始终坚持不懈推进“三北”工程建设，特别是党的十八大以来，全省在火山群、风沙区、盐碱地上构筑起一道道保护生态的绿色长城，在丘陵区、农田边、缓坡带培植起一处处富民增收的林果基地，初步建成了以北部风沙区防风固沙林、吕梁山中南部水土保持林、汾河上游水源涵养林、沿黄地区经济林、平原地区农田防护林为骨架的防护林体系，为区域经济转型发展、群众增收致富提供了强有力的生态支撑。2024 年，山西省签发了第 1 号总林长令《关于全面加强“三北”工程建设的令》，印发了《关于加强荒漠化综合防治和推进“三北”等重点生态工程建设的实施意见》等，持续高位推动“三北”工程重点工作。

山西省“三北”工程自 1978 年启动以来，目前 1—5 期规划建设任务已全部完成，涉及 7 市 57 个县(市、区)，累计完成营造林 3730.5 万亩，初步建成了以北部风沙区防风固沙林、吕梁山中南部水土保持林、汾河上游水源涵养林、沿黄地区干果经济林、平原地区农田防护林为骨架的防护林体系，取得了阶段性成效。如今，山西“三北”工程已进入 6 期建设期，不仅要巩固成果，还要打好“三大”战役，统筹兼顾，推动绿色蝶变。

10.2.2 生态效益评估

10.2.2.1 山西“三北”防护林植被指数变化特征

2000—2023 年，山西“三北”防护林植被指数增加显著。从空间分布来看，天镇县、阳高县、新荣区、平城区、云州区、云冈区、右玉县、左云县、怀仁市、平鲁区、朔城区、偏关县、神池县、河曲县、五寨县、保德县、岢岚县、兴县、岚县、静乐县、忻府区、临县、方山县、娄烦县、古交市、离石区、柳林县、中阳县、汾阳市、石楼县、交口县、孝义市、永和县、隰县、汾西县、大宁县、蒲县和吉县等地植被指数从 0.2 以下增长到 0.3 以上，约增加了 50%。其余县(市、区)植被指数均有不同程度的增加(图 10.10)。

2023 年，“三北”防护林平均植被指数为 0.40，达 2000 年以来次高值，较 2000 年提升了 34.7%，略高于近 5 年平均值。2000 年以来，山西“三北”防护林植被指数增速为 0.04/(10 a)，表明山西“三北”防护林建设植被数量增加明显(图 10.11)。

10.2.2.2 山西“三北”防护林植被净初级生产力变化特征

2000—2023 年，山西“三北”防护林植被净初级生产力增加显著，增加明显的区域与植被指数明显增加的区域相近，这些区域的净初级生产力从 200 g(C)/m^2 以下增长到 200 g(C)/m^2 以上(图 10.12)。2023 年，“三北”防护林平均植被净初级生产力为 470.7 g(C)/m^2，较 2000 年提升了 79.0%，略高于近 5 年平均值，2000—2023 年增速为 90.8 g(C)/(m^2 · 10 a)(图 10.13)。

10.2.2.3 山西“三北”防护林植被综合生态质量指数变化特征

2000—2023 年，山西“三北”防护林植被综合生态质量指数增加显著，增加明显的区域与植被指数明显增加的区域相近(图 10.14)。2023 年，“三北”防护林平均植被综合生态质量指数为 34.7，较 2000 年提升了 60.2%，略低于近 5 年平均值。2000 年以来，增速为 0.6/a(图 10.15)。

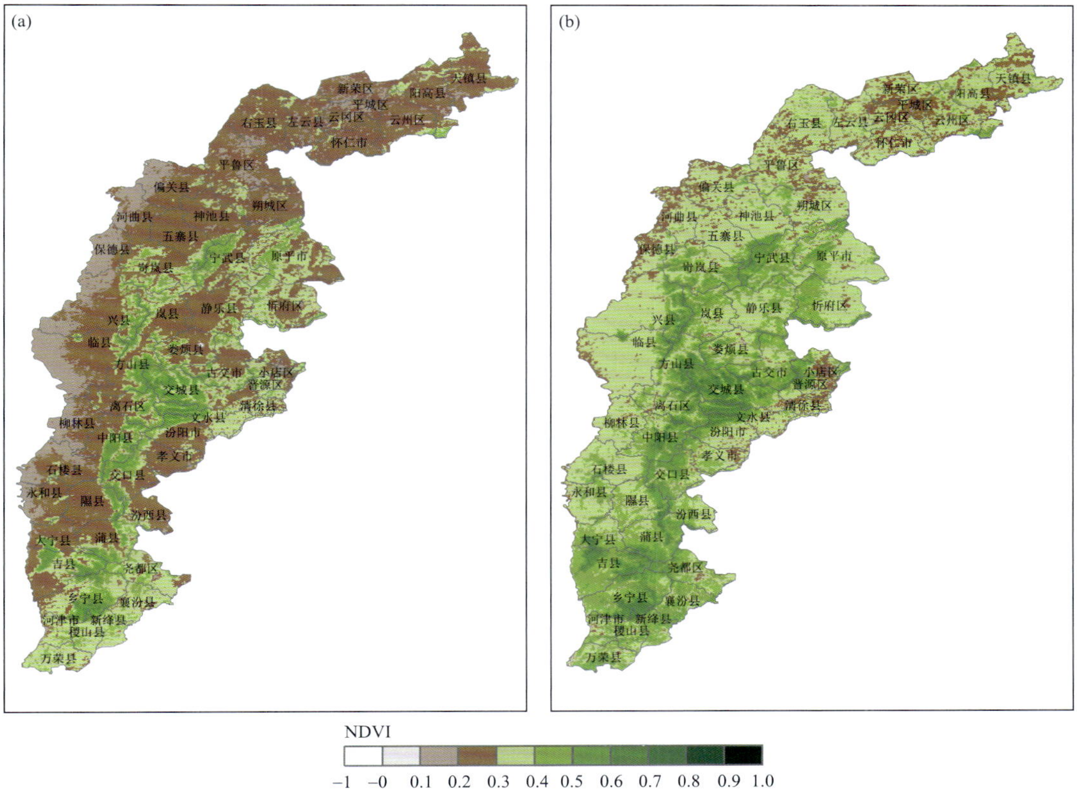

图 10.10　2000 年(a)和 2023 年(b)山西“三北”防护林植被指数分布特征

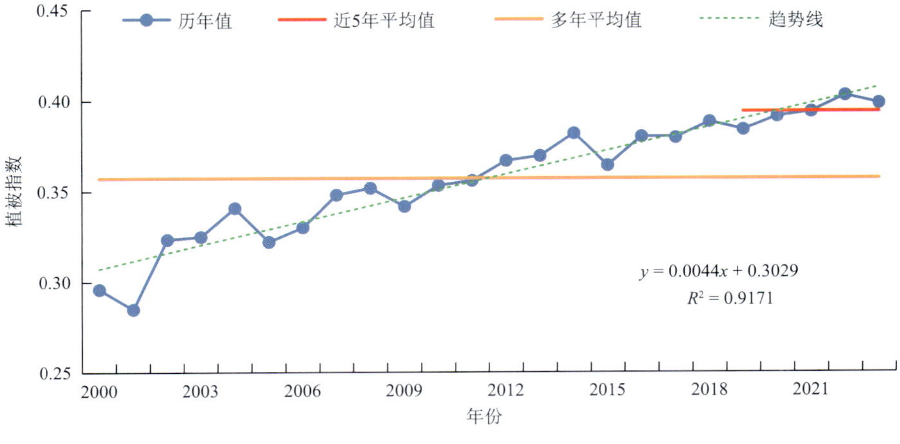

图 10.11　2000—2023 年山西“三北”防护林逐年平均植被指数变化

10.2.3　气象条件对“三北”防护林建设的影响

从 2000—2023 年山西“三北”防护林植被生态质量与降水、气温的相关性(图 10.16)来看，除太原晋源区、清徐县、文水县和临汾尧都区等个别地区外，大部植被生态质量与降水呈显

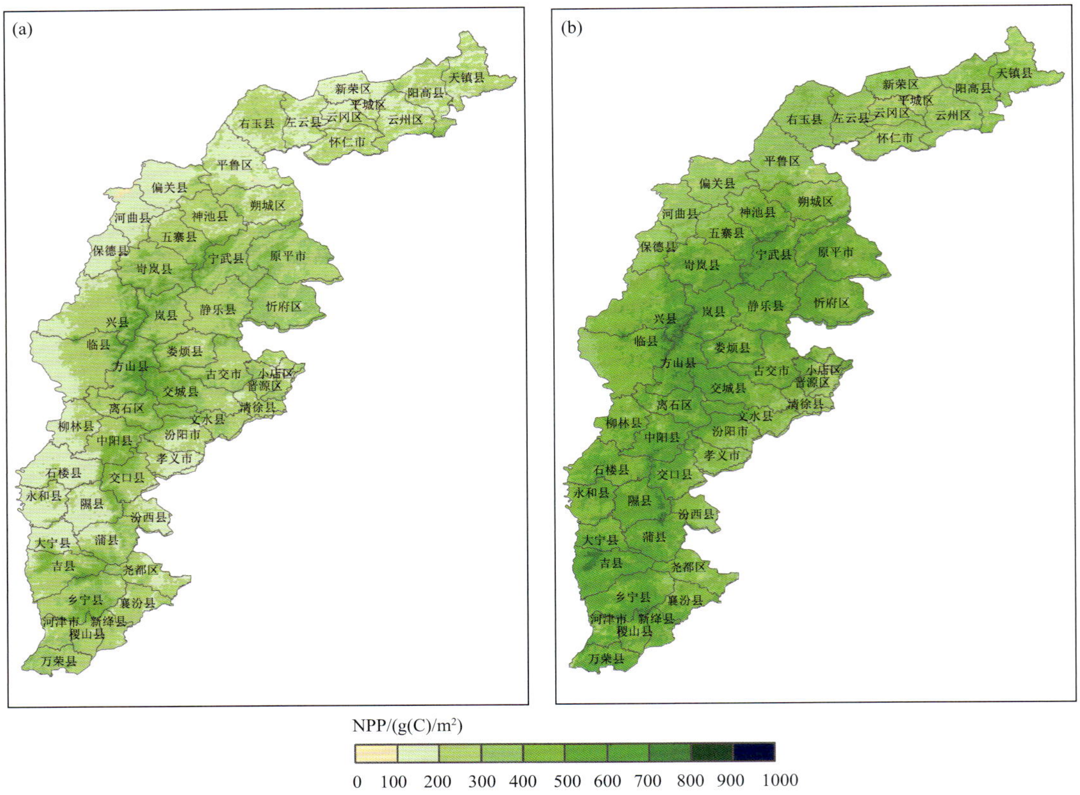

图 10.12　2000 年(a)和 2023 年(b)山西“三北”防护林植被净初级生产力分布特征

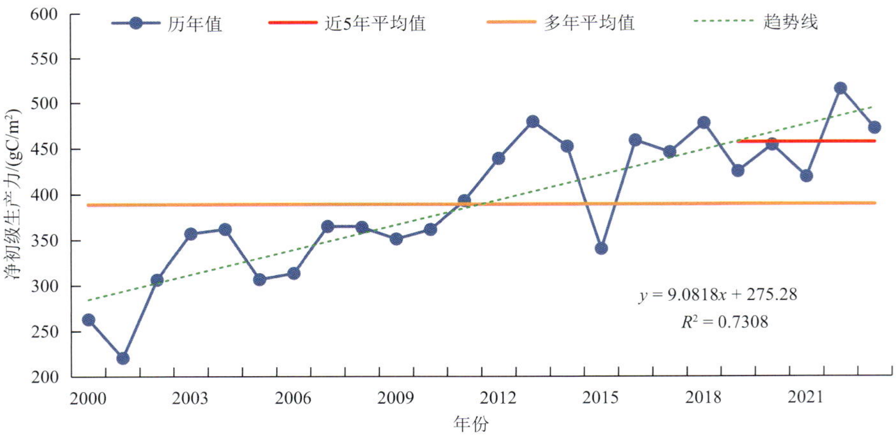

图 10.13　2000—2023 年山西“三北”防护林逐年平均植被净初级生产力变化

著的正相关关系，其中天镇县、阳高县、新荣区、云冈区、右玉县、怀仁市、平鲁区、河曲县、五寨县、神池县、朔城区、保德县、岢岚县、宁武县、原平市、兴县、林县、岚县、静乐县、忻府区、娄烦县和古交市等部分地区相关系数在 0.6 以上，表明降水增多对植被生态质量有明显的改善作用。植被生态质量与气温的相关性低于降水，空间分布上，天镇县、阳高县、新荣区、右玉县、左云

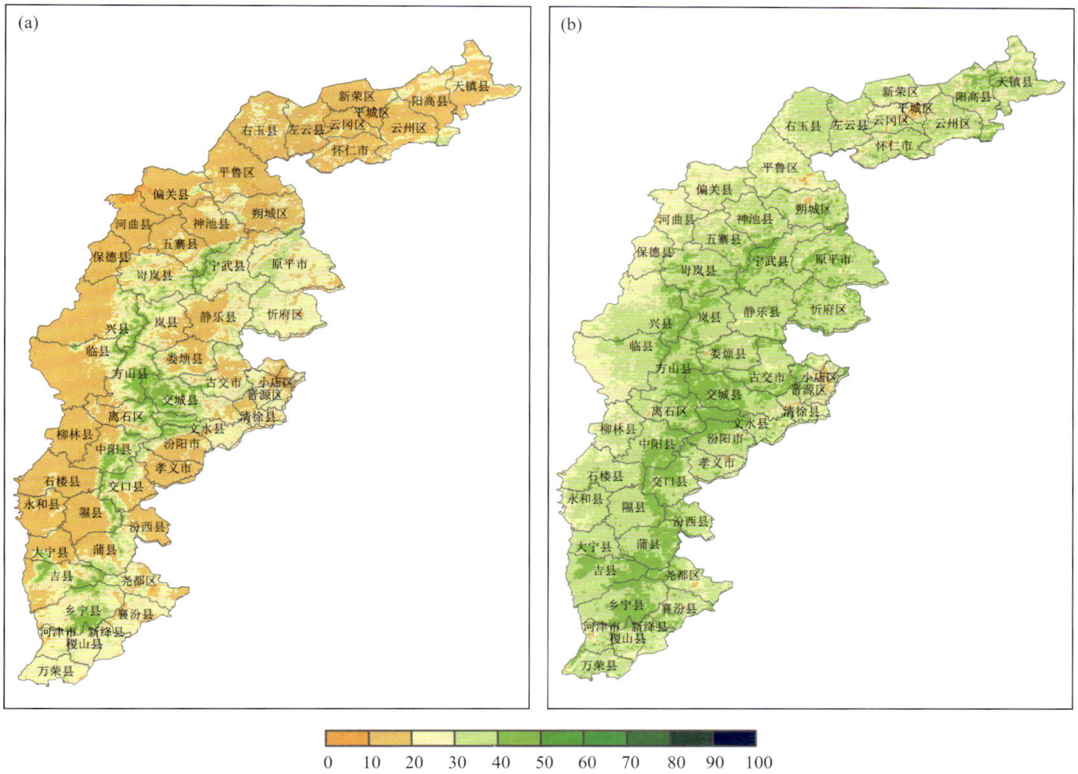

图 10.14　2000 年(a)和 2023 年(b)山西“三北”防护林植被综合生态质量指数分布特征

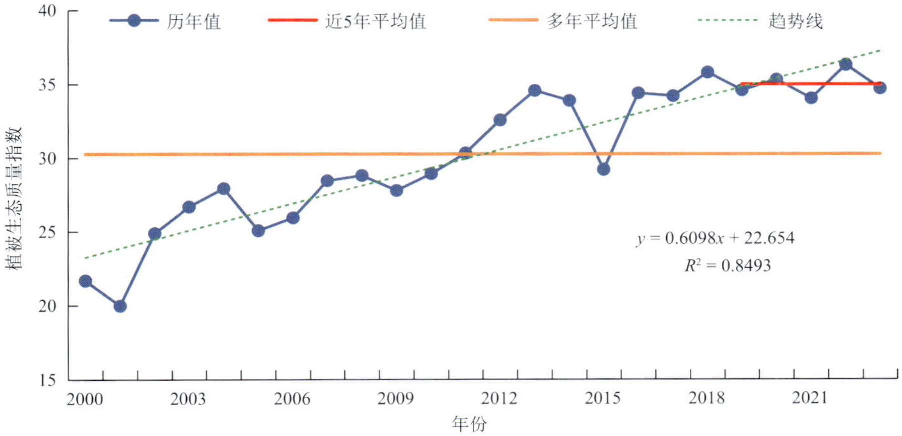

图 10.15　2000—2023 年山西“三北”防护林逐年平均植被生态质量指数变化

县、怀仁市、平鲁区、宁武县、兴县、岚县、离石区、交城县、汾阳市、尧都区、襄汾县、新绛县、稷山县和万荣县等地相关系数在 0.3 以上，云州区、偏关县、河曲县、五寨县、神池县、保德县、岢岚县、静乐县、临县、娄烦县、古交市、柳林县、石楼县、交口县、汾西县、蒲县、吉县和乡宁县等地相关系数在 0～0.3，其余地区为负相关。

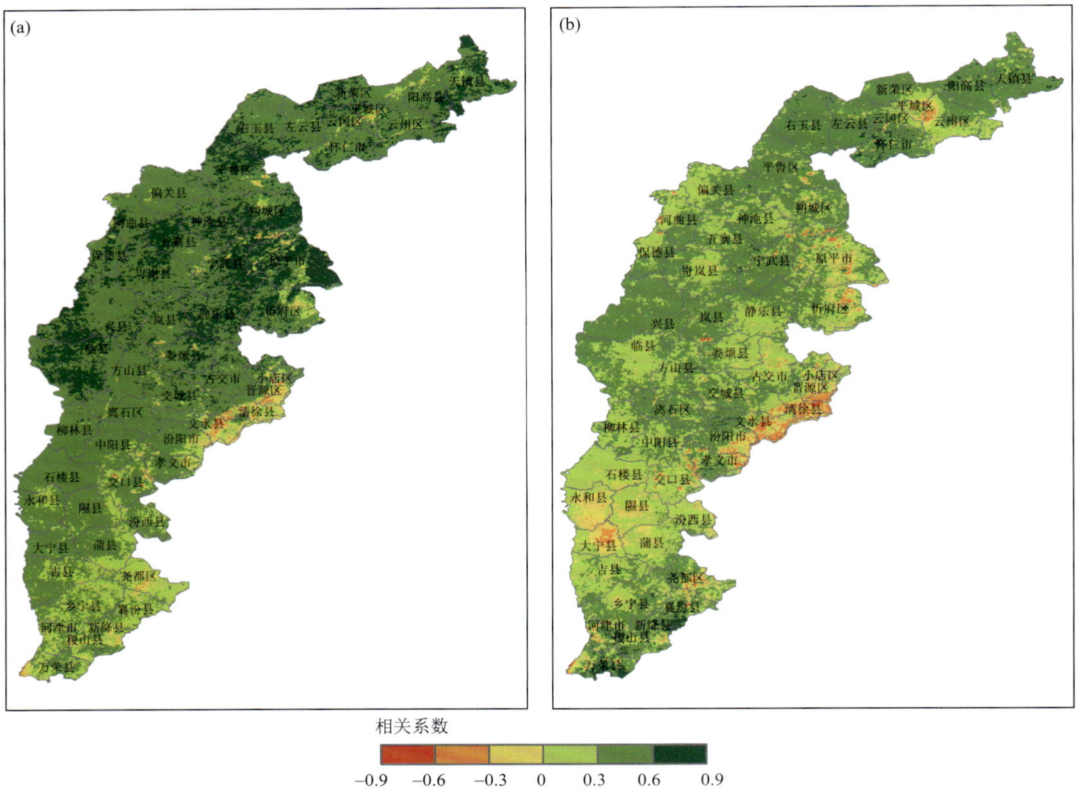

图 10.16　山西“三北”防护林植被综合生态质量指数与降水(a)、气温(b)相关性分布

10.3　生态质量变化气象条件贡献率

10.3.1　生态质量变化气象条件贡献率计算方法

根据国家标准《植被生态质量的气候变化影响评价方法》，运用遥感资料提取山西省森林、草地等生态系统分布情况，构建生态系统净初级生产力气象驱动模型，计算气候生产潜力和气象条件引起的生态质量变化，厘清其生态质量变化的气象条件贡献率。

10.3.1.1　实际生态质量

(1)实际植被 NPP

根据 NDVI 计算草地、森林的实际 NPP。草地实际 NPP 采用黄土草地区计算方法，根据 NDVI 计算格点鲜草量，然后按照干湿比系数折算成干重 NPP。

$$NPP_{i实} = 0.05 \times 18377 \times NDVI_i^{2.0233} \times f_a \times (1 + f_b) \qquad (10.1)$$

式中：$NPP_{i实}$ 为草原与荒漠实际植被净初级生产力$(g(C)/cm^2 \cdot a)$；$NDVI_i$ 为一年内最大归一化植被指数；f_a 为风干重系数；f_b 为地下与地上部分生物量比例系数。

森林实际 NPP 由海拔、NPP、年降水量和年平均温度计算，公式如下：

$$NPP_{i实} = 6.353943 - 0.05875 \times T_i + 0.003497 \times P_i + 0.000275 \times T_i \times P_i - 0.00065 \times A + 1.793308 \times NDVI_i \qquad (10.2)$$

式中：$NPP_{i实}$ 为第 i 年森林初级生产力（$kg/(nm^2 \cdot a)$）；T_i 为第 i 年平均温度（℃）；P_i 为第 i 年降水量（mm）；A 为海拔高度（m）；$NDVI_i$ 为第 i 年最大归一化植被指数。

（2）实际植被分布

实际植被分布采用 5 年更新 1 次的中国土地利用数据。

（3）实际植被覆盖度

植被覆盖反演模型：

$$VFC_{i实} = (NDVI_i - NDVI_{soili})/(NDVI_{vegi} - NDVI_{soili}) \tag{10.3}$$

式中：$VFC_{i实}$ 为第 i 年实际植被覆盖度；$NDVI_{soili}$ 为第 i 年裸土或物质被覆盖区域的 NDVI 值；$NDVI_{vegi}$ 代表第 i 年完全被植被覆盖的 NDVI 值，即纯植被像元的 NDVI 值。

（4）实际生态质量

$$ECA_{i实} = NPP_{i实} \times S_{i实} \times VFC_{i实} \tag{10.4}$$

式中：$ECA_{i实}$ 为第 i 年实际生态质量；$NPP_{i实}$ 为森林初级生产力；$S_{i实}$ 为第 i 年实际植被面积；$VFC_{i实}$ 为第 i 年实际植被覆盖度。

10.3.1.2　潜在生态质量

（1）潜在植被 NPP

基于植被生产力模型，利用气象数据，计算得到潜在植被净初级生产力。公式如下：

$$NPP_{i潜} = RDI_i \times \frac{rR_{ni}(r_i^{\ 2} + R_{ni}^2 + r_i R_{ni})}{(R_{ni} + r_i)(r_i^{\ 2} + R_{ni}^2)} \exp\left[-(9.87 + 6.25\ RDI_i)^{0.5}\right] \tag{10.5}$$

式中：$NPP_{i潜}$ 为第 i 年潜在植被 NPP；RDI_i 为第 i 年大气干燥度；R_{ni} 为第 i 年净辐射；r_i 为第 i 年降水量。

（2）潜在植被分布

潜在植被分布采用最大熵模型 MaxEnt 模拟获得。该模型可以根据已有植被类型在部分区域的环境约束，估计该植被类型在其他区域的潜在分布概率。潜在分布概率＞0.19，则该植被类型可能存在。

（3）潜在植被覆盖度

基于潜在 NDVI 计算潜在植被覆盖度，公式如下：

$$VFC_{i潜} = (NDVI_{i潜} - NDVI_{soili潜})/(NDVI_{vegi潜} - NDVI_{soili潜}) \tag{10.6}$$

式中：$VFC_{i潜}$ 为第 i 年潜在植被覆盖度；$NDVI_{soili潜}$ 为第 i 年裸土或物质被覆盖区域的潜在 NDVI 值；$NDVI_{vegi潜}$ 为第 i 年完全被植被覆盖的潜在 NDVI 值，即纯植被像元的 NDVI 值，$NDVI_{i潜}$ 指日最大 $NDVI_{m潜}$。

潜在 NDVI 计算公式如下：

$$NDVI_{m潜} = 100 \times (1 - e^{-0.6LAI_i}) + 38 \tag{10.7}$$

$$LAI_j = \frac{\dfrac{Prep_i}{D_i}}{(\dfrac{Gmax_i}{1000} + 0.67) \times 64.8 \times t_i} \tag{10.8}$$

式中：$NDVI_{m潜}$ 为第 j 月潜在 NDVI；LAI_j 为潜在叶面积指数；$Prep_i$ 为月降雨量（mm）；D_i 为月均空气湿度（mol/mol）；t_i 为月均日照时数（t）；$Gmax_i$ 为最大气孔导度（$mol/(m^2 \cdot s)$）。

(4)潜在生态质量

$$ECA_{i潜} = NPP_{i潜} \times S_{i潜} \times VFC_{i潜} \tag{10.9}$$

式中：$ECA_{i潜}$ 为第 i 年潜在生态质量；$NPP_{i潜}$ 为潜在森林初级生产力；$S_{i潜}$ 为第 i 年潜在植被面积；$VFC_{i潜}$ 为第 i 年潜在植被覆盖度。

10.3.1.3 气象条件贡献率

(1)气象条件引起的生态质量变化量

气象条件引起的生态质量变化量由以下公式计算：

$$\Delta ECA_{i+n气} = \sum_{j=1}^{n} \frac{ECA_{i+j-1实}}{ECA_{i+j-1潜}} \times ECA_{i+j潜} - ECA_{i+j-1实} \tag{10.10}$$

式中：$\Delta ECA_{i+n气}$ 为气象条件引起的生态质量变化量；$ECA_{i+j-1实}$ 为第 $i+j-1$ 年实际生态质量；$ECA_{i+j-1潜}$ 和 $ECA_{i+j潜}$ 分别为第 $i+j-1$ 年和第 $i+j$ 年潜在生态质量。

(2)生态质量变化的气象贡献率

生态质量变化的气象贡献率由以下公式计算：

$$ECAR_{i+n气} = \frac{\Delta ECA_{i+n气}}{\Delta ECA_{i+n实}} \tag{10.11}$$

式中：$ECAR_{i+n气}$ 为生态质量变化的气象贡献率；$\Delta ECA_{i+n气}$ 为相对于第 i 年，第 $i+n$ 年的 n 年累积气象条件引起的生态质量变化量；$\Delta ECA_{i+n实}$ 为相对于第 i 年，第 $i+n$ 年的 n 年实际生态质量变化量。

10.3.2 山西生态质量变化气象条件贡献率

2022 年山西植被气候生产潜力 609.7 g(C)/m^2，较 2002 年的 483.2 g(C)/m^2 增加了 26.2%；2002 年以来，气候生产潜力平均每年增加 5.1 g(C)/m^2，高于全国平均增速(2.3 g(C)/m^2)。2022 年山西省植被生态质量气象条件贡献率为 38.27%，2002—2022 年平均气象条件贡献率为 30.3%，高于全国平均气象条件贡献率(23.3%)。从变化趋势看，2002—2022 年，山西省植被生态质量趋好，植被生态质量变化对气象条件贡献率呈 2.3%/(10 a) 的上升趋势(图 10.17)。

2022 年山西省森林植被生态质量变化的气象条件贡献率为 38.7%，总体气象条件对植被生态质量变化有利。全省大部为正贡献，其中朔州大部、忻州西部、吕梁北部和南部部分地区以中度正贡献到高正贡献为主；大同大部、太原大部、晋中部分地区以微贡献到中度负贡献为主，局部地区出现高度负贡献。

2002—2022 年，山西省年降水量为 435.7～721.9 mm，呈 2.3 mm/(10 a) 上升趋势。山西省植被生态质量气象条件贡献率与年降水量有显著正相关。2002—2022 年，山西省年降水量增加有利于植被生态质量趋好(图 10.18)。

10.4 涵养水源、固碳释氧效益

10.4.1 涵养水源——以汾河源头为例

水源涵养能力是指水源地土壤的拦截、渗透与储藏雨水的能力，本书以采用降水贮存量法

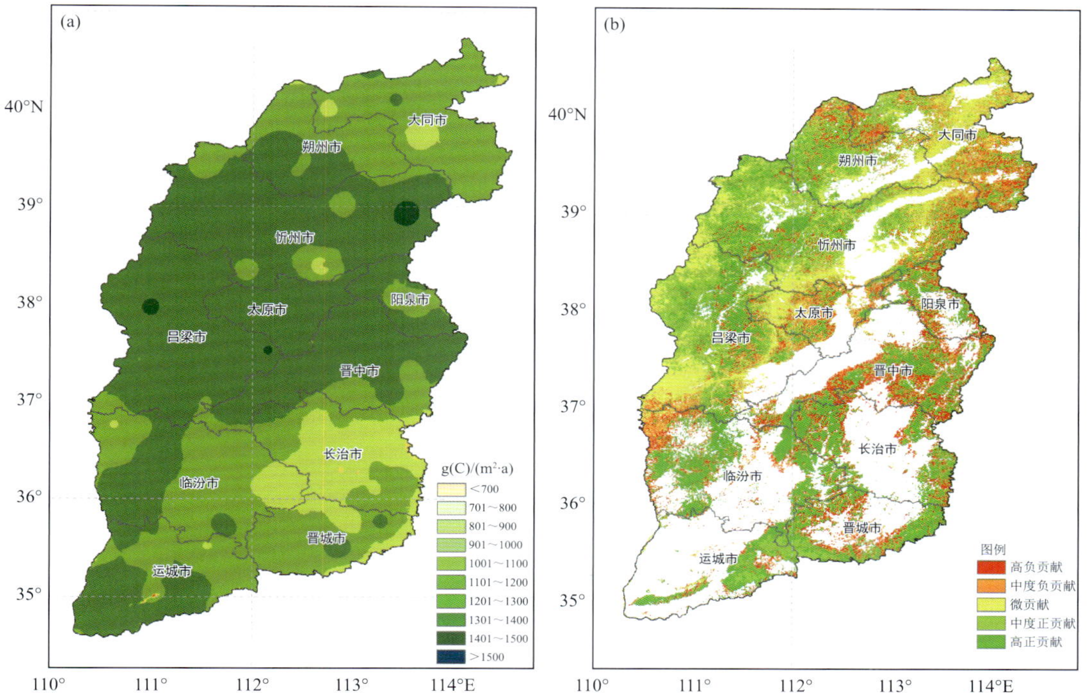

图 10.17　2000—2022 年山西省气候生产潜力变化趋势(a)及 2022 年气象条件贡献率(b)

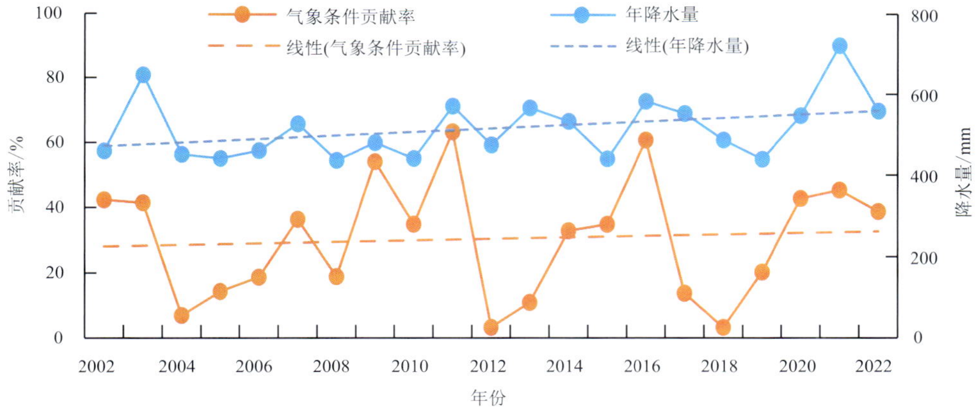

图 10.18　2000—2022 年山西省历年植被生态质量气象条件贡献率与年降水量

估算得到的水源涵养量为主要指标进行评价。林地和草地是区域涵养水资源的主要类型，而耕地没有水源涵养能力，相反需要大量的水源进行灌溉，因此水源涵养量为负值。

利用 ArcGIS 软件的空间分析功能，参照森林生态系统涵养水分的计算方法，估算研究区域总水源涵养量。森林生态系统涵养水分计算的物质量评价采用降水贮存量法(李金昌 等，1999)，公式如下：

$$Q = A \cdot J \cdot R \tag{10.12}$$

$$J = J_0 \cdot K \tag{10.13}$$

式中:Q 为与裸地相比较,森林生态系统涵养水分的增加量;A 为研究区域森林面积(m^2);J 为研究区域平均产流降雨量(mm);J_0 为研究区域平均降雨总量(mm);K 为研究区域产流降雨量占降雨总量的比例(%);R 为与裸地比较,森林生态系统减少径流的效益系数(%)。

考虑到研究区域不同地物类型和降雨量变化的减流效益特征,有学者以秦岭—淮河一线为界将中国划分为北方区和南方区。汾河源头属典型北方区,降雨较少,较强降雨相对集中于6—9月,产流降雨量占降雨总量的比例(K)参数值取0.4(王万忠 等,1996;彭文英 等,2002)。可将式(10.12)进一步改写为

$$Q=\sum_{i=1}^{n}A_i\cdot J_{0i}\cdot K_i\cdot R_i \tag{10.14}$$

式中:n 为计算区内地物类型数。

根据已有的实测和研究成果(苑跃 等,2020),不同地物类型(景观类型)的地表径流系数见表10.1。

表 10.1 各地物类型地表径流系数 %

地物类型	径流系数	地物类型	径流系数	地物类型	径流系数
有林地	3.52	高覆盖草地	9.13	滩地	55.00
灌木林	4.17	中覆盖草地	9.26	城镇居民/建设用地	45.00
疏林地	19.20	低覆盖草地	9.37	耕地(旱地)	2.40
其他林地	0.88	河渠/水库坑塘	0.00	裸岩石	70.00

汾河源头地处晋西北黄土高原,境内地形复杂,地貌类型多样。以静乐县、宁武县以及原平市部分乡镇为分析区域,区域总面积3433 km^2。

以汾河源头区域内及周边48个省级气象观测站2015—2023年逐日降水量观测数据为基础,土地利用类型用2015年和2020年解译结果代替,采用降水贮存量法估算得到水源涵养量(图10.19和图10.20)。由图可见,林地和草地是区域涵养水资源的主要类型,其水源涵养量大部为6万~24万 m^3/km^2,部分年份(2015年)超过24万 m^3/km^2;2015—2023年汾河源头区域的年水源涵养总量基本维持在2.0亿~6.0亿 m^3,总体呈上升趋势,2022年最多,为5.8亿 m^3,2016年最少,为2.8亿 m^3。

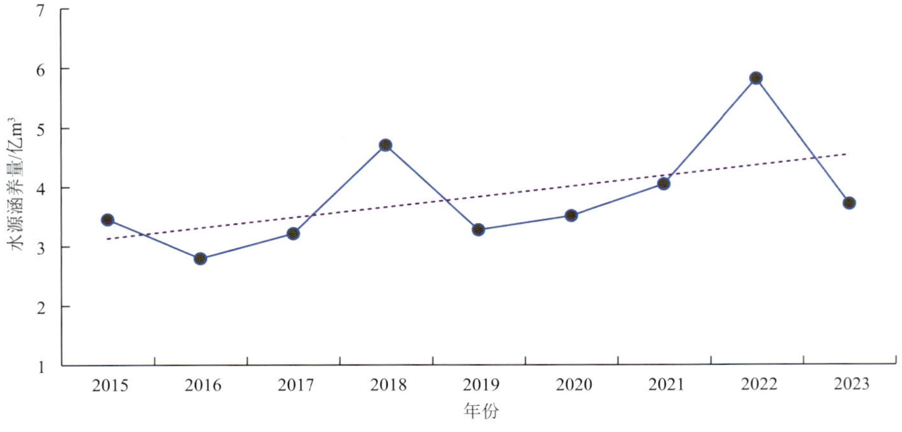

图 10.19 2015—2023年汾河源头水源涵养量变化

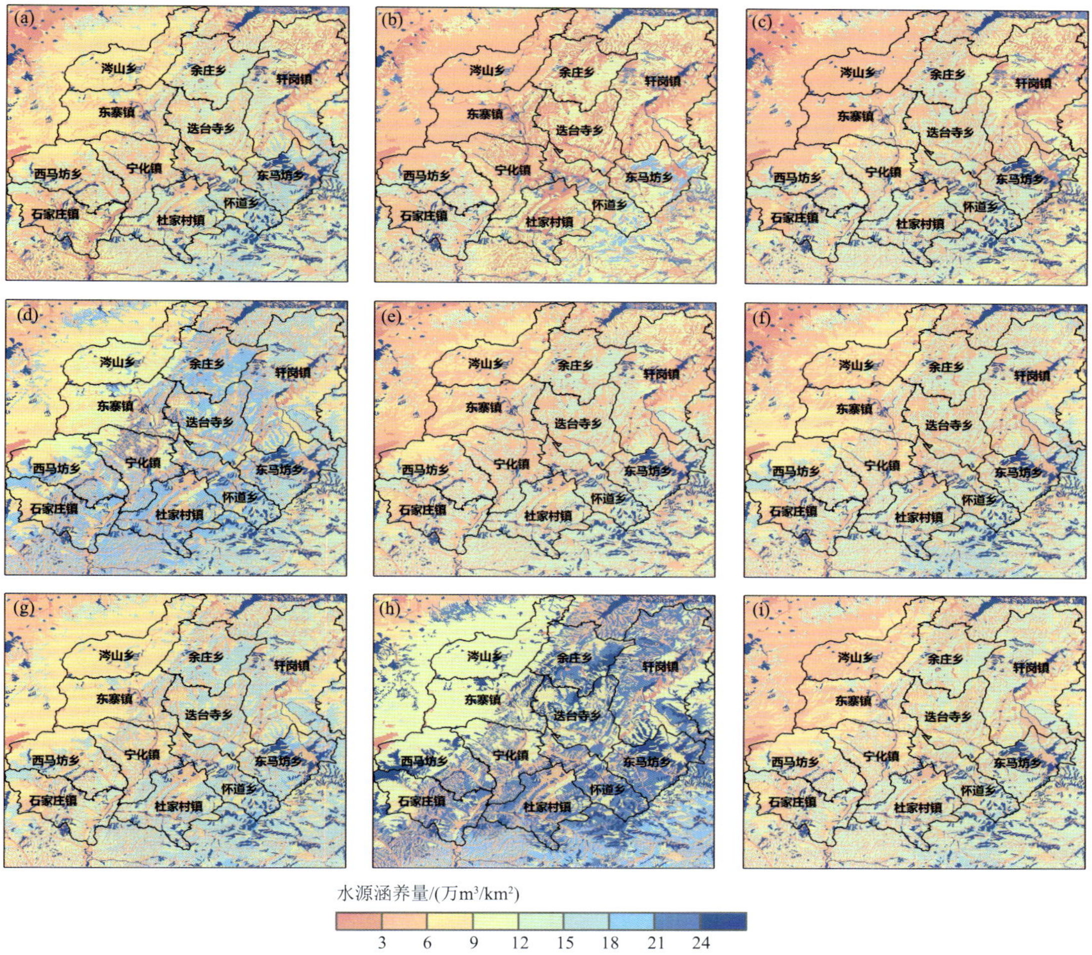

图 10.20　2015—2023 年(a—i)汾河源头逐年水源涵养量分布

10.4.2　固碳释氧量

固碳释氧指绿色植物通过光合作用吸收空气中二氧化碳(CO_2),转化为碳水化合物并释放出氧气(O_2)的能力。该功能对于调节全球碳平衡、维护全球气候稳定等都具有重要的作用。其化学反应方程式为

$$6CO_2 + 6H_2O \xrightarrow{\text{光合作用}} C_6H_{12}O_6 + 6O_2 \tag{10.15}$$

森林固碳释氧量根据森林光合作用合成碳水化合物与其吸收的 CO_2 和释放的 O_2 之间的关系计算。本书以植被净初级生产力为基础,分别乘系数 1.63 和 1.2 可近似计算植被固定二氧化碳量与释放氧气量(张岩 等,2016)。

2023 年,山西省森林植被净初级生产力总量 2755.38 万 t、固碳总量 4491.27 万 t、释氧总量 3306.45 万 t,较 2022 年减少了 6.72%,较近 5 年平均值增加了 4.61%,约是 2000 年的 1.6 倍,为 2000 年以来次高值(表 10.2 和图 10.21)。

表 10.2　2000—2023 年山西省森林 NPP、固碳量和释氧量统计　　单位：万 t

年份	NPP	固碳量	释氧量
2000	1760.95	2870.34	2113.14
2001	1548.37	2523.84	1858.04
2002	2008.51	3273.87	2410.21
2003	2309.51	3764.50	2771.41
2004	2389.64	3895.11	2867.56
2005	2033.68	3314.90	2440.42
2006	2124.99	3463.73	2549.98
2007	2231.07	3636.65	2677.29
2008	2178.27	3550.59	2613.93
2009	2088.46	3404.20	2506.16
2010	2061.88	3360.87	2474.26
2011	2394.15	3902.46	2872.97
2012	2510.46	4092.04	3012.55
2013	2612.60	4258.54	3135.12
2014	2567.87	4185.62	3081.44
2015	2250.59	3668.46	2700.71
2016	2671.72	4354.90	3206.06
2017	2584.67	4213.01	3101.60
2018	2583.80	4211.60	3100.56
2019	2222.10	3622.03	2666.53
2020	2637.91	4299.79	3165.49
2021	2601.03	4239.67	3121.23
2022	2953.81	4814.71	3544.57
2023	2755.38	4491.27	3306.45

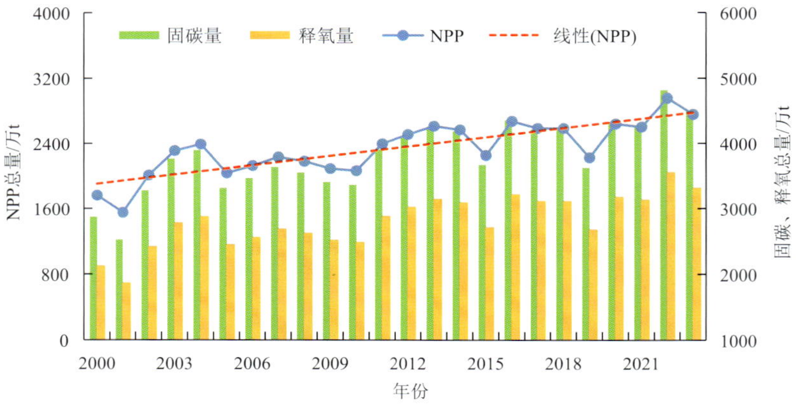

图 10.21　2000—2023 年山西省森林植被净初级生产力及固碳量、释氧量变化

从空间分布来看，森林植被固碳释氧能力较强地区（NPP＞700 g(C)/m^2）主要分布在太行山、太岳山、恒山及吕梁山局部地区；大同和朔州部分地区森林植被固碳释氧能力较低（NPP≤300 g/m^2）；其余大部分地区森林植被固碳释氧能力在 300 ～700 g(C)/m^2（图 10.22）。

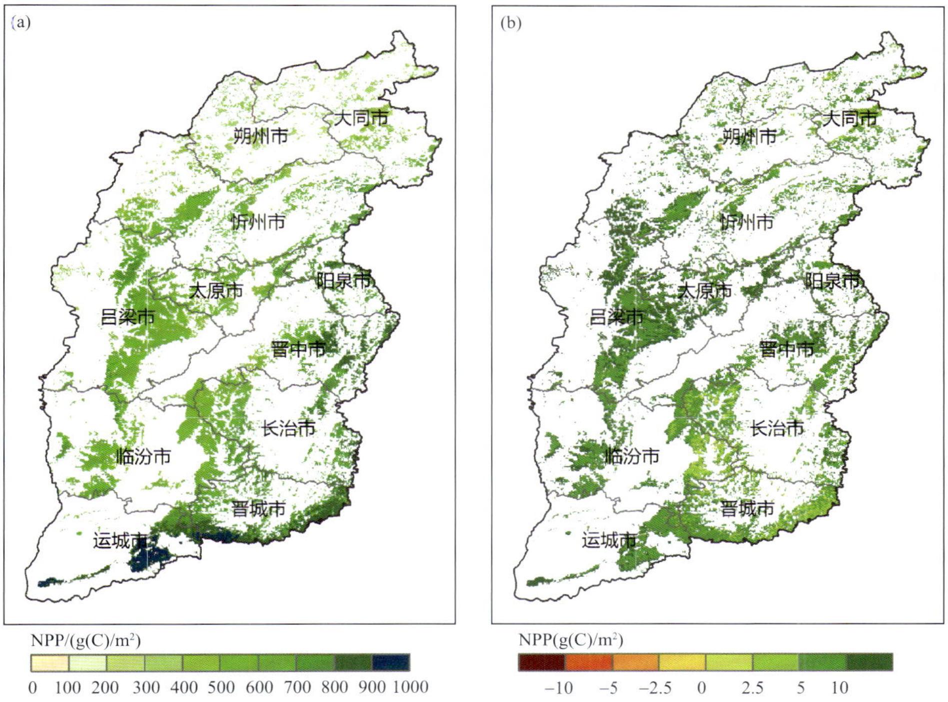

图 10.22　2023 年山西省林区植被净初级生产力分布(a)及历年变化趋势(b)

2000 年以来，山西省森林植被固碳释氧能力不断提升，年净初级生产力总量、年固碳总量和年释氧总量增加速率分别为每年 38.07 万 t、62.05 万 t 和 45.68 万 t。山西省 99.82%森林面积的植被固碳、释氧能力得到提升（变化趋势＞0）；28.42%的面积显著提升（变化趋势＞10 g(C)/(m^2 · a)），主要分布在运城南部、临汾西部、吕梁大部、太原大部、晋中中北部、忻州中西部和朔州西南部等地区。

10.5　森林碳汇能力分析

10.5.1　林业碳汇计算方法

大气温室气体浓度上升，特别是 CO_2 浓度持续上升是近几十年来全球气候变化的主要原因。在温室气体清单编制中，CO_2 的主要排放源为能源和工业生产过程排放，而主要吸收汇为森林面积和蓄积量的增加。根据《1996 年 IPCC 国家温室气体清单指南》的相关要求和我国的实际情况，林业碳汇包括森林和散生木、四旁树等其他木质生物质，其中散生木是指生长在竹林、灌木林地、未成林地、无立木林地、宜林地、非林地上的树木以及幼中林上层不同时代的高大树木；四旁树是指生长在非林地中的村(宅)、路、水、田旁的树木。森林和其他木质生物质生

物量碳贮量变化的计算公式为

$$\Delta C_{生物量} = \Delta C_{乔} + \Delta C_{散四疏} + \Delta C_{竹/经/灌} - \Delta C_{消耗} \tag{10.16}$$

式中：$\Delta C_{生物量}$ 为森林和其他木质生物质生物量碳贮量变化(t(C))；$\Delta C_{乔}$ 为乔木林(林分)生物量生长碳吸收(t(C))；$\Delta C_{散四疏}$ 为散生木、四旁树、疏林生物量生长碳吸收(t(C))；$\Delta C_{竹/经/灌}$ 为竹林(或经济林、灌木林)生物量碳贮量变化(t(C))；$\Delta C_{消耗}$ 为活立木消耗生物量碳排放(t(C))。

(1)乔木林生长碳吸收

根据山西省森林资源调查数据，获取不同调查年份的乔木林总蓄积量($V_{乔}$)、各优势树种(组)蓄积量、活立木蓄积量年生长率(GR)，通过实际采样测定或文献资料统计分析，获得各优势树种(组)的基本木材密度(SVD)和生物量转换系数(BEF)，并计算全省平均的基本木材密度($\overline{\mathrm{SVD}}$)和生物量转换系数($\overline{\mathrm{BEF}}$)，从而估算山西省乔木林生物量生长碳吸收。计算公式为

$$\Delta C_{乔} = V_{乔} \times \mathrm{GR} \times \overline{\mathrm{SVD}} \times \overline{\mathrm{BEF}} \times 0.5 \tag{10.17}$$

$$\overline{\mathrm{BEF}} = \sum_{i=1}^{n}\left(\mathrm{BEF}_i \cdot \frac{V_i}{V_{乔}}\right)$$

$$\overline{\mathrm{SVD}} = \sum_{i=1}^{n}\left(\mathrm{SVD}_i \cdot \frac{V_i}{V_{乔}}\right)$$

式中：$V_{乔}$为区域的乔木林总蓄积量(m^3)；V_i为本区域乔木林第 i 树种(组)蓄积量(m^3)；GR 为本区域活立木蓄积量年生长率(%)；BEF_i为本区域乔木林第 i 树种(组)的生物量转换系数，即全林生物量与树干生物量的比值(无量纲)；$\overline{\mathrm{BEF}}$为本区域乔木林 BEF 加权平均值；SVD_i为本区域乔木林第 i 树种(组)的基本木材密度(t/m^3)；$\overline{\mathrm{SVD}}$为本区域乔木林 SVD 加权平均值；i 为本区域乔木林优势树种(组)，$i=1,2,3,\cdots,n$；0.5 为生物量含碳率。

(2)散生木、四旁树、疏林生长碳吸收

$$\Delta C_{散四疏} = V_{散四疏} \times \mathrm{GR} \times \overline{\mathrm{SVD}} \times \overline{\mathrm{BEF}} \times 0.5 \tag{10.18}$$

式中：$V_{散四疏}$为清单编制年份的散生木、四旁树、疏林总蓄积量。

(3)竹林、经济林、灌木林生物量碳贮量变化

考虑到竹林通常在单株竹出笋后的一年内即生长为成竹大小，以后数年内个体大小不再变化，只是竹材密度有所增加，碳增加速率越来越慢。经济林通常在最初几年生长迅速，并很快进入稳定阶段，生物量变化很小，且经济林通常实施修枝、疏伐等集约管理，使其单位面积生物量难以持续增加。国家特别规定的灌木林地由于受自然条件恶劣，生长缓慢，单位面积生物量很难持续增加或增加很小。因此，竹林、经济林、灌木林生物量碳贮量变化，可通过面积变化和单位面积生物量估算：

$$\Delta C_{竹/经/灌} = \Delta A_{竹/经/灌} \times B_{竹/经/灌} \times 0.5 \tag{10.19}$$

式中：$\Delta C_{竹/经/灌}$ 为竹林(或经济林、灌木林)生物量碳贮量变化(t(C))；$\Delta A_{竹/经/灌}$ 为竹林(或经济林、灌木林)面积年变化(hm^2)；$B_{竹/经/灌}$ 为竹林(或经济林、灌木林)平均单位面积生物量干重(t/hm^2)。

(4)活立木消耗碳排放

活立木是指林地中生长的林木，在森林调查统计林木株数时，活立木还包括有疏林地和散生木的立木。活立木消耗包括商业采伐、农民自用材和培植用材、薪炭林等有目的的采伐利用，以及森林火灾、病虫害等其他消耗。

估算活立木消耗造成碳排放的计算公式为

$$\Delta C_{消耗} = V_{活立木} \times CR \times \overline{SVD} \times \overline{BEF} \times 0.5 \tag{10.20}$$

式中：$V_{活立木}$为活立木总蓄积量，包括乔木林、散生木、四旁树、疏林等的蓄积量总和；CR 为活立木蓄积消耗率。

10.5.2 森林转化

森林转化是指将现有的乔木、竹林、经济林等有林地转化为其他形式非林地的土地利用类型。森林转化计算的温室气体包括 CO_2、CH_4、N_2O。

中国毁林和林地征占通常指作为工矿、城市建设、道路桥梁、居住用地等建设用地，转化后地上的生物量假定为 0，而转化前地上生物量用区域乔木林、竹林、经济林等的平均单位面积地上生物量代替。由于竹林、经济林转化的生物量碳排放已经通过面积变化进行了计算，因此森林转化现地燃烧、异地燃烧造成的 CO_2 排放只计算乔木林。

（1）森林转化燃烧引起的温室气体排放

森林转化燃烧包括现地燃烧（即发生在林地上的燃烧，如炼山等）和异地燃烧（被移走在林地外进行的燃烧，如薪柴等）。现地燃烧除会产生直接的 CO_2 排放外，还会排放 CH_4 和 N_2O 等温室气体。异地燃烧同样也会产生非 CO_2 的温室气体，但由于能源领域清单中，已对薪炭柴的非 CO_2 温室气体排放作了估算，因此这里只估算异地燃烧产生的 CO_2 排放。具体计算方法如下：

现地燃烧 CO_2 排放＝年转化面积×（转化前单位面积地上生物量－转化后单位面积地上生物量）×现地燃烧生物量比例×现地燃烧生物量氧化系数×地上生物量碳含量　（10.21）

CH_4 排放＝现地燃烧碳排放×CH_4－C 排放比　（10.22）

N_2O 排放＝现地燃烧碳排放×碳氮比×N_2O－N 排放比例　（10.23）

异地燃烧 CO_2 排放＝年转化面积×（转化前单位面积地上生物量－转化后单位面积地上生物量）×异地燃烧生物量比例×异地燃烧生物量氧化系数×地上生物量碳含量　（10.24）

（2）森林转化分解碳排放

森林转化分解碳排放主要考虑燃烧剩余物的缓慢分解造成的 CO_2 排放。由于分解排放是一个缓慢的过程，因此在具体估算时，采用 10 a 平均的年转化面积进行计算。

分解碳排放＝年转化面积（10 a 平均）×（转化前单位面积地上生物量－转化后单位面积地上生物量）×被分解部分的比例×地上生物量碳含量　（10.25）

10.5.3 森林和其他木质生物质生长吸收 CO_2 量变化

表 10.3 为山西省森林和其他生物质各种组成分生物量变化引起的 CO_2 汇变化情况，图 10.23 为乔木林、所有林种吸收 CO_2 情况和活立木消耗排放 CO_2 情况，图 10.24 为散生木、四旁树、疏林生长吸收 CO_2 情况。从图表可以看出，森林和其他木质生物质生物量变化使 CO_2 总吸收量呈持续增加的趋势。CO_2 吸收量最小的 2000 年仅 312.49 万 t，2006 年超过 700 万 t，2011 年达到 1300 t 以上，吸收量最大的 2015 年高达 1526.93 万 t，是 2000 年的 4.89 倍。

表 10.3　2000—2015 年山西省森林和其他木质生物质生物量 CO_2 变化　单位：万 t

年份	乔木林	经济林	特灌林	疏林	散生木	四旁树	活立木消耗	合计
2000	532.16	−3.61	8.38	12.93	9.04	73.26	319.65	312.49
2001	556.94	−3.61	8.38	13.35	10.58	72.90	333.10	325.43
2002	581.73	−3.61	8.38	13.78	12.13	72.54	346.55	338.38
2003	606.51	−3.61	8.38	14.20	13.67	72.18	360.00	351.32
2004	631.29	−3.61	8.38	14.62	15.22	71.82	373.45	364.27
2005	656.08	−3.61	8.38	15.05	16.78	71.46	386.90	377.22
2006	785.46	69.33	118.07	16.69	20.17	82.24	359.10	732.87
2007	826.29	69.33	118.07	16.30	21.30	83.39	376.06	758.62
2008	867.12	69.33	118.07	15.91	22.43	84.53	393.02	784.38
2009	907.95	69.33	118.07	15.52	23.57	85.67	409.98	810.13
2010	948.77	69.33	118.07	15.13	24.70	86.84	426.93	835.91
2011	1037.91	93.86	367.15	17.11	30.42	93.64	328.91	1311.17
2012	1101.61	93.86	367.15	18.68	35.48	98.11	349.78	1365.11
2013	1165.31	93.86	367.15	20.26	40.54	102.58	370.65	1419.05
2014	1229.02	93.86	367.15	21.83	45.60	107.05	391.51	1472.99
2015	1292.72	93.86	367.15	23.40	50.66	111.52	412.38	1526.93

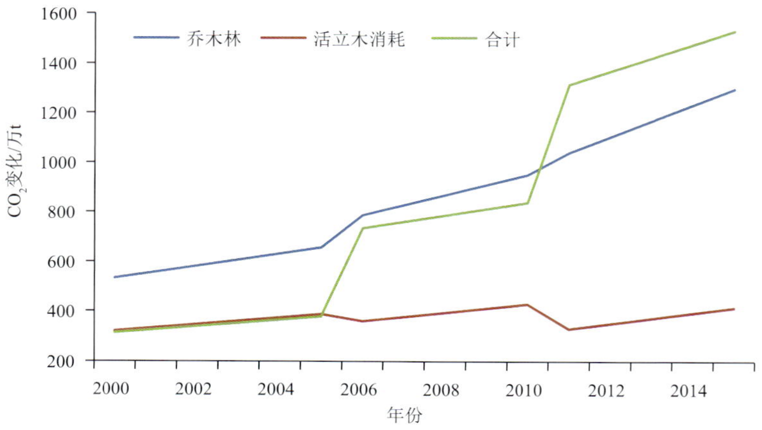

图 10.23　2000—2015 年山西省林业 CO_2 源汇变化

乔木林是森林和其他木质生物质生长中吸收 CO_2 最为主要的汇。乔木林生长吸收的 CO_2 量最小的 2000 年为 532.16 万 t，2001—2005 年为 600 万 t/a 左右，2006—2010 年达到 850 万 t/a 左右，2011—2015 年高达 1100 万 t/a 以上。乔木林生长吸收 CO_2 量最大的 2015 年达到 1292.72 万 t，比 2000 年增加了 760.56 万 t，增加量达到 142.92%。乔木林生长吸收的 CO_2 量呈稳定的线性增长趋势，在统计的 2000—2015 年年均吸收 CO_2 增长量为 52.55 万 t/a。

散生木、四旁树和疏林生长吸收的 CO_2 量也呈稳定的增长趋势。散生木生长吸收的 CO_2 量 2000 年为 9.04 万 t，2015 年达到 50.66 万 t，比 2000 年增加了 460.40%；15 年间吸收的 CO_2 量增加了 41.62 万 t，年均增长率为 2.57 万 t/a。四旁树生长吸收的 CO_2 量 2000 年为 73.26 万 t，2015 年达到 111.52 万 t，比 2000 年增加了 52.22%；15 年间吸收的 CO_2 量增加了

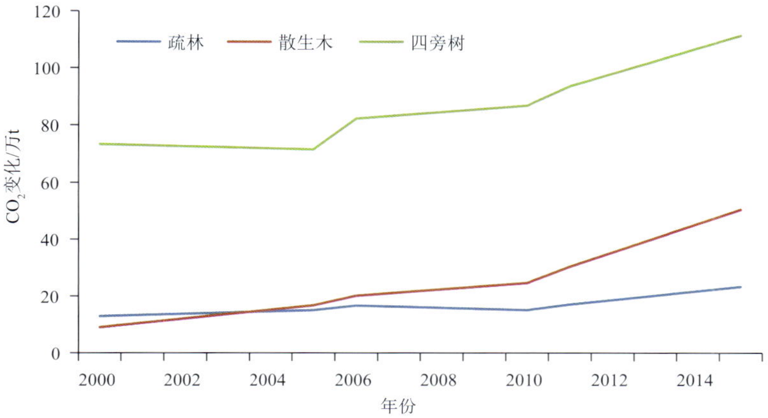

图 10.24　2000—2015 年山西省散生木、四旁树、疏林吸收 CO_2 变化

38.26 万 t，年均增长率为 2.68 万 t/a。疏林生长吸收的 CO_2 量 2000 年为 12.93 万 t，2015 年达到 23.04 万 t，比 2000 年增加了 68.83%；15 年间吸收的 CO_2 量增加了 10.47 万 t，年均增长率为 0.58 万 t/a。

竹林、经济林和特灌林生长吸收的 CO_2 是根据其面积和单位面积的生物量计算的，因此在不同的调查年份间呈跳跃式变化。竹林在山西的面积很小，2000 年、2005 年、2010 年等 3 次调查显示其面积均没有变化，2015 年没有调查竹林面积，因此，没有计算竹林生长吸收 CO_2 的量。经济林 2000—2005 年间面积减小，成为 CO_2 的排放源，但其量很小，仅 3.61 万 t；2005 年以后面积持续增加，吸收的 CO_2 也持续增加，2006—2010 年为 69.33 万 t，2011—2015 年为 93.86 万 t。特灌林生长吸收的 CO_2 增长幅度最大，2000—2005 年仅为 8.38 万 t，2006—2010 年达到 118.07 万 t，2011—2015 年则高达 367.15 万 t。

活立木消耗是森林和其他木质生物质生长中唯一的 CO_2 排放源，2000—2015 年，其排放量经历了波动增长的变化过程，但总体而言变化量比较小。排放 CO_2 量最小的 2000 年为 319.65 万 t，排放 CO_2 量最大的 2010 年为 426.93 万 t，最大量和最小量之间相差 107.28 万 t。

不同年份各林种在森林吸收的 CO_2 总量中的占比情况显示，乔木林是最大的 CO_2 吸收汇，但其在森林总吸收 CO_2 量中的占比呈减小趋势，由 2005 年占比最大的 85.05% 下降到 2010 年的 75.13%，2015 年进一步下降到 66.66%，即 2/3。特灌林在森林总吸收 CO_2 量中的占比增长最快，2000 年和 2005 年均略超 1%，2010 年达到 9.35%，2015 年达到 18.93%，即约 1/5。四旁树在森林总吸收 CO_2 量中的占比也比较大，但呈下降趋势，占比由 11.46%（2000 年）下降到 5.75%（2015 年）。经济林近年来在森林总吸收 CO_2 量中的占比有较大增长，占比达到 5% 左右。

10.5.4　温室气体排放

从森林转化燃烧和分解导致的 CO_2 排放量变化情况（表 10.4 和图 10.25）可以看出，排放的温室气体总量呈增长趋势，2000—2005 年为 45 万 t 左右，2006—2010 年达到 60 余万吨，2011—2015 年进一步增加到 90 万 t 左右。排放量最大的 2015 年比排放量最小的 2000 年增长了 133.91%。

在总排放中，主要是由于森林转化燃烧、分解引起的CO_2排放，由2000年的40.37万t增长到2015年的94.09万，均占到相应年份温室气体总排放量的97%以上。在排放的CO_2中，异地燃烧引起的排放量最大，现地燃烧排放量和转化分解排放量则相差不大。

CH_4和N_2O排放量在森林转化燃烧引起的温室气体排放总量中占比很小。CH_4的排放量在406～970 t，相当于1.0万～2.4万t CO_2当量。N_2O的排放量则更小，在2.4～5.7 t，相当于706.0～1686.6 t CO_2当量。

表 10.4　2000—2015年山西省森林转化燃烧、分解引起的温室气体排放　　单位：万t

年份	CO_2				CH_4		N_2O		总排放
	现地燃烧排放	异地燃烧排放	转化分解排放	合计排放	排放量	CO_2当量	排放量	CO_2当量	CO_2当量
2000	12.41	16.55	11.42	40.37	0.0406	1.0153	0.000237	0.07060	41.46
2001	12.80	17.06	11.78	41.64	0.0419	1.0470	0.000244	0.07280	42.76
2002	13.17	17.57	12.12	42.86	0.0431	1.0779	0.000252	0.07495	44.01
2003	13.54	18.05	12.46	44.05	0.0443	1.1078	0.000258	0.07703	45.24
2004	13.90	18.53	12.79	45.21	0.0455	1.1369	0.000265	0.07905	46.43
2005	14.24	18.99	13.10	46.33	0.0466	1.1652	0.000272	0.08102	47.58
2006	17.09	22.79	21.10	60.99	0.0559	1.3986	0.000326	0.09725	62.48
2007	17.25	23.01	21.30	61.56	0.0565	1.4117	0.000329	0.09816	63.07
2008	17.40	23.20	21.48	62.08	0.0569	1.4237	0.000332	0.09900	63.60
2009	17.54	23.38	21.65	62.57	0.0574	1.4349	0.000335	0.09977	64.10
2010	17.66	23.55	21.80	63.02	0.0578	1.4452	0.000337	0.10049	64.56
2011	26.78	35.70	22.50	84.98	0.0876	2.1908	0.000511	0.15233	87.32
2012	27.56	36.74	23.16	87.46	0.0902	2.2548	0.000526	0.15678	89.88
2013	28.30	37.73	23.78	89.80	0.0926	2.3151	0.000540	0.16098	92.28
2014	28.99	38.65	24.36	92.01	0.0949	2.3719	0.000553	0.16492	94.54
2015	29.65	39.53	24.92	94.09	0.0970	2.4256	0.000566	0.16866	96.68

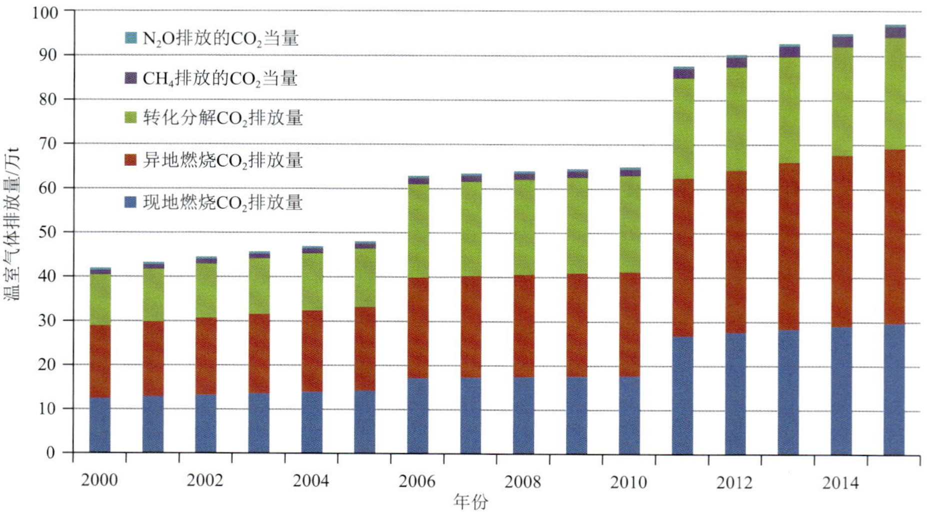

图 10.25　2000—2015年山西省森林转化燃烧、分解引起的温室气体排放

10.5.5 林业吸收固定 CO_2 情况

综合分析森林、其他木质生物质生长吸收 CO_2 情况和森林转化温室气体排放 CO_2、CH_4、N_2O 情况可得到以下结论。

林业 CO_2 吸收汇，主要是由于森林和其他木质生物质通过光合作用将大气中的 CO_2 转化为有机质，形成碳库。随着山西省森林覆盖率的逐步提高，21 世纪以来碳汇能力持续增加。2000 年山西省林业吸收固定 CO_2 的能力仅有 312.51 万 t，2006 年上升到 700 万 t 以上，2011 年进一步上升到 1300 万 t 以上，2017 年碳库能力超过 1500 万 t，碳汇能力最大的 2020 年达到 1709.21 万 t。

乔木林是森林和其他木质生物质生长中吸收 CO_2 最为主要的汇，且增速明显，2000 年储存 CO_2 能力为 532.16 万 t，2011 年跃升到 1000 万 t，2018 年超过 1500 万 t，储存量最大的 2020 年达到 1681.86 万 t；2000—2015 年，年均吸收 CO_2 增长量为 58.93 万 t/a。其次为特灌林，国家特别规定的灌木林，是指分布在年均降水量 400 mm 以下的干旱（含极干旱、干旱、半干旱）地区，或乔木分布（垂直分布）上限以上等生态环境脆弱地带，专为防护用途，且覆盖度大于 30% 的灌木林地，以及以获取经济效益为目的进行经营的灌木经济林。四旁树碳汇能力也较强，年吸收 CO_2 能力在 70 万 t 以上，2013 年以后达到 100 万 t/a 以上。散生木和疏林的碳汇能力相对较小，2015 年分别为 50.66 万 t/a 和 23.4 万 t/a 左右。

值得注意的是，在森林吸收固定 CO_2 的同时，活立木消耗和森林燃烧分解转化可在一定程度上释放 CO_2，且随着森林面积的扩大有增加的趋势。活立木消耗是最大的 CO_2 排放源，由 2000 年的 319.65 万 t 增加到 2009 年的 400 万 t 以上，2009 年进一步增加到 500 万 t 以上，消耗量最大的 2020 年达到 536.42 万 t。森林转化燃烧分解中，异地燃烧排放 CO_2 是主要排放源，约为活立木消耗量的 10%；现地燃烧排放和转化分解排放的 CO_2 量基本相当，均为活立木消耗量的 4%～5%。

参考文献

蔡崇法，丁树文，史志华，等，2000. 应用 USLE 模型与地理信息系统 IDRISI 预测小流域土壤侵蚀量的研究[J]. 水土保持学报(2)：19-24.

陈江，王安建，2007. 利用 aster 热红外遥感数据开展岩石化学成分填图的初步研究[J]. 遥感学报，11(4)：8.

陈思勇，2024. MODIS 积雪产品去云算法研究及应用[D]. 兰州：兰州大学.

崔炳玉，崔红英，2007. 气候变化和人类活动对于滹沱河区水资源变化的影响[J]. 山西水利科技(1)：64-66.

董晓锐，2013. 基于 FY-3/MERSI 的佳木斯地区水体变化遥感监测[J]. 黑龙江气象，30(2)：31-32.

董自红，蒋平安，贾宏涛，等，2007. 新疆高山草甸草原植物群落夏季 CO_2 排放日变化分析[J]. 新疆农业科学(1)：1-5.

房世波，韩国军，张新时，等，2011. 气候变化对农业生产的影响及其适应[J]. 气象科技进展，1(2)：15-19.

高媛，任永建，吴蓉，2020. 湖北省 1961—2012 年大气稳定度、混合层厚度和大气环境容量系数的变化特征[J]. 气象与环境科学，43(4)：42-48.

韩芳，苗百岭，郭瑞清，等，2010. 内蒙古高原荒漠草原植物气候生产力时空演变特征[J]. 安徽农业科学，38(18)：9717-9719.

环境保护部卫星环境应用中心，中国环境监测总站，2013. 生态环境遥感监测技术[M]. 北京：中国环境出版社：159-193.

李金昌，姜文来，靳乐山，等，1999. 生态价值论[M]. 重庆：重庆大学出版社.

李梦溪，邱新法，曾燕，等. 2017. 城市天空开阔度矢量/栅格估算方法对比[J]. 中国沙漠，37(4)：811-819.

李霞，李晓兵，王宏，等，2006. 气候变化对中国北方温带草原植被的影响[J]. 北京师范大学学报(自然科学版)(6)：618-623.

李英明，潘军峰，2004. 山西河流[M]. 北京：科学出版社.

李镇清，刘振国，陈佐忠，等，2003. 中国典型草原区气候变化及其对生产力的影响[J]. 草业学报(1)：4-10.

刘建贵，张兵，郑兰芬，等，2000. 成像光谱数据在城市遥感中的应用研究[J]. 遥感学报，4(3)：224-227.

刘闻雨，宫阿都，周纪，等，2011. 城市建筑材质—地表温度关系的多源遥感研究[J]. 遥感信息(4)：9.

刘勇洪，徐永明，张方敏，等，2019. 城市地表通风潜力研究技术方法与应用——以北京和广州中心城为例[J]. 规划师，10(35)：32-40.

牛世军，2015. 汾河流域降水与水资源变化研究[J]. 山西水利(12)：5-6.

潘进军，白美兰，2008. 内蒙古黄河凌汛灾害及其防御[J]. 应用气象学报，19(1)：106-110.

庞毓雯，黄雨馨，巩志，等，2020. 基于多光谱遥感的湖冰物候监测方法研究进展[J]. 海洋湖沼通报(2)：10.

彭文英，张科利，江忠善，等，2002. 黄土高原坡耕地退耕还草的水沙变化特征[J]. 地理科学，22(4)：397-402.

钱拴，崔晓军，姜月清，等，2023a. 生态文明建设气象保障标准体系研究[J]. 中国标准化(5)：59-67.

钱拴，张迪，张碧瑶，等，2023b. 生态文明建设气象服务保障关键技术[M]. 北京：气象出版社.

饶良懿，徐也钦，胡剑汝，等，2020. 砒砂岩覆土区小流域土壤可蚀性 K 值研究[J]. 应用基础与工程科学学报，28(4)：763-773.

任玉欢，姚闯，赵海燕，等，2023. 气候变暖对临汾合欢午后物候期的影响[J]. 农学学报，13(5)：89-95.

茹靖益，2017. 降水季节分配变化对中国北方半干旱草地生态系统碳通量的影响[D]. 郑州：河南大学.

《山西河湖》编纂委员会，2013. 山西河湖[M]. 北京：中国水利水电出版社.

神祥金，周道玮，李飞，等，2015. 中国草原区植被变化及其对气候变化的响应[J]. 地理科学，35(5)：622-629.

史瑞琴，2006. 气候变化对中国北方草地生产力的影响研究[D]. 南京：南京信息工程大学.

田国珍，郭天俊，王红霞，等，2023. 基于高分三号数据的汾河下游洪涝监测研究[J]. 防灾科技学院学报，25(3)：51-59.

童庆禧，张兵，郑兰芬，2006. 高光谱遥感——原理、技术与应用[M]. 北京：高等教育出版社：19-29.

王蕾，王宁，张逸，等，2006. 草地生态系统服务价值的研究进展[J]. 农业科学研究，27(4)：50-53.

王留芳，1994. 农业生态学[M]. 西安：陕西科学技术出版社.

王世昌，2013. 山西省通道绿化杨树品种生长量调查对比[J]. 山西林业科技，42(2)：10-13.

王万忠，焦菊英，1996. 中国的土壤侵蚀因子定量评价研究[J]. 水土保持通报，15(5)：1-20.

魏安世，肖智慧，黄平，等，2010. 基于"3S"的森林资源与生态状况年度监测技术研究[M]. 北京：中国林业出版社：50-52.

翁笃鸣，1997. 中国辐射气候[M]. 北京：气象出版社.

武亦可，2021. 太原市湿地生态系统服务价值评估[D]. 太原：山西财经大学.

谢高地，甄霖，鲁春霞，等，2008. 一个基于专家知识的生态系统服务价值化方法[J]. 自然资源学报，23(5)：911-919.

谢高地，张彩霞，张昌顺，等，2015. 中国生态系统服务的价值[J]. 资源科学，37(9)：1740-1746.

徐大海，朱蓉，1989. 我国大陆通风量及雨洗能力分布的研究[J]. 中国环境科学，9(5)：367-374.

徐大海，王郁，2013. 确定大气环境承载力的烟云足迹法[J]. 环境科学学报，33(6)：1734-1740.

徐涵秋，2005. 利用改进的归一化差异水体指数（MNDWI）提取水体信息的研究[J]. 遥感学报，9(5)：589-595.

徐涵秋，2013. 城市遥感生态指数的创建及其应用[J]. 生态学报，33(24)：7853-7862.

杨军，2012. 气象卫星及其应用[M]. 北京：气象出版社：770-774.

杨凯，林而达，高清竹，等，2010. 气候变化对藏北地区草地生产力的影响模拟[J]. 生态学杂志，29(7)：1469-1476.

杨泽龙，杜文旭，侯琼，等，2008. 内蒙古东部气候变化及其草地生产潜力的区域性分析[J]. 中国草地学报，30(6)：62-66.

叶有华，梁永贤，沈一青，等，2009.《生态环境状况评价技术规范（试行）》中若干值得商榷的问题[J]. 热带地理，29(4)：404-406.

尹杰，詹庆明，2019. 基于 GIS 和 CFD 的城市街道通风廊道研究[J]. 中国园林，35(6)：84-88.

苑跃，张亮，崔林林，2020. 若尔盖高原生态系统水源涵养功能时空变化特征[J]. 生态学杂志，39(8)：2713-2723.

詹庆明，欧阳婉璐，金志诚，等，2015. 基于 RS 和 GIS 的城市通风潜力研究与规划指引[J]. 规划师(11)：95-99.

张建新，李芬，2016. 山西省适应气候变化战略研究[M]. 北京：气象出版社.

张统，2017. 改变降雨格局对中国北方温带草原生态系统碳通量的影响[D]. 郑州：河南大学.

张岩，韦振锋，黄毅，2016. 1999—2012 年三江源区植被净初级生产力及固碳释氧量测评[J]. 水土保持通报，36(1)：100-105.

章文波，付金生，2003. 不同类型雨量资料估算降雨侵蚀力[J]. 资源科学(1)：35-41.

赵东升，吴绍洪，尹云鹤，2011. 气候变化情景下中国自然植被净初级生产力分布[J]. 应用生态学报，22(4)：897-904.

中国气象局，1993. 农业气象观测规范（下卷）[M]. 北京：气象出版社.

中国气象局,2003.地面气象观测规范[M].北京:气象出版社.

中国气象局,2005.生态气象观测规范(试行)[M].北京:气象出版社.

周广胜,周莉,2021.生态气象:起源、概念和展望[J].科学通报,66(2):210-218.

朱旭东,何洪林,刘敏,等,2010.近50年中国光合有效辐射的时空变化特征[J].地理学报,65(3):270-280.

COSTANZA R,DARGE R,DE GROOT, et al, 1997. The value of the world's ecosystem services and natural capital[J]. Nature,387(15):253-260.

GRIMMOND C S B,OKE T R,1999. Aerodynamic properties of urban areas derived from analysis of surface form[J]. Journal of Applied Meteorology,38: 1262-1292.